面向新工科的电工电子信息基础课程系列教材

教育部高等学校电工电子基础课程教学指导分委员会推荐教材

数字电子技术与 Verilog HDL

王金明　王婧菡　编著

清華大学出版社

北京

内 容 简 介

本书作为数字电子技术课程的教材，在借鉴目前国内外知名高校同类教材的基础上，将传统的数字电子技术和以现代 EDA 技术为基础的数字电子技术相结合，以提高学生的基础理论知识和创新设计能力为目标，系统完整地介绍数字电子技术的相关内容，兼顾经典数字逻辑电路的基础知识和基础理论，同时借助现代 EDA 工具和 Verilog HDL 语言，对传统的数字逻辑电路的设计方式进行改进和提高，使读者从中体会高效的设计工具带来的设计理念和设计方法的改变。

本书前 6 章和第 10 章是传统数字电子技术的内容，包括数制与码制，逻辑代数基础，集成逻辑门，组合逻辑电路，触发器，时序逻辑电路和数/模、模/数转换以及脉冲电路等内容；第 7～9 章是现代 EDA 技术和 Verilog HDL 数字逻辑设计的相关内容，由浅入深地阐述 EDA 技术、FPGA/CPLD 和用 Verilog HDL 进行数字逻辑设计的知识与技能。本书内容紧贴教学实际，重视基础，面向应用，注重理论联系实际。

本书配有教学课件、习题答案和课程教学计划等教学资源，可作为高等院校电子信息类、电气类、计算机类、自动化类、仪器仪表等专业"数字电子技术"课程的教材，也可供从事电路设计和数字系统开发的工程技术人员阅读参考。

图书在版编目（CIP）数据

数字电子技术与 Verilog HDL / 王金明，王婧菡编著.
北京 ：清华大学出版社，2024. 6. --（面向新工科的
电工电子信息基础课程系列教材）. -- ISBN 978-7-302
-66568-7

Ⅰ. TN79；TP312.8

中国国家版本馆 CIP 数据核字第 20241CY317 号

责任编辑： 文 怡
封面设计： 王昭红
责任校对： 李建庄
责任印制： 沈 露

出版发行： 清华大学出版社
网 址： https://www.tup.com.cn，https://www.wqxuetang.com
地 址： 北京清华大学学研大厦 A 座 **邮 编：** 100084
社 总 机： 010-83470000 **邮 购：** 010-62786544
投稿与读者服务： 010-62776969，c-service@tup.tsinghua.edu.cn
质量反馈： 010-62772015，zhiliang@tup.tsinghua.edu.cn
课件下载： https://www.tup.com.cn，010-83470236
印 装 者： 三河市铭诚印务有限公司
经 销： 全国新华书店
开 本： 185mm×260mm **印 张：** 20 **字 数：** 464 千字
版 次： 2024 年 6 月第 1 版 **印 次：** 2024 年 6 月第 1 次印刷
印 数： 1～1500
定 价： 69.00 元

产品编号：106935-01

前言

在过去的几十年里，电子技术尤其是数字电子技术的发展是人类社会中发展最迅速、影响最深远的。数字技术的发展遵循指数规律，推动我们进入信息化和“数字化生存”的时代，并仍在持续不断地向更深和更广的行业和领域扩展。

在高等院校教学中，“数字电子技术”是电子信息类、电气类、计算机类、自动化类专业一门重要的专业基础课程，也是高校相关专业研究生考试的必考课程，具有很强的基础性、广泛性和实用性。根据数字电子技术课程的教学要求和人才培养需求，本书在编写过程中重点突出如下几点。

一、注重强调经典数字电子技术基础知识的系统性、完整性。前6章和第10章为经典数字电子技术的内容，包括数制与码制，逻辑代数基础，集成逻辑门，组合逻辑电路，触发器，时序逻辑电路的概念及其分析与设计方法，器件主要是74系列集成逻辑电路和各种MSI集成部件，分析和设计方法以手工、半手工设计方式为主。这些传统数字电子技术的基础理论和基础知识，读者必须系统完整地掌握。

二、融入现代EDA技术和Verilog HDL语言的相关内容。EDA技术把数字逻辑电路的设计从手工、半手工方式带入自动和半自动的时代，更加高效便捷，也带来了设计思路和设计理念的改变，EDA技术成为现代数字设计的普遍工具，故在数字电子技术中引入EDA技术已不可避免。第7～9章是基于EDA技术的数字设计内容，使经典数字电子技术内容与基于EDA技术的设计内容保持各自的独立性，而不是将其穿插在一起，这样有助于读者清晰了解数字电子技术发展演变的脉络，并在对比学习中加深理解，也便于根据教学需要安排学时。

三、基于重视基础、面向应用、少而精的原则，注重理论联系实际。经典数字电子技术的内容强调基本概念、基本理论、基本器件和基本分析方法，压缩一些烦琐和过时的内容；基于EDA技术的内容也以基本概念和基本应用为原则，强调门级结构描述，数据流描述和行为描述的概念和特点，按“器件—语言—案例”的顺序展开，由浅入深地介绍涉及的EDA技术、FPGA/CPLD、Verilog HDL数字逻辑设计的内容，并与传统数字电子技术的内容进行比较，如同样设计加法器、计数器或者m序列，用传统的数字部件实现和用Verilog语言实现，其方便程度、难易程度以及可扩展性都会有较大的区别。

四、本书数字逻辑电路的符号以矩形符号为主，在大规模PLD(第7～9章)中，则主要采用特定外形符号表示。矩形符号和特定外形符号均是由IEEE等国际组织认定的国际标准符号，对于学习者和从业者来说，这两类符号均应熟练掌握。

本书选取Vivado工具作为设计平台，以EGO1“口袋实验板”作为目标板，代码和案

前言

例均基于目标板做了验证，市面上的其他实验板也基本能满足这些代码和案例的下载验证需求，可方便地进行移植。

当前的“数字电子技术”课堂教学呈现出如下一些特点：第一，根据学为中心、教为主导的教学理念，课程的实施策略不断改进，教学方式和教学手段更加丰富，比如线上线下混合式教学方式，问题牵引式、研讨式教学手段更多地进入课堂。第二，开放式、自主式学习越来越多地进入教学中，“数字电子技术”的课程教学资源非常丰富，网络上相关的慕课和教学视频很多，学生的学习不限于课堂上，慕课、微课等形式也越来越多地应用于课程教学中。

作者基于上述认识编写了本书，力图使教材的内容适应教学的发展，适应技术的进步。本书的理论教学学时安排建议为48学时，其中传统数字电子技术的内容(第1～6章和第10章)为30学时；基于EDA技术和Verilog HDL的数字电子技术内容(第7～9章)为18学时，该部分内容的学时可以根据实际情况增加或者减少；实践教学学时建议为16学时。有的章节可以自学的方式实施。

本书提供配套电子课件、习题答案和课程教学计划等教学资源。

由于作者水平所限，加之时间仓促，书中错误与疏漏之处在所难免，诚挚希望同行和广大读者批评指正。E-mail：tupwenyi@163.com。

作　者

2024年5月

目录

目录

目录

目录

目录

第1章 数制与码制

本章介绍数字电子技术的发展历史，以及数字信号、数字电路等基本概念，同时介绍信息数字化的两种主要方式：二进制数和二进制编码。

1.1 引言

1.1.1 电子技术的发展

电子技术是20世纪发展最迅速、应用最广泛的新兴技术。电子技术的核心是电子器件，电子器件的不断更新换代促进了电子技术的发展。电子器件历经电子管、半导体管、集成电路(Integrated Circuits，IC)、大规模集成电路等发展阶段，目前仍未停下发展的脚步，仍不断出现采用新材质、新工艺的新型器件。

集成电路已成为现代信息社会的基石，已渗透到生活和生产的各个层面，计算机、移动电话、数字影像、汽车、飞机、高铁……无不包含集成电路和各种传感器。

扩展阅读

电子技术(电子器件)发展的简短回顾

1883年，美国的爱迪生发现了热电子效应(爱迪生效应)，1904年，英国的弗莱明利用热电子效应制成了电子管(二极管)。

1906年，美国的德弗雷斯在弗莱明的二极管中放进了第三个电极——栅极，发明了电子三极管，这是早期电子技术上最重要的里程碑。

1947年12月16日，美国贝尔实验室的肖克莱、巴丁和布拉顿研制出点接触型的锗晶体管，晶体管(transistor)问世，被称作半导体器件或固体器件。

1950年，第一只"结型晶体管"问世，今天的晶体管大部分仍是这种结型晶体管。

1958年9月12日，美国德州仪器(TI)公司的工程师杰克·基尔比(Jack Kilby)将5个元件(包括晶体管、电容和电阻)制作在一个长1.2厘米的锗晶片上，实现了人类历史上的第一块集成电路(IC)。集成电路的出现，标志着电子技术发展到了一个新的阶段，实现了材料、元件、电路三者的统一。集成电路问世42年以后的2000年，基尔比被授予了诺贝尔物理学奖，并得到评审委员会这样的评价——"为现代信息技术奠定了基础"。

1959年，仙童(Fairchild)半导体公司的罗伯特·诺伊斯(Robert Noyce)改进了硅集成电路的制作工艺，使之更为规范，诺伊斯被认为是集成电路的共同发明人。

从20世纪60年代开始，集成电路历经小规模集成电路SSI、中规模集成电路(Medium Scale Integration，MSI)、大规模集成电路(Large Scale Integration，LSI)，发展到特大规模集成电路(Very Large Scale Integration，VLSI)、超大规模集成电路(Ultra Large Scale Integration，ULSI)，直至现在的芯片系统(System on Chip，SoC)，在容量、速度、制作工艺、功耗等方面不断进步。

摩尔定律：1965年4月，英特尔(Intel)创始人之一的戈登·摩尔(Gordon Moore，当时还是仙童半导体公司的电子工程师)在《电子学》杂志上发表了一篇对电子行业进行预期的文章，提出微处理器运算能力每12～18个月提高一倍。50多年以来，集成电路的发展与摩尔的预测相当吻合，芯片从设计到制造，其工艺的进步使得每18～24个月集成度翻倍，成本减半，以几乎指数规律向前发展，故其预言也称为摩尔定律。

时至今日，当集成电路的制作工艺达到5nm、3nm后，硅基芯片逐渐接近其物理极限，摩尔定律是否仍然有效存在争议，一直存在"摩尔定律不久就会失效"的声音。

在硅基芯片逐渐接近其物理极限的今天，光子芯片、量子芯片、石墨烯芯片等新工艺、新材质被提出并获得进展，采用这些工艺制作的集成电路有望获得更高的工作速度，而其能耗将大大减少。

1.1.2 数字信号与数字电路

自然界中存在的物理量可以分为**模拟量**(analog quantity)和**数字量**(digital quantity)。模拟量是随时间连续变化的物理量，如声音、图像、温度、湿度、气压等；数字量数值的增减变化都是某个最小单位(Δ)的整数倍，如教室中的人数、一本书的页数等。

1. 模拟信号和数字信号

用电子电路处理物理量时，首先要将物理量转换为电信号，一般采用各种传感器完成。例如，利用麦克风可以将声音转换为模拟电压信号，即语音信号；同样，采用温度传感器也可以将温度变化转换为电压变化。在时间域上幅度连续变化的电信号称为模拟信号(analog signal)，模拟信号的典型例子是正弦电压信号，如图1.1所示。

数字信号(digital signal)是在时间和幅值上离散的信号。典型的数字信号是二值信号，图1.2是一个二值电压信号的波形，该信号只有0V和+5V两种电压取值。现实中的数字信号一般都采用二值信号。

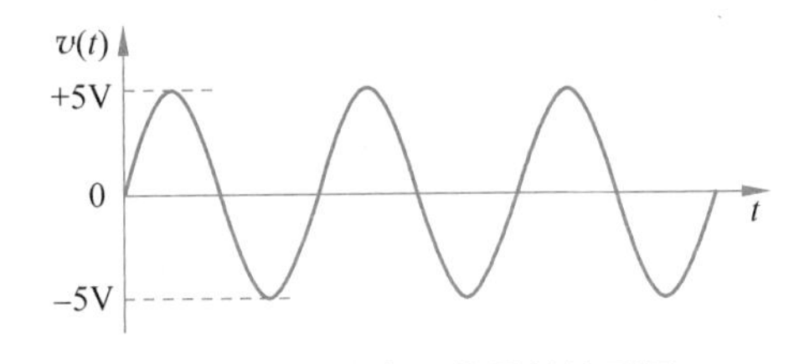

图1.1 正弦电压信号的波形图

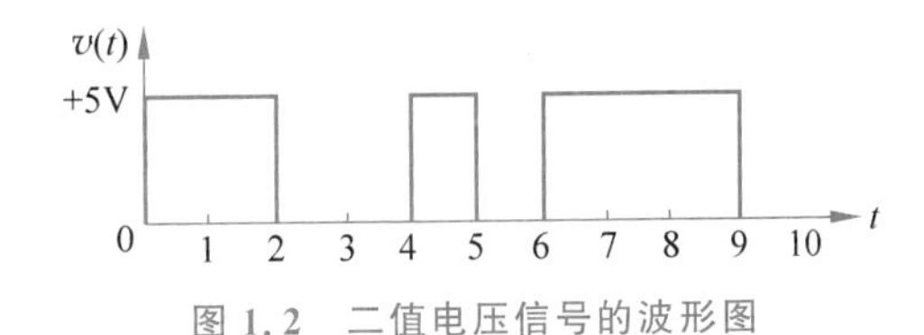

图1.2 二值电压信号的波形图

注意： 在数字系统中，通常用逻辑值1和0表示电平的高和低。0表示低、1表示高是最自然的，称为**正逻辑**方式；而0表示高、1表示低称为**负逻辑**方式。一般采用正逻辑方式。

2. 模拟电路和数字电路

处理模拟信号的电路是**模拟电路**(analog circuit)，运算放大器是典型的模拟电路。处理数字信号的电路是**数字电路**(digital circuit)，由于它具有逻辑运算和逻辑处理功能，所以又称为数字逻辑电路，译码器、计数器都是典型的数字电路。

与模拟电路相比，数字电路具有下述优点。

(1) 结构简单，便于复制和大规模集成。

(2) 可靠性、稳定性和精度高,抗干扰能力强,易于实现检错、纠错机制。信息在传输、变换和处理时,不可避免地受到噪声的干扰和存在传输损耗,模拟信号由于其取值的连续性对这种影响难以根除,而数字信号的离散取值特性有利于消除这种影响,实现信号的再生,在数字通信中采取各种检错码、纠错码后,能进一步提高通信的可靠性。

(3) 便于实现算术运算和逻辑运算,也便于实现信息的存储和检索。

(4) 可通过编程改变芯片的逻辑功能,实现可编程逻辑芯片。

(5) 便于实现计算机辅助设计(CAD)。

1.1.3 数字电路设计方式的发展

数字电路的分析(analysis)是指已知数字电路,分析其工作原理,确定输入/输出信号之间的关系,明确电路的逻辑功能。

数字电路的设计(design)是与数字电路的分析相反的过程,它首先明确要实现的逻辑功能,采用一定的设计方法,构造出符合要求的数字电路。

数字电路设计的方式经历了从传统人工设计为主的阶段到目前基于 EDA 工具的自动和半自动设计阶段的转变。

1. 传统人工设计方式

传统数字电路采用搭积木式的方式实现,由固定功能的器件加上外围电路构成模块,由模块形成各种功能电路,进而构成系统。构成系统的积木块是各种标准芯片,如 74/54 系列(TTL)、4000/4500 系列(CMOS)芯片等,用户只能根据需要从这些标准器件中选择,并按照推荐的电路搭建系统,设计的灵活性低。

传统设计中,逻辑功能主要采用真值表,通过逻辑代数和卡诺图化简得到最简或最优的表达式,采用相应的标准芯片(74/54、4000/4500 系列)实现逻辑功能,其设计方式以人工设计为主。从方案的提出到验证和修改,均采用人工手段完成,因此这种方法效率较低。

2. 基于现代 EDA 工具的设计方式

进入大规模集成电路时代后,传统的人工设计方式已经落伍,借助各种先进 EDA 工具的设计方式逐渐走向成熟并被广泛采用。EDA 设计工具经历了由简单到复杂、由初级到高级的不断发展进步的历程,从计算机辅助设计(Computer Aided Design,CAD)、计算机辅助工程(Computer Aided Engineering,CAE)到电子设计自动化(Electronic Design Automation,EDA),设计工具的自动化程度越来越高,支持的设计复杂度也越来越高。

基于现代 EDA 工具的设计方式的实现,一方面需要先进 EDA 工具的支撑,另一方面有赖于先进的数字芯片的出现,此方面最为典型的是可编程逻辑器件(Programmable Logic Device,PLD),PLD 改变了传统的设计思路,可使设计者将原来由电路板完成的功能放到芯片中实现,增加了设计的自由度,提高了设计效率,而且引脚定义的灵活性减少了原理图和印制板设计的工作量,减小了体积和功耗,提高了可靠性。

3. 自顶向下和自底向上的设计思路

当传统的人工设计方式逐渐走向借助各种先进 EDA 设计工具的设计方式时，数字设计的思想也由自底向上(Bottom-up)的设计思路变为自顶向下(Top-down)的设计思路。

自顶向下的设计思路是从系统设计入手，在顶层进行功能的划分；在功能级用硬件描述语言(Hardware Description Language，HDL)或原理图进行描述，然后用综合工具将设计转化为门级电路网表，其对应的物理实现可以是 PLD 或专用集成电路(ASIC)；设计的仿真和调试可以在高层级完成，一方面有利于在早期发现设计上的缺陷，避免设计时间的浪费，另一方面有助于提前规划测试工作，提高设计的成功率。

在 Top-down 设计中，将设计分成几个不同的层次：行为级、功能级、门级和开关级等，按照自上而下的顺序，在不同的层次上对系统进行设计和仿真。图 1.3 是 Top-down 设计方式的示意图，从图中可看出，在 Top-down 的设计过程中，需要 EDA 工具的支持，有些步骤，EDA 工具可以自动完成，如综合等，有些步骤，EDA 工具为用户提供辅助。Top-down 设计经过“设计—验证—修改设计—再验证”的过程，不断迭代，直至得到想要的结果，并且在速度、功耗、可靠性方面达到较为合理的平衡。

图 1.4 是用 Top-down 设计方式设计 CPU 的示意图。首先在顶层划分，将整个 CPU 划分为 ALU、PC、RAM 等模块，再对每个模块分别进行设计，然后通过 EDA 工具将设计综合为网表并实现之。

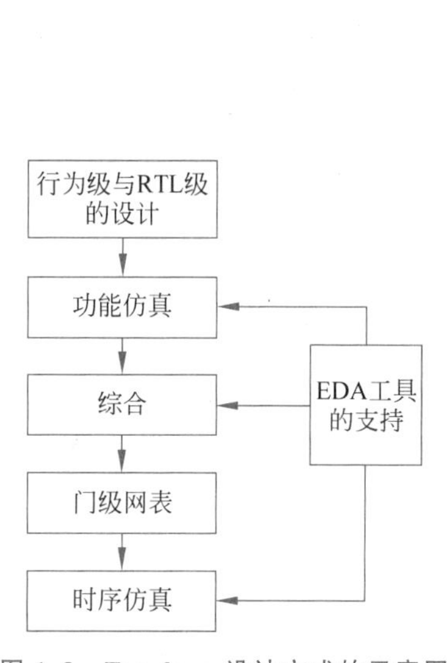

图 1.3 Top-down 设计方式的示意图

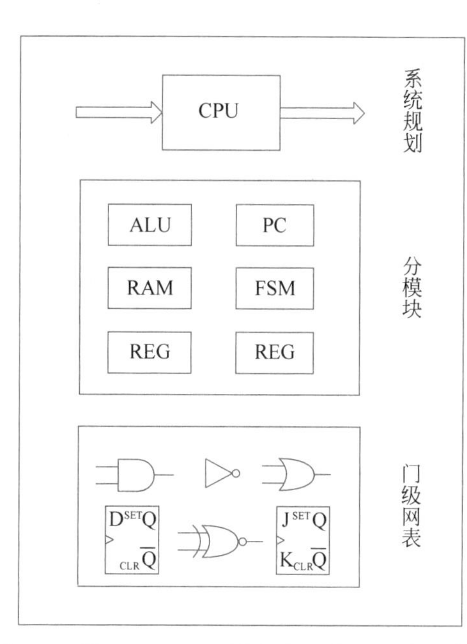

图 1.4 用 Top-down 设计方式设计 CPU 的示意图

自底向上(Bottom-up)的设计思路，是由设计者选择标准芯片，或将门电路、加法器、计数器等做成基本单元库，调用这些单元，逐级向上组合，直至设计出满足需要的电路和系统。这样的设计方法就如同用一砖一瓦建造金字塔，设计者会更多地关注细节，容易对顶层设计缺乏规划，当设计出现问题时，修改设计会比较麻烦，甚至会前功尽弃，不得不从头再来。

自顶向下的设计思路符合人们的逻辑思维习惯，适用于设计较为复杂的数字电路，在设计过程中，往往也需要用到自底向上的方式，两者相辅相成。在传统的数字电路的设计中，采用自底向上的设计思路更多一些。

1.2 数制

在数字系统中，所有信息均以0、1码的形式存在，0、1码的组合不仅用于表示数值大小，也用于表示各种事物（声音、图像、数据等），用0、1码表示数值涉及数制，用0、1码表示事物则涉及码制。

数值表示和数值计算是数字系统应用的基本问题，数制是用于实现数值表示和数值计算的一套规则，涉及无符号数的表示和有符号数的表示，涉及十进制计数，以及在数字系统中广泛采用的二进制和十六进制计数等。

1.2.1 按位计数制

无符号数值常用按位计数制表示，如二进制（binary）、八进制（octal）、十进制（decimal）和十六进制（hexadecimal）。进制之间的关系对照见表1.1。日常生活中使用的是十进制。而数字电路中直接处理的是二进制数，八进制数和十六进制数虽不直接处理，但是因基数均为2的幂，因而在表示多位二进制数时很有用。

表1.1 按位计数制对照表

十 进 制	二 进 制	八 进 制	十六进制
0	0000	0	0
1	0001	1	1
2	0010	2	2
3	0011	3	3
4	0100	4	4
5	0101	5	5
6	0110	6	6
7	0111	7	7
8	1000	10	8
9	1001	11	9
10	1010	12	A
11	1011	13	B
12	1100	14	C
13	1101	15	D
14	1110	16	E
15	1111	17	F

按位计数制具有相同的计数规则，其涉及的常用概念如下。

(1) **基数**(base)：基数就是进制数，二、八、十、十六进制的基数分别为2、8、10、16。

(2) **数码**：数码是每种计数进制的一套字符集，二进制数码为 0 和 1；十进制数码为 0～9；十六进制数码则是 0～9、A～F。

(3) **权**(weight)：当书写数值时，每个字符位置都有其相应的权值，简称权。权值按基数的幂次变化，以小数点的位置为基准，小数点左边(整数部分)为正，按 0、1、2……的顺序增加；小数点右边(小数部分)为负，按 −1、−2、−3……的顺序变化。比如，二进制数 1000 中 1 的权是 2^3。

(4) **计数规则**：二进制计数时逢二进一，借一当二，其他进制具有相似的计数规则。

1.2.2 数制转换

按位计数制之间可以相互转换。

1. 非十进制数转换为十进制数

二进制、八进制、十六进制数转换为十进制数比较简单，按权展开求和就可以得到等值的十进制数。

例 1.1 分别将二进制数$(1011.1)_2$和$(101.101)_2$转换为十进制数。

解：$(1011.1)_2=1\times2^3+0\times2^2+1\times2^1+1\times2^0+1\times2^{-1}=(11.5)_{10}$

$(101.101)_2=1\times2^2+0\times2^1+1\times2^0+1\times2^{-1}+0\times2^{-2}+1\times2^{-3}=(5.625)_{10}$

数的下标用于指示数的进制，二进制数最左边的位称为**最高有效位**(Most Significant Bit，MSB)，最右边的位称为**最低有效位**(Least Significant Bit，LSB)。

2. 十进制数转换为二进制数

十进制数转换为二进制数时，整数部分和小数部分要分别转换，整数**除 2 取余**，小数则**乘 2 取整**。

例 1.2 将十进制数 117.625 转换为二进制数。

解：整数部分采用竖式除法，如图 1.5 所示，最先产生的余数是最低有效位 LSB，最后产生的余数是最高有效位 MSB，转换结果为$(117)_{10}=(1110101)_2$。

除数	被除数	余数
2	117	1 (LSB)
2	58	0
2	29	1
2	14	0
2	7	1
2	3	1
2	1	1 (MSB)
	0	

图 1.5 除 2 取余算式

小数部分采用乘 2 取整。

	整数部分
$0.625\times2=1.25$	1 (MSB)
$0.25\times2=0.5$	0
$0.5\times2=1.0$	1 (LSB)

因此，$(0.625)_{10}=(0.101)_2$。

故$(117.625)_{10}=(1110101.101)_2$。

十进制小数转换为二进制数可能出现无限循环或无限不循环情况，此时可以按精度要求保留若干位小数。

例 1.3 将十进制数 0.4 转换为二进制数(保留 5 位小数)。

解：采用乘 2 取整法。

	整数部分
$0.4\times2=0.8$	0
$0.8\times2=1.6$	1
$0.6\times2=1.2$	1
$0.2\times2=0.4$	0
$0.4\times2=0.8$	0
$0.8\times2=1.6$	1

因此，$(0.4)_{10}\approx(0.01101)_2$。

本例计算到小数点后第6位，对第6位采用“0舍1入”的方式，只保留5位小数。

除2取余法和乘2取整法合称为基数乘除法，该方法可以推广到一般的十进制数转换为R进制数，称为**除R取余**法和**乘R取整**法。例如，将十进制数转换为十六进制数时，可以分别对整数和小数部分进行除16取余和乘16取整转换。

3. 二进制数转换为十六进制数

二进制数转换为十六进制数时，以小数点为基准，整数部分从右向左每4位一组，高位不足4位时添0补足4位；小数部分从左向右每4位一组，低位不足4位时也添0补足4位，每4位二进制数对应1位十六进制数。十六进制数转换为二进制数时，只要将每位十六进制数转换为对应的4位二进制数即可(二进制数头尾多余的0可以去掉)。

例1.4 完成下列二进制数和十六进制数的转换。

解：$(1110110111.0101001)_2=(0011\ 1011\ 0111.0101\ 0010)_2=(3B7.52)_{16}$

$(3AB.C8)_{16}=(0011\ 1010\ 1011.1100\ 1000)_2=(1110101011.11001)_2$

1.2.3 带符号数的表示

用二进制数表示带符号数(signed numbers)时，通常增加一个符号位(sign bit)，位于最左边(最高位)，符号位为0表示正数，为1表示负数，后面是数值位。

带符号的二进制数通常有**原码**(signed-magnitude)、**反码**(one's complement)和**补码**(two's complement)三种表示方式。

正数的原码、反码和补码相同，其符号位为0，数值位就是该数的二进制数。

负数的原码、反码和补码的符号位都是1，原码的数值位就是该数的二进制数，反码的数值位是原码数值位的逐位取反，补码的数值位是在反码数值位的末位加1。

表1.2列出了4位二进制原码、反码、补码所能表示的十进制数范围。

表1.2 十进制数与4位二进制原码、反码、补码

十进制数	原码	反码	补码
+7	0111	0111	0111
+6	0110	0110	0110
+5	0101	0101	0101
+4	0100	0100	0100
+3	0011	0011	0011

续表

十进制数	原　码	反　码	补　码
+2	0010	0010	0010
+1	0001	0001	0001
+0 −0	0000 1000	0000 1111	0000
−1	1001	1110	1111
−2	1010	1101	1110
−3	1011	1100	1101
−4	1100	1011	1100
−5	1101	1010	1011
−6	1110	1001	1010
−7	1111	1000	1001
−8	—	—	1000

注意：由表1.2可看出，0的原码和反码会有两种表示形式，0的补码则不会有这个问题。

由表1.2可总结出，n位二进制数可以表示的数值范围如下。

n位原码和反码的表示范围：$-(2^{n-1}-1)\sim+(2^{n-1}-1)$。

n位二进制补码的表示范围：$-2^{n-1}\sim+(2^{n-1}-1)$。

例1.5 分别给出$(+13)_{10}$和$(-13)_{10}$的8位二进制原码、反码和补码。

解：$(+13)_{10}=(+1101)_2=(+0001101)_2=(00001101)_{原码}=(00001101)_{反码}=(00001101)_{补码}$

$(-13)_{10}=(-1101)_2=(-0001101)_2=(10001101)_{原码}$

$(-13)_{10}=(-1101)_2=(-0001101)_2=(11110010)_{反码}$

$(-13)_{10}=(-1101)_2=(-0001101)_2=(11110011)_{补码}$

对于带符号的二进制小数，其符号位仍用最高位表示，负数补码的数值位在反码基础上加1(注意是末位加1)。

例1.6 分别给出$(0.01101)_2$和$(-0.01101)_2$的8位二进制原码、反码和补码。

解：$(0.01101)_2=(0.0110100)_{原码}=(0.0110100)_{反码}=(0.0110100)_{补码}$

$(-0.01101)_2=(1.0110100)_{原码}=(1.1001011)_{反码}=(1.1001100)_{补码}$

1.2.4 带符号数的补码运算

计算机和数字系统中均采用二进制补码表示有符号数并进行相关算术运算，二进制数的补码表示法将带符号二进制数的加减运算统一为补码的加法运算，运算结果也用补码表示，带来很大便利。下面举例说明二进制数的补码运算。

注意：

计算机和数字系统中采用二进制补码表示有符号数并进行相关算术运算，其原因在于利用原码和反码构造加法电路时，逻辑电路的实现非常复杂。比如，二进制原码减法电路实现时必须检查加数和被加数的符号以决定对数值执行何种操作，如果符号相同，就将数值相加，并赋予结果相同的符号；如果符号不同，就必须比较数值大小，用较大的数值减去较小的数值，并把较大数值的符号赋予结果。二进制反码加法器的设计同样远比二进制补码加法器棘手。而二进制补码加法电路则连同符号位一起进行加法运算，电路设计得到极大简化。

例 1.7 用二进制补码计算 17＋10，－17＋10，－17－10。

解：＋17 的补码是 010001，－17 的补码是 101111，＋10 的补码是 001010，－10 的补码是 110110。

＋17	0 10001	－17	1 01111	－17	1 01111
＋10	0 01010	＋10	0 01010	－10	1 10110
＋27	0 11011	－ 7	1 11001	－27	(1)1 00101

补码加法运算，运算结果仍为补码。上面的例子中字长为 6 位，只保留 6 位运算结果，超过 6 位的进位 1 自动丢失。当结果的最高位为 0 时，表示结果为正，否则结果为负。

两个符号不同的补码相加总能得到正确的结果，而两个同符号的补码相加时，则可能发生溢出错误，错误原因是运算结果超出了二进制补码的表示范围，此时增加位宽可解决溢出问题。

注意：

补码加法中必须检查溢出，判断溢出可依据如下两条。

(1) 符号(最高位)相异两数相加不会溢出。

(2) 当具有相同符号的两个操作数相加产生了不同符号的结果时，就表示发生了溢出。

解决溢出问题的方法：增加补码数值的位数(符号位扩展)，用更多的数位表示二进制补码结果，可解决溢出问题。

1.3 码制

数字系统中的信息(数值、字母、文字符号等)都是用一定位数的二进制码表示的。各种信息在数字系统中的表示方法统称为编码(code)，采用 0 和 1 的排列组合来代表某个对象。

1.3.1 二-十进制编码(BCD 码)

十进制数可以转化为二进制数，还有一种专门的二进制编码表示法，即二-十进制码，简称 BCD(binary coded decimal)码，此方法将十进制数看作十进制符号的组合，而不是看作一个数值，对每个字符进行编码表示。

十进制数的字符是 0～9，对这 10 个符号进行编码，至少需要 4 位二进制码。4 位二进制码可以有 0000～1111 共 16 种组合，原则上可以从中任取 10 种进行二-十进制编码。显然，这样的编码方案可以有多种，常用的 BCD 编码如表 1.3 所示。

表 1.3 常用的 BCD 编码

十进制数	8421 码	5421 码	2421 码	余 3 码	余 3 循环码
0	0000	0000	0000	0011	0010
1	0001	0001	0001	0100	0110
2	0010	0010	0010	0101	0111
3	0011	0011	0011	0110	0101
4	0100	0100	0100	0111	0100
5	0101	1000	1011	1000	1100
6	0110	1001	1100	1001	1101
7	0111	1010	1101	1010	1111
8	1000	1011	1110	1011	1110
9	1001	1100	1111	1100	1010

1. 8421 码

8421 码是最常用的 BCD 码，其编码方法与 10 个十进制字符等值的二进制数完全相同，是一种有权码，各位的权值由高到低依次为 8、4、2、1。有权码的各编码位都有固定的权值，从而可以通过按权展开的方法求得各码字对应的十进制字符。以下是一个 8421 码的示例。

$$(265.8)_{10}=(001001100101.1000)_{8421BCD}$$

注意：BCD 码中的每个码字和十进制数中的每个字符是一一对应的，BCD 码高位的 0 和小数部分低位的 0 均不可省略。

2. 5421 码

5421 码也是有权码，各位的权值依次为 5、4、2、1。5421 码的特点是编码的最高位先为 5 个连续的 0，后为 5 个连续的 1，从而在十进制 0～9 的计数过程中，最高位对应的输出端可以产生对称方波信号。

3. 2421 码

2421 码也是有权码，2421 码的 5～9 的编码与 0～4 的编码之间具有两两互为反码的特点，如 0(0000)和 9(1111)、1(0001)和 8(1110)、2 和 7、3 和 6、4 和 5，因此，2421 码为自反码。此外，2421 码最高位也有 5421 码的特点。

4. 余 3 码

余 3 码是无权码，余 3 码的码字比对应的 8421 码的码字大 3，这就是余 3 码名称的由来。此外，余 3 码和 2421 码一样，也是自反码。

5. 余 3 循环码

余 3 循环码也是一种无权码，其码字取自 4 位格雷码(循环码)的中间 10 个码字(去掉开始 3 个和最后 3 个码字)。余 3 循环码保留了循环码的相邻性、循环性和反射性特点,因此得名。

例 1.8 分别用 8421 码、5421 码、2421 码、余 3 码和余 3 循环码表示十进制数 108.5。

解:

$$
\begin{aligned}
(108.5)_{10} &= (000100001000.0101)_{8421BCD} \\
&= (000100001011.1000)_{5421BCD} \\
&= (000100001110.1011)_{2421BCD} \\
&= (010000111011.1000)_{\text{余3码}} \\
&= (011000101110.1100)_{\text{余3循环码}}
\end{aligned}
$$

1.3.2 格雷码

格雷码(Gray Codes)又称循环码(cyclic code)。格雷码具有循环码的相邻性和循环性,相邻性是指任意两个相邻的码字之间仅有 1 位取值不同,循环性是指首尾两个码字也相邻。循环码的这种特性使之在码字转换时不容易产生错误,常应用于通信、FIFO 或 RAM 地址寻址计数器中。

格雷码是一种无权码,一般不能用于算术运算。

表 1.4 给出了十进制数、4 位二进制码和 4 位格雷码的对照。

表 1.4 十进制数、4 位二进制码和 4 位格雷码的对照

十进制数	二进制码	格雷码	十进制数	二进制码	格雷码
0	0000	0000	8	1000	1100
1	0001	0001	9	1001	1101
2	0010	0011	10	1010	1111
3	0111	0010	11	1011	1110
4	0100	0110	12	1100	1010
5	0101	0111	13	1101	1011
6	0110	0101	14	1110	1001
7	0111	0100	15	1111	1000

格雷码除了具有一般循环码的特点外,还具有反射性(也称镜像特性)。所谓反射性,是指以编码最高位的 0 和 1 分界处为镜像点,处于对称位置的代码只有最高位不同,其余各位都相同。例如,4 位格雷码的镜像对称分界点在 0100 和 1100 之间,处于镜像对称位置的格雷码 0101 和 1101 只有最高位取值不同。利用这种反射特性,通过位数扩展,可以方便地构造不同位数的格雷码。

1.3.3 ASCII 码

ASCII(American Standard Codes for Information Interchange)是美国信息交换标准代码的简称,是由美国国家标准化学会(ANSI)制定的一种信息编码方案,它最初是美国国家标准,后来被国际标准化组织(ISO)认定为国际标准,称为 ISO 646 标准。

ASCII 码采用 7 位二进制编码格式,共有 128 个码字,用于表示十进制字符(10 个码字),大、小英文字母(52 个),控制符(34 个)和各种符号(32 个)。完整的 ASCII 码编码如表 1.5 所示。表示十进制字符 0～9 的 7 位 ASCII 码是 0110000～0111001,即 30H～

39H(H 表示十六进制)；表示大写英文字母 A～Z 的 ASCII 码是 41H～5AH，表示小写英文字母 a～z 的 ASCII 码是 61H～7AH。

表 1.5 ASCII 码编码表

$b_3b_2b_1b_0$	$b_6b_5b_4$							
	000	001	010	011	100	101	110	111
0000	NUL	DLE	SP	0	@	P	`	p
0001	SOH	DC1	!	1	A	Q	a	q
0010	STX	DC2	"	2	B	R	b	r
0011	ETX	DC3	#	3	C	S	c	s
0100	EOT	DC4	$	4	D	T	d	t
0101	ENQ	NAK	%	5	E	U	e	u
0110	ACK	SYN	&	6	F	V	f	v
0111	BEL	ETB	'	7	G	W	g	w
1000	BS	CAN	(	8	H	X	h	x
1001	HT	EM	)	9	I	Y	i	y
1010	LF	SUB	*	:	J	Z	j	z
1011	VT	ESC	+	;	K	[	k	{
1100	FF	FS	,	<	L	\	l	|
1101	CR	GS	-	=	M	]	m	}
1110	SO	RS	.	>	N	^	n	～
1111	SI	US	/	?	O	_	o	DEL

计算机的键盘采用 ASCII 码进行编码，编码表中 21H～7EH 对应的所有字符都可以在键盘上找到，每按下一个键，该键对应的 ASCII 码会作为键值发送给主机，例如，按下 A 键，键盘就送出码字 1000001。

习题 1

1-1 填空。

(1) $(AE.4)_{16}=(\quad\quad)_{10}=(\quad\quad)_{8421BCD}$。

(2) $(174.25)_{10}=(\quad\quad)_2=(\quad\quad)_{16}$。

(3) 已知 $X=(-0.01011)_2$，则 X 的 8 位二进制补码为（　　　）。

(4) 已知 $X_{原}=Y_{补}=(10110100)$，则 X、Y 的真值分别为$(\quad\quad)_{10}$、$(\quad\quad)_{16}$。

(5) 8 位二进制补码所能表示的十进制数范围为(　　　)。

1-2 将下列二进制数转换为十进制数：

(1) $(1101)_2$　(2) $(10110110)_2$　(3) $(0.1101)_2$　(4) $(11011011.101)_2$

1-3 将下列十进制数转换为二进制数和十六进制数：

(1) $(39)_{10}$　(2) $(0.625)_{10}$　(3) $(0.24)_{10}$　(4) $(237.375)_{10}$

1-4 将下列十六进制数转换为二进制数和十进制数：

(1) $(6F.8)_{16}$　(2) $(10A.C)_{16}$　(3) $(0C.24)_{16}$　(4) $(37.4)_{16}$

1-5 求出下列各数的8位二进制原码和补码：

(1) $(-39)_{10}$ (2) $(0.625)_{10}$ (3) $(5B)_{16}$ (4) $(-0.10011)_2$

1-6 已知 $X=(-92)_{10}$，$Y=(42)_{10}$，利用补码计算 $X+Y$ 和 $X-Y$ 的值。

1-7 分别用8421码、5421码和余3码表示下列数据：

(1) $(309)_{10}$ (2) $(63.2)_{10}$ (3) $(5B.C)_{16}$ (4) $(2004.08)_{10}$

1-8 将字符串 Hello,World!使用ASCII码进行编码。

第2章 逻辑代数基础

逻辑代数(Logic Algebra)是用于研究逻辑变量和逻辑运算的代数系统,也是数字逻辑电路分析与设计的数学基础。数字电路中的信号被抽象为逻辑变量,信号之间的相互关系被抽象为逻辑运算,逻辑变量通过逻辑运算构成逻辑函数。

2.1 逻辑代数

扩展阅读

逻辑代数发展的简短回顾

逻辑代数(Logic Algebra)是英国数学家乔治·布尔(George Boole)于1847年在其著作《逻辑的数学分析》中提出的,故又称布尔(Boolean)代数;1854年,布尔在其著作《思维规律的研究》中更充分地介绍了逻辑代数。最初的布尔代数是一种关于0和1的纯数学系统,没有人发现其具有任何物理或现实意义。1907年,数学家E. V. Huntington对逻辑代数做了进一步完善。

1938年,香农(Shannon)在麻省理工学院的硕士论文《继电器与开关电路的符号分析》中将继电器、开关、二进制、布尔代数联系起来,把布尔代数的"真"与"假"和继电器的"开"与"关"对应起来,并分别用1和0表示,用布尔代数分析继电器(开关)电路,从此开启了布尔代数在现实世界的应用之门。

时至今日,逻辑代数已逐步完善,有一套完整的运算规则,包括公理、定理和定律,并被广泛应用于开关电路和数字逻辑电路的分析、化简和设计。随着数字电子技术的发展,逻辑代数成为分析和设计数字逻辑电路、开关电路的基本工具和理论基础,因此也称为开关代数。

2.1.1 逻辑变量与逻辑函数

1. 逻辑变量

一个代数体系最基本的问题是变量和运算。在初等代数中,变量通常是整数、有理数、实数;运算关系则是加、减、乘、除等。

逻辑代数中的变量称为**逻辑变量**(logic variable),逻辑变量也用字符或字符串表示,这一点跟初等代数一样,不同之处在于逻辑变量的取值只有0、1两种,这两个取值称为逻辑值,逻辑值不同于前面介绍的二进制数值,逻辑值0和1没有大小之分,只表示两种相对的状态,比如开关的开和关、指示灯的亮和灭、命题的真与假等。

在数字电路中,通常用信号线或引脚上的电平(电压)高低表示逻辑值,如果用高电平表示逻辑值1,低电平表示逻辑值0,则称为**正逻辑**,反之称为**负逻辑**。一般采用正逻辑。

2. 逻辑函数

逻辑变量进行逻辑运算就构成**逻辑函数**(logic function),参与逻辑运算的变量(输入变量)称为自变量,运算后产生的输出变量称为因变量。

逻辑代数定义了三种基本的逻辑运算：与运算、或运算和非运算。

2.1.2 基本的逻辑运算

1. 与逻辑(and)

"所有条件都为真，结论才为真"，此种逻辑关系称为与逻辑。与逻辑可以用图2.1所示的电路来表示，开关A、B和灯L串联，只有当开关A、B都闭合时，灯L才亮。开关和灯之间的控制关系可以用表2.1表示。开关和灯可抽象为逻辑变量，用逻辑变量A和B表示两个开关，开关断开用逻辑值0表示，开关闭合用1表示；用逻辑变量L表示灯，灯灭用0表示，灯亮用1表示，这样表2.1可以表示为表2.2的形式，表2.2反映了逻辑变量与函数值的关系，一般将这种自变量的各种取值组合和相应的函数值用表格表示的形式，称为逻辑函数的**真值表**(truth table)。

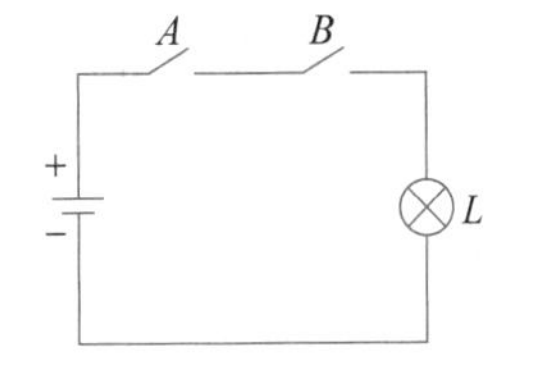

图2.1 与逻辑电路示例

表2.1 开关和灯之间的控制关系

A	B	L
断开	断开	灭
断开	闭合	灭
闭合	断开	灭
闭合	闭合	亮

表2.2 与逻辑的真值表

A	B	L
0	0	0
0	1	0
1	0	0
1	1	1

符合表2.2的逻辑关系称为与运算，或称为逻辑乘，其运算符号为"·"，两变量的与运算表达式为

$$L = A \cdot B = AB$$ （在不致混淆的情况下，与运算符号·可省略）

由与逻辑的真值表(表2.2)可看出，与运算的运算规则是

$$0 \cdot 0 = 0 \quad 0 \cdot 1 = 0 \quad 1 \cdot 0 = 0 \quad 1 \cdot 1 = 1$$

实现与运算的逻辑电路称为与门，2输入与门的逻辑符号如图2.2所示，符号中的"&"是与门定性符。

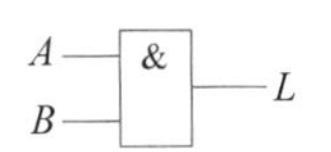

图2.2 与门的逻辑符号

2. 或逻辑(or)

"只要有一个前提为真，结论就为真"的逻辑关系称为或逻辑。或逻辑关系可以用图2.3所示的电路表示，开关A、B并联，再与灯L串联，开关A和B中只要有一个闭合，灯L就亮。或逻辑(或运算)又称为逻辑加，运算符号为"+"，函数表达式为

$$L = A + B$$

或逻辑的真值表如表2.3所示，由真值表可以看出，或运算的运算规则是

$$0+0=0 \quad 0+1=1 \quad 1+0=1 \quad 1+1=1$$

实现或运算的逻辑电路称为或门，2输入或门的逻辑符号如图2.4所示，符号中的"≥1"是或门定性符。

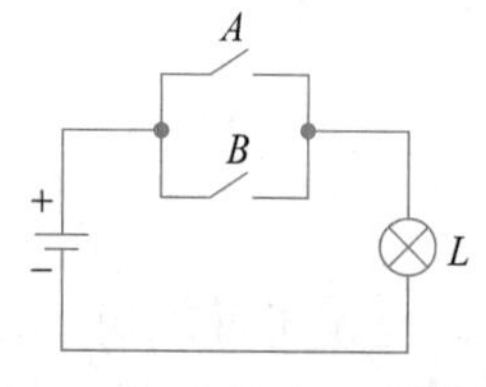

图 2.3 或逻辑电路示例

表 2.3 或逻辑的真值表

A	B	L
0	0	0
0	1	1
1	0	1
1	1	1

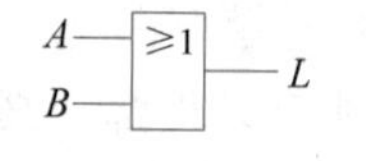

图 2.4 或门的逻辑符号

3. 非逻辑(not)

“非”就是否定。对变量 A 取相反值的运算称为非逻辑。变量 A 的非运算表示为 $\overline{A}$，称为“A 非”。通常称 A 为原变量，称 $\overline{A}$ 为反变量。非逻辑的真值表如表 2.4 所示，其运算规则为

$$\overline{0}=1 \quad \overline{1}=0$$

实现非运算的逻辑电路称为非门，其逻辑符号如图 2.5 所示。

表 2.4 非逻辑的真值表

A	$\overline{A}$
0	1
1	0

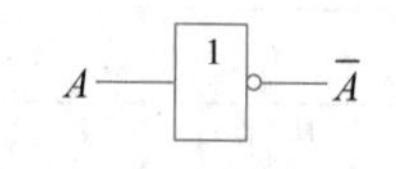

图 2.5 非门的逻辑符号

三种基本逻辑运算的优先级由高到低为非运算、与运算、或运算。例如，在函数 $F=A+\overline{B}C$ 中，首先计算 $\overline{B}$，然后是与运算 $\overline{B}C$，最后用或运算求出 F。可通过加括号更改运算次序，例如，函数 $G=(A+\overline{B})C$ 中，计算次序为非运算、或运算、与运算。

前面给出的与门、或门、非门三种逻辑门符号符合国标 GB/T 4728.12—2022，称为矩形轮廓符号(rectangular outline symbols)，此标准与 IEC(国际电工委员会)的标准(IEC617-12：1991)基本相同。在国际上还广泛采用另一种逻辑门符号，也称为特定外形符号(distinctive shape symbols)，如表 2.5 所示。以上两种符号都被 IEEE(电气与电子工程师协会)认定为国际标准(ANSI/IEEE Std 91a—1991，ANSI/IEEE Std 91—1984)。

表 2.5 与门、或门、非门的两种逻辑符号

符号类型	与 门	或 门	非 门
矩形轮廓符号	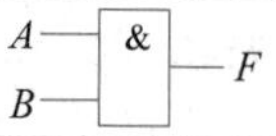 A, B —[&]— F	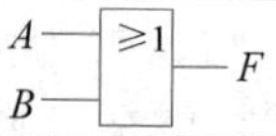 A, B —[≥1]— F	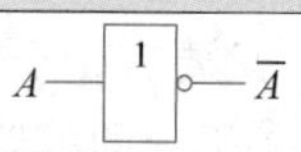 A —[1]o— $\overline{A}$
特定外形符号	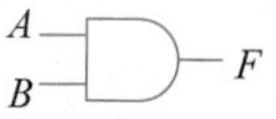 A, B — F	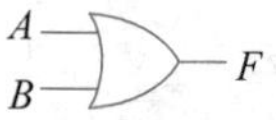 A, B — F	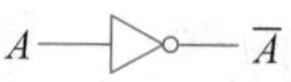 A — $\overline{A}$

注意： 国外数字电路相关教材、EDA 软件和集成电路文档中普遍使用特定外形符号。国内数字电路教材中矩形轮廓符号使用较多，EDA 技术、FPGA 类教材中特定外形符号使用较多。

本书以矩形轮廓符号为主，在大规模 PLD 中，则主要采用特定外形符号表示，对于学习者和从业者来说，这两类符号均应熟练掌握。

2.1.3 复合逻辑运算

在基本逻辑运算的基础上，定义了与非、或非、与或非、异或和同或这几种新的逻辑运算，称为**复合逻辑运算**，其对应的逻辑门称为常用逻辑门。表 2.6 给出了这些复合逻辑运算的表达式、真值表、逻辑门符号，表中每种逻辑门均给出矩形轮廓符号和特定外形符号两种表示形式。

表 2.6 复合逻辑运算的表达式、真值表、逻辑门符号

逻辑运算	逻辑表达式	真值表	逻辑门符号	说 明
与非	$F=\overline{A\cdot B}$	A B | F 0 0 | 1 0 1 | 1 1 0 | 1 1 1 | 0	A, B → & → F A, B → F	输入全为 1 时，输出 $F=0$
或非	$F=\overline{A+B}$	A B | F 0 0 | 1 0 1 | 0 1 0 | 0 1 1 | 0	A, B → ≥1 → F A, B → F	输入全为 0 时，输出 $F=1$
与或非	$F=\overline{AB+CD}$	AB CD | F 0 0 | 1 0 1 | 0 1 0 | 0 1 1 | 0	A, B, C, D → & ≥1 → F	与项全为 0 时，输出 $F=1$
异或	$F=A\oplus B$ $=\overline{A}B+A\overline{B}$	A B | F 0 0 | 0 0 1 | 1 1 0 | 1 1 1 | 0	A, B → =1 → F A, B → F	输入奇数个 1 时，输出 $F=1$
同或(异或非)	$F=A\odot B$ $=\overline{A\oplus B}$ $=AB+\overline{A}\overline{B}$	A B | F 0 0 | 1 0 1 | 0 1 0 | 0 1 1 | 1	A, B → =1 → F A, B → F	输入偶数个 1 时，输出 $F=1$

非运算只能有一个输入，其他运算都有多个输入变量。

异或运算的特点是输入变量中有奇数个 1 时，其运算结果为 1，否则结果为 0。

同或运算的特点是输入变量中有偶数个 1 时，其运算结果为 1，否则结果为 0。

2.2 逻辑代数的定律和规则

2.2.1 逻辑代数的九个定律

逻辑代数的九个基本运算定律如表 2.7 所示，其中的交换律、结合律和分配律与初等代数中的相应定律类似，而互补律、0-1 律、还原律、重叠律、吸收律和反演律是逻辑代

数特有的。

反演律又称为**德·摩根**(De Morgan)定律,可以实现与运算、或运算之间的相互转换,在逻辑函数的化简和变换中经常用到。

表 2.7　逻辑代数的九个基本运算定律

序号	定律	公　式　1	公　式　2
1	交换律	$A+B=B+A$	$AB=BA$
2	结合律	$A+(B+C)=(A+B)+C$	$A(BC)=(AB)C$
3	分配律	$A+BC=(A+B)(A+C)$	$A(B+C)=AB+AC$
4	互补律	$A+\overline{A}=1$	$A\cdot\overline{A}=0$
5	0-1 律	$A+0=A$	$A\cdot 1=A$
		$A+1=1$	$A\cdot 0=0$
6	还原律	$\overline{\overline{A}}=A$	$\overline{\overline{A}}=A$
7	重叠律	$A+A=A$	$A\cdot A=A$
8	吸收律	$A+AB=A$	$A(A+B)=A$
		$A+\overline{A}B=A+B$	$A(\overline{A}+B)=AB$
		$AB+A\overline{B}=A$	$(A+B)(A+\overline{B})=A$
		$AB+\overline{A}C+BC=AB+\overline{A}C$	$(A+B)(\overline{A}+C)(B+C)=(A+B)(\overline{A}+C)$
9	反演律	$\overline{A+B}=\overline{A}\overline{B}$	$\overline{AB}=\overline{A}+\overline{B}$

例 2.1　证明吸收律公式 $AB+\overline{A}C+BC=AB+\overline{A}C$。

证明:通过运用逻辑代数的相关定律和运算规则,对表达式进行恒等变换,使等式两边的函数表达式相同。

$$
\begin{aligned}
AB+\overline{A}C+BC &= AB+\overline{A}C+(A+\overline{A})BC \quad \text{(加项)}\\
&= AB+\overline{A}C+ABC+\overline{A}BC\\
&= (AB+ABC)+(\overline{A}C+\overline{A}BC)\\
&= AB(1+C)+\overline{A}C(1+B)\\
&= AB+\overline{A}C
\end{aligned}
$$

左式=右式,等式得证。

证明逻辑等式还可以采用真值表法,在自变量取任意值的情况下,等式两边的函数值都相等,则等式成立。

2.2.2　逻辑代数的三大规则

逻辑代数中有三个重要的规则:代入规则、对偶规则和反演规则。

1. 代入规则

代入规则:对于任何逻辑等式,以任意一个逻辑变量或逻辑函数同时取代等式两边的某个变量后,等式仍然成立。

对于一个逻辑等式,其中任意一个逻辑变量的两种取值(0 和 1)都满足该等式,而任意逻辑函数最终的取值也只有 0 和 1 两种可能,用其取代等式中的逻辑变量,等式自然成立。

利用代入规则可以方便地将前面定义的各种逻辑运算和表2.7中的公式推广到多变量。

例2.2 用代入规则将反演律公式 $\overline{A+B}=\bar{A}\bar{B}$ 推广到三变量的形式。

解：用 $(B+C)$ 取代等式中的变量 B，根据代入规则，有 $\overline{A+(B+C)}=\bar{A}\cdot\overline{(B+C)}$。对等式右边的 $\overline{B+C}$ 运用反演律，可得 $\overline{A+B+C}=\bar{A}\bar{B}\bar{C}$，显然，这就是反演律的三变量形式。

2. 对偶规则

将逻辑表达式 F 中所有的"·"和"+"互换，0和1互换，就得到了一个新的函数表达式 F'（也可以写作 F_d），表达式 F' 和原表达式 F 互为**对偶式**。

对偶规则：如果两个逻辑函数相等，则它们的对偶表达式也相等。

例2.3 分别写出 $F_1=AB+\bar{A}C+BC$ 和 $F_2=AB+\bar{A}C$ 的对偶表达式。

解：将 F_1 和 F_2 中的与运算和"+"互换，有

$$F'_1=(A+B)(\bar{A}+C)(B+C)\quad F'_2=(A+B)(\bar{A}+C)$$

写对偶表达式时，应注意保持原有的计算次序不变，必要时应在对偶式中加括号。

由对偶表达式的定义可知，与运算和或运算是具有对偶关系的两种运算。相应的，与非运算、或非运算也是对偶的。不太直观的是，异或运算和同或运算也是互为对偶关系的运算。

例2.3中的函数 F_1 和 F_2 就是表2.7中吸收律公式1的最后一个等式两边的表达式，该等式成立已在例2.1中得到证明。根据对偶规则，若 $F_1=F_2$，则 $F'_1=F'_2$，即

$$(A+B)(\bar{A}+C)(B+C)=(A+B)(\bar{A}+C)$$

该等式即表2.7中吸收律公式2的最后一个等式，故通过对偶规则，证明了该等式的成立。

可以看出，表2.7的公式1和公式2中相应的等式都是互为对偶关系的等式，证明了一个，另一个自然成立。

3. 反演规则

在得到对偶表达式的基础上，再进行原变量和反变量的互换，就可以得到原函数的反函数了。所谓**反函数**，就是指与原函数取值相反的函数，若原函数为 F，则反函数记作 $\bar{F}$。由原函数求反函数的过程叫**反演**或**取反**，我们可以利用前面介绍的反演律求反函数，还可以用反演规则求得反函数。

反演规则：将一个函数表达式 F 中出现的所有"·"和"+"互换，0和1互换，原变量和反变量互换，就得到了原函数的反函数 $\bar{F}$。

在用反演规则求反函数时，也要注意保持原函数的运算次序不变。

例2.4 分别用反演律和反演规则求函数 $Z=\overline{A+B\bar{C}}+\overline{DE+\bar{F}}$ 的反函数 $\bar{Z}$。

解：用反演律：$\bar{Z}=\overline{\overline{A+B\bar{C}}+\overline{DE+\bar{F}}}=(A+B\bar{C})(\overline{D\overline{E+\bar{F}}})=(A+B\bar{C})(\bar{D}+E+\bar{F})$

用反演规则：$\bar{Z}=\overline{\bar{A}(\bar{B}+C)}(\bar{D}+\overline{\bar{E}F})$

表面上看，用反演律和反演规则得到的反函数 $\bar{Z}$ 的表达式不同，其实，只要用反演律消去第二个式子中的长非号，就可以发现结果是相同的。

2.3 逻辑函数的描述方式

常用的逻辑函数描述方式有逻辑真值表、逻辑表达式、逻辑图、波形图、卡诺图、硬件描述语言等,其中卡诺图主要是为了实现逻辑化简而采用的表示法。

2.3.1 逻辑表达式

逻辑表达式是指将逻辑函数表示为逻辑变量的与、或、非、异或等运算的形式。

例 2.5 在举重比赛中,安排了三个裁判——一个主裁判和两个副裁判,只有主裁判同意且至少有一个副裁判同意时,运动员的动作才算合格。试将判决结果表示为逻辑表达式的形式。

解: 首先定义逻辑变量,定义逻辑变量 A、B、C,分别表示主裁判和两个副裁判的判决,$A=1$ 表示主裁判认为动作合格,$A=0$ 表示主裁判认为动作不合格; B 和 C 的取值含义类似。定义变量 Z 表示最终判决结果,$Z=0$ 表示判决运动员动作不合格,$Z=1$ 表示判决动作合格。

显然,Z 是 A、B、C 的函数。函数关系是: 只有当 $A=1$,且 B 和 C 中至少有一个是 1 时,$Z=1$; 否则,$Z=0$。满足该函数关系的表达式为 $Z=A(B+C)$。

例 2.5 的函数关系比较简单,可以直接写出表达式。而实际的函数关系很多比这复杂,通常无法直接写出函数表达式。

2.3.2 真值表

真值表(truth table)是指将输入逻辑变量和输出逻辑变量之间的取值组合全部罗列出的表格,实际上是一种采用枚举法表示逻辑函数的方式。

同一逻辑函数可以写出多个不同的表达式,但真值表只能有一个,即真值表描述方式具有唯一性。

例 2.6 设计一个 3 人表决电路,参加表决的 3 个人中有任意两人同意或 3 人均同意,则提案通过; 否则,提案不能通过,用真值表描述该电路。

解: 首先定义逻辑变量,定义自变量 A、B、C 表示 3 人的投票,自变量为 1 表示投赞成票,为 0 表示投反对票; 变量 Z 表示提案表决结果,为 1 代表提案通过,为 0 表示提案未通过。3 个自变量共有 8 种取值组合,由题意可知,当自变量中有两个或两个以上取值为 1 时,Z 为 1。真值表如表 2.8 所示。

表 2.8 3 人表决电路真值表

A	B	C	Z
0	0	0	0
0	0	1	0
0	1	0	0
0	1	1	1
1	0	0	0
1	0	1	1
1	1	0	1
1	1	1	1

2.3.3 逻辑图

将逻辑表达式中的逻辑运算用相应的逻辑符号表示(把逻辑运算符替换为图形符号),就得到了该逻辑表达式的**逻辑图**(logic diagram),或称为逻辑电路图。

任何逻辑表达式都存在逻辑电路与之对应，例 2.5 的函数表达式为 $Z=A(B+C)$，直接实现该表达式的电路逻辑图如图 2.6(a)所示，若将该函数变换为 $Z=AB+AC$，则相应的逻辑图就变成了图 2.6(b)。显然，实现相同逻辑功能的电路，图 2.6(b)比图 2.6(a)多用了一个逻辑门。由此可见，表达式的简化程度与电路的简化程度相对应，为了获得尽量简单的电路，应尽可能简化逻辑表达式。

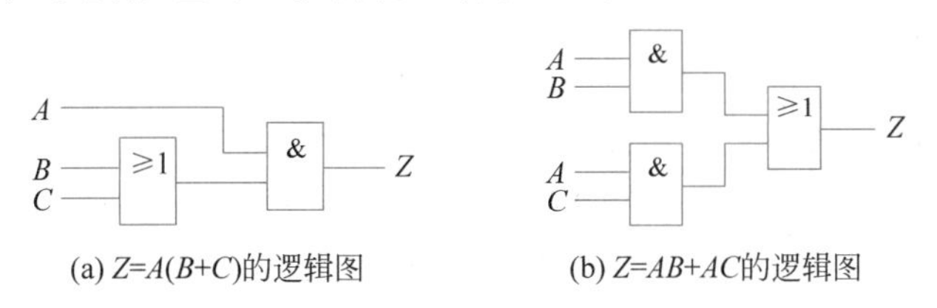

图 2.6　举重裁判电路的逻辑图

2.3.4　最小项与最小项表达式

一个逻辑函数既可以用表达式也可以用真值表描述，表达式表示的是变量间的运算关系，真值表表示的是变量间的取值关系。这两种表示方法的相互转换十分重要，但其对应关系却不十分明显。从前面对真值表的说明可知，真值表对逻辑函数的描述是唯一的，一个确定的逻辑函数只会有一个真值表；而一个逻辑函数的表达式却可以有多种形式。这里我们首先介绍积之和式，然后从真值表出发，建立一种与之相对应的逻辑函数标准形式——最小项表达式。

1. 积之和式

积之和式(Sum Of Products，SOP)又称为与或式，是若干乘积项的和。所谓乘积项(product term)，就是变量的与运算，如 $A\bar{B}$、$\bar{A}BC$、$\bar{A}\bar{C}\bar{D}$。积之和式的例子如 $AB+\bar{A}BC+\bar{A}\bar{C}$。

2. 最小项

最小项又称为标准积项，是一种特殊的乘积项，最小项中每个自变量均以原变量或反变量的形式出现且仅出现一次。

3 个自变量 A、B、C 可构成 8 个最小项，分别是 $\bar{A}\bar{B}\bar{C}$、$\bar{A}\bar{B}C$、$\bar{A}B\bar{C}$、$\bar{A}BC$、$A\bar{B}\bar{C}$、$A\bar{B}C$、$AB\bar{C}$、ABC。最小项与变量的取值有着一一对应关系，例如，能使最小项 $\bar{A}\bar{B}\bar{C}=1$ 的变量取值只有 $ABC=000$，即最小项 $\bar{A}\bar{B}\bar{C}$ 和变量取值 000 相对应；其他 7 个最小项也有对应的取值。为了简化最小项的表示，通常用 m_i 表示最小项，其下标 i 就是使该最小项取值为 1 时对应的自变量取值的十进制数。下标 i 也可以这样确定：将一个最小项中的原变量用 1 替换、反变量用 0 替换，得到一个二进制数，其等值的十进制数就是 i。上述 ABC 三变量构成的最小项可以记作 m_0、m_1、m_2、m_3、m_4、m_5、m_6、m_7。

3. 最小项表达式

最小项表达式又称为标准积之和式，是积之和式中的一种，其中的每个乘积项都是最小项。下面是两个最小项表达式的例子，可看出，最小项表达式中的最小项除了写成乘积项的形式外，还有两种简写形式：

$$F(A,B)=\overline{A}B+A\overline{B}=m_1+m_2=\sum m(1,2)$$

$$L(A,B,C)=\overline{A}\overline{B}\overline{C}+A\overline{B}C+ABC=m_0+m_5+m_7=\sum m(0,5,7)$$

最小项表达式之所以称为函数的标准表达式，是因为每个逻辑函数的最小项表达式都是唯一的，正如逻辑函数的真值表是唯一的一样。任何逻辑函数表达式都可以写成最小项表达式形式。

例 2.7 写出函数 $F(A,B,C)=AB+AC+BC$ 的最小项表达式。

解：
$$\begin{aligned}F(A,B,C)&=AB+AC+BC\\&=AB(\overline{C}+C)+A(\overline{B}+B)C+(\overline{A}+A)BC\\&=AB\overline{C}+ABC+A\overline{B}C+ABC+\overline{A}BC+ABC\\&=\overline{A}BC+A\overline{B}C+AB\overline{C}+ABC\\&=\sum m(3,5,6,7)\end{aligned}$$

若函数表达式不是积之和式，应先将其变换为积之和式，再写出其最小项表达式。

2.3.5 最大项与最大项表达式

1. 和之积式

和之积式又称为或-与式，是若干个和项的乘积。所谓和项，就是变量的或运算，比如$(A+\overline{B})$、$(\overline{A}+\overline{C}+D)$。和之积式的例子比如$(A+B)(\overline{A}+\overline{B})$。

2. 最大项

最大项又称为标准和项，是一种特殊的和项，其中每个自变量均以原变量或反变量的形式出现且仅出现一次。

2 个变量 A、B 构成 4 个最大项：$(A+B)$，$(A+\overline{B})$，$(\overline{A}+B)$，$(\overline{A}+\overline{B})$。每个最大项对应变量的一组特殊取值，例如，能使最大项$(A+\overline{B})=0$ 的变量取值只有 $AB=01$，即最大项$(A+\overline{B})$和变量取值 01 相对应；其他 3 个最大项也均有对应的特殊变量取值。最大项的简写形式为 M_i，下标 i 是与该最大项对应的自变量取值的十进制数。下标 i 的确定方法为：将一个最大项中的原变量替换为 0，反变量替换为 1，得到一个二进制数，其对应的十进制数就是 i。

3. 最大项表达式

最大项表达式又称标准和之积式，是和之积式中的一种，其中的每个和项都是最大项。下面是两个最大项表达式的例子。从中可以看到，除了变量形式外，最大项表达式还有两种简写形式。

$$F(A,B)=(A+B)(\overline{A}+\overline{B})=M_0M_3=\prod M(0,3)$$

$$Z(A,B,C)=(A+B+\overline{C})(\overline{A}+\overline{B}+C)(\overline{A}+\overline{B}+\overline{C})=M_1M_6M_7=\prod M(1,6,7)$$

最大项表达式也是函数的标准表达式之一，一个逻辑函数只有唯一的最大项表达式。最大项表达式和真值表也是对应的，给定真值表，可直接写出相应的最大项表达式，反之亦然。

4. 最小项和最大项的关系

相同变量构成的最小项和最大项之间存在互补关系，即

$$m_i=\overline{M_i}\text{ 或者 }M_i=\overline{m_i}$$

例如，当变量 ABC 取值为000时，有 $m_0=\overline{A}\overline{B}\overline{C}$，$\overline{M_0}=\overline{A+B+C}=\overline{A}\overline{B}\overline{C}=m_0$。

例 2.8 列出最大项表达式 $F(A,B,C)=\prod M(0,4,5)$ 对应的函数真值表，并给出该函数的最小项表达式。

解：$F(A,B,C)=\prod M(0,4,5)=(A+B+C)(\overline{A}+B+C)(\overline{A}+B+\overline{C})$

对于 F 的表达式，只有当 ABC 的取值为000、100和101时，才有 $F=0$；当 ABC 取其他值时，函数值均为1，由此可得真值表如表2.9所示。

表 2.9 例 2.8 真值表

A	B	C	F
0	0	0	0
0	0	1	1
0	1	0	1
0	1	1	1
1	0	0	0
1	0	1	0
1	1	0	1
1	1	1	1

根据真值表写最小项表达式的方法：写出使函数值为1的行对应的最小项，将这些最小项相加，即得到最小项表达式

$$F(A,B,C)=\sum m(1,2,3,6,7)=\overline{A}\overline{B}C+\overline{A}B\overline{C}+\overline{A}BC+AB\overline{C}+ABC$$

通过此例进一步熟悉函数的最小项表达式、最大项表达式和真值表之间的对应关系，以及最大项的下标、最小项的下标和变量取值之间的联系。

2.4 逻辑函数的化简

函数的表达式越简单，其对应的逻辑电路也越简单，简单的电路成本低、功耗低、故障率也低。因此，逻辑函数化简的意义在于用尽可能简化的电路实现同样的逻辑功能。逻辑电路达到最简的标准是：所用的逻辑门数量最少，逻辑门总的输入端数量最少。

2.4.1 逻辑代数化简法

由最简逻辑电路的概念可以导出最简表达式的概念。对于常用的与或式、或与式来说，最少的逻辑门意味着与或式中乘积项数量最少、或与式中和项数量最少；输入端数量最少意味着乘积项或者和项中包含的变量总数最少。

逻辑函数的化简有多种方法，常用的化简方法有两种：逻辑代数化简法和卡诺图化简法。

逻辑代数化简法就是利用逻辑代数的基本公式，通过项的合并（$AB+A\overline{B}=A$）、项的

吸收($A+AB=A$)、消去冗余变量($A+\overline{A}B=A+B$)等手段使表达式中的项(与或式中的乘积项、或与式中的和项)的数量达到最少,同时使表达式中所含变量的数量最少。

例 2.9 用逻辑代数法化简下面的逻辑函数。

$$F_1=A\overline{B}+ACD+\overline{A}\overline{B}+\overline{A}CD$$

$$F_2=AB+AB\overline{C}+AB(\overline{C}+D)$$

$$F_3=A\overline{B}+\overline{A}B+B\overline{C}+\overline{B}C$$

解:$F_1=A\overline{B}+ACD+\overline{A}\overline{B}+\overline{A}CD=A(\overline{B}+CD)+\overline{A}(\overline{B}+CD)=\overline{B}+CD$

$F_2=AB+AB\overline{C}+AB(\overline{C}+D)=AB(1+\overline{C}+(\overline{C}+D))=AB$

$F_3=A\overline{B}+\overline{A}B+B\overline{C}+\overline{B}C=A\overline{B}(C+\overline{C})+\overline{A}B+(A+\overline{A})B\overline{C}+\overline{B}C$

$=A\overline{B}C+A\overline{B}\overline{C}+\overline{A}B+AB\overline{C}+\overline{A}B\overline{C}+\overline{B}C$

$=\overline{B}C(A+1)+A\overline{C}(\overline{B}+B)+\overline{A}B(1+\overline{C})=\overline{B}C+A\overline{C}+\overline{A}B$

用代数法化简逻辑函数,必须熟悉逻辑代数的定律和公式,当表达式比较复杂、项数较多时,化简会比较困难,而且不易判断表达式是否已经最简,所以适合作为函数化简的辅助手段。

2.4.2 卡诺图化简法

当逻辑函数的自变量个数较少(少于 6 个)时,卡诺图是化简逻辑函数的有效工具。由代数化简法可知,当两个乘积项只有一个变量不同,即存在($A+\overline{A}$)的情形时,这两个乘积项可以合并,例如,$ABC+\overline{A}BC=BC$,符合这种情况的项称为相邻逻辑项。卡诺图化简逻辑函数实际上就是寻找相邻项、合并相邻项的过程。

1. 卡诺图

卡诺图(Karnaugh map)是由美国工程师卡诺提出的,实质是变形的真值表,用方格图表示自变量取值和相应的函数值。其构造特点是自变量取值按循环码方式排列,使卡诺图中任意两个相邻的方格对应的最小项(或最大项)只有一个变量不同,从而将逻辑相邻转换为几何相邻,方便相邻项的合并。三变量和四变量的卡诺图如图 2.7 所示。卡诺图中的每个方格对应于真值表中的一行,方格中应填入函数值 0 或 1。方格中的编号是自变量取值对应的十进制数,也就是相应最小项(或最大项)的下标。

A \ BC	00	01	11	10
0	0	1	3	2
1	4	5	7	6

(a) 三变量卡诺图

AB \ CD	00	01	11	10
00	0	1	3	2
01	4	5	7	6
11	12	13	15	14
10	8	9	11	10

(b) 四变量卡诺图

图 2.7　卡诺图

注意： 卡诺图中的第一行和最后一行(第一列和最后一列)对应的方格也是逻辑相邻的，比如四变量卡诺图中的方格 0 和 8、方格 4 和 6 等，均符合逻辑相邻。

2. 在卡诺图上合并最小项(或最大项)

卡诺图上任意两个相邻的最小项(或最大项)可以合并为一个乘积项(或一个和项)，并消去其中取值不同的变量。两个相邻项合并的例子如图 2.8 所示。

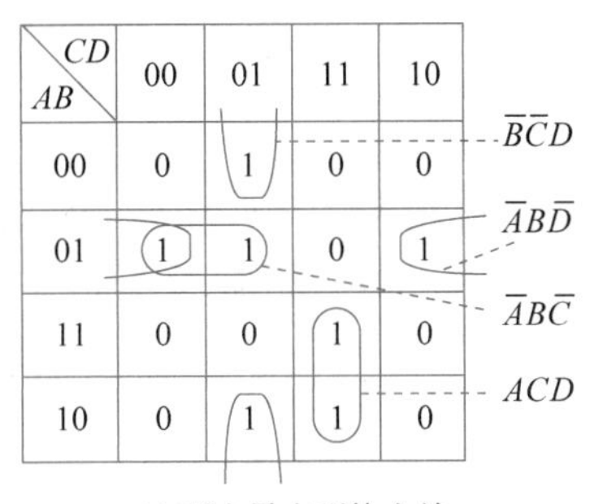

(a) 两个最小项的合并

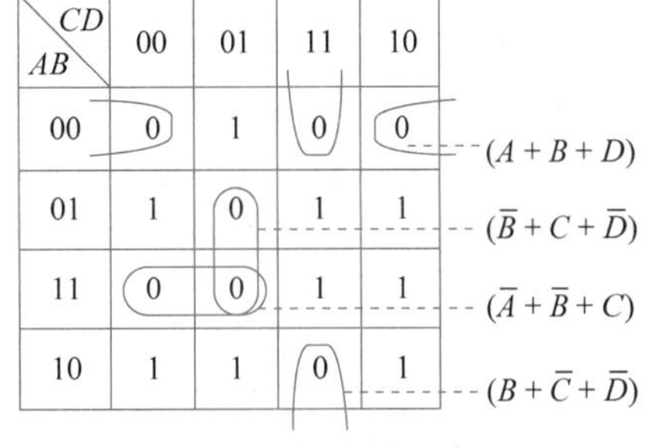

(b) 两个最大项的合并

图 2.8　卡诺图中两个相邻项的合并

卡诺图中 4 个相邻项可以合并为一项，并消去其中两个取值不同的变量。4 个相邻项的合并如图 2.9 所示。

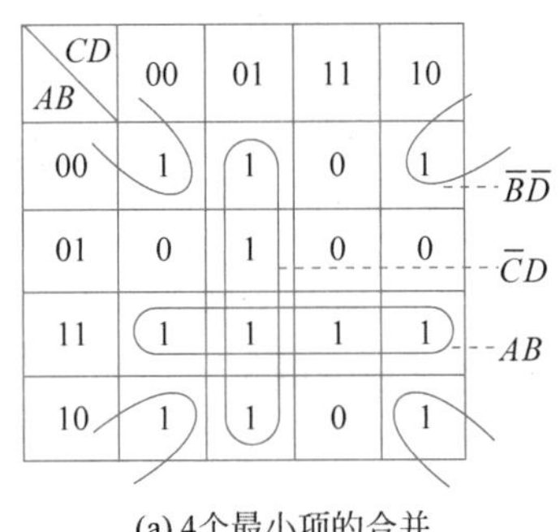

(a) 4个最小项的合并

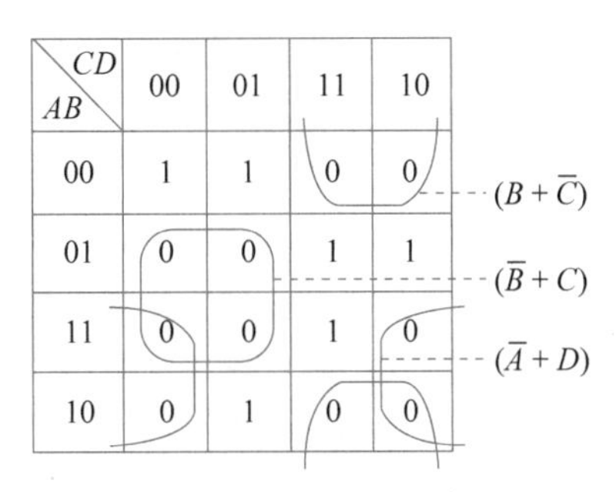

(b) 4个最大项的合并

图 2.9　卡诺图中 4 个相邻项的合并

卡诺图中 2^n 个相邻的最小项(或最大项)可以合并为一项，并可以消去 n 个取值不同的变量。卡诺图方格中填入的 1 或 0 在合并时可以被多个圈使用，这种用法符合重叠律($A+A=A$)。

卡诺图中圈 1 是进行最小项的合并，每个圈中的最小项合并为一个乘积项，所有卡诺圈对应的乘积项之和就是最简与或式。书写乘积项的规则为：该圈对应的某个自变量取值为 1 时，该自变量在乘积项中取原变量形式；自变量取值为 0 时，该自变量为反变量形式。

卡诺图中圈 0 对应于最大项的合并，每个圈中的最大项合并为一个和项，所有卡诺圈对应的和项之积就是最简或与式。和项中变量的书写规则为：取值为 0 的自变量写成原变量形式，取值为 1 的自变量写成反变量形式。

3. 卡诺图化简的步骤和原则

(1) 画出逻辑函数的卡诺图。

(2) 在卡诺图上圈1(0),圈1可以得到最简与或式,圈0可以得到最简或与式。最简与或式是指表达式中的乘积项个数最少,每个乘积项中的变量个数最少;最简或与式是指表达式中的和项最少,每个和项中的变量个数最少。要得到最简表达式,在卡诺图化简中体现为圈的个数最少,每个圈尽可能大(包含的1或0最多)。

(3) 在卡诺图上圈1(0)的原则如下。

- 优先圈独立的1(0),即只有一种圈法的先圈。
- 用尽可能少的圈覆盖所有的1(0),每个圈中的1(0)尽可能多,但必须是2^n个1(0)。
- 必须保证每个圈中至少有一个1(或0)是没有被其他圈圈过的(防止出现多余的圈)。

(4) 写出每个圈对应的乘积项(和项),将这些乘积项(和项)相加(乘),得到最简的与或式(或与式)。

4. 卡诺图化简示例

例2.10 用卡诺图化简函数$F(A,B,C,D)=\sum m(1,2,4,5,6,7,11)$,分别写出最简与或式和最简或与式。

解:根据函数F的最小项表达式填写卡诺图中的1,其余位置填写0,如图2.10所示。

圈1求最简与或式:首先圈孤立的1(m_{11});然后是为了化简m_1和m_2所画的两个圈;最后是为了化简m_4所画的圈。

圈0求最简或与式:首先圈孤立的0(M_3);然后为了化简M_0,将M_0和M_8合并;剩下的0都可以用更大的圈来覆盖,M_9和相邻的另外3个0合并,M_{10}和M_{15}也分别和相邻的3个0合并。至此,所有的0都已圈过。注意,为了使每个圈尽量大,卡诺图中有多个0都被圈过多次,但每个圈都有至少一个0没有被其他圈圈过。

最后根据卡诺图中的圈写出最简表达式。

最简与或式:$F=A\bar{B}CD+\bar{A}\bar{C}D+\bar{A}C\bar{D}+\bar{A}B$

最简或与式:$F=(A+B+\bar{C}+\bar{D})(B+C+D)(\bar{A}+C)(\bar{A}+D)(\bar{A}+\bar{B})$

例2.11 用卡诺图化简函数$F=\bar{A}B+A\bar{B}D$,写出最简或与式。

解:当函数是与或式时,不必写出最小项表达式再填写卡诺图,可直接根据与或运算的特点填写卡诺图:当$AB=01$时,$F=1$,所以卡诺图中AB取值01的一行四个方格都填入1;当$ABD=101$时,$F=1$,在卡诺图中找到该自变量取值条件下的两个方格填入1,其余方格填入0。由于要求最简或与式,应圈0。M_1只有一种圈法,M_{13}也只有一种圈法,如图2.11所示;而化简M_8却有两种不同的圈法,分别是($M_0M_2M_8M_{10}$)和($M_8M_{10}M_{12}M_{14}$)。

由此可得两个等价的或与式:$F=(A+B)(\bar{A}+\bar{B})(\bar{A}+D)$和$F=(A+B)(\bar{A}+\bar{B})(B+D)$。

显然,这两个或与式对应的电路简化程度相同,所以这两个或与式都是最简或与式。

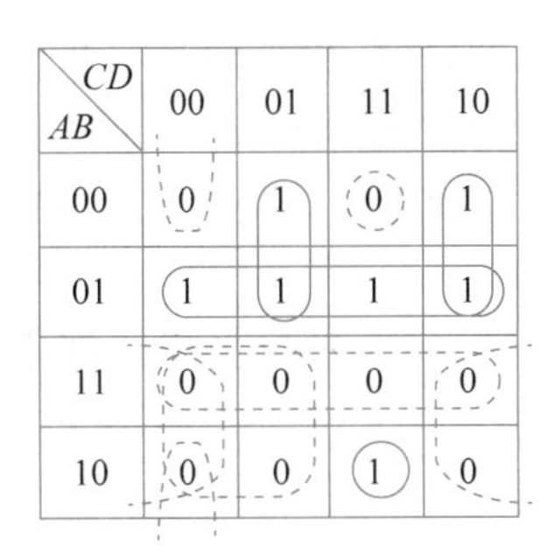

AB \ CD	00	01	11	10
00	0	1	0	1
01	1	1	1	1
11	0	0	0	0
10	0	0	1	0

图 2.10 例 2.10 的卡诺图

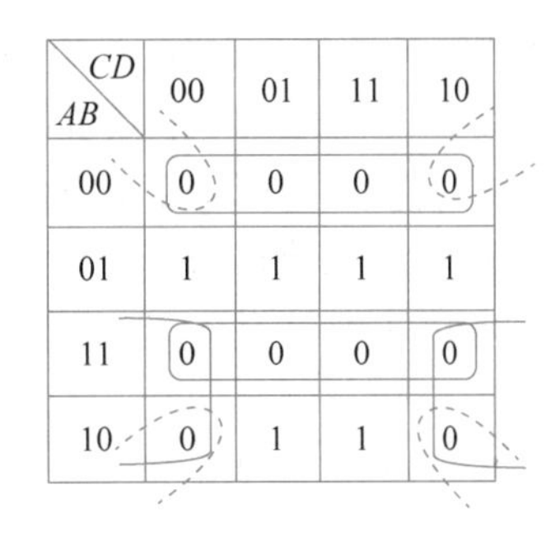

AB \ CD	00	01	11	10
00	0	0	0	0
01	1	1	1	1
11	0	0	0	0
10	0	1	1	0

图 2.11 例 2.11 的卡诺图

2.5 含有无关项的逻辑函数的化简 

1. 无关项

前面讨论的函数都是完全描述函数，即对于任意自变量的取值，都有确定的函数值。在实际应用中，存在非完全描述函数，这种函数对输入变量取值有所限制，或称约束，也就是说输入变量的某些取值是不会出现的，这些输入变量对应的最小项称为**约束项**；有些函数在某些输入变量取值下的函数值为 0 或 1，对电路的功能没有影响，即此时的函数值是任意的，称为**任意项**，用 Φ 表示。一般将约束项与任意项统称为逻辑函数中的**无关项**。

假如有 3 个逻辑变量 A、B、C，分别表示一台电动机的正转、反转和停止指令，$A=1$ 表示正转，$B=1$ 表示反转，$C=1$ 表示停止，显然 ABC 的取值只能是 001、010、100 中的一种(电动机同一时间只能执行一种命令)，而不可能是 000、011、101、110、111 中的一种，故 A、B、C 是一组具有约束的变量，如果用逻辑表达式来描述约束条件，则约束条件可写为

$$\overline{A}\overline{B}\overline{C}+\overline{A}BC+A\overline{B}C+AB\overline{C}+ABC=0$$

上面的约束条件将不能出现的取值组合对应的最小项之和恒等于 0，表示这些输入变量的取值是不允许出现的。

2. 含有无关项的逻辑函数的化简

例 2.12 某逻辑电路的输入是 8421 码，当输入的数值可以被 3 整除时，电路输出为 1，否则输出为 0，试通过卡诺图化简得出该函数的最简与或式。

解：用 4 个自变量 A、B、C、D 表示输入的 8421 码，当 $ABCD$ 取值为 0000～1001 时，为 8421 码，根据题意，当输入对应的十进制数为 0、3、6、9 时，函数值 $F=1$；当输入为其他 8421 码时，$F=0$。自变量的取值 1010～1111 对于该电路来说属于不合法输入(不是 8421 码)，所以在这些取值条件下，F 的取值可按任意项处理($F=\Phi$)。画出卡诺图如图 2.12 所示。

AB \ CD	00	01	11	10
00	1		1	
01				1
11	Φ	Φ	Φ	Φ
10		1	Φ	Φ

图 2.12 例 2.12 的卡诺图

卡诺图中的任意项既可以看作 0 也可以看作 1 的特点

有助于简化逻辑函数。圈1时，若Φ有利于1的化简，就将它和1圈在一起；若Φ对化简没有帮助，就将其当作0。圈毕，可以写出最简与或式$F=\overline{A}\overline{B}\overline{C}\overline{D}+\overline{B}CD+BC\overline{D}+AD$。

在卡诺图化简后，实际上所有任意项的取值都已经确定了，那些和1圈在一起的Φ的取值为1，其余Φ的取值为0。

需注意的是，此处含有无关项的电路属于纯理论探讨，实际电路中对此类问题还应具体分析。

综上，含任意项的逻辑函数的常用表示方法如下。

(1) 最小项表达式

$$F=\sum m(\quad)+\sum \Phi(\quad) \quad 或 \quad \begin{cases} F=\sum m(\quad) \\ \sum \Phi(\quad)=0 \end{cases}$$

比如例2.12的逻辑函数可以写为

$$F=\sum m(0,3,6,9)+\sum \Phi(10,11,12,13,14,15) \quad 或$$

$$\begin{cases} F=\sum m(0,3,6,9) \\ \sum \Phi(10,11,12,13,14,15)=0 \end{cases}$$

(2) 最大项表达式

$$F=\prod M(\quad)\prod \Phi(\quad) \quad 或 \quad \begin{cases} F=\prod M(\quad) \\ \prod \Phi(\quad)=1 \end{cases}$$

例2.12的逻辑函数可以写为

$$F=\prod M(1,2,4,5,7,8)\prod \Phi(10,11,12,13,14,15) \quad 或$$

$$\begin{cases} F=\prod M(1,2,4,5,7,8) \\ \prod \Phi(10,11,12,13,14,15)=1 \end{cases}$$

(3) 其他约束条件形式

$$\begin{aligned}\sum \Phi(10,11,12,13,14,15) &= A\overline{B}C\overline{D}+A\overline{B}CD+AB\overline{C}\overline{D}+AB\overline{C}D+ABC\overline{D}+ABCD \\ &= AB+AC\end{aligned}$$

所以任意项也可以表示为

$$\begin{cases} F=\sum m(0,3,6,9) \\ 约束条件：AB+AC=0 \end{cases}$$

上式中的约束条件$AB+AC=0$可以这样理解：对于函数$F=\sum m(0,3,6,9)$，其自变量取值必须受表达式$AB+AC=A(B+C)=0$的约束（或者$A=0$，或者B和C都为0）。显然，符合该条件的自变量取值就是$0000\sim1001$。

习题2

2-1 填空。

(1) $\overline{A}+AB=(\qquad)$，$A\oplus1=(\qquad)$。

(2) $A_1 \oplus A_2 \oplus \cdots \oplus A_n = 1$ 的条件是(　　　　　　　　)。

(3) 根据对偶规则和反演规则，直接写出函数 $F = A + \overline{\overline{B}\overline{C} + B(\overline{A} + C)}$ 的对偶式和反函数分别为 $F' =$(　　　　　　　　)，$\overline{F} =$(　　　　　　　　)。

(4) $F(A,B,C) = A(\overline{B} + C)$ 的标准或与式为 $F(A,B,C) =$(　　　　　　　　)。

(5) 相同自变量、相同序号的最小项表达式与最大项表达式(　　　　　　　　)。

(6) $ABC + \overline{A}D + BCD =$(　　　　　　)。

(7) 函数 $F(A,B,C) = A(B + \overline{C})$ 的最大项表达式为 $F(A,B,C) = \prod M$(　　　)。

2-2　列出 $F(A,B,C) = A\overline{B} + A(\overline{B} \oplus C)$ 的真值表，写出最小项表达式和最大项表达式的变量形式。

2-3　用逻辑代数的基本定律和公式证明下列等式成立。

(1) $AB + \overline{A}C + \overline{B}\overline{C} = \overline{A}\overline{B} + A\overline{C} + BC$

(2) $(A + B)(\overline{A} + C)(B + C) = (A + B)(\overline{A} + C)$

(3) $(A + B + C)(\overline{A} + B + C)(\overline{A} + B + \overline{C}) = \overline{A}C + B$

(4) $\overline{A} \oplus B = A \oplus \overline{B}$

(5) $A \oplus B \oplus (AB) = A + B$

(6) $A(B \oplus C) = (AB) \oplus (AC)$

2-4　根据对偶规则和反演规则，直接写出下列函数的对偶函数和反函数。

(1) $W = \overline{A}\overline{B} + A\overline{C} + BC$

(2) $X = \overline{A}C + \overline{\overline{B}C + A(\overline{B} + \overline{CD})}$

(3) $Y = (\overline{A} + \overline{B}) \cdot \overline{(B + C)(A + \overline{C})}$

(4) $Z = \overline{A}B \cdot \overline{\overline{B}C + D} + A(B + \overline{C})$

2-5　直接画出逻辑函数 $F = \overline{A}B + \overline{B}(A \oplus C)$ 的实现电路。

2-6　列出函数 $F = \overline{A}B + A(\overline{B} \oplus C)$ 的真值表，写出标准与或式及或与式的简写形式。

2-7　求出下列函数的标准积之和式与标准和之积式，分别写出变量形式和简写形式。

(1) $F = A + B\overline{C} + \overline{A}C$

(2) $F = B(A + \overline{C})(A + \overline{B} + C)$

(3) $F = \overline{\overline{A}(\overline{B} + C)}$

2-8　用代数法化简下列逻辑函数。

(1) $W = AB + \overline{A}C + \overline{BC}$

(2) $X = (A \oplus B)\overline{\overline{A}\overline{B} + AB} + AB$

(3) $Y = \overline{A} + \overline{B} + \overline{C} + ABCD$

(4) $Z = A(B + \overline{C}) + \overline{A}(\overline{B} + C) + \overline{B}\overline{C}D + BCD$

2-9　用代数法化简逻辑函数 $F = \overline{(\overline{A} + B)C + A\overline{B}} + A\overline{C} + BC$。

2-10　用卡诺图化简下列函数，写出最简与或式和最简或与式。

(1) $F(A,B,C)=\sum m(0,1,3,4,6)$

(2) $F(A,B,C,D)=\sum m(1,2,4,6,10,12,13,14)$

(3) $F(A,B,C,D)=\prod M(0,1,4,5,6,8,9,11,12,13,14)$

(4) $F(A,B,C,D)=\sum m(1,3,4,7,11)+\sum \Phi(5,10,12,13,14,15)$

(5) $F(A,B,C,D)=\prod M(4,7,9,11,12)\prod \Phi(0,1,2,3,14,15)$

(6) $\begin{cases} F(A,B,C,D)=\overline{A}\overline{B}C\overline{D}+AB\overline{C}D+AC\overline{D} \\ \text{约束条件：}C\text{ 和 }D\text{ 不可能取相同的值} \end{cases}$

(7) $\begin{cases} F(A,B,C,D)=\overline{A}\overline{B}\overline{C}\overline{D}+\overline{A}\overline{B}C+AB\overline{D} \\ \text{约束条件：}A\oplus B=0 \end{cases}$

(8) $\begin{cases} F(A,B,C,D)=(A+\overline{B}+C+D)(\overline{B}+C+\overline{D})(\overline{B}+\overline{C}+D) \\ \text{约束条件：}(B+\overline{C})(B+\overline{D})=1 \end{cases}$

2-11　用卡诺图化简下列逻辑函数，写出最简与或式和最简或与式。

(1) $X(A,B,C,D)=(\overline{A}+B)C+A\overline{B}+A\overline{C}+B\overline{C}D$

(2) $Z(A,B,C,D)=\prod M(1,2,4,5,7,8)\prod \Phi(0,10,11,12,13,14,15)$

2-12　某工厂有4个股东，分别拥有40%、30%、20%和10%的股份。一个议案要获得通过，必须至少有超过一半股权的股东投赞成票。试列出该厂股东对议案进行表决的真值表，并给出最简与或式。

2-13　$F(A,B,C)=\sum m(0,4,5)+\sum \Phi(1,2)$。

(1) 写出 F 的最简与或表达式。

(2) 写出 $\overline{F}$ 的最简与或表达式。

(3) 写出 F 的对偶函数的最简与或表达式。

2-14　某厂有15kW、25kW两台发电机和10kW、15kW、25kW三台用电设备。已知三台用电设备可以都不工作或部分工作，但不可能三台同时工作。请设计一个供电控制电路，确保用电负荷最合理，以达到节电目的。试列出该供电控制电路的真值表，写出最简与或式，并用与非门实现该电路。

第3章 集成逻辑门

按照工艺，数字集成电路有两个主流逻辑系列：一类是 TTL 逻辑（Transistor-Transistor Logic）系列，由双极型晶体管构成；另一类是 CMOS 逻辑（Complementary MOS）系列，由 MOS 场效应管构成。CMOS 器件占据了绝大部分市场份额。市场上还有一种较少使用的高速、高功耗的 ECL 产品。

3.1 概述

扩展阅读

数字集成电路发展的简短回顾

集成电路可以分为处理模拟信号的模拟集成电路和处理数字信号的数字集成电路，模拟集成电路起始于 1958 年，并逐渐发展壮大，其种类包括电源控制、集成运算放大器等，完成放大、滤波、解调、混频等各种功能，还包括各类传感器芯片。

数字集成电路从 20 世纪 60 年代开始出现，德州仪器公司于 1964 年推出 74 系列逻辑芯片，采用 TTL 工艺制作；1968 年美国无线电公司推出 CD4000 系列，使用 CMOS 工艺制作；后来，其他公司也纷纷推出了自己的 CMOS 芯片，比如摩托罗拉公司推出的 MC40 和 MC145 系列，美国国家半导体公司推出的 74C 系列等。74 系列和 4000 系列芯片直到今天仍在应用。

数字集成电路历经小规模集成电路、中规模集成电路、大规模集成电路，发展到特大规模集成电路、超大规模集成电路，直至现在的系统集成芯片 SoC（System on Chip），其飞速发展推动了数字电子技术应用的日新月异。

数字集成电路的典型代表是 CPU（Central Processing Unit，中央处理器）、存储器（RAM/ROM）、PLD（FPGA/CPLD），还有近年来在并行计算、大数据处理、人工智能（AI）领域火爆的 GPU（Graphics Processing Unit，图形处理器）等。

在过去的 50 年中，计算机、手机是数字集成电路快速发展的主要推动力和典型代表，也是最先进半导体制程工艺的应用者和领跑者。

以往最先进的制程以计算机的 CPU 为代表，Intel 的 CPU 最为典型，不妨简单罗列一下其发展。

1972 年，Intel 推出 8008 处理器，8 位，集成 3500 个晶体管，10μm 制程工艺。

1978 年，8086 处理器，16 位，集成 29000 个晶体管，3μm 制程工艺。

1985 年，80386 处理器，32 位，集成 275000 个晶体管，1μm 制程工艺。

1993 年，Pentium（奔腾）处理器，32 位，集成 310 万个晶体管，0.8μm 制程工艺。

2006 年，Core（酷睿）处理器，32 位，单核和双核，集成 1.51 亿个晶体管，65nm 制程工艺。

2008 年，Core i7（酷睿 i7）处理器，64 位，4～10 核，集成 7.31 亿个晶体管，45nm 制程工艺。

2017 年，Core i9（酷睿 i9）处理器，64 位，10～18 核，14nm 制程工艺。

2021 年，11th Gen Core（第十一代酷睿）处理器，14nm 制程工艺，其目标是到 2030 年能封装 1 万亿晶体管。

近10年，引领先进制程的已非手机芯片莫属，手机主芯片是典型的SoC，手机SoC集成了CPU、GPU、RAM、Modem(调制解调器)、DSP(数字信号处理)、CODEC(编解码器)等部件，集成度高，手机芯片均采用当下最顶端的制程工艺，代表了同时代最先进的制程工艺，不妨以苹果A系列和华为麒麟芯片为例，罗列一下近10年手机SoC发展的进程。

2016年，苹果A10芯片，集成33亿个晶体管，采用16nm制程工艺。

2017年，A11芯片，集成43亿个晶体管，10nm制程工艺。

2018年，A12芯片，集成69亿个晶体管，7nm制程工艺。

2020年，A14芯片，集成118亿个晶体管，5nm制程工艺。

2021年，A15芯片，集成150亿个晶体管，5nm制程工艺。

2022年，A16芯片，集成160亿个晶体管，4nm制程工艺。

2016年，华为麒麟950芯片，集成30亿个晶体管，采用16nm FinFET制程工艺。

2018年，麒麟980芯片，集成69亿个晶体管，7nm制程工艺。

2019年，麒麟990 5G SoC芯片，集成了103亿个晶体管，基于7nm EUV(极紫外光刻)制程工艺。

2020年，华为海思发布的麒麟9000 5G芯片采用5nm制程工艺，集成晶体管数量达到153亿个。

2022年手机SoC芯片的晶体管数量已经达到了1000亿个以上。

过去的20年中，计算机、手机的快速迭代是数字集成电路快速发展的主要推动力，未来汽车电子化、智能化，物联网、人工智能、数据算力有望成为数字集成电路行业的新增长极。

集成逻辑门是最基本的数字集成电路，按制作工艺可以分为TTL、CMOS和ECL等类型。TTL(Transistor-Transistor Logic)是晶体管-晶体管逻辑的英文缩写，是基于双极型晶体管(Bipolar Junction Transistor，BJT)制成的数字集成电路，TTL电路在20世纪70年代和80年代占据统治地位；ECL(Emitter Coupled Logic，射极耦合逻辑)内部也由双极型晶体管构成，主要特点是开关速度快；CMOS(Complementary MOS)则是由单极型场效应管制成的集成电路，是当前数字集成电路的主流。

1. TTL逻辑门

TTL逻辑门电路内部由双极性(管内有电子和空穴两种载流子导电)晶体管构成。最早的TTL逻辑门是美国TI公司于20世纪60年代推出的74/54系列，74(商用)和54(军用)系列又有若干子系列，其逻辑功能和引脚排列兼容，区别在于54系列比74系列工作温度范围更宽，工作电压范围也更宽，更能适应恶劣的自然环境和电气环境。

TTL集成电路采用单电源+5V供电，构成逻辑门的晶体管工作于饱和或截止状态，起到电子开关的作用。TTL逻辑门的输出逻辑电平不如CMOS器件，高电平约为3.6V，低电平约为0.3V，具有逻辑摆幅偏小、抗干扰能力不够强的缺点。TTL器件的静态功耗比CMOS器件高，工作速度比传统的CMOS器件快，但随着CMOS工艺的不断进步，已无优势。

74/54系列发展出了很多子系列，比如电源电压为3.3V、2.5V、1.8V的低压系列，先进的高速系列、低功耗系列等。其中应用较广的有低功耗-肖特基(74LS)系列，该子系列在功耗和速度方面都有较好的表现。

图 3.1 是数字芯片外观及内部逻辑图。芯片采用双列直插式封装(Dual In-line Package，DIP)，如图 3.1(a)所示，图 3.1(b)为 7400 内部逻辑及引脚排列图，芯片内集成了 4 个两输入与非门。

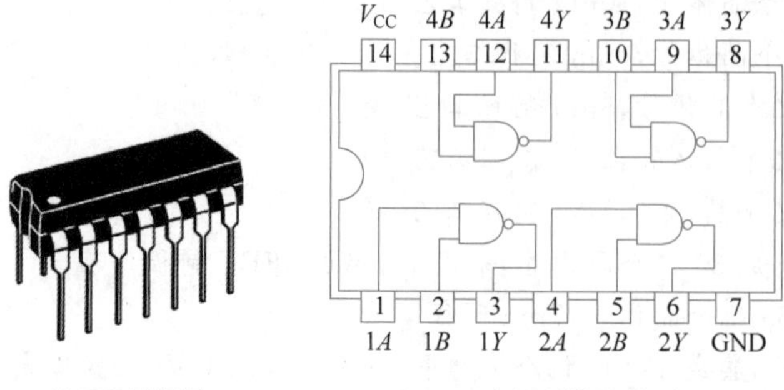

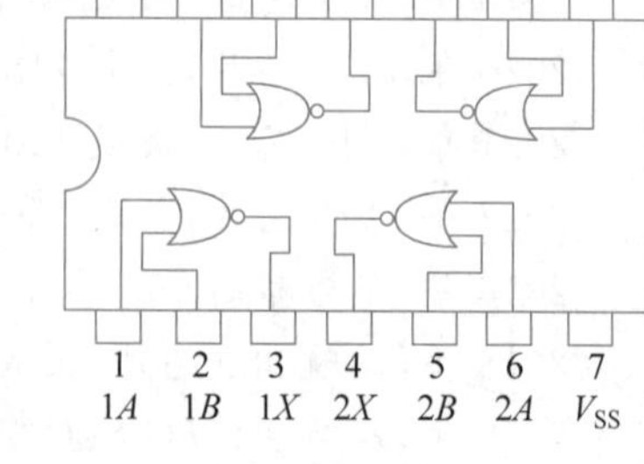

(a) DIP封装图　(b) 7400内部逻辑及引脚图　(c) CD4001B内部逻辑及引脚排列图

图 3.1　数字芯片外观及内部逻辑图

2. CMOS 逻辑门

CMOS 集成电路内只有一种载流子导电(单极性)。CMOS 集成电路诞生于 1968 年，率先在市场上获得成功的 CMOS 逻辑系列是 CD4000，随后出现的 74HC/HCT 系列，其工作速度、抗干扰能力和温度稳定性远优于 TTL 逻辑门，后来又出现了低电压、低功耗 CMOS 芯片系列。

图 3.1(c)是 CD4001B 内部逻辑及引脚排列图，芯片内集成了 4 个两输入或非门，芯片的引脚也是 14 个。

CMOS 集成电路具有下述优点。

(1) 允许的电源电压范围宽，方便电源电路的设计。

(2) 逻辑摆幅大(输出高电平接近 V_{DD}，低电平接近 0V)，使电路抗干扰能力强。

(3) 静态功耗低。

(4) 隔离栅结构使 CMOS 器件的输入电阻极大，从而使 CMOS 器件驱动同类型逻辑门的能力比其他系列强得多。

(5) 隔离栅结构也使 CMOS 器件容易因静电造成器件击穿而损坏，虽然芯片内部有一定的保护措施，在使用中还是需要注意预防静电的产生和积累。常用的保护措施包括器件用防静电材料包装，保证人员和设备良好接地，CMOS 逻辑门不用的输入端不能悬空(应接电源、地或其他输入端)等。

3. ECL 逻辑门

ECL 逻辑门是以差分放大电路(发射极耦合结构)为基础构成的，ECL 门电路也是基于双极型晶体管制作的，与 TTL 不同的是，ECL 中的晶体管并不进入饱和区，直接在截止和放大状态间切换，克服了晶体管饱和状态下产生的存储电荷对速度的影响，故 ECL 逻辑门开关速度快(传输延迟时间可低于 1ns)，其缺点是功耗较大，噪声容限低(抗干扰能力弱）。

3.2 CMOS 集成逻辑门

1. MOS 管

场效应管（Field Effect Transistor，FET）是一种用输入电压控制输出电流的半导体器件。由于参与导电的只有一种载流子（多子），所以属于单极型晶体管。MOS（Metal Oxide Semiconductor，金属-氧化物-半导体）场效应管是场效应管的一种，或称 MOSFET。

MOS 管分为两种类型：N 沟道 MOS 管（NMOS）和 P 沟道 MOS 管（PMOS），图 3.2 是 MOS 管结构及电路符号，其中图 3.2(a)是 NMOS 管结构示意图，图 3.2(b)、图 3.2(c)分别是 NMOS 管和 PMOS 管电路符号。NMOS 管内部是电子导电；PMOS 管内部是空穴导电；将 NMOS 管和 PMOS 管组合使用（互补对），则称为 CMOS（Complementary MOS）电路。

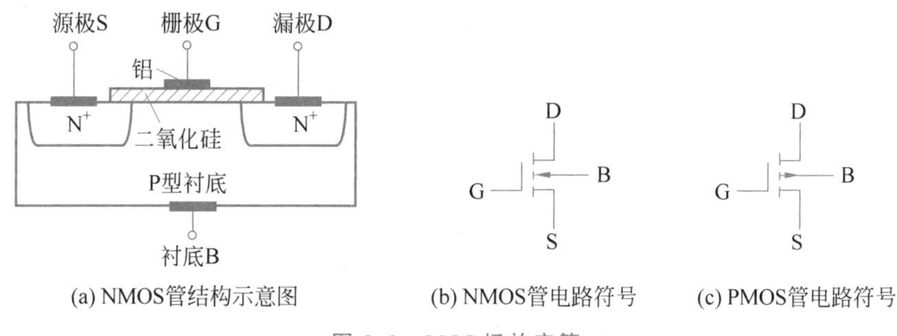

(a) NMOS管结构示意图　(b) NMOS管电路符号　(c) PMOS管电路符号

图 3.2　MOS 场效应管

MOS 管有三个电极：源极 S（source）、漏极 D（drain）和一个隔离的金属栅极 G（gate），通过栅极电压控制 MOS 管工作于截止和饱和两种状态，实现开关功能。

NMOS 管栅源输入电压 v_{GS} 要么为 0V（截止），要么为 V_{DD}（导通）。当 $v_{GS}=0$ 时，NMOS 管漏极和源极之间电阻（漏源电阻）非常大（几 MΩ，甚至更大），相当于开路；当 $v_{GS}=V_{DD}$ 时，NMOS 管漏源电阻则降为很小的值（几百 Ω，甚至更小），相当于短路。

PMOS 管栅源输入电压 v_{GS} 一般为 0V（截止）或 $-V_{DD}$（导通）。当 $v_{GS}=0$ 时，PMOS 管漏极和源极之间相当于开路；当 $v_{GS}=-V_{DD}$ 时，PMOS 管漏极和源极之间相当于短路。

注意： MOS 管还有一个衬底引脚 B，通常与源极 S 接在一起使用，由于二氧化硅绝缘层将栅极 G 与衬底隔离，栅极处于绝缘状态，因此，无论栅源输入电压 v_{GS} 如何变化，MOS 管的栅-源、栅-漏极间几乎无电流，因此栅极输入电阻极高。

2. CMOS 非门

最简单的集成逻辑门是 CMOS 非门，它是由一个 PMOS 管和一个 NMOS 管构成的互补 MOS 结构（简称 CMOS）构成的，如图 3.3 所示。

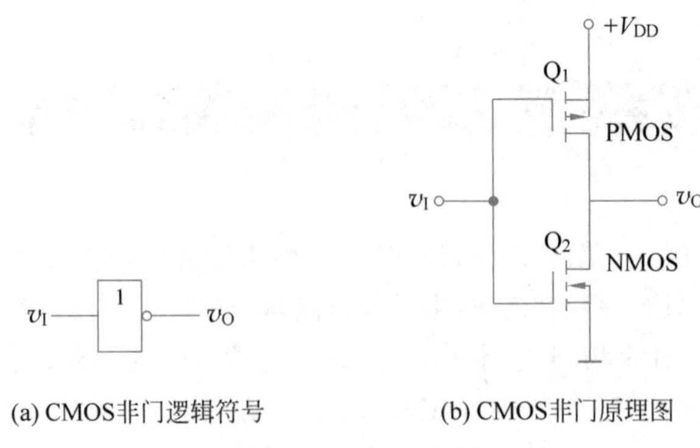

(a) CMOS非门逻辑符号　　(b) CMOS非门原理图

图 3.3　CMOS 非门

对图 3.3 CMOS 非门的电路功能分析如下。

(1) 当输入电压 v_I 为 1(+5V)时,PMOS 管 Q_1 截止(栅源电压 $v_{GS}=0V$),NMOS 管 Q_2 导通($v_{GS}=5V$),输出端 v_O 与地之间呈现低电阻,电路输出低电平(逻辑 0)。

(2) 当输入电压 v_I 为 0 时,PMOS 管 Q_1 导通($v_{GS}=-5V$),NMOS 管 Q_2 截止($v_{GS}=0V$),输出端 v_O 与 V_{DD} 之间呈现低电阻,与地之间呈现高电阻,电路输出高电平(逻辑 1)。

故该电路实现的是非门的逻辑功能:输入高电平时输出为低电平,输入低电平时输出为高电平。

3. CMOS 与非门

图 3.4 是 CMOS 两输入与非门电路原理图,两个 NMOS 管(Q_3 和 Q_4)串联,只有当两个输入端 A、B 都是高电平时,Q_3 和 Q_4 才都导通,而 Q_1 和 Q_2 都截止,从而输出端为低电平;任意一个输入端为低电平时,输出都为高电平。

4. CMOS 或非门

图 3.5 是 CMOS 两输入或非门电路原理图,两个 NMOS 管(Q_3 和 Q_4)并联,显然,任何一个输入端为高电平都将使相应的 NMOS 管(Q_3 或 Q_4)导通,而相应的 PMOS 管(Q_1 或 Q_2)截止,从而输出低电平。

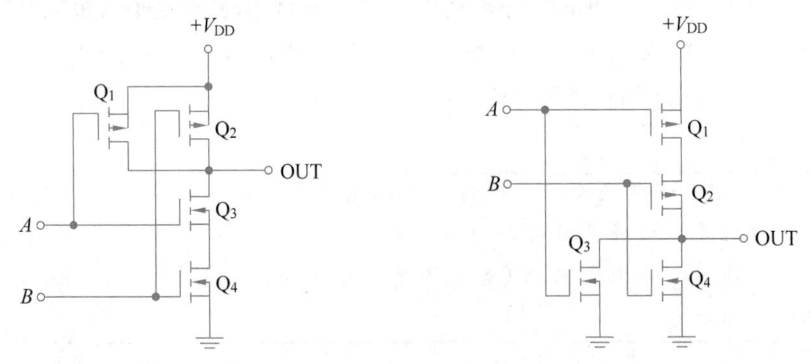

图 3.4　CMOS 两输入与非门电路原理图　　图 3.5　CMOS 两输入或非门电路原理图

其他 CMOS 门电路都是在上述非门、与非门、或非门的基础上级联实现的。例如,CMOS 与门是由与非门和非门级联得到的,或门是由或非门和非门级联得到的。

扩展阅读

MOS集成电路制程工艺的发展

MOS集成电路一直是集成电路的主流，占据了IC市场的绝大部分。

MOS集成电路是以MOSFET(绝缘栅型场效应管)为基础制作的，其制作工艺也不断进化，在MOSFET中，栅极是所有构造中最细小也最难制作的，决定着MOSFET的速度和功耗等众多特性，因此常常以栅极长度(gate length)来代表半导体工艺的进步程度，也称为特征尺寸(Critical Dimension，CD)。栅极长度随工艺技术的进步而变小，从130nm(纳米)进步到90nm、45nm、28nm，再到目前最新工艺的7nm、5nm。

图3.6所示为MOS集成电路制程工艺发展的示意图，传统的Planar FET(平面场效应管)采用平面结构，存在漏电现象。2010年左右商业化的FinFET(鳍式场效应管)工艺出现了，MOS管采用了三维结构(因MOS管形状类似鱼鳍，故得名)，增加了栅极对沟道的控制能力，减少了漏电，使MOS集成电路的工艺线宽突破14nm，从而使“摩尔定律”继续有效。2020年又出现了GAAFET(Gate-All-Around FET，全环绕栅极场效应管)新工艺，MOS管的四面都被栅极环绕，进一步增强了栅极对沟道的控制能力，并减少了漏电，使工艺线宽突破7nm，达到5nm甚至3nm。

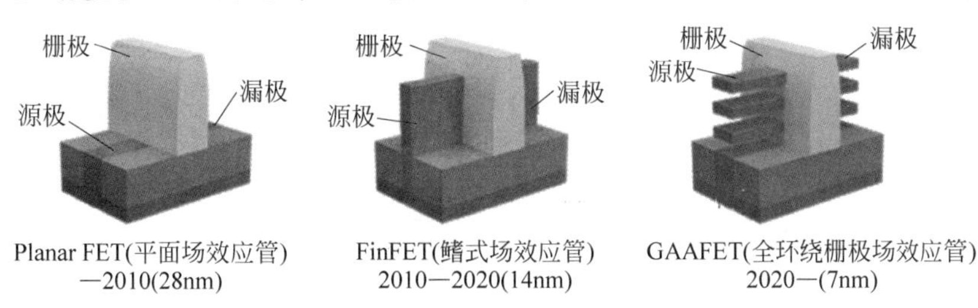

图3.6 MOS集成电路制程工艺发展的示意图

此外，还出现了新型的功率半导体器件——IGBT(Insulated Gate Bipolar Transistor，绝缘栅双极型晶体管)器件，IGBT可看作MOS管和BJT(双极型三极管)的结合体，集成了两类器件的优点，可广泛用于需要高电压大电流的电机驱动、新能源汽车等领域。

3.3 集成逻辑门主要性能参数

生产逻辑门电路的厂家通常会提供逻辑器件手册，给出集成逻辑门的逻辑电平、噪声容限、输出驱动能力、传输时延和功耗等性能指标参数。在使用集成逻辑门时，应关注反映性能的主要参数。

1. 逻辑电平

逻辑电平包括输入低电平、输入高电平、输出低电平和输出高电平4种。好的逻辑门应该能接受质量不好的1或0信号，而输出高质量的1或0信号，在一个电源电压为5.0V的电路中，1信号越接近5.0V，质量越高；而0信号越接近0V，其质量越高。

图 3.7 是一个电源电压为 5.0V 的 CMOS 非门的电压传输特性曲线与逻辑电平示意图。

输入低电平 V_{IL}：逻辑门允许输入的低电平。V_{IL} 是一个取值范围，当输入电平在该范围内变化时，逻辑非门将输入电平识别为低电平，同时输出高电平。V_{IL} 的上限入电平 V_{ILMAX} 又叫关门电平 V_{OFF}，在图 3.7 中，V_{ILMAX} 为 1.5V。

输入高电平 V_{IH}：逻辑门允许输入的高电平。V_{IH} 也是一个取值范围，其上限 V_{IHMIN} 又叫开门电平 V_{ON}，在图 3.7 中，V_{IHMIN} 为 3.5V，当输入电平在 3.5～5.0V 时，输入被识别为高电平。

输出低电平 V_{OL}：也是一个范围，其上限(输出低电平最大值)为 V_{OLMAX}，对于合格的 CMOS 器件，V_{OLMAX} 一般为 0.1V。

输出高电平 V_{OH}：上限(输出高电平最小值)为 V_{OHMIN}，对于合格的 CMOS 器件，V_{OHMIN} 一般为 $+V_{DD}-0.1$V，图 3.7 中为 4.9V。

2. 噪声容限

噪声容限(noise margin)是衡量逻辑芯片抗干扰能力的指标，可以分为低电平输入时的噪声容限 V_{NL} 和高电平输入时的噪声容限 V_{NH}。

V_{NL}：图 3.8 为噪声容限示意图，用两个非门来表示。后级非门输入为低电平时，前级输出低电平的最大值 V_{OLMAX} 叠加噪声后的实际输入低电平，只要不高于逻辑门输入低电平的最大值 V_{ILMAX}(关门电平 V_{OFF})即可，所以低电平输入的噪声容限 $V_{NL}=V_{OFF}-V_{OLMAX}$。

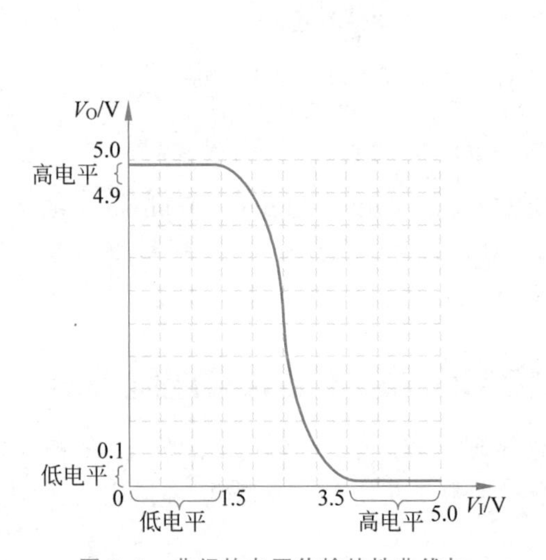

图 3.7 非门的电压传输特性曲线与逻辑电平示意图

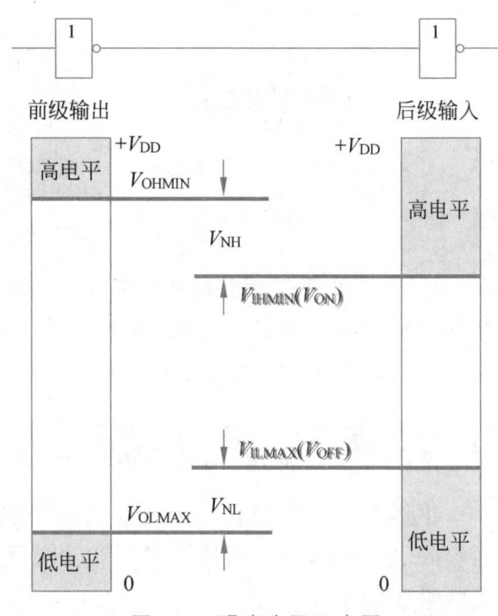

图 3.8 噪声容限示意图

V_{NH}：后级非门输入为高电平时，前级输出高电平的最小值 V_{OHMIN} 叠加噪声后的实际输入高电平不低于 V_{IHMIN}(开门电平 V_{ON})即可，高电平输入时的噪声容限 $V_{NH}=V_{OHMIN}-V_{ON}$。

逻辑门的噪声容限 V_N 应取 V_{NL} 和 V_{NH} 中较小的那个。

通常 TTL 集成电路的噪声容限只有 0.3～0.4V，而 CMOS 集成电路的噪声容限可以超过 1.0V，显然，CMOS 集成电路具有更强的抗噪声干扰能力。

3. 输出驱动能力

集成逻辑门的驱动能力（负载能力）通常以输出电流的大小表示。当逻辑门输出高电平时，由输出端流向负载的输出电流称为拉电流。拉电流越大，输出端的高电平就越低，输出高电平存在最小值 V_{OHMIN}，则拉电流存在最大值 I_{OHMAX}。逻辑门输出低电平时，由负载流入输出端的电流称为灌电流。灌电流越大，逻辑门输出端的低电平就越高，逻辑门输出低电平存在最大值 V_{OLMAX}，则灌电流也存在最大值 I_{OLMAX}。可见，拉电流和灌电流都有上限值，输出电流若超出该最大值，输出电平可能发生错误，如果输出高电平低于 V_{OHMIN} 或输出低电平高于 V_{OLMAX}，就说明负载太重了，超出了该电路的负载能力。

集成逻辑门的驱动能力也可以用扇出系数 N_O 表示。**扇出系数**是指逻辑门电路正常工作时，一个逻辑门能带同类门的最大数目。逻辑门正常工作时，输入端电流分为输入高电平时的电流 I_{IH} 和输入低电平时的电流 I_{IL}，故输出高电平时的扇出系数应小于或等于 I_{OH}/I_{IH} 的整数，输出低电平时的扇出系数就是小于或等于 I_{OL}/I_{IL} 的整数，逻辑门的扇出系数 N_O 应取两者中较小的那个，即 $N_O=\mathrm{Min}\{I_{OH}/I_{IH},I_{OL}/I_{IL}\}$。

4. 功耗

逻辑电路的功耗是指逻辑电路消耗的电源功率。功耗分为静态功耗和动态功耗。**静态功耗**是电路输出状态不变时的功率损耗，通常逻辑电路在输入高电平和输入低电平时的静态功耗并不相同，常用平均静态功耗表示。**动态功耗**是电路状态变化时产生的功耗，对于低速电路，芯片的功耗以静态功耗为主；对于高速电路，动态功耗是电路功耗的主要部分。CMOS 电路的静态功耗很低，为 μW 量级，因此可应用于便携设备，如手机和平板电脑等。TTL 电路的静态功耗较高，通常为 mW 量级。

5. 传输时延

传输时延 t_{pd}（propagation delay time），就是从输入端输入信号产生变化到输出信号在电路输出端产生相应变化需要的时间。图 3.9 是非门的传输时延示意图，可以看到，信号时延分为下降时延 t_{pHL} 和上升时延 t_{pLH}，t_{pHL} 是输入信号变化引起输出信号由高到低变化对应的时延；t_{pLH} 是输入信号变化引起输出信号由低到高变化的时延。时延测量的时刻是从输入信号幅度变化的中间值到输出信号幅度变化的中间值。上升时延和下降时延通常并不相等，取其均值作为传输时延，即 $t_{pd}=(t_{pHL}+t_{pLH})/2$。

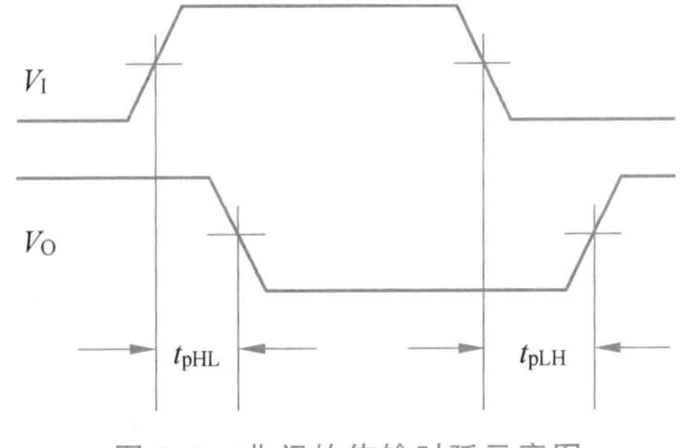

图 3.9 非门的传输时延示意图

6. 不同系列逻辑门的性能比较

查阅和比较各厂家器件(74/54 系列)手册的逻辑门性能指标参数,一般会得出如下结论。

(1) 传输时延以 ECL 器件最小(低于 500ps),即 ECL 器件运行速度最快。

(2) 噪声容限以 CMOS 器件最好(4000 系列接近 1.5V),即 CMOS 器件抗干扰能力最强。

(3) 静态功耗以 CMOS 器件最低(可低至 1.25μW),ECL 器件最高。

TTL 系列各项性能比较适中。CMOS 工艺的 74HC、74HCT 器件在保持 CMOS 器件低功耗、抗干扰能力强等优点的同时,也极大改善了工作速度(降低了时延)。还有一些器件系列(如 74AC、74ACT 等)具有很强的驱动能力(输出电流可达±24mA～±64mA)。

注意: 以上性能的比较仅限制于 74/54 系列逻辑芯片,其中 CMOS 工艺以 4000 系列和 74 系列(如 74HC、74HCT)为主,TTL 工艺以各种改进系列(如 74LS、74AS 等)为主,ECL 则以 10K 和 100K 系列(Motorola)为主。

CMOS 一直是发展最快、性能改善最大、产品最丰富的主流制程技术,并出现了一些突破性的改进工艺,其最新工艺、最新产品各方面性能早已今非昔比。

3.4 三态逻辑门

现实中还有一种三态逻辑门(Tristate Logic,TSL),所谓三态,是指逻辑电路的输出端不仅可以输出 0 和 1,还可以呈现高阻抗状态,常用 Z 表示高阻态。输出端呈现高阻抗等同于输出端与外部电路已断路。

图 3.10 是三态非门的逻辑符号和真值表,图 3.10(a)为矩形轮廓符号,符号中的"▽"是三态输出的定性符,图 3.10(b)为特定外形符号,图 3.10(c)为真值表。可以看到,三态非门比普通非门多了一个控制端,称为使能(enable)端,常用 EN 表示,用于控制电路是否输出高阻态。

(1) 当使能信号 EN=0 时,实现正常的非门逻辑(逻辑符号 EN 使能端的小圆圈表示该输入端为低电平时有效)。

(2) 当 EN=1 时,电路输出高阻态。

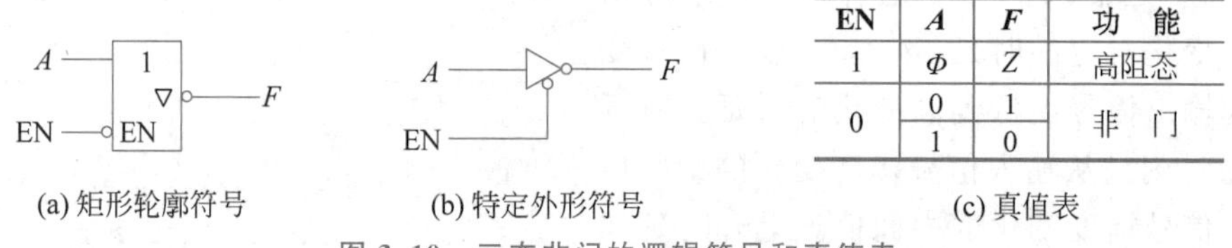

EN	A	F	功　能
1	Φ	Z	高阻态
0	0	1	非　门
	1	0	

(a) 矩形轮廓符号　(b) 特定外形符号　(c) 真值表

图 3.10　三态非门的逻辑符号和真值表

74LS125 芯片是三态缓冲器(buffer),芯片内集成了 4 个三态缓冲门。图 3.11 是三态缓冲器的逻辑符号和真值表,图 3.11(a)为三态缓冲器的矩形轮廓符号,图 3.11(b)为特定外形符号,图 3.11(c)为真值表。三态缓冲器的功能如下。

(1) 当使能端 EN=0 时，为普通缓冲器功能，实现 $F=A$（输出与输入相同）。

(2) 当使能端 EN=1 时，输出 F 为高阻态。

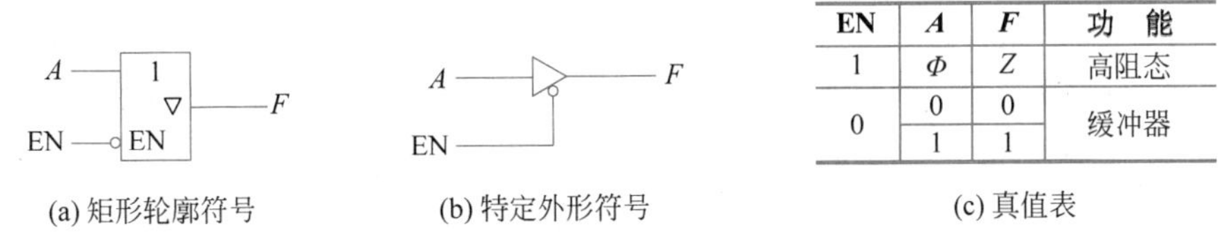

EN	A	F	功　能
1	Φ	Z	高阻态
0	0	0	缓冲器
	1	1	

(a) 矩形轮廓符号　　(b) 特定外形符号　　(c) 真值表

图 3.11　三态缓冲器的逻辑符号和真值表

三态门主要用于总线传输，比如计算机内部的总线。多个三态门的输出端可以直接与总线相连，如图 3.12 所示，是用三态缓冲器(74LS125)实现单向总线传输，在三态总线中，使能控制电路必须保证任何时刻只有一个三态缓冲器被使能，其他三态缓冲器输出端都工作于高阻抗状态，这样可以分时复用将各个门电路的信号送到总线上。多于一个三态输出端同时有效，将导致总线数据冲突。

利用三态门还可以实现双向数据传输，如图 3.13 所示，是用三态缓冲器(74LS125)实现双向数据传输。当使能信号 EN=1 时，三态缓冲器 G_1 输出端为高阻态，此时 G_2 导通，数据从 B 端通过 G_2 送往 A，实现 $A=B$；当使能信号 EN=0 时，三态缓冲器 G_2 输出端为高阻态，此时 G_1 导通，数据从 A 端通过 G_1 送往 B，实现 $B=A$。

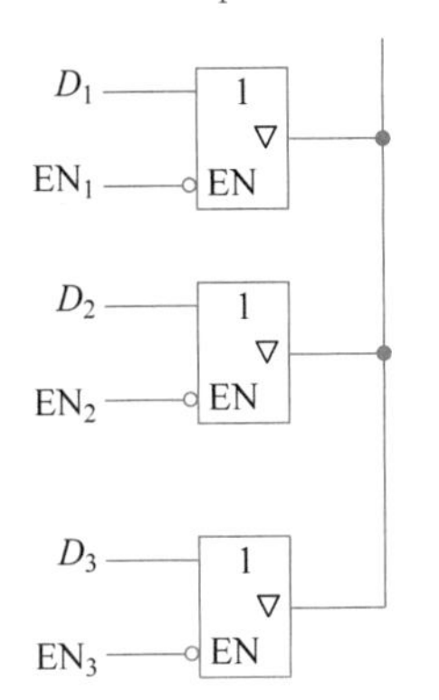

图 3.12　用三态缓冲器(74LS125)实现单向总线传输

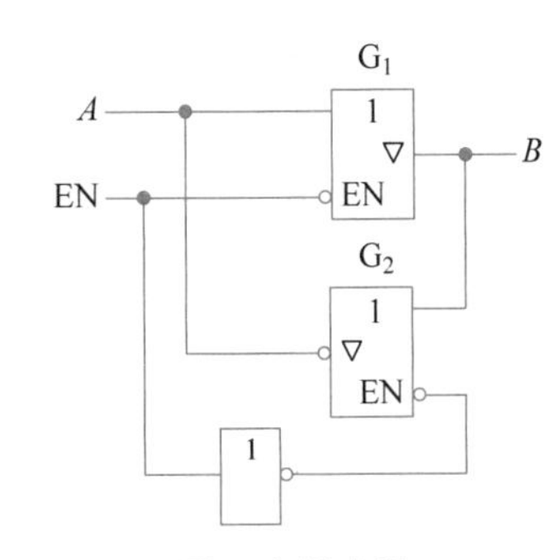

图 3.13　用三态缓冲器(74LS125)实现双向数据传输

注意：

逻辑门多余输入端的处理方式。

TTL 器件的内部电路结构可以使悬空的输入端等效于输入高电平，故 TTL 逻辑门多余输入端可以悬空，但不建议这样做，为防止引入干扰，对多余输入端建议做如下处理。

(1) 与门、与非门多余输入端接 1(高电平)，可通过上拉电阻(1～10kΩ)接电源实现。

(2) 或门、或非门多余输入端接 0(低电平)，可通过小电阻(1kΩ 以下)接地实现。

(3) 并连接其他信号输入端(适用于所有TTL逻辑门)。

CMOS逻辑门多余输入端不允许悬空,以防静电感应,其多余输入端处理方法与TTL逻辑门类似。

(1) 与门、与非门多余输入端应接1(高电平),可直接接电源$+V_{DD}$,或通过电阻R接电源$+V_{DD}$。

(2) 对或门、或非门多余输入端应接0(低电平),可直接接地或通过电阻接地实现。

(3) 并连接其他信号输入端(适用于所有CMOS逻辑门)。

3.5 漏极开路门

在图3.4所示的CMOS漏极开路与非门电路中,两个PMOS管(Q_1和Q_2)分别作为两个NMOS管(Q_3和Q_4)的漏极有源电阻。将Q_1和Q_2从电路中去掉,就得到图3.14(a)所示的漏极开路(Open Drain,OD)与非门电路,该OD与非门的逻辑符号如图3.14(b)所示,符号"◇"是漏极开路输出端的定性符。由于漏极开路逻辑门缺少漏极上拉电阻,使用时必须在输出端外接上拉电路(一般由电阻R和外接电源$+E_C$构成上拉电路,也可以将芯片电源$+V_{DD}$作为外接电源)。通过改变上拉电源,可以改变输出逻辑电平值,方便逻辑电平不同的器件的互联,这也是OD器件的应用领域之一。

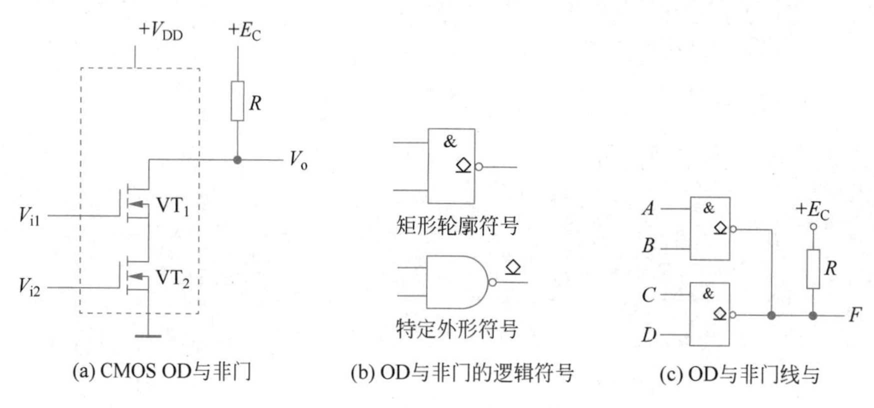

图3.14 漏极开路与非门

多个漏极开路逻辑门的输出端可以直接连在一起,实现所谓的"线与逻辑"。如图3.14(c)所示,两个漏极开路与非门的输出端直接相连,通过共用的电阻R上拉到电源$+E_C$,该电路实现了两个与非门输出信号的与运算(只有当两个逻辑门都输出高电平时,F才为高电平),即$F=\overline{AB}\cdot\overline{CD}$。需要说明的是,普通逻辑门绝对不能将输出端直接相连,否则,当两个逻辑门输出电平相反时,会产生一个大电流的低阻通道,导致输出电平错误,甚至造成逻辑门烧毁。

上拉电阻R的取值必须保证输出逻辑电平正确,且负载电流和电路时延不致过大。

TTL系列也有类似逻辑门,称为集电极开路(Open Collector,OC)门,输出端直接相连也可以实现“线与”功能。

习题 3

3-1 填空。

(1) 同一电路的正逻辑表达式与负逻辑表达式具有(　　　　　)关系。

(2) 多个标准 TTL 逻辑门的输出端直接相连,结果是(　　　　　　　　　　　　　);多个集电极或漏极开路逻辑门的输出端直接相连,结果是(　　　　　　　　　　　　　);多个三态输出端直接相连,结果是(　　　　　　　　　　　　　)。

(3) 在典型的 TTL、CMOS 和 ECL 逻辑门器件中,(　　)速度最快,(　　)功耗最低,(　　)抗干扰能力最强。

3-2 已知 74S00 是 2 输入四与非门,$I_{OL}=20\text{mA}$,$I_{OH}=1\text{mA}$,$I_{IL}=2\text{mA}$,$I_{IH}=50\mu\text{A}$;7410 是 3 输入三与非门,$I_{OL}=16\text{mA}$,$I_{OH}=0.4\text{mA}$,$I_{IL}=1.6\text{mA}$,$I_{IH}=40\mu\text{A}$。试分别计算 74S00 和 7410 芯片的扇出系数。理论上,一个 74S00 逻辑门的输出端最多可以驱动几个 7410 逻辑门?一个 7410 逻辑门的输出端最多可以驱动几个 74S00 逻辑门?

3-3 分析图题 3.1 所示逻辑电路。

(1) 直接写出 F 的表达式。

(2) 列出 F 的真值表。

3-4 图题 3.2 的逻辑电路能否实现 $F=\overline{AB}\cdot\overline{BC}$ 的功能?说明理由。

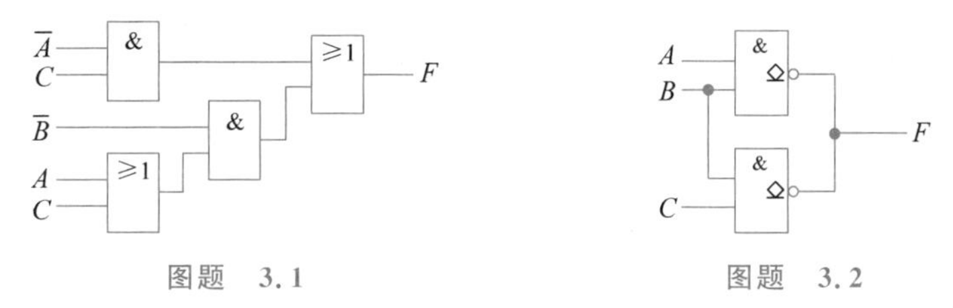

图题 3.1　　图题 3.2

3-5 某组合逻辑电路如图题 3.3(a)所示。

(1) 写出输出函数 F 的表达式,列出真值表。

(2) 对应图题 3.3(b)所示输入波形,画出输出信号 F 的波形。

(3) 用图题 3.3(c)所示与或非门实现函数 F(允许反变量输入)。

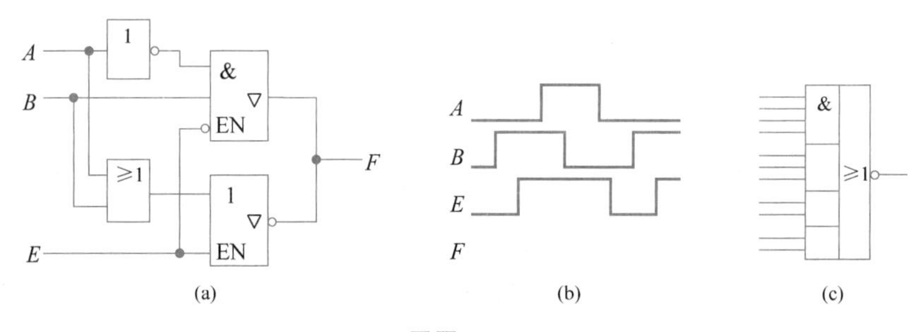

(a)　(b)　(c)

图题 3.3

3-6 试用 OD 与非门实现逻辑函数 $F=\overline{A}\,\overline{C}+A\overline{B}\,\overline{C}+\overline{A}C\overline{D}$，假定不允许反变量输入。

3-7 图题 3.4 为三态非门构成的电路，试根据输入条件填写表题 3.1 中的 F 栏。

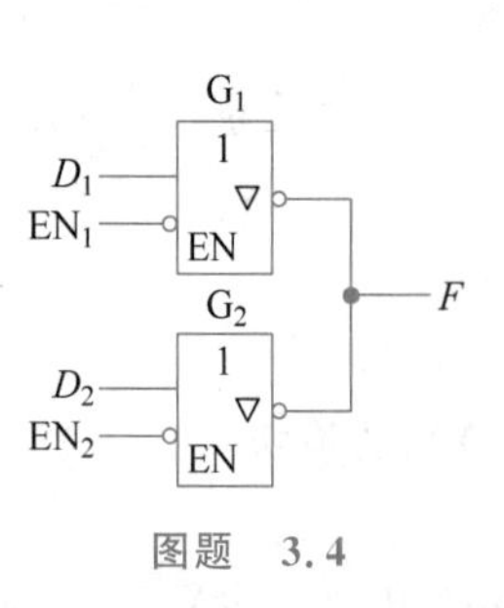

图题 3.4

表题 3.1

EN_1	D_1	EN_2	D_2	F
0	0	1	1	
0	1	1	0	
1	0	0	0	
1	0	0	1	
1	1	0	1	
1	1	1	0	

实验与设计

3-1 集成逻辑门逻辑功能的测试。

(1) 测试与非门(74LS00)、或非门(74LS02)逻辑功能：在与非门、或非门的两个输入端分别施加高、低电平的组合，测相应输出端的逻辑电平，与真值表进行比较，并记录高、低电平对应的电压值。

(2) 观察与非门对脉冲的控制作用：如图题 3.5 所示，分别在与非门一输入端置 1(图题 3.5(a))和置 0(图题 3.5(b))，另一输入端输入 1kHz 时钟信号，用示波器观察输入、输出端波形，绘出波形图，分析与非门如何完成对脉冲的控制功能。

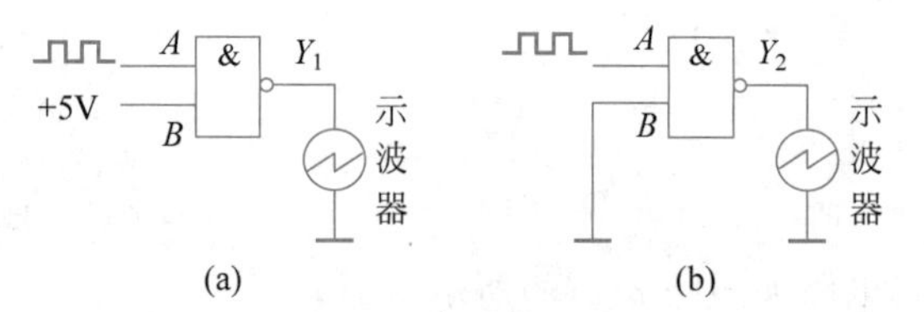

图题 3.5 与非门对脉冲的控制作用

3-2 集成逻辑门性能参数的测试：分别测试与非门(74LS00)、或非门(74LS02)的输入低电平 V_{IL}、输入高电平 V_{IH}、输出低电平 V_{OL}、输出高电平 V_{OH} 等性能参数。

3-3 三态缓冲器(74LS125)功能测试及应用。

(1) 三态缓冲器(74LS125)功能测试：74LS125 芯片内集成了 4 个三态缓冲门，当使能端 EN=0 时，为普通缓冲器功能，$F=A$(输出与输入相同)；当使能端 EN=1 时，输出 F 为高阻态。在实验板上验证三态缓冲门的逻辑功能，判断输出信号与输入信号之间的逻辑关系。

(2) 用三态缓冲器 74LS125 实现单向总线传输：电路如图题 3.6 所示，在实验板上按照图题 3.6 进行搭建，1A 输入端接 1Hz 脉冲信号，2A 输入端接 0(低电平)，3A 输入端接 1(高电平)，3 个使能端 EN 按表题 3.2 中的电平设置，同时观察输出端 F 的状态并填入表中，解释 F 的状态。

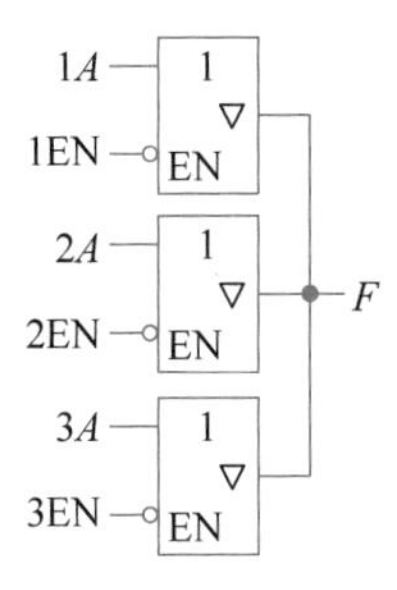

图题 3.6　用三态门实现单向总线传输

表题　3.2

<table>
<tr><th>1A</th><th>2A</th><th>3A</th><th>1EN</th><th>2EN</th><th>3EN</th><th>F</th></tr>
<tr><td rowspan="4">0</td><td rowspan="4">0</td><td rowspan="4">1</td><td>1</td><td>1</td><td>1</td><td></td></tr>
<tr><td>0</td><td>1</td><td>1</td><td></td></tr>
<tr><td>1</td><td>0</td><td>1</td><td></td></tr>
<tr><td>1</td><td>1</td><td>0</td><td></td></tr>
</table>

第4章 组合逻辑电路

根据电路结构和逻辑功能的不同,数字逻辑电路可以分为两大类型：一类是组合逻辑电路(combinational logic circuit),简称组合电路；另一类是时序逻辑电路(sequential logic circuit),简称时序电路。组合电路的基本单元是集成逻辑门,以及加法器、数值比较器、编码器、译码器、数据选择器等组合逻辑部件；从电路结构上看,组合电路输出到输入没有反馈通道,其特点是电路当前输出仅与当前输入有关,与过去的输入情况无关,电路无记忆功能。组合电路分析与设计的数学工具是逻辑代数,电路可以通过逻辑函数(真值表或表达式)进行描述。

4.1 组合逻辑电路分析

组合逻辑电路的分析,是对已经存在的数字电路,通过分析其输入变量和输出变量的取值关系和函数关系,确定电路的功能。

组合电路的基本分析步骤如下。

(1) 根据电路写出输出函数表达式。

(2) 根据函数表达式列出真值表。

(3) 根据真值表或表达式判断电路的逻辑功能。

例 4.1 分析图 4.1 所示电路的逻辑功能。

解：该电路是一个简单的两级与非门电路,将逻辑门表示的逻辑运算写为表达式形式,就得到了输出函数表达式。在保持逻辑函数值不变的情况下,还可以对表达式进行代数变换,使之具有适当的形式。本例的与或表达式为 $F=\overline{\overline{AB}\cdot\overline{BC}\cdot\overline{AC}}=AB+BC+AC$。

根据表达式列出真值表,如表 4.1 所示。由真值表可以看出,只有当自变量中有两个或两个以上取值为 1 时,函数值才为 1,此功能可看作 3 人表决电路,也可看作产生 1 位全加器的进位输出信号的电路。

例 4.2 分析图 4.2 所示电路的逻辑功能。

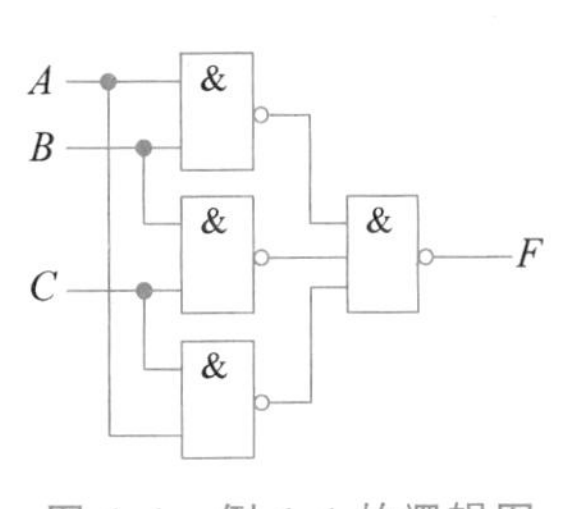

图 4.1 例 4.1 的逻辑图

表 4.1 例 4.1 真值表

A	B	C	Z
0	0	0	0
0	0	1	0
0	1	0	0
0	1	1	1
1	0	0	0
1	0	1	1
1	1	0	1
1	1	1	1

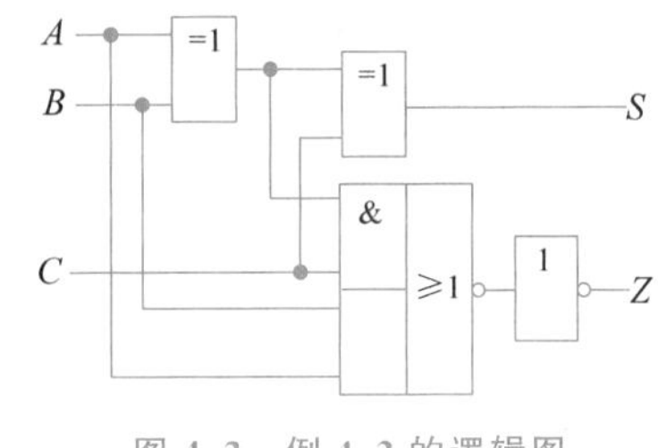

图 4.2 例 4.2 的逻辑图

解：(1) 写出输出函数表达式：

$$S=A\oplus B\oplus C$$

$$Z=\overline{\overline{(A\oplus B)C+AB}}=(A\oplus B)C+AB=\bar{A}BC+A\bar{B}C+AB$$

(2) 列出真值表：根据函数表达式填写函数 S、Z 的取值,如表 4.2 所示。

表 4.2 例 4.2 的真值表

A	B	C	S	Z
0	0	0	0	0
0	0	1	1	0
0	1	0	1	0
0	1	1	0	1
1	0	0	1	0
1	0	1	0	1
1	1	0	0	1
1	1	1	1	1

(3) 分析电路逻辑功能：该电路为 1 位全加器。由真值表可以看出，若将输入 A、B 看作两个 1 位二进制数，将 C 看作来自低位的进位，则输出 S 是和，Z 是进位。

4.2 基于逻辑门的组合逻辑电路设计

电路设计是电路分析的逆过程。根据功能需求，利用真值表、表达式等方法描述逻辑关系，选用合适的逻辑门，设计出组合逻辑电路，实现所需功能，这一过程就是基于逻辑门的组合逻辑电路设计。设计的基本要求是功能正确、工作可靠、电路尽可能简单。

采用逻辑门实现组合电路时，通常采用下述设计步骤。

(1) 根据功能要求，定义输入、输出信号，列出真值表。

(2) 根据设计要求，采用适当的化简方法得出输出函数的最简表达式，有时根据需要还要对最简表达式进行代数变换，以便于用指定类型的逻辑门实现。

(3) 画出与函数表达式对应的逻辑电路图。

例 4.3 某培训班开有“微机原理”、“数字信号处理”、“移动通信”和“网络技术”4 门课程，如果通过考试，则可分别获得 5 学分、4 学分、3 学分和 2 学分。若课程未通过考试，得 0 学分。规定至少要获得 9 个学分才可结业。设计一个判断学生能否结业的电路，用与非门实现。

解：(1) 定义变量 A、B、C、D 分别表示“微机原理”、“数字信号处理”、“移动通信”和“网络技术”4 门课程的考试结果，取值为 1 表示通过，取值为 0 表示未通过。定义变量 F 表示该生能否结业，1 表示可以结业，0 表示不能结业。

(2) 列出真值表，如表 4.3 所示。

表 4.3 例 4.3 真值表

A	B	C	D	F	A	B	C	D	F
0	0	0	0	0	1	0	0	0	0
0	0	0	1	1	1	0	0	1	1
0	0	1	0	1	1	0	1	0	1
0	0	1	1	0	1	0	1	1	0
0	1	0	0	1	1	1	0	0	1
0	1	0	1	0	1	1	0	1	0
0	1	1	0	0	1	1	1	0	0
0	1	1	1	1	1	1	1	1	1

(3) 用卡诺图化简,如图4.3所示,化简得到最简与或表达式 $F=AB+BCD+ACD=\overline{\overline{AB}\cdot\overline{BCD}\cdot\overline{ACD}}$,此处对最简与或表达式用摩根定律进行了代数变换,以便于用与非门实现。

(4) 给出用与非门实现的逻辑电路图,如图4.4所示。

AB \ CD	00	01	11	10
00	0	0	0	0
01	0	0	1	0
11	1	1	1	1
10	0	0	1	0

图4.3 例4.3用卡诺图化简

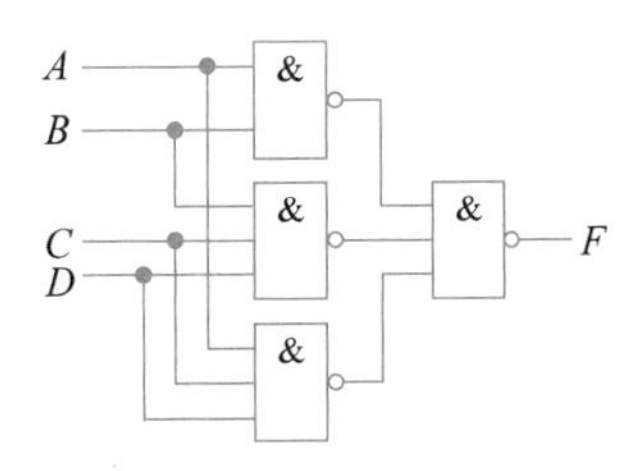

图4.4 例4.3用与非门实现的逻辑电路图

例4.4 分别用与非门、或非门设计一个4舍5入电路。该电路输入为1位8421BCD码表示的十进制数,当该数小于5时,输出为0(舍去);当该数大于或等于5时,输出为1(计入)。

解:(1) 变量定义:定义 $ABCD$ 表示输入的8421BCD码;定义变量 F 表示输出,取值0表示"舍去",取值1表示"计入"。

(2) 列出真值表。根据四舍五入规则,在真值表(或卡诺图)中列出自变量和函数的所有取值关系。因为输入为8421BCD码,不应出现1010~1111等输入取值(约束项),其对应函数值应为 Φ。可直接画出卡诺图,如图4.5所示。

(3) 用卡诺图化简得最简或与式 $F=(A+B)(A+C+D)=\overline{\overline{A+B}+\overline{A+C+D}}$。为能用或非门实现,此处用摩根定律对或与表达式进行了变换。

(4) 给出用或非门实现的逻辑电路图,如图4.6所示。

AB \ CD	00	01	11	10
00	0	0	0	0
01	0	1	1	1
11	Φ	Φ	Φ	Φ
10	1	1	Φ	Φ

图4.5 例4.4用卡诺图化简

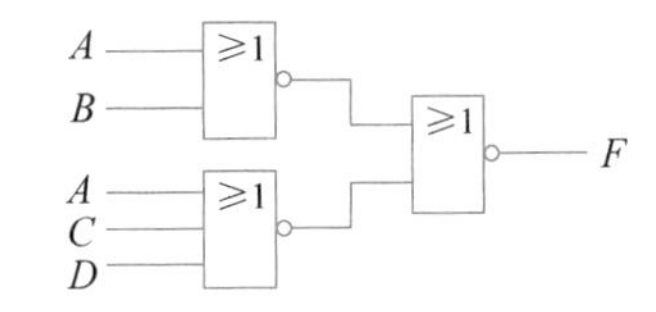

图4.6 例4.4用或非门实现的逻辑电路图

4.3 常用的组合逻辑模块

在数字集成电路的发展历程中,曾将很多常用的组合逻辑功能模块制作成专门的集成电路,这些集成电路的规模通常是数十个逻辑门,常习惯性称为MSI模块,本节介绍这些常用的组合逻辑电路模块。现在用户也可以自己用HDL语言描述并实现这些模块的

功能，并在结构化、层次化的数字系统设计中调用这些模块完成电路设计。

4.3.1 编码器

编码就是将一组字符或信号用若干位二进制代码进行表示。实现编码功能的逻辑电路称为**编码器**(encoder)，对于每个有效的输入信号，编码器输出与之对应的一组二进制代码。

1. 2^n 线-n 线编码器

最基本的编码器是 2^n 线-n 线编码器，又叫**二进制编码器**，其示意图如图 4.7 所示。输入信号的特点是，任意时刻有且只有一个输入信号有效。以 4 线-2 线编码器为例，编码器有 4 个输入端，输出是对 4 个输入信号的 2 位二进制编码。可以把输入信号理解为 4 个按键，当第 $i(i=0\sim3)$个键被按下时，$I_i=1$，此时对应的编码输出为 i 的二进制值，符合此输入输出关系的函数功能表如表 4.4 所示。该功能表对应的输出函数表达式为

$$Y_0 = I_1 + I_3$$
$$Y_1 = I_2 + I_3$$

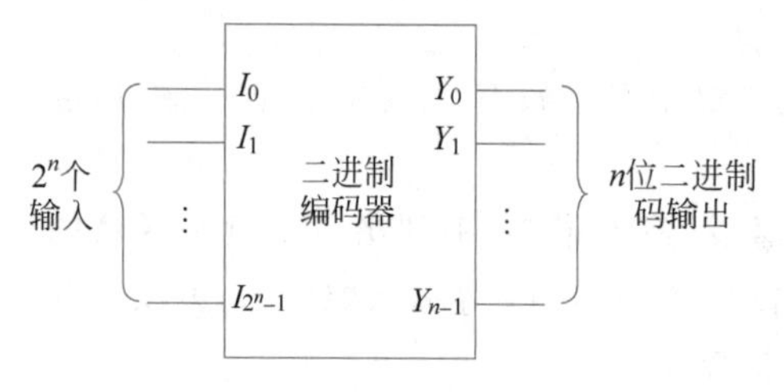

图 4.7 二进制编码器示意图

表 4.4 4 线-2 线编码器函数功能表

I_0	I_1	I_2	I_3	Y_1	Y_0
1	0	0	0	0	0
0	1	0	0	0	1
0	0	1	0	1	0
0	0	0	1	1	1

简单的编码器存在一些问题。一是若没有键被按下(即编码输入全为 0)，则由表达式可知，编码输出为“00”，无法与 $I_0=1$ 的编码输入相区分；二是若同时有多个键被按下(即多个编码输入端同时为 1)，编码输出将出现混乱。例如，若 I_1 和 I_2 都为 1，则由表达式可知，编码输出为 11。优先编码器可以解决上述问题。

2. 8 线-3 线优先编码器 74148

优先编码器(priority encoder)的特点是，当多个输入信号同时有效时，编码器仅对其中优先级最高的输入信号进行编码。74148 是实现优先编码的 MSI 模块，其逻辑符号如图 4.8 所示，功能表如表 4.5 所示。**功能表**(function table)是描述芯片功能的一种表格，与真值表罗列输入变量和输出变量的取值不同，功能表注重表示不同输入条件下芯片的功能，功能表是描述 MSI 模块逻辑功能的最重要手段。从表 4.5 中可看出，74148 的所有输入/输出信号均为低电平有效。所谓**低电平有效**，就是信号有效时为低电平，在逻辑符号中用小圆圈表示，对于

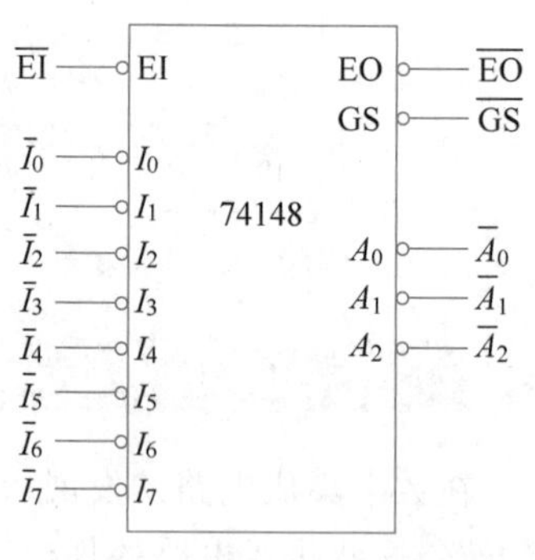

图 4.8 74148 的逻辑符号

输入信号 $\overline{I}_i$，就是当 $\overline{I}_i$ 为低电平时，该输入信号有效。对于编码输出，低电平有效相当于输出反码。例如 $\overline{A}_2\overline{A}_1\overline{A}_0$ 都是低电平时，表示输出编码是000，它是111的反码，对应的输入信号是 $\overline{I}_7$。

表4.5　74148的功能表

输入									输出				
$\overline{EI}$	$\overline{I}_0$	$\overline{I}_1$	$\overline{I}_2$	$\overline{I}_3$	$\overline{I}_4$	$\overline{I}_5$	$\overline{I}_6$	$\overline{I}_7$	$\overline{A}_2$	$\overline{A}_1$	$\overline{A}_0$	$\overline{GS}$	$\overline{EO}$
1	×	×	×	×	×	×	×	×	1	1	1	1	1
0	1	1	1	1	1	1	1	1	1	1	1	1	0
0	×	×	×	×	×	×	×	0	0	0	0	0	1
0	×	×	×	×	×	×	0	1	0	0	1	0	1
0	×	×	×	×	×	0	1	1	0	1	0	0	1
0	×	×	×	×	0	1	1	1	0	1	1	0	1
0	×	×	×	0	1	1	1	1	1	0	0	0	1
0	×	×	0	1	1	1	1	1	1	0	1	0	1
0	×	0	1	1	1	1	1	1	1	1	0	0	1
0	0	1	1	1	1	1	1	1	1	1	1	0	1

74148的 $\overline{EI}$、$\overline{EO}$、$\overline{GS}$ 三个端口的作用如下。

(1) $\overline{EI}$(enable input)为使能信号输入端，低电平有效。当 $\overline{EI}$ 为高电平时(功能表第一行数据)，芯片不被使能，编码输入信号不起作用，无论输入为何值(用×表示)，编码输出始终为高电平。当 $\overline{EI}$ 为低电平时，芯片被使能，此时若没有有效的编码输入(功能表第二行数据)，编码输出也为高电平；8个编码输入信号优先级由高到低排列次序为 $\overline{I}_7$→$\overline{I}_0$，编码器按优先级对输入信号编码，编码输出端为 $\overline{A}_2\overline{A}_1\overline{A}_0$。

(2) $\overline{EO}$(enable out)为使能输出端，用于级联扩展，级联扩展时连接到低一级编码器的 $\overline{EI}$ 端。仅当该编码器使能且无有效编码输入时(功能表第二行数据)，$\overline{EO}$ 输出低电平，使能低一级编码器(参见图4.9)。

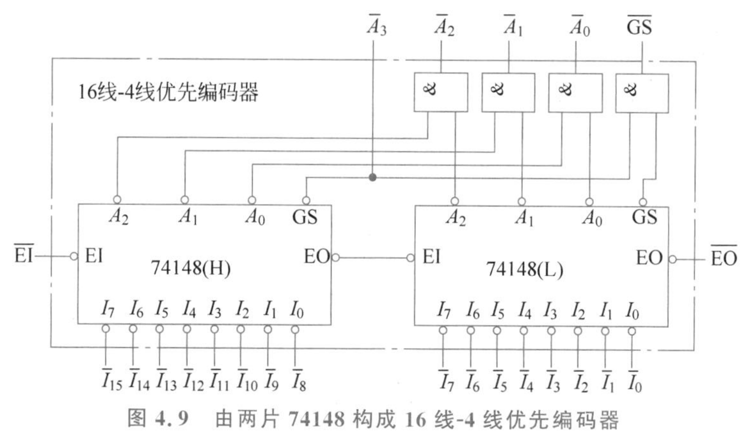

图4.9　由两片74148构成16线-4线优先编码器

(3) $\overline{GS}$(group select)为组选择输出端，用于指示编码器的当前输出是否有效，仅当编码器输出二进制编码时，$\overline{GS}$ 才为低电平。

3. 74148的级联扩展

两片74148级联，附加一片7408(2输入4与门)，就可以构成16线-4线优先编码器，如图4.9所示。该编码器的编码输入端是$\overline{I}_{15}\sim\overline{I}_0$，下标数值越大优先级越高，编码输出端是$\overline{A}_3\sim\overline{A}_0$。注意高位74148的$\overline{\mathrm{EO}}$端连接到了低位74148的$\overline{\mathrm{EI}}$端上。

4. BCD码编码器

图4.9可用于实现各种BCD码编码器，例如，使用$\overline{I}_9\sim\overline{I}_0$作为十进制数9～0的输入端，就可以在$\overline{A}_3\sim\overline{A}_0$获得8421码输出；使用$\overline{I}_{12}\sim\overline{I}_8$和$\overline{I}_4\sim\overline{I}_0$作为十进制数的输入端，可在$\overline{A}_3\sim\overline{A}_0$获得5421码输出。若要构成余3码编码器，则应该以$\overline{I}_{12}\sim\overline{I}_3$作为十进制数的输入端。

4.3.2 译码器

译码器(decoder)执行与编码器相反的操作。译码器输入的n位二进制代码有2^n种取值，称为2^n种不同的编码值，若将每种编码值分别译出，则译码器有2^n个译码输出端，这种译码器称为**全译码器**。若译码器的输入取值不是涵盖所有组合，这种译码器称为**部分译码器**。

1. 3线-8线译码器74138

74138是3位自然二进制编码的全译码器，将输入的3位自然二进制数的8种取值分别译码输出，译码输出端的个数为$2^3=8$个。74138的逻辑符号如图4.10所示，功能表如表4.6所示。74138有一个高电平使能信号G_1，两个低电平有效的使能信号$\overline{G}_{2A}$和$\overline{G}_{2B}$，由功能表可知，只有当$G_1\overline{G}_{2A}\overline{G}_{2B}=100$时，译码器才使能。

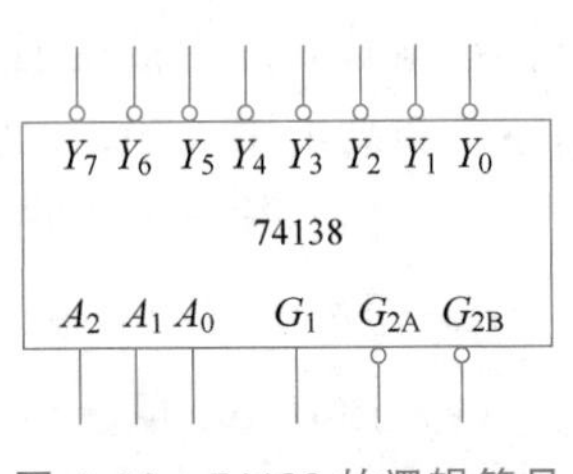

图4.10 74138的逻辑符号

表4.6 74138的功能表

输入						输出							
G_1	$\overline{G}_{2A}$	$\overline{G}_{2B}$	A_2	A_1	A_0	$\overline{Y}_0$	$\overline{Y}_1$	$\overline{Y}_2$	$\overline{Y}_3$	$\overline{Y}_4$	$\overline{Y}_5$	$\overline{Y}_6$	$\overline{Y}_7$
0	×	×	×	×	×	1	1	1	1	1	1	1	1
×	1	×	×	×	×	1	1	1	1	1	1	1	1
×	×	1	×	×	×	1	1	1	1	1	1	1	1
1	0	0	0	0	0	0	1	1	1	1	1	1	1
1	0	0	0	0	1	1	0	1	1	1	1	1	1
1	0	0	0	1	0	1	1	0	1	1	1	1	1
1	0	0	0	1	1	1	1	1	0	1	1	1	1
1	0	0	1	0	0	1	1	1	1	0	1	1	1
1	0	0	1	0	1	1	1	1	1	1	0	1	1
1	0	0	1	1	0	1	1	1	1	1	1	0	1
1	0	0	1	1	1	1	1	1	1	1	1	1	0

74138的输出信号为低电平有效，当芯片未使能时，译码输出端均为高电平。当芯片使能后，与 $A_2A_1A_0$ 输入的编码对应的输出端为低电平，其余输出端为高电平。由功能表还可以看出，芯片使能时，74138的每个输出函数都是输入变量的一个最大项（或称为最小项的非，$M_i=\bar{m}_i$）。74138可以产生编码输入变量的所有最大项的性质使之可用作函数发生器。

2. 译码器的扩展

利用译码器的使能端，可以扩展译码器的规模，图4.11是用两片74138实现的带有一个低电平有效使能端（$\bar{G}$）的4线-16线译码器。输入编码为0000～0111时，$A_3=0$，高位芯片无效，$\bar{Y}_{15}\sim\bar{Y}_8$ 全部输出高电平，此时低位芯片使能，对 $A_2A_1A_0$ 输入的编码进行译码；当输入编码为1000～1111时，$A_3=1$，低位芯片无效，高位芯片使能，$\bar{Y}_{15}\sim\bar{Y}_8$ 对 $A_2A_1A_0$ 输入的编码进行译码输出。

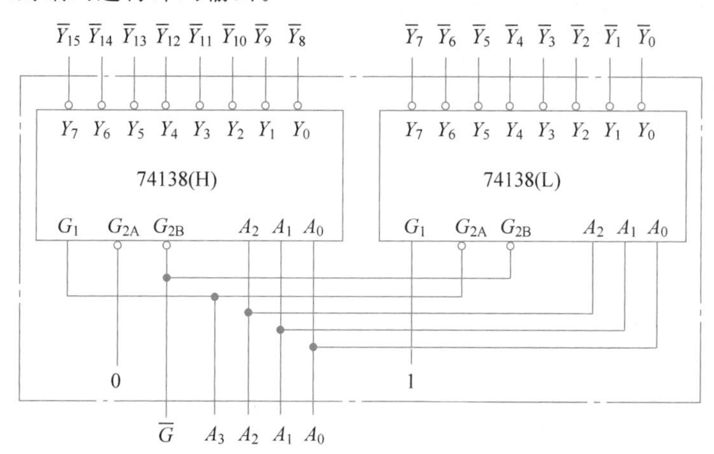

图4.11 用两片74138构成4线-16线译码器

3. 7段数码管显示译码器

7段数码管（seven-segment display，SSD）是常见的显示部件，由7个长条形的发光二极管组成（一般用a、b、c、d、e、f、g分别表示7个发光二极管），多用于显示字母、数字。发光二极管（LED）加上适当的正向电压且电流合适（通常约为10mA）时，会发出可见光（红、黄、绿等）。图4.12是七段数码管的字形结构（图4.12(a)）与共阴极、共阳极两种连接方式的示意图。共阴极连接（图4.12(b)）的各段为高电平时点亮；共阳极连接（图4.12(c)）的各段为低电平时点亮。

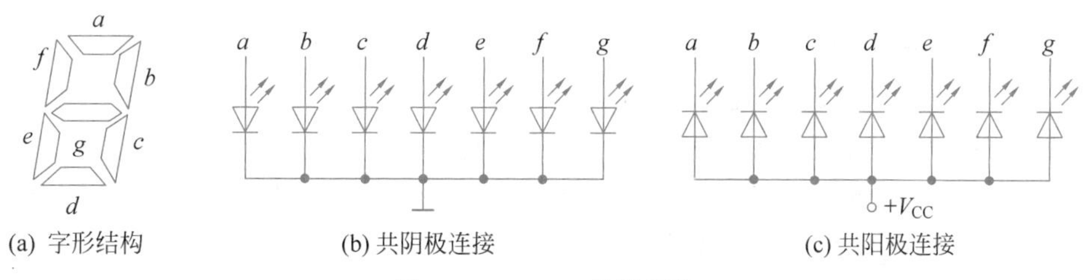

图4.12 LED 7段数码管

7 段数码管的显示需要进行译码，芯片 7448 就是专门用于实现这种显示译码的器件，其逻辑符号如图 4.13 所示，功能表如表 4.7 所示（表中用 Φ 代替×，在正逻辑中两者是等价的）。$A_3A_2A_1A_0$ 为输入端，$a\sim g$ 为 7 段输出端，高电平有效，用于直接驱动共阴极 7 段数码管。7448 的控制端包括消隐输入 $\overline{BI}$（blanking input）、试灯输入 $\overline{LT}$（lamp test）、波纹灭 0 输入 $\overline{RBI}$（ripple blanking input）和波纹灭 0 输出 $\overline{RBO}$（ripple blanking output），均为低电平有效，其中输入信号 $\overline{BI}$ 和输出信号 $\overline{RBO}$ 共用一个芯片引脚，表示为 $\overline{BI}/\overline{RBO}$。

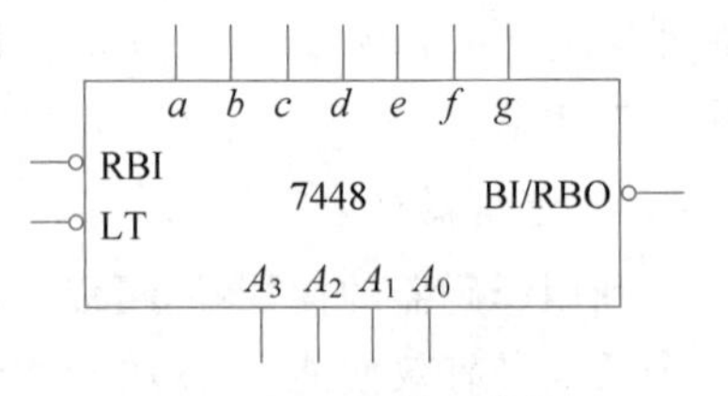

图 4.13　7448 的逻辑符号

表 4.7　7448 的功能表

显示字符或功能	输入						$\overline{BI}/\overline{RBO}$	输出							显示字形
	$\overline{LT}$	$\overline{RBI}$	A_3	A_2	A_1	A_0		a	b	c	d	e	f	g	
0	1	1	0	0	0	0	1	1	1	1	1	1	1	0	0
1	1	Φ	0	0	0	1	1	0	1	1	0	0	0	0	1
2	1	Φ	0	0	1	0	1	1	1	0	1	1	0	1	2
3	1	Φ	0	0	1	1	1	1	1	1	1	0	0	1	3
4	1	Φ	0	1	0	0	1	0	1	1	0	0	1	1	4
5	1	Φ	0	1	0	1	1	1	0	1	1	0	1	1	5
6	1	Φ	0	1	1	0	1	0	0	1	1	1	1	1	b
7	1	Φ	0	1	1	1	1	1	1	1	0	0	0	0	7
8	1	Φ	1	0	0	0	1	1	1	1	1	1	1	1	8
9	1	Φ	1	0	0	1	1	1	1	1	0	0	1	1	9
10	1	Φ	1	0	1	0	1	0	0	0	1	1	0	1	c
11	1	Φ	1	0	1	1	1	0	0	1	1	0	0	1	ɔ
12	1	Φ	1	1	0	0	1	0	1	0	0	0	1	1	∪
13	1	Φ	1	1	0	1	1	1	0	0	1	0	1	1	⊆
14	1	Φ	1	1	1	0	1	0	0	0	1	1	1	1	t
15	1	Φ	1	1	1	1	1	0	0	0	0	0	0	0	灭
消隐	Φ	Φ	Φ	Φ	Φ	Φ	0	0	0	0	0	0	0	0	灭
波纹灭 0	1	0	0	0	0	0	0	0	0	0	0	0	0	0	灭
试灯	0	Φ	Φ	Φ	Φ	Φ	1	1	1	1	1	1	1	1	8

7448 有字符显示、消隐、波纹灭 0 和试灯 4 种功能。

(1) 字符显示功能：用于译码显示 16 种字符。

(2) 消隐功能：只要 $\overline{BI}=0$ 就进入该功能（此时 $\overline{BI}/\overline{RBO}$ 端用作输入，且其优先级最高），此时强行熄灭所有段，不显示数字，主要用于多个数码管的动态显示（多个数码管共用译码器的输出信号 $a\sim g$），通过令 $\overline{BI}=0$，让数码管轮流点亮，起到消隐的作用。

(3) 波纹灭 0 功能：当 $\overline{LT}=1$，$\overline{RBI}=0$ 时，进入该功能（此时 $\overline{BI}/\overline{RBO}$ 端用作输出且为 0），如果 $A_3A_2A_1A_0=0000$，输出为全 0，则数码管熄灭，不显示这个 0；如果 $A_3A_2A_1A_0\neq0000$，则正常显示。该功能主要用于多个数码管显示时熄灭不需要显示的

0,比如显示 0025.080 时,可显示为 25.08。由于通过级联 $\overline{RBI}$ 和 $\overline{RBO}$ 端实现,类似波纹逐级传递,故名波纹灭 0 输入($\overline{RBI}$)和波纹灭 0 输出($\overline{RBO}$)。

(4) 试灯功能:当 $\overline{LT}=0$,且 $\overline{BI}=1$ 时(功能表中最后一行),进入试灯模式,各段全亮,显示数字 8(无论输入端为何值),该模式用于检验各 LED 段是否正常显示(是否有损坏)。

4.3.3 数据选择器

数据选择器和数据分配器的概念可用多路开关表示,如图 4.14 所示,左边的多路开关实现从 4 路信号中选择 1 路信号输出,右边的多路开关将 1 路信号分配到 4 条不同的支路上。左边的多路开关实现了 4 选 1 的功能,称为多路选择器(Multiplexer,MUX);右边的多路开关实现 1 路到 4 路的信号分配功能,称为数据分配器(demultiplexer)。

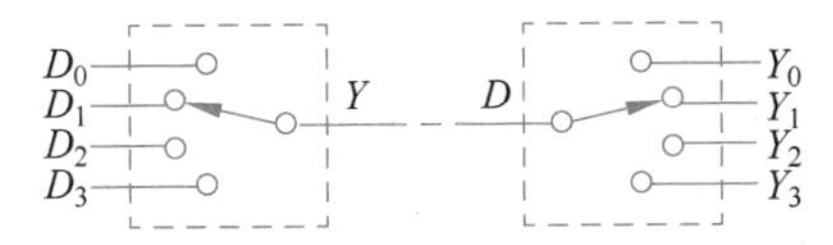

图 4.14 数据选择器和数据分配器功能示意图

1. 4 选 1 数据选择器 74153

74153 是双 4 选 1 数据选择器,其逻辑符号如图 4.15 所示,芯片包含两个完全相同的 4 选 1 选择器,两个数据选择器使用共同的地址选择端 A_1A_0,其使能输入端、数据输入端和数据输出端各自独立。74153 的功能表如表 4.8 所示,使能端 $\overline{G}_i$ $(i=1,2)$ 低电平有效。当 $\overline{G}_i=1$ 时,芯片未使能,输出端 Y_i $(i=1,2)$ 输出 0 电平;当 $\overline{G}_i=0$ 时,芯片使能,根据地址 A_1A_0 取值,从数据输入端 $D_0\sim D_3$ 中选择一路输出至 Y_i 端。

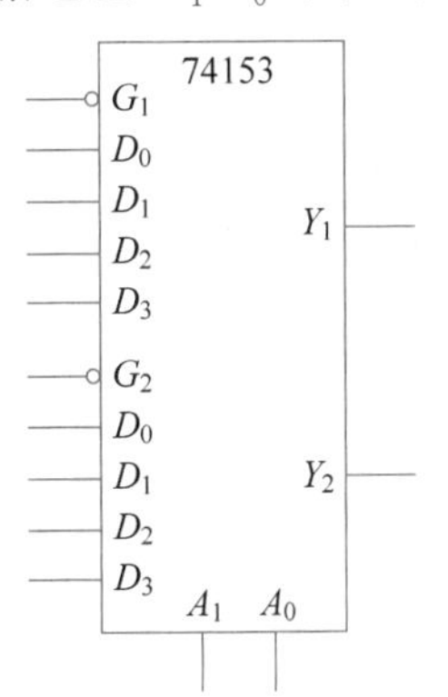

图 4.15 74153 的逻辑符号

表 4.8 74153 的功能表

输 入			输 出
$\overline{G}_i$	A_1	A_0	Y_i
1	Φ	Φ	0
0	0	0	D_0
0	0	1	D_1
0	1	0	D_2
0	1	1	D_3

2. 8 选 1 数据选择器 74151

74151 是 8 选 1 数据选择器,其逻辑符号如图 4.16 所示,表 4.9 是其功能表。$\overline{G}$ 为使能信号(低电平有效),当 $\overline{G}=1$ 时,芯片未使能,Y 输出始终为 0。当 $\overline{G}=0$ 时,芯片被使能,根据地址选择端 $A_2A_1A_0$ 的值从 8 个数据输入端 $D_0\sim D_7$ 中选择一个输出($A_2A_1A_0$ 值为 i,则选择 D_i 输出)。Y 是高电平有效的输出端,W 是 Y 的反相输出端。

从功能表可以看出，只要给定地址 $A_2A_1A_0$ 值，就可以从 $D_0 \sim D_7$ 中选择一个信号，以原变量(Y)或反变量(W)形式输出。

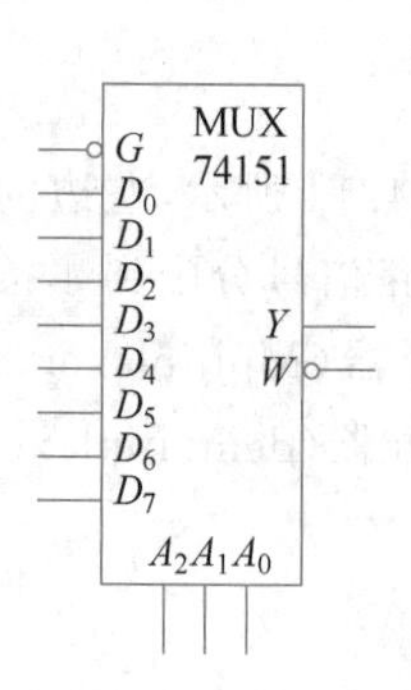

图 4.16　74151 的逻辑符号

表 4.9　74151 的功能表

输入				输出	
$\overline{G}$	A_2	A_1	A_0	Y	W
1	Φ	Φ	Φ	0	1
0	0	0	0	D_0	$\overline{D}_0$
0	0	0	1	D_1	$\overline{D}_1$
0	0	1	0	D_2	$\overline{D}_2$
0	0	1	1	D_3	$\overline{D}_3$
0	1	0	0	D_4	$\overline{D}_4$
0	1	0	1	D_5	$\overline{D}_5$
0	1	1	0	D_6	$\overline{D}_6$
0	1	1	1	D_7	$\overline{D}_7$

输出信号 Y 是输入数据 $D_0 \sim D_7$ 和地址选择端 $A_2A_1A_0$ 的函数，其函数表达式可写为

$$Y = \sum_{i=0}^{7} D_i \cdot m_i = D_0\overline{A}_2\overline{A}_1\overline{A}_0 + D_1\overline{A}_2\overline{A}_1A_0 + D_2\overline{A}_2A_1\overline{A}_0 + D_3\overline{A}_2A_1A_0 + D_4A_2\overline{A}_1\overline{A}_0 + D_5A_2\overline{A}_1A_0 + D_6A_2A_1\overline{A}_0 + D_7A_2A_1A_0$$

显然，表达式中包含地址变量 $A_2A_1A_0$ 的所有最小项，可通过数据输入端 $D_0 \sim D_7$ 控制函数 Y 中包含的最小项，数据选择器的这种特性使其可用于实现逻辑函数。

3. 数据选择器的扩展

通过使能端，可用一片双 4 选 1 数据选择器 74153 实现 8 选 1 选择器，其电路如图 4.17 所示，将 74153 的 A_1A_0 端作为地址选择端低两位，将地址最高位 A_2 接 74153 的 $\overline{G}_1$ 使能端，A_2 取反连接 $\overline{G}_2$ 使能端，将 74153 两个输出端相或，就实现了 8 选 1 数据选择器。在该电路中，A_2 的值决定 74153 中哪个 4 选 1 数据选择器工作，不工作的数据选择器输出始终为 0。当 $A_2=0$ 时，由 A_1A_0 的值选择 $D_0 \sim D_3$ 中某个数据输出至 Y 端；当 $A_2=1$ 时，由 A_1A_0 的值选择 $D_4 \sim D_7$ 中某个数据输出至 Y 端。

4. 数据分配器

数据分配器实现与数据选择器相反的功能，数据分配器没有专门的逻辑芯片实现。由于译码器和数据分配器和结构相似，可用译码器实现分配器的功能。例如，3 线-8 线译码器 74138 又称 1 线-8 线数据分配器，可实现 1 路输入信号分配到 8 路输出的功能。

图 4.18 是用 74138 构成 1 线-8 线数据分配器的电路，一个低电平有效的使能信号输入端 $\overline{G}_{2B}$ 作为外部串行数据输入端，$A_2A_1A_0$ 作为地址选择端，输出端 $\overline{Y}_0 \sim \overline{Y}_7$ 就是 8 路信号输出端 $D_0 \sim D_7$。表 4.10 是该数据分配器的功能表。

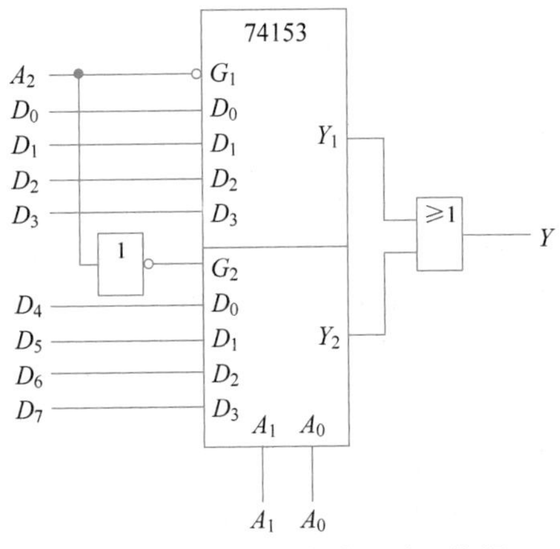

图 4.17 用 74153 构成 8 选 1 数据选择器的电路

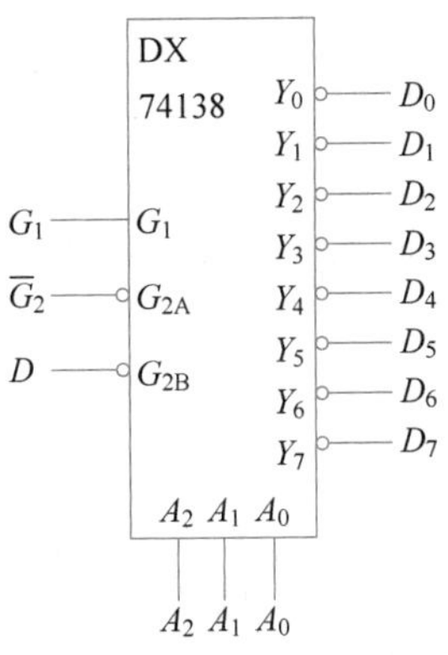

图 4.18 用 74138 构成 1 线-8 线数据分配器的电路

表 4.10 用 74138 构成 1 线-8 线数据分配器的功能表

输入						输出							
G_1	$\overline{G}_{2A}$	D	A_2	A_1	A_0	D_0	D_1	D_2	D_3	D_4	D_5	D_6	D_7
0	Φ	Φ	Φ	Φ	Φ	1	1	1	1	1	1	1	1
Φ	1	Φ	Φ	Φ	Φ	1	1	1	1	1	1	1	1
1	0	D	0	0	0	D	1	1	1	1	1	1	1
1	0	D	0	0	1	1	D	1	1	1	1	1	1
1	0	D	0	1	0	1	1	D	1	1	1	1	1
1	0	D	0	1	1	1	1	1	D	1	1	1	1
1	0	D	1	0	0	1	1	1	1	D	1	1	1
1	0	D	1	0	1	1	1	1	1	1	D	1	1
1	0	D	1	1	0	1	1	1	1	1	1	D	1
1	0	D	1	1	1	1	1	1	1	1	1	1	D

4.3.4 加法器

加法器是用于实现两个二进制数加法运算的电路。加法器可以分为二进制加法器(实现两个二进制数相加)和 BCD 码加法器(实现两个十进制数相加)。

1. 半加器

实现两个 1 位二进制数相加的电路称为**半加器**(half adder),这是最简单的加法器,其逻辑符号如图 4.19 所示(逻辑符号中的"Σ"是加法器的定性符,CO 是进位输出定性符),真值表如表 4.11 所示。其中输入变量 A 和 B 是两个加数,S 表示和输出,C 表示进位输出。

表 4.11 半加器真值表

输入		输出	
A	B	S	C
0	0	0	0
0	1	1	0
1	0	1	0
1	1	0	1

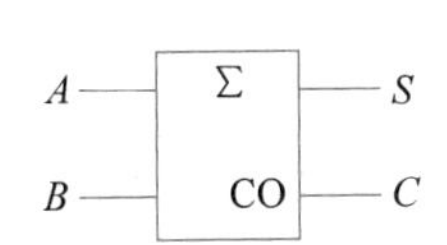

图 4.19 半加器逻辑符号

由真值表可知,半加器的输出可表示为

$$S = A \oplus B,\quad C = AB$$

显然,用一个或门和一个异或门就能实现半加器。

2. 全加器

全加器(full adder)就是带有低位进位输入端的1位加法器。全加器的真值表如表4.12所示,自变量A、B是两个加数,C_i是低位进位,S是本位和输出,C_o是向高位的进位输出。与该真值表对应的函数表达式为

$$S = A \oplus B \oplus C_i$$

$$C_o = AB + AC_i + BC_i$$

1位全加器的逻辑符号如图4.20所示,逻辑符号中的"Σ"是加法器的定性符,CI和CO分别是进位输入和进位输出的定性符。

表4.12 1位全加器真值表

输入			输出	
A	B	C_i	S	C_o
0	0	0	0	0
0	0	1	1	0
0	1	0	1	0
0	1	1	0	1
1	0	0	1	0
1	0	1	0	1
1	1	0	0	1
1	1	1	1	1

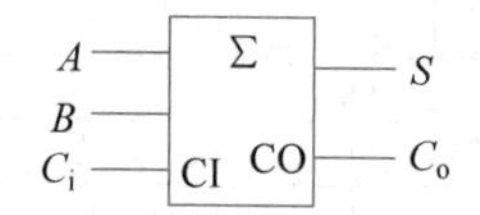

图4.20 1位全加器的逻辑符号

3. 4位二进制全加器7483/283

将n个1位全加器级联,可实现两个n位二进制数的加法,图4.21是由4个1位全加器级联构成的4位二进制数加法器(或称串行加法器),可实现两个4位二进制数$A_3A_2A_1A_0$和$B_3B_2B_1B_0$的加法运算,和是5位二进制数$C_4S_3S_2S_1S_0$,实现最低位相加的一位全加器的进位输入C_0应置为0。由于进位逐级传递的缘故,串行加法器完成加法操作的时延较大,电路的工作速度较慢。

7483是具有先行进位功能的4位二进制全加器,先行进位设计改变了加法器的进位产生方式,输入/输出端之间的最大时延仅为4级门时延,提高了运算速度。7483的逻辑符号如图4.22所示。74283和7483的逻辑功能完全相同,只是在芯片的引脚排列顺序上有所区别。

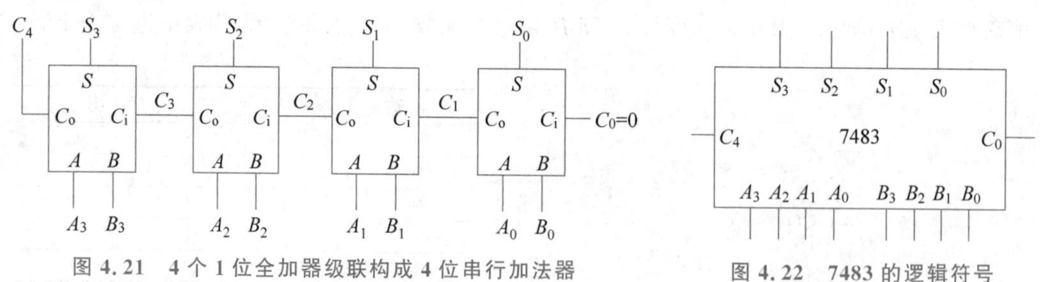

图4.21 4个1位全加器级联构成4位串行加法器

图4.22 7483的逻辑符号

4. 7483/283 的级联扩展

4 位以内的二进制数的加法运算可以用一片 7483 实现。例如,实现两个 3 位二进制数相加时,只要将两个加数分别置于 $A_2A_1A_0$ 和 $B_2B_1B_0$,并将 A_3、B_3 和 C_0 置 0,相加的结果是 4 位以内的二进制数,从 $S_3S_2S_1S_0$ 输出即可。

超过 4 位二进制数的加法运算可通过 7483 芯片的级联扩展实现。图 4.23 是用两片 7483 级联实现两个 7 位二进制数求和的电路,注意高位芯片的 A_3、B_3 置 0,两个 7 位二进制数之和不超过 8 位,因此,结果是图中的 $S_7 \sim S_0$。该电路两个模块内部的进位是先行进位,而模块之间的进位是串行进位。

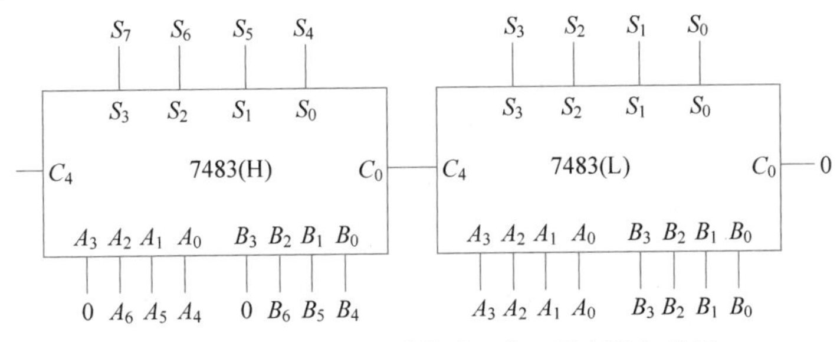

图 4.23 7483/283 级联构成 7 位二进制数加法器

4.3.5 数值比较器

数值比较器简称比较器(comparators),用于比较两个二进制数的大小,并给出“大于”“等于”“小于”三种比较结果。两个二进制数大小的比较是从高位开始,逐位比较,若高位不同,则结果立现,不必再比较低位;若高位相等,则从高到低依次比较;只有各位相同时,两个数才相等。

1. 4 位二进制数比较器 7485

7485 是采用并行比较结构的 4 位二进制数比较器,其逻辑符号如图 4.24 所示。$A_3 \sim A_0$ 和 $B_3 \sim B_0$ 是参与比较的两个 4 位二进制数,A_3 和 B_3 分别是两数的高位。$a>b$、$a=b$、$a<b$ 是级联输入端,芯片在级联扩展时,用于连接低位芯片的比较输出。

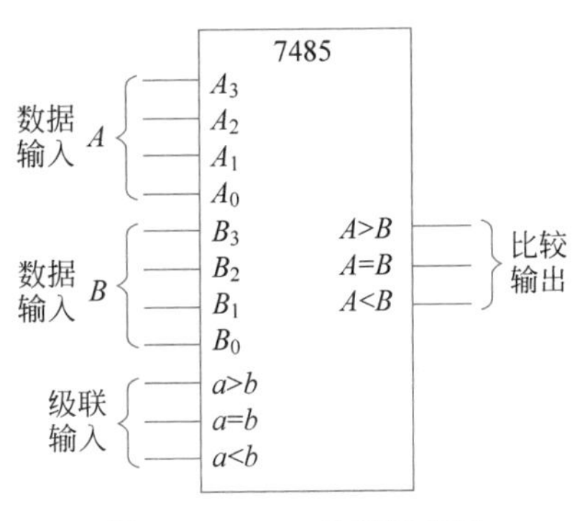

图 4.24 7485 的逻辑符号

7485 的功能表如表 4.13 所示,由表可看出,当参与比较的两个 4 位二进制数 $A_3 \sim A_0$ 和 $B_3 \sim B_0$ 的高位不等时,比较结果就立刻确定,低位和级联输入端不起作用;高位相等时,比较结果由低位决定;当两个 4 位二进制数相等时,比较结果由级联输入决定。正常使用时,三个级联输入信号应该只有一个有效(为高电平)。表中最后三行表示的是在有多个级联输入端为高电平、或全为低电平情况下电路的输出值。

表 4.13　7485 的功能表

比较输入				级联输入			输出		
A_3　B_3	A_2　B_2	A_1　B_1	A_0　B_0	$a>b$	$a<b$	$a=b$	$A>B$	$A<B$	$A=B$
$A_3>B_3$	×	×	×	×	×	×	1	0	0
$A_3<B_3$	×	×	×	×	×	×	0	1	0
$A_3=B_3$	$A_2>B_2$	×	×	×	×	×	1	0	0
$A_3=B_3$	$A_2<B_2$	×	×	×	×	×	0	1	0
$A_3=B_3$	$A_2=B_2$	$A_1>B_1$	×	×	×	×	1	0	0
$A_3=B_3$	$A_2=B_2$	$A_1<B_1$	×	×	×	×	0	1	0
$A_3=B_3$	$A_2=B_2$	$A_1=B_1$	$A_0>B_0$	×	×	×	1	0	0
$A_3=B_3$	$A_2=B_2$	$A_1=B_1$	$A_0<B_0$	×	×	×	0	1	0
$A_3=B_3$	$A_2=B_2$	$A_1=B_1$	$A_0=B_0$	1	0	0	1	0	0
$A_3=B_3$	$A_2=B_2$	$A_1=B_1$	$A_0=B_0$	0	1	0	0	1	0
$A_3=B_3$	$A_2=B_2$	$A_1=B_1$	$A_0=B_0$	×	×	1	0	0	1
$A_3=B_3$	$A_2=B_2$	$A_1=B_1$	$A_0=B_0$	1	1	0	0	0	0
$A_3=B_3$	$A_2=B_2$	$A_1=B_1$	$A_0=B_0$	0	0	0	1	1	0

2. 7485 的级联扩展

7485 的三个级联输入端用于连接低位芯片的三个比较输出端，实现比较位数的扩展。图 4.25 是用两片 7485 级联实现的两个 7 位二进制数比较器，参与比较的 7 位二进制数是 $A_7 \sim A_1$ 和 $B_7 \sim B_1$，比较结果由高位芯片输出。两片 7485 中，高位芯片的两个最高位 A_3 和 B_3 置 0(或 1)，低位芯片的级联输入端 $a=b$ 置 1，$a>b$、$a<b$ 两个端置 0，以确保两个 7 位二进制数相等时，比较结果由低位芯片的级联输入信号决定，输出 $A=B$ 的结果。

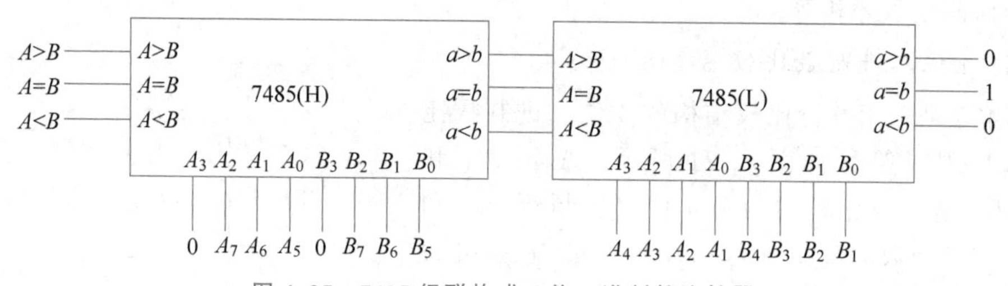

图 4.25　7485 级联构成 7 位二进制数比较器

4.4　组合逻辑模块的应用

本节通过示例，介绍用 MSI 组合逻辑模块设计实现组合逻辑功能的方法。

4.4.1　译码器的应用

74138 是输出低电平有效的 3 线-8 线全译码器，8 个译码输出变量是 3 个编码输入变量的所有最大项，因此可以用 74138 加上与门实现任意一个 3 变量的逻辑函数；由于最大项就是最小项的非，通过对最小项表达式取两次非，可以将最小项表达式写成“最小项之非”的与非形式，从而可以用 74138 加上与非门实现逻辑函数。

例 4.5 试用 3 线-8 线译码器 74138 实现 1 位全加器。

解：分别用 A、B、C 表示 1 位全加器的两个加数和低位的进位，和信号为 S，进位输出为 Z。真值表如表 4.2 所示，直接写出和信号 S、进位输出 Z 的最小项表达式并进行代数变换。

$$S = m_1 + m_2 + m_4 + m_7 = \overline{\bar{m}_1 \bar{m}_2 \bar{m}_4 \bar{m}_7} = \overline{\overline{Y}_1 \overline{Y}_2 \overline{Y}_4 \overline{Y}_7}$$

$$Z = m_3 + m_5 + m_6 + m_7 = \overline{\bar{m}_3 \bar{m}_5 \bar{m}_6 \bar{m}_7} = \overline{\overline{Y}_3 \overline{Y}_5 \overline{Y}_6 \overline{Y}_7}$$

由此得出用 74138 实现 1 位全加器的电路，如图 4.26 所示。

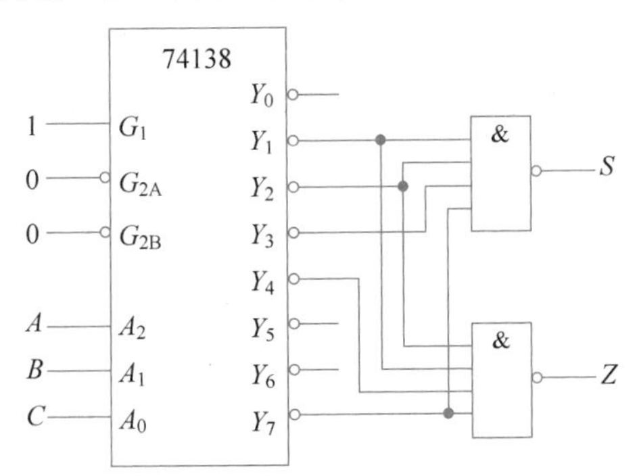

图 4.26 用 74138 实现 1 位全加器电路

例 4.6 试用 3 线-8 线译码器和必要的逻辑门实现 1 位全减器。

解：定义被减数、减数和低位的借位输入分别用变量 A、B、C_i 表示，运算结果为本位的差 D 和向高位的借位输出 C_o，列出 1 位全减器真值表，如表 4.14 所示。

表 4.14 全减器真值表

输入			输出	
A	B	C_i	D	C_o
0	0	0	0	0
0	0	1	1	1
0	1	0	1	1
0	1	1	0	1
1	0	0	1	0
1	0	1	0	0
1	1	0	0	0
1	1	1	1	1

$$C_o(A, B, C_i) = m_1 + m_2 + m_3 + m_7 = \overline{\bar{m}_1 \bar{m}_2 \bar{m}_3 \bar{m}_7} = \overline{\overline{Y}_1 \overline{Y}_2 \overline{Y}_3 \overline{Y}_7}$$

$$D(A, B, C_i) = m_1 + m_2 + m_4 + m_7 = \overline{\bar{m}_1 \bar{m}_2 \bar{m}_4 \bar{m}_7} = \overline{\overline{Y}_1 \overline{Y}_2 \overline{Y}_4 \overline{Y}_7}$$

由此得出用 74138 实现 1 位全减器的电路，如图 4.27 所示。

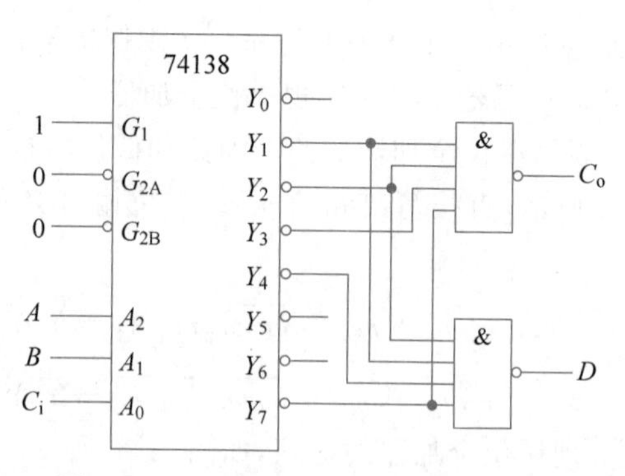

图 4.27　用 74138 实现 1 位全减器电路

例 4.7　试用3线-8线译码器和必要的逻辑门实现逻辑函数 $F(A,B,C)=\sum m(0,3,6,7)$。

解：(1) $F(A,B,C)=\sum m(0,3,6,7)=\prod M(1,2,4,5)=\bar{Y}_1\bar{Y}_2\bar{Y}_4\bar{Y}_5$

故可以用 74138 和与门实现上面的函数，电路如图 4.28(a)所示。

对函数的最小项表达式进行变换，有

$$F(A,B,C)=\sum m(0,3,6,7)=\overline{\bar{m}_0\bar{m}_3\bar{m}_6\bar{m}_7}=\overline{M_0M_3M_6M_7}=\overline{\bar{Y}_0\bar{Y}_3\bar{Y}_6\bar{Y}_7}$$

故可以用 74138 和与非门实现上面的函数，电路如图 4.28(b)所示。

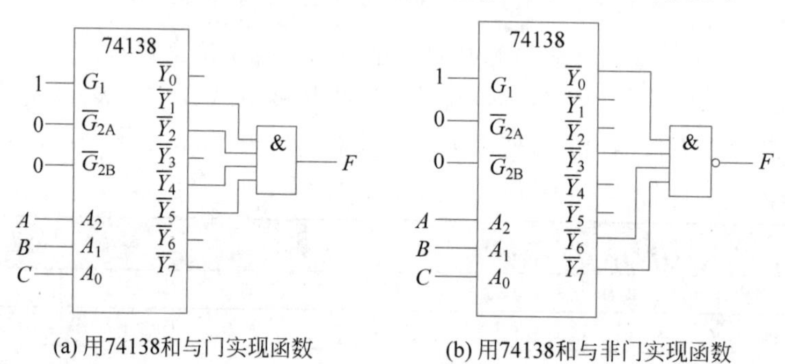

图 4.28　用 74138 实现逻辑函数

注意：

由上面的示例总结得出：对于输出低电平有效的译码器，可以选取构成函数的最大项对应的输出端，外加与门实现；也可以选取构成函数的最小项对应的输出端(除最大项对应的输出端之外的输出端)，外加与非门实现。采用 74138 实现逻辑函数时，还需注意 74138 的使能输入端满足 $G_1\bar{G}_{2A}\bar{G}_{2B}=100$。

4.4.2　数据选择器的应用

例 4.8　试分析图 4.29 所示电路的逻辑功能。

解：该电路由两个 4 选 1 数据选择器和一个非门构成，根据 4 选 1 数据选择器的输出函数表达式 $Y=\sum D_im_i$，得出 J 和 S 的函数表达式如下：

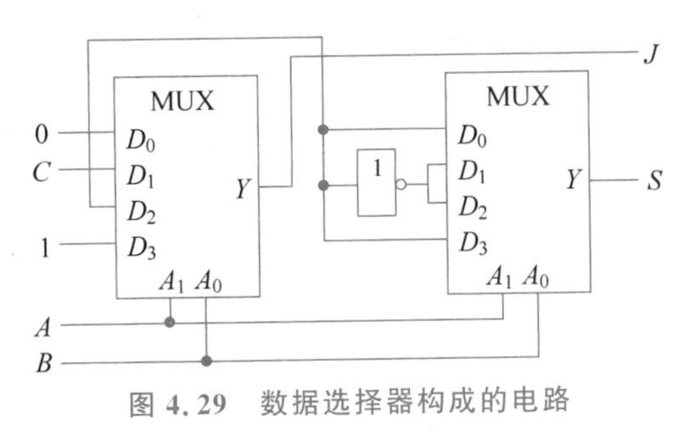

图 4.29 数据选择器构成的电路

$$J=0\times\overline{A}\overline{B}+C\times\overline{A}B+C\times A\overline{B}+1\times AB=\overline{A}BC+A\overline{B}C+AB$$
$$=BC+AC+AB$$
$$S=C\times\overline{A}\overline{B}+\overline{C}\times\overline{A}B+\overline{C}\times A\overline{B}+C\times AB=\overline{A}\overline{B}C+\overline{A}B\overline{C}+A\overline{B}\overline{C}+ABC$$
$$=A\oplus B\oplus C$$

显然,该电路实现的是1位全加器的逻辑功能,其中 J 是进位输出,S 是本位和输出。

有时通过表达式并不能直接看出函数的逻辑功能,需进一步列出真值表,通过输入变量和函数取值关系判断电路的逻辑功能。

用数据选择器可以实现任意逻辑函数,其方法有以下两种。

(1) 公式法:数据选择器(MUX)的输出函数是地址变量的全部最小项和相应输入数据的与或式,表达式形式为 $Y=\sum m_iD_i$,其中的 D_i 是输入数据,m_i 是地址变量形成的最小项。用公式法实现逻辑函数的方法就是将逻辑函数表达式变换为数据选择器输出函数表达式形式,从而确定地址变量和输入数据变量。

(2) 降维卡诺图法:首先确定地址变量,然后单列地址变量,另列其他变量,画出卡诺图。针对每一组地址,化简得到对应数据端函数的最简表达式,此方法对于完全和非完全描述函数都适用。

例 4.9 分别用8选1数据选择器和4选1数据选择器实现逻辑函数 $F(A,B,C,D)=\sum m(0,5,7,9,14,15)$。

解:(1) 首先将函数 F 写成最小项表达式的形式,然后从4个自变量中选择3个作为MUX的地址变量(本例选 ABC),并将表达式写成MUX输出函数的表达式形式。

$$F(A,B,C,D)=\overline{A}\overline{B}\overline{C}\overline{D}+\overline{A}B\overline{C}D+\overline{A}BCD+A\overline{B}\overline{C}D+ABC\overline{D}+ABCD$$
$$=\overline{A}\overline{B}\overline{C}\cdot\overline{D}+\overline{A}B\overline{C}\cdot D+\overline{A}BC\cdot D+A\overline{B}\overline{C}\cdot D+ABC\cdot\overline{D}+ABC\cdot D$$
$$=\overline{A}\overline{B}\overline{C}\cdot\overline{D}+\overline{A}B\overline{C}\cdot D+\overline{A}BC\cdot D+A\overline{B}\overline{C}\cdot D+ABC\cdot 1$$

显然,当MUX的地址变量 $A_2A_1A_0=ABC$ 时,输入数据端 $D_0\sim D_7=\overline{D},0,D,D,D,0,0,1$,电路图如图4.30所示。

(2) 4选1数据选择器只有两个地址选择端,一般来说,用4选1实现四变量逻辑函数时,有两个变量要放在数据输入端,因而可能需要附加逻辑门。本例选择 AB 作为MUX的地址变量,按 AB 两个变量的最小项形式变换函数 F 的表达式。

$$F(A,B,C,D)=\overline{A}\overline{B}\cdot\overline{C}\overline{D}+\overline{A}B\cdot\overline{C}D+\overline{A}B\cdot CD+A\overline{B}\cdot\overline{C}D+AB\cdot C\overline{D}+AB\cdot CD$$
$$=\overline{A}\overline{B}\cdot\overline{C}\overline{D}+\overline{A}B\cdot(\overline{C}D+CD)+A\overline{B}\cdot\overline{C}D+AB\cdot(C\overline{D}+CD)$$
$$=\overline{A}\overline{B}\cdot\overline{C}\overline{D}+\overline{A}B\cdot D+A\overline{B}\cdot\overline{C}D+AB\cdot C$$

4 选 1 MUX 的地址变量 $A_1A_0=AB$ 时，MUX 的数据输入端 $D_0=\overline{C}\overline{D}$，$D_1=D$，$D_2=\overline{C}D$，$D_3=C$。实现 D_0 和 D_2 需要两个与门，逻辑电路图如图 4.31 所示。

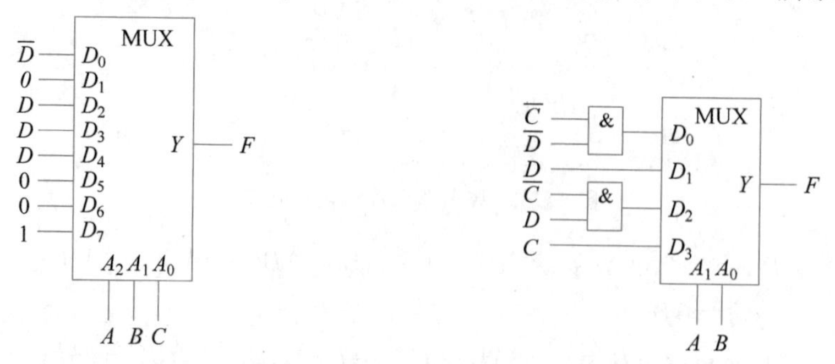

图 4.30　用 8 选 1 MUX 实现例 4.9 的电路　　图 4.31　用 4 选 1 MUX 实现例 4.9 的电路

降维卡诺图是用数据选择器实现逻辑函数的另一种有效的设计方法。

例 4.10　试用 8 选 1 数据选择器实现逻辑函数 $F(A,B,C,D)=\prod M(2,3,14)\cdot\prod \Phi(1,4,5,11,12,15)$。

解：本例采用降维卡诺图进行设计。首先选择 MUX 的地址变量 $A_2A_1A_0=BCD$（也可以选择其他变量），将 BCD 作为卡诺图中的一组变量，函数 F 中的其他输入变量作为另一组，画出卡诺图，如图 4.32(a)所示。注意，此时 BCD 的变量取值可以按自然二进制数排列，因为化简不可沿此方向进行。只能沿变量 A 方向进行，当 $BCD=000$ 时，对应方格的化简结果为 MUX 中 D_0 的输入信号，当 BCD 为其他取值时，对应的化简结果为相应数据输入端的值。最后得到的逻辑电路如图 4.32(b)所示。当然，由于函数中有无关项（Φ 可看作 0，也可看作 1），本例的结果并非唯一。

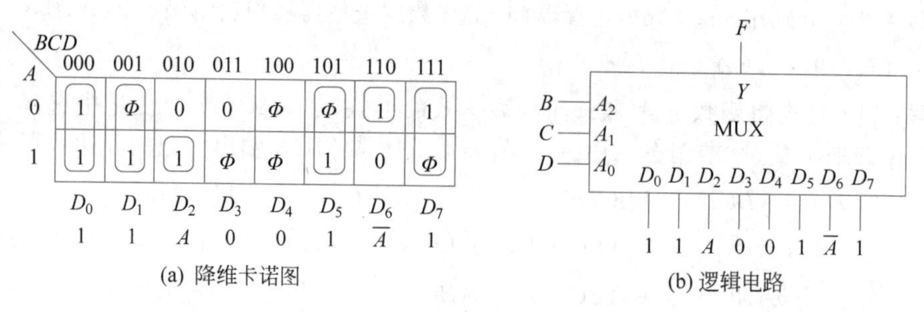

(a) 降维卡诺图　　(b) 逻辑电路

图 4.32　用降维卡诺图实现函数

4.4.3　加法器的应用

4 位二进制全加器 7483/283 可用于实现 BCD 码加法和编码转换电路等功能。

例 4.11　试用 4 位全加器 7483 实现 5421 码到 8421 码的转换。

解：由表 4.15 可以看出 8421 码和 5421 码的对应关系。

当十进制数 $N_{10}\leqslant 4$ 时，8421 码和 5421 码相同；当 $N_{10}\geqslant 5$ 时，8421 码比相应的 5421 码小 3。采用 7483 实现该编码转换电路时，基本思路是将 5421 码作为一个加数输入加法器，加法器的和输出端输出 8421 码。当 $N_{10} \leqslant 4$ 时，应在另一个加数输入端输入 0；当 $N_{10} \geqslant 5$ 时，应将输入的 5421 码减 3。对于 4 位二进制数来说，减 3 等价于加 13(在 4 位二进制数的计算中，3 和 13 对模 16 而言互为补码)。判断输入的 5421 码是否小于或等于 4，只要看其最高位即可。以上分析可以表示为

$$
\begin{aligned}
WXYZ &= \begin{cases} ABCD + 0000, & \text{当 } N_{10} \leqslant 4 \text{ 时} \\ ABCD - 0011, & \text{当 } N_{10} \geqslant 5 \text{ 时} \end{cases} \\
&= \begin{cases} ABCD + 0000, & \text{当 } A = 0 \text{ 时} \\ ABCD + 1101, & \text{当 } A = 1 \text{ 时} \end{cases} \\
&= ABCD + AA0A
\end{aligned}
$$

5421 码到 8421 码的转换电路如图 4.33 所示。

表 4.15　8421 码和 5421 码的对应关系

5421 码				8421 码			
A	B	C	D	W	X	Y	Z
0	0	0	0	0	0	0	0
0	0	0	1	0	0	0	1
0	0	1	0	0	0	1	0
0	0	1	1	0	0	1	1
0	1	0	0	0	1	0	0
1	0	0	0	0	1	0	1
1	0	0	1	0	1	1	0
1	0	1	0	0	1	1	1
1	0	1	1	1	0	0	0
1	1	0	0	1	0	0	1

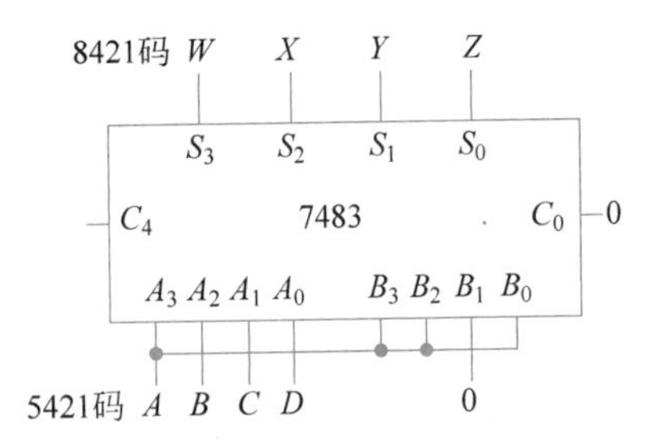

图 4.33　5421 码到 8421 码的转换电路

4.5 组合逻辑电路中的竞争冒险

在前面对组合逻辑电路的讨论中，我们只从逻辑行为角度进行了分析和设计，没有考虑实际电路中存在的信号传输时延和信号电平变化时刻对逻辑功能的影响。逻辑门的传输时延及多个输入信号变化不同步可能引起竞争冒险。

1. 竞争冒险产生的原因

在组合逻辑电路中，信号经由不同路径传输到达某一逻辑门，由于每条途径延迟时间不同，到达同一逻辑门的时间有先有后，如果到达同一逻辑门的两个输入信号同时向相反的方向跳变(一个从 1 跳变到 0，另一个从 0 跳变到 1)，而变化的时间有差异，这一现象称为**竞争**(race)；由于竞争而在电路输出端产生脉冲尖峰的现象(脉冲尖峰可能与稳态下的逻辑输出不一致，属于错误输出)，称为**冒险**(英文为 hazard 或者 risk)，统称为**竞争冒险**，简称险象。

有竞争不一定会产生冒险，但出现了冒险就意味着一定存在竞争。产生冒险时往往会出现一些不正确的脉冲尖峰，这些尖峰信号就是毛刺(glitch)。

竞争冒险会影响电路工作的稳定性、可靠性，严重时会导致整个系统的错误动作和逻辑紊乱。

图 4.34 是产生正跳变尖峰脉冲的竞争冒险示意图，该逻辑电路如图 4.34(a)所示，由一个非门和一个与门构成，输入信号是 A，由于门电路的延时，致使 $\overline{A}$ 从 1 变为 0 的时刻，滞后于 A 从 0 变为 1 的时刻，因此，F 输出端出现一个正跳变窄脉冲(干扰脉冲)，如图 4.34(b)所示。

图 4.35 是产生负跳变尖峰脉冲的竞争冒险示意图，该逻辑电路如图 4.35(a)所示，由一个非门和一个或门构成，由于门电路的延时，致使 $\overline{A}$ 从 0 变为 1 的时刻，滞后于 A 从 1 变为 0 的时刻，因此，F 输出端出现一个负跳变窄脉冲，如图 4.35(b)所示，同样，这个尖峰脉冲也不符合门电路稳态下的逻辑功能。

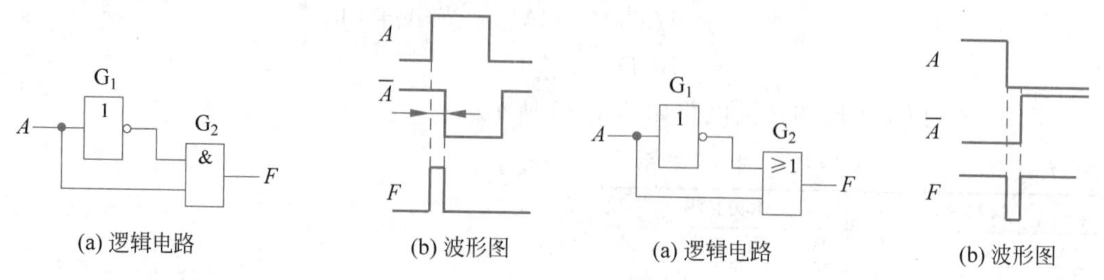

(a) 逻辑电路　(b) 波形图

图 4.34　产生正跳变尖峰脉冲的竞争冒险示意图

(a) 逻辑电路　(b) 波形图

图 4.35　产生负跳变尖峰脉冲的竞争冒险示意图

上面的正、负跳变尖峰脉冲的险象分别称为 1 型险象和 0 型险象：输出信号中的毛刺为正跳变尖峰脉冲的险象称为 **1 型险象**；输出信号中的毛刺为负跳变尖峰脉冲的险象称为 **0 型险象**。

2. 竞争冒险现象的判断

判断电路中是否存在冒险，主要有两种方法：代数法与卡诺图法。

(1) 代数法：对于一个逻辑表达式，若在给定了其他自变量的逻辑值后，出现下列两种情形之一，则存在逻辑险象。

$$F=A\cdot\overline{A}\quad(存在 1 型险象)$$

$$F=A+\overline{A}\quad(存在 0 型险象)$$

例 4.12　某逻辑函数为 $F(A,B,C)=A\overline{C}+BC$，试判断该逻辑电路是否可能产生冒险现象。

解：表达式中 C 以原变量和反变量的形式出现，当 $A=B=1$ 时，$F=\overline{C}+C$，故可能产生 0 型险象。

例 4.13　某逻辑函数为 $F(A,B,C)=(A+B)(\overline{B}+C)$，试判断该逻辑电路是否可能产生冒险现象。

解：表达式中 B 以原变量和反变量的形式出现，当 $A=C=0$ 时，$F=B\cdot\overline{B}$，故可能产生 1 型险象。

(2) 卡诺图法：卡诺图中如果两个卡诺图圈相切，则由于相切时存在原变量和反变量，会出现冒险；如果两个卡诺图圈相交，则由于相交时同一变量出现重复，不会出现冒险。

比如图 4.36 所示的卡诺图中两个圈相切，因此会出现冒险，其逻辑函数为 $F(A,B,C)=A\overline{B}+BC$。

3. 消除竞争冒险的方法

(1) 修改逻辑设计，增加冗余项。图 4.36 所示的卡诺图中两个圈相切，有竞争和冒险，添加冗余项解决(如图 4.37 所示增加一个圈)，其逻辑函数为 $F(A,B,C)=A\overline{B}+BC+AC$。

增加冗余项的方法对于复杂的电路作用有限，故用修改逻辑设计的方法消除险象比较困难。

C \ AB	00	01	11	10
0	0	0	0	1
1	0	1	1	1

图 4.36 两个卡诺图圈相切会出现冒险

C \ AB	00	01	11	10
0	0	0	0	1
1	0	1	1	1

图 4.37 添加冗余项解决冒险

(2) 输出端接入滤波电容：因为尖峰脉冲一般都很窄(多在几十 ns)，所以在输出端接一个很小的滤波电容(4～20pF)，就可将尖峰脉冲的宽度削弱至电路的阈值电压以下，但输出波形随电容变化，所以只适用于对波形前、后沿无严格要求的场合。

(3) 组合逻辑输出加寄存器：在学习了时序电路后，可采用此方法，该方法使用一个寄存器读带毛刺的信号，利用寄存器对输入信号毛刺不敏感的特点(寄存器一般只在时钟跳变沿对输入信号敏感)，去除信号中的毛刺。在实际电路中，对于简单的逻辑电路，尤其是对信号中发生在非时钟跳变沿的毛刺信号，去除效果明显。

习题 4

4-1 分析图题 4.1 所示电路，写出表达式，列出真值表，说明电路的逻辑功能。

4-2 分别用与非门实现下列逻辑函数，允许反变量输入。

(1) $F=AB+\overline{\overline{A}+C}\cdot BD+B\overline{\overline{C}D}$

(2) $F(A,B,C,D)=\sum m(2,4,6,7,10)+\sum \Phi(0,3,5,8,15)$

(3) $F(A,B,C,D)=\prod M(2,4,6,10,11,14,15)\prod \Phi(0,1,3,9,12)$

(4) $\begin{cases} F_1(A,B,C,D)=\sum m(1,3,10,14,15) \\ F_2(A,B,C,D)=\sum m(1,3,4,5,6,7,15) \end{cases}$

4-3 只用 2 输入与非门和异或门实现下列函数。

$$F(A,B,C,D)=\sum m(0,1,4,5,8,9,14,15)+\sum \Phi(2,10)$$

4-4 试用最少的与非门设计一个组合电路，实现表题 4.1 所示的逻辑功能。

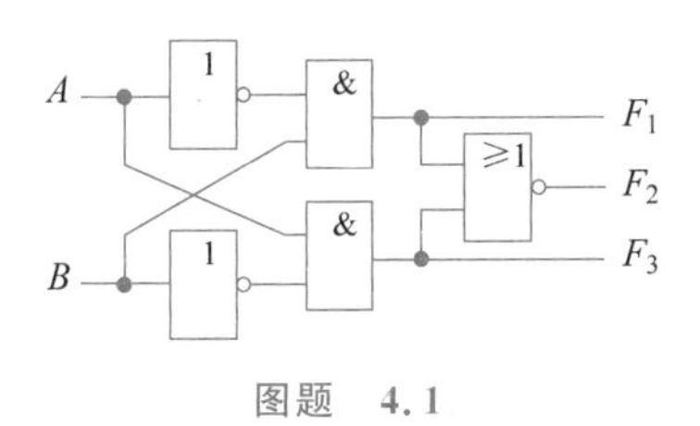

图题 4.1

表题 4.1

A	B	F
0	0	$C+D$
0	1	$\overline{C+D}$
1	0	$C\oplus D$
1	1	$C\odot D$

4-5 分别用与非门和或非门实现下列函数，允许反变量输入。

$$F(W,X,Y,Z)=\sum m(0,1,2,7,11)+\sum \Phi(3,8,9,10,12,13,15)$$

4-6 试用 3 输入与非门实现函数 $F=\overline{A}\overline{B}\overline{D}+B\overline{C}+AB\overline{D}+BD$，允许反变量输入。

4-7 试用一片 2 输入四与非门芯片 7400 实现函数 $F=\overline{\overline{AC+\overline{B}C}+B(A\oplus C)}$，不允许反变量输入。

4-8 已知输入信号 A、B、C、D 的波形如图题 4.2 所示，试用最少的逻辑门(种类不限)设计产生输出 F 波形的组合电路，不允许反变量输入。

4-9 学校举办游艺会，规定男生持红票入场，女生持绿票入场，持黄票的人无论男女都可入场。如果一个人同时持有几种票，则只要有符合条件的票就可以入场。试分别用与非门和或非门设计入场控制电路。

4-10 一个走廊的两头和中间各有一个开关控制同一盏灯。无开关闭合时，灯不亮；当灯不亮时，任意拨动一个开关都使灯亮；当灯亮时，任意拨动一个开关都使灯熄灭。试用异或门实现该电灯控制电路。

4-11 用与非门为医院设计一个血型配对指示器，当供血和受血血型不符合表题 4.2 所列情况时，指示灯亮。

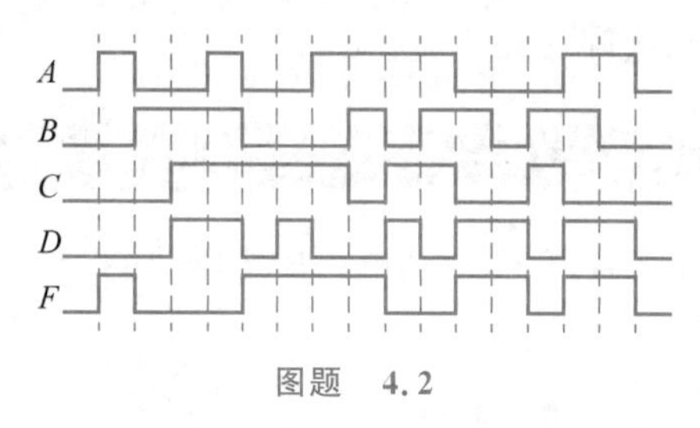

图题 4.2

表题 4.2

供血血型	受血血型
A	A、AB
B	B、AB
AB	AB
O	A、B、AB、O

4-12 用 3 线-8 线译码器 74138 和必要的逻辑门实现下列逻辑函数。

(1) $F(A,B,C)=\sum m(0,3,6,7)$

(2) $F(A,B,C)=\prod M(1,3,5,7)$

(3) $F(A,B,C)=ABC+A(B+C)$

(4) $F(A,B,C)=(A+C)(A+B+C)$

4-13 图题 4.3 是由 2 线-4 线译码器和 8 选 1 数据选择器构成的逻辑电路，各模块的输入输出端都是高电平有效，试写出输出函数表达式，并整理成 $\sum m$ 的形式。

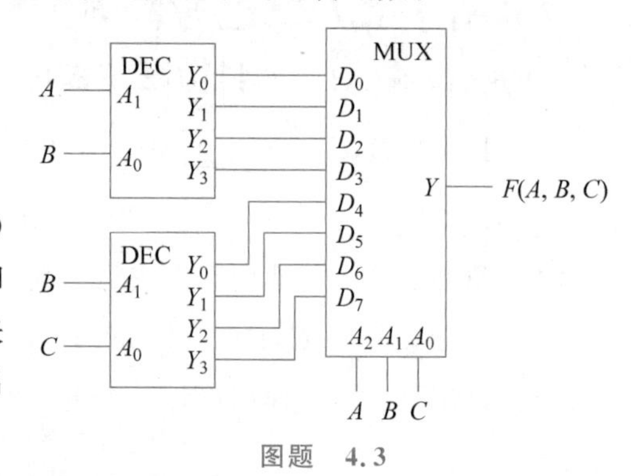

图题 4.3

4-14 只用 1 片 74LS83(不附加逻辑门)分别实现下列 BCD 码转换电路。

(1) 余 3 码到 8421 码的转换。

(2) 5421 码到 8421 码的转换。

(3) 2421 码到 8421 码的转换。

4-15 用一片 4 位全加器 7483 和尽量少的逻辑门，分别实现下列 BCD 码转换电路。

(1) 8421 码到 5421 码的转换。

(2) 5421 码到余 3 码的转换。

(3) 余 3 码到 5421 码的转换。

4-16 设有 A、B、C 三个输入信号通过排队逻辑电路分别由三路输出，在任意时刻，输出端只能输出其中的一个信号。当同时有两个以上的输入信号时，输出选择的优先顺序是 A、B、C。列出该排队电路的真值表，写出输出函数表达式。

4-17 分别用 4 选 1 和 8 选 1 数据选择器实现下列逻辑函数。

(1) $F(A,B,C)=\sum m(0,1,2,6,7)$

(2) $F(A,B,C,D)=\sum m(0,3,8,9,10,11)+\sum \Phi(1,2,5,7,13,14,15)$

(3) $F(A,B,C,D)=\prod M(1,2,8,9,10,12,14)\prod \Phi(0,3,5,6,11,13,15)$

4-18 试用 4 选 1 数据选择器和必要的逻辑门设计一个 1 位二进制数全加器。

4-19 写出图题 4.4 所示电路的输出函数表达式，列出真值表。

4-20 将逻辑表达式 $F(A,B,C)=AB+\overline{B+C}$ 写成标准与或表达式 $\sum m$ 的形式，并用 8 选 1 数据选择器 74151 实现该函数。

4-21 判断图题 4.5 所示各电路是否存在险象，说明险象类型，并通过修改逻辑设计消除险象。

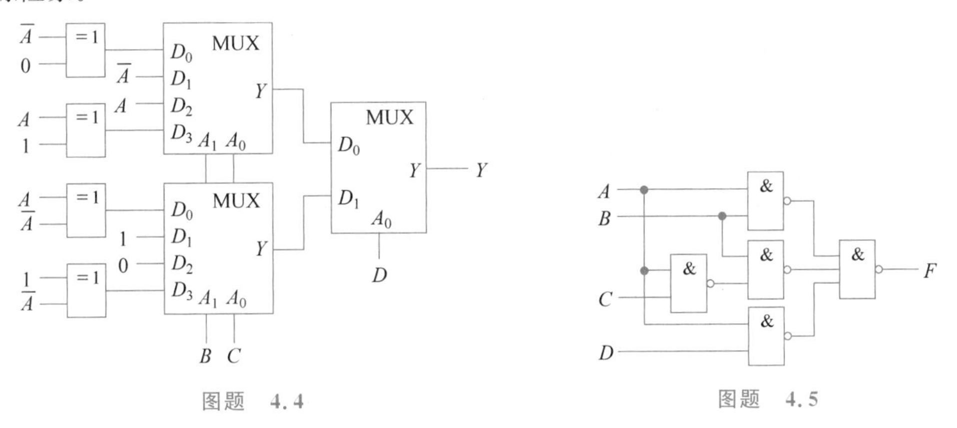

图题 4.4　　　　图题 4.5

实验与设计

4-1 用 3 线-8 线译码器 74LS138 实现逻辑函数。

(1) 用 74LS138 和与非门实现 3 人表决电路，参加表决的 3 个人中有任意两人或 3 人同意，则表决通过；否则表决不能通过，定义自变量 A、B、C 表示投票的 3 个人，表决结果用变量 Y 表示。函数表达式可表示为

$$Y(A,B,C)=AB+BC+AC=\sum m(3,5,6,7)$$

$$=\overline{\overline{m}_3\overline{m}_5\overline{m}_6\overline{m}_7}=\overline{M_3M_5M_6M_7}=\overline{\overline{Y}_3\overline{Y}_5\overline{Y}_6\overline{Y}_7}$$

可用 3 线-8 线译码器 74LS138 及与非门实现，电路如图题 4.6 所示，在实验板上搭

建该电路进行实际验证。

(2) 用 74LS138 实现 1 位全加器,设计电路并在实验板上搭建电路进行实际验证。

4-2　用数据选择器实现逻辑函数。

(1) 用 4 选 1 数据选择器(74LS153)和少量与非门,设计一个符合输血-受血规则(如图题 4.7 所示,或参考表题 4.2)的电路,当供血和受血血型不符合图题 4.7 所示的输血-受血规则时,指示灯亮(或红灯亮);符合图题 4.7 所示的输血-受血规则时,指示灯灭(或绿灯亮)。设计电路并在实验板上搭建电路进行实际验证。

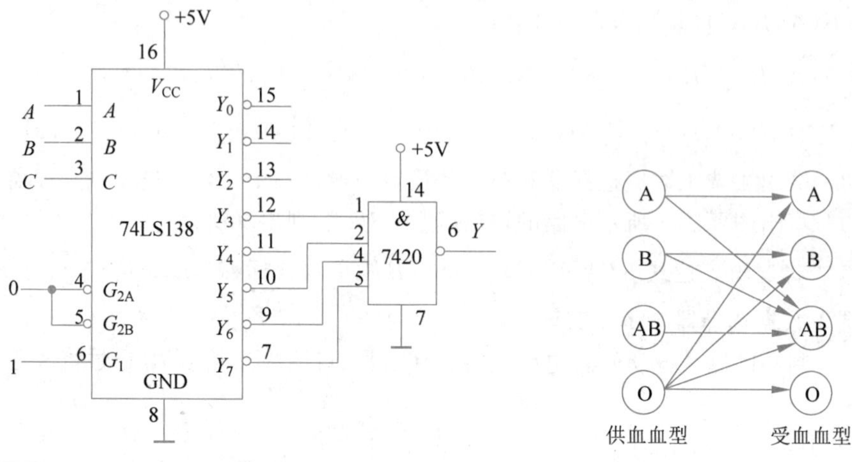

图题 4.6　用 74LS138 和与非门实现 3 人表决电路

图题 4.7　输血-受血规则

(2) 用 2 个 4 选 1 数据选择器(74LS153)构成 1 个 8 选 1 数据选择器,并验证其逻辑功能。将上面的输血-受血指示电路用 8 选 1 数据选择器实现,设计电路并在实验板上搭建电路进行实际验证。

第5章 触发器

第4章介绍的组合逻辑电路，由于内部不存在输出到输入的反馈，其输出只与当时的输入有关，与过去的输入无关，因而不具备记忆功能。时序逻辑电路(sequential logic circuit)则不同，它通过在电路内部引入反馈“记住”输入信号的历史，从而解决了组合逻辑电路无法实现的“记忆”功能。通常把具有记忆功能的这类数字电路称为时序逻辑电路或时序电路。

本章介绍基本的时序逻辑部件触发器、计数器和移位寄存器，举例说明其使用方法，并在此过程中说明用于描述时序逻辑电路的术语和概念。

5.1 SR锁存器

SR锁存器(latch)是静态存储单元中最基本，也是电路结构最简单的一种，通常由两个与非门或者或非门构成。

SR锁存器电路及逻辑符号如图5.1所示，它由两个与非门交叉耦合构成。逻辑符号输入端的 S 表示 Set(置位端，置1端)，R 表示 Reset(复位端，置0端)，Q 和 $\overline{Q}$ 是触发器的两个互补输出端(输出端的小圆圈表示逻辑非)，规定 Q 输出端的逻辑值代表触发器的状态，即 $Q=1$ 表示触发器处于1状态，$Q=0$ 表示触发器处于0状态；将使 $Q=1$ 的操作称为置位或置1，使 $Q=0$ 的操作称为复位或置0。

对图5.1(a)的SR锁存器电路进行分析如下。

(1) $SR=01$ 时：G_1 门先稳定输出1($Q=1$)，G_2 门随后稳定输出0($\overline{Q}=0$)，即此时触发器处于1状态。$SR=01$ 称为置位(置1)操作。

(2) $SR=10$ 时：G_2 门先稳定输出1($\overline{Q}=1$)，G_1 门随后稳定输出0($Q=0$)，即此时触发器处于0状态。$SR=10$ 称为复位(置0)操作。

(3) $SR=11$ 时：G_1、G_2 门的稳定输出由 Q^n(触发器原状态)和 $\overline{Q^n}$ 决定，若 $Q^n=0$，则次态仍是0；若 $Q^n=1$，则次态仍是1。$SR=11$ 称为保持操作。

(4) $SR=00$ 时：G_1、G_2 门的稳定输出均为1，违背了触发器的 Q 和 $\overline{Q}$ 应该互补输出的原则。此外，当 SR 的输入由00变为11时，新状态不能确定，这与电路设计的确定性原则不符，故应禁止输入 $SR=00$。

综上所述，得出SR锁存器的真值表如表5.1所示。

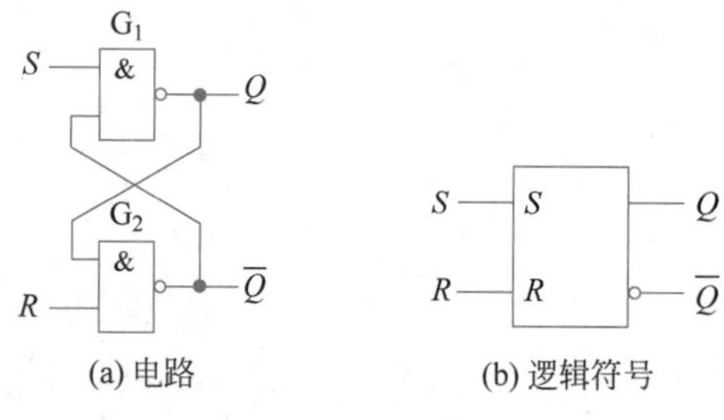

(a) 电路　　(b) 逻辑符号

图5.1　SR锁存器

表5.1　SR锁存器的真值表

S^n	R^n	Q^{n+1}	功能说明
0	1	1	置位(置1)
1	0	0	复位(置0)
1	1	Q^n	保持
0	0	Φ	禁用

注意： 表5.1中的 Q^n 表示触发器的现态，Q^{n+1} 表示触发器的次态。上标 n 和 $n+1$ 用于标记时间先后顺序：n 对应现在时刻 t_n，$n+1$ 对应下一个时刻 t_{n+1}。

现态(present state)和**次态**(next state)是两个相对的概念，针对每一次状态转移，状态转移前电路所处的状态为现态，状态转移后电路所处的状态为次态。

由表5.1可以看出，SR锁存器具有置位($Q=1$)、复位($Q=0$)、保持三种功能，输入信号 S、R 分别起置位和复位作用，且都是低电平有效。

如图5.2所示是SR锁存器在一组 S、R 信号作用下，Q 和 $\overline{Q}$ 的输出波形。

SR锁存器也可以由两个或非门交叉耦合构成，其不同之处在于置位功能和复位功能变为当 S、R 为1时起作用，而本节用与非门构成的SR锁存器是当 S、R 端为低电平时起作用。

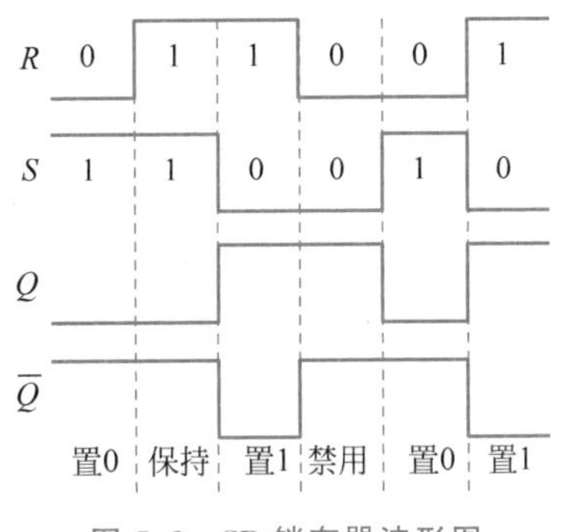

图5.2 SR锁存器波形图

5.2 SR触发器 

触发器与锁存器不同之处在于触发器多了一个触发信号输入端，只有在触发信号到来时，触发器才会完成置1、置0等操作，这个触发信号一般是时钟脉冲信号CP(Clock Pulse)，触发方式有电平触发和边沿触发两种方式。

触发器(Flip-Flop)是时序逻辑电路最基础的器件，其特点如下。

(1) 具有高电平和低电平两种稳定的输出状态(双稳态)。

(2) “不触不发，一触即发”，只有在触发信号来到时，触发器的状态才会发生变化，否则一直保持原有状态不变。

1. 电平触发的SR触发器

SR锁存器的置1和置0功能，在当 S、R 端为低电平时是立即响应的，在实际使用时并不可靠，解决的方法是在电路中加入一个时钟信号CP进行控制，每来一个CP脉冲，电路发生一次状态改变。图5.3(a)所示的电路是在SR锁存器前加入了时钟信号和控制逻辑门，称为电平触发SR触发器，有些国外教材中也称为门控SR锁存器(gated SR latch)，该电路也是构成各种更为复杂和完善的时钟控制触发器的基本电路，其逻辑符号如

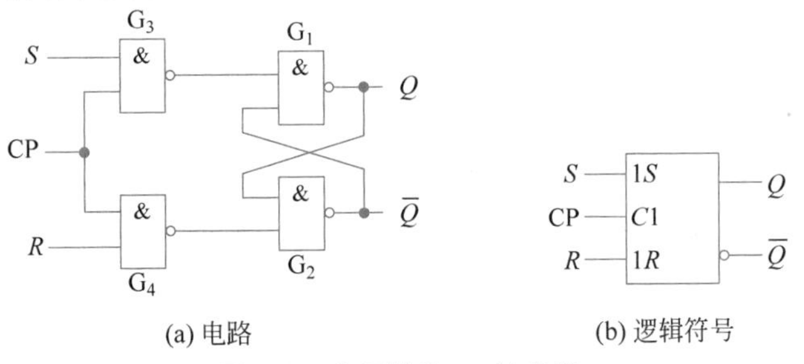

(a) 电路　　(b) 逻辑符号

图5.3 电平触发SR触发器

图 5.3(b)所示,真值表如表 5.2 所示。电路图中,G_1、G_2 构成基本 RS 触发器,G_3、G_4 为控制电路。由于时钟信号 CP 只是触发器状态变化的时间基准,所以没有将其列入真值表。

表 5.2　电平触发 SR 触发器真值表

S^n	R^n	Q^{n+1}	功能说明
0	0	Q^n	保持
0	1	0	复位(置 0)
1	0	1	置位(置 1)
1	1	Φ	禁用

注意:

电平触发 SR 触发器(图 5.3(a)电路)的电路分析如下。

当时钟信号 CP=0 时,导引门 G_3、G_4 关闭(输出 1),由 G_1、G_2 构成的 SR 锁存器保持原状态不变;当 CP=1 时,导引门 G_3、G_4 打开,S、R 信号取反后加到 SR 锁存器上,触发器的状态根据 S 和 R 的取值相应变化,S、R 仍然分别起置位和复位作用,但均为高电平有效。由此可见,电平触发 SR 触发器的状态转换由 S、R 和 CP 控制。S、R 控制状态转换的方向,即触发器的次态由 S、R 的取值决定;CP 控制状态转换的时刻,即触发器何时发生状态转换由 CP 决定。CP 脉冲作用前的状态称为现态,CP 脉冲作用后的状态称为次态。与 SR 锁存器相似,当 S、R 同时为 1 时,在 CP 为高电平期间,Q 和 $\bar{Q}$ 都为 1;CP 下降沿到来后,Q 和 $\bar{Q}$ 的状态无法确定,因此,应该禁止出现这种输入情况。

2. 电平触发 SR 触发器的分析

将真值表中的输入 S^n、R^n,输出 Q^{n+1} 构成卡诺图,用卡诺图化简,可以得到描述该触发器状态转换规律的**次态方程**(也称**特征方程**)及对输入信号 S、R 的约束条件

$$\begin{cases} Q^{n+1} = S^n + \bar{R}^n Q^n \\ S^n R^n = 0\text{(约束条件)} \end{cases}$$

图 5.4 所示是电平触发 SR 触发器在一组 S、R 信号作用下,Q 和 $\bar{Q}$ 的工作波形图。

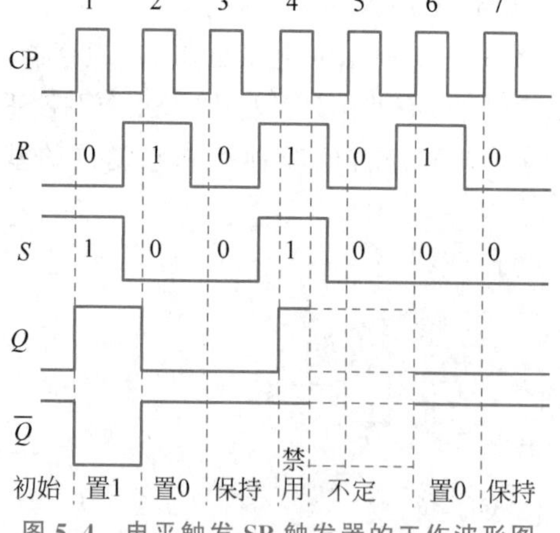

图 5.4　电平触发 SR 触发器的工作波形图

注意：

电平触发 SR 触发器在功能上仍然是不完善的，比如，在 CP 脉冲的高电平期间，S、R 如果发生多次变化，会引起触发器的状态发生多次翻转。这种在一个 CP 脉冲作用期间触发器发生多次状态变化的现象称为**空翻**。空翻违背了每来一个 CP 脉冲触发器最多发生一次状态变化的原则，必须避免。解决的办法就是采用只对 CP 边沿而不是电平进行响应的边沿触发器。现在的集成触发器大多采用边沿触发(edge-triggered)的结构，如主从式结构、维持-阻塞式结构，有效解决了空翻问题，触发器的状态只可能在 CP 脉冲的上升沿或下降沿到来时发生变化。

5.3 集成触发器

集成触发器包括 D 触发器、JK 触发器和 T 触发器。集成触发器的内部电路一般较为复杂，本节将从使用的角度出发主要介绍它们的外部特性，包括逻辑符号、真值表、激励表、次态方程及工作波形等。

5.3.1 D 触发器

D 触发器(delay flip-flop)的逻辑符号如图 5.5 所示，D 触发器为时钟脉冲上升沿触发，在逻辑符号中，符号＞表示边沿，CP 输入端无小圆圈表示上升沿触发(有小圆圈则表示下降沿触发)。

集成触发器逻辑功能的常用描述方法(这些描述手段也是时序逻辑电路中经常用到的)如下。

(1) **真值表**：真值表反映输入的激励信号取值与触发器次态的关系。D 触发器真值表如表 5.3 所示，由真值表可见，D 触发器是一种延迟型触发器，不管触发器的现态是 0 还是 1，触发器的新状态总是与时钟脉冲上升沿到来时刻的 D 端输入值相同。

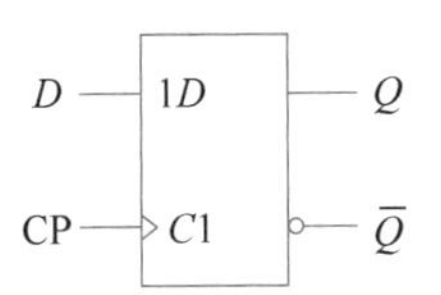

图 5.5 D 触发器的逻辑符号

表 5.3 D 触发器真值表

D^n	Q^{n+1}	功能
0	0	置 0
1	1	置 1

(2) **状态表**：状态表是状态转换表的简称，状态表以激励信号和触发器的原状态为自变量，以触发器的次态为函数，列表反映其取值关系。表 5.4 是状态表的示意图，表的上方为电路所有可能的输入组合，表的左列为电路所有可能的状态(现态)，表栏中为现态和激励作用下的次态和输出。D 触发器的状态表如表 5.5 所示，可以看出，D 触发器的次态 Q^{n+1} 取值只由激励信号 D^n 确定，与触发器的原状态 Q^n 无关。

(3) **状态图**：状态图是状态转换图的简称，状态图是分析和设计时序逻辑电路的重要工具。状态图和状态表可以方便地相互转换。例如，表 5.4 所示的状态表可以用图 5.6 所示的状态图来表示，反过来也一样。图 5.6 中状态名外加圆圈表示状态，箭头表示状态转换的方向，状态转换所需的输入条件 X^n 和相应的输出信号 Z^n 以 X^n/Z^n 的形式标于箭头旁。图 5.7 是 D 触发器的状态图。

表 5.4 状态表

现态	输　入		
		X^n	
Q^n		Q^{n+1}/Z^n	

次态/输出

表 5.5 D 触发器状态表

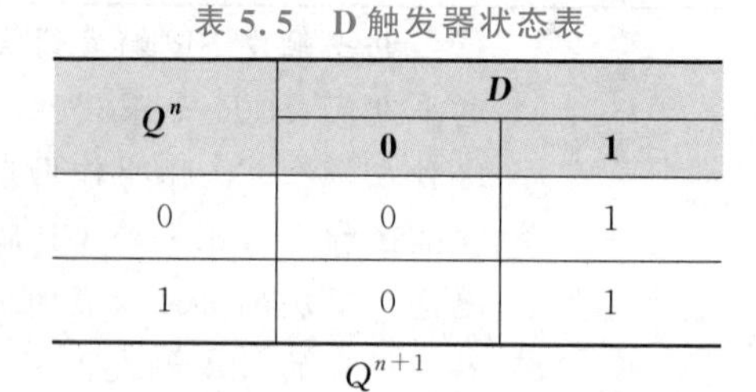

Q^n	D	
	0	**1**
0	0	1
1	0	1

Q^{n+1}

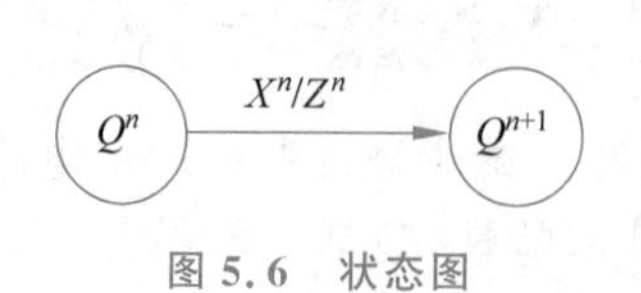

图 5.6 状态图

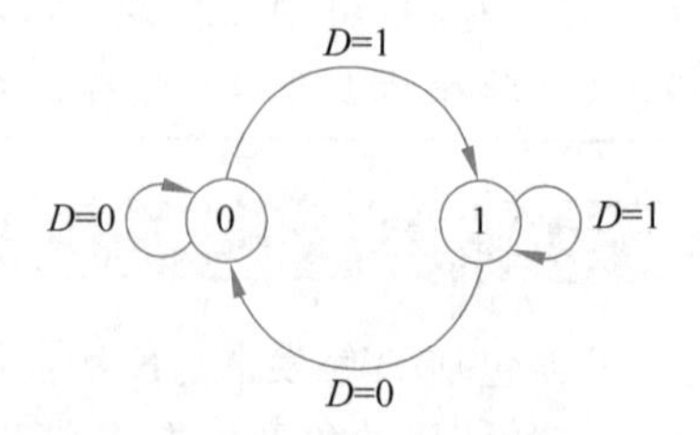

图 5.7 D 触发器的状态图

(4) **次态方程**：将触发器的次态用表达式表示。可以看出，D 触发器的次态 Q^{n+1} 始终等于激励信号 D^n 的值，其次态方程可表示为 $Q^{n+1}=D^n$。

(5) **激励表**：激励表用于反映触发器从某个现态转向规定的次态时，在其激励输入端应施加的激励信号，常在设计时序逻辑电路时用到。激励表可由状态表反向推导得到，表 5.6 是 D 触发器的激励表。设计时序电路时，在明确了电路的状态转换关系后，需进一步确定触发器应施加的激励信号，这时就要用到触发器的激励表。

图 5.8 是 D 触发器在给定 D 端输入波形情况下，Q 端的输出波形图，设 Q 的起始状态为 0，状态变化只发生在时钟脉冲的上升沿到来时，故用虚线将这些时刻标注。

表 5.6 D 触发器激励表

Q^n	Q^{n+1}	D^n
0	0	0
0	1	1
1	0	0
1	1	1

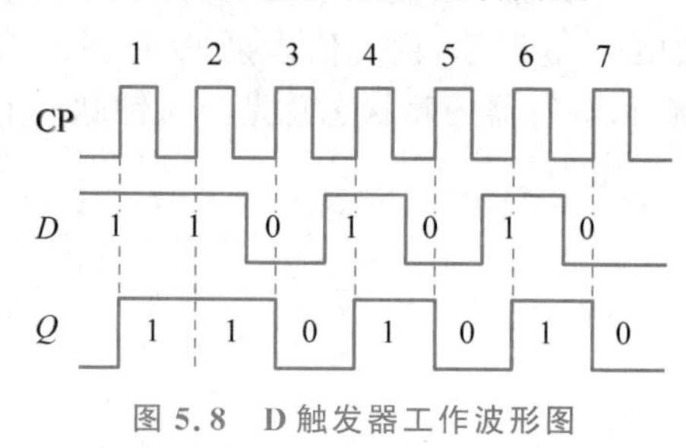

图 5.8 D 触发器工作波形图

5.3.2 JK 触发器

JK 触发器的逻辑符号如图 5.9 所示，JK 触发器在时钟脉冲 CP 的下降沿触发翻转，逻辑符号时钟输入端的小圆圈表示下降沿触发。J、K 是触发器的两个激励信号输入端，表 5.7 是 JK 触发器真值表，由真值表可知，JK 触发器的逻辑功能最丰富，包括置 1(置位)、置 0(复位)、保持(状态不变)和翻转 4 种功能。JK 触发器的状态表和激励表分别如表 5.8 和表 5.9 所示，图 5.10 是 JK 触发器状态图，状态图和激励表中的 Φ 表示取任意值(0 或 1)。

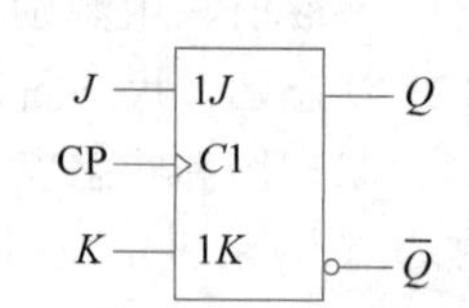

图 5.9 JK 触发器的逻辑符号

表 5.7 JK 触发器真值表

J^n	K^n	Q^{n+1}	功能
0	0	Q^n	保持
0	1	0	置 0
1	0	1	置 1
1	1	$\bar{Q}^n$	翻转

表 5.8 JK 触发器状态表

Q^n	J^nK^n			
	00	01	10	11
0	0	0	1	1
1	1	0	1	0

Q^{n+1}

表 5.9 JK 触发器激励表

Q^n	Q^{n+1}	J^n	K^n
0	0	0	Φ
0	1	1	Φ
1	0	Φ	1
1	1	Φ	0

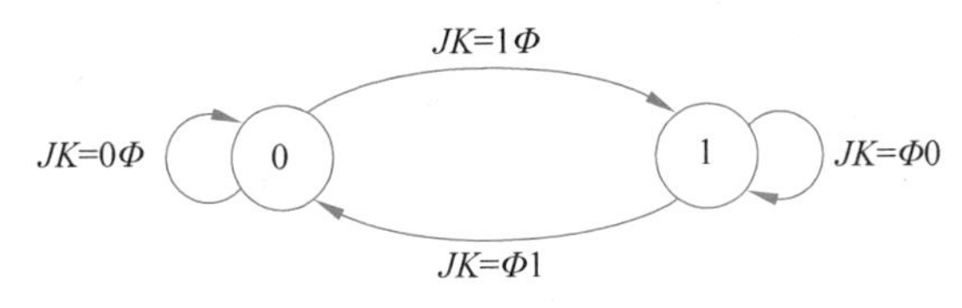

图 5.10 JK 触发器状态图

将状态表通过卡诺图化简可得 JK 触发器次态方程 $Q^{n+1}=J^n\bar{Q}^n+\bar{K}^nQ^n$。

5.3.3 T 触发器

T 触发器(Toggle flip-flop)是一种只有保持和翻转两种功能的触发器,也称为计数触发器,T 是它的激励信号输入端。上升沿触发的 T 触发器的逻辑符号如图 5.11 所示,其状态图如图 5.12 所示,其真值表、状态表和激励表分别如表 5.10、表 5.11 和表 5.12 所示,其次态方程为 $Q^{n+1}=T^n\bar{Q}^n+\bar{T}^nQ^n=Q^n\oplus T^n$。

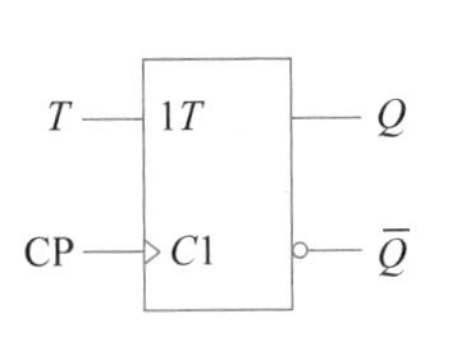

图 5.11 T 触发器的逻辑符号

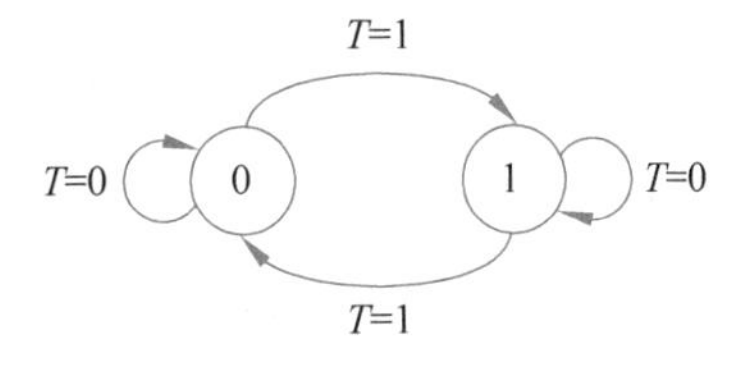

图 5.12 T 触发器状态图

表 5.10 T 触发器真值表

T^n	Q^{n+1}	功能说明
0	Q^n	保持
1	$\bar{Q}^n$	翻转

表 5.11 T 触发器状态表

Q^n	T^n	
	0	1
0	0	1
1	1	1

Q^{n+1}

表 5.12 T 触发器激励表

Q^n	Q^{n+1}	T^n
0	0	0
0	1	1
1	0	1
1	1	0

将 T 触发器 T 端固定接 1,就得到只具有翻转功能的触发器,称为 **T′触发器**,每来一个时钟脉冲,T′触发器的状态就翻转一次。现实数字集成电路中并无 T 触发器或 T′触发器这类器件,一般需要用 D 触发器或 JK 触发器改接实现。用 D 触发器构成 T 触发器时,D 触发器的激励函数表达式为 $D=Q\oplus T$;用 JK 触发器构成 T 触发器时,JK 触发器的激励函数表达式为 $J=K=T$。此时,T 触发器的触发类型(上升沿触发还是下降沿触发)与所使用的触发器相同。

5.3.4 触发器的异步端口

集成触发器还具有优先级更高的异步端口，包括异步置位端 $\overline{\mathrm{PR}}$(preset)、异步复位端 $\overline{\mathrm{CLR}}$(clear)，带异步端口的 JK 触发器的逻辑符号如图 5.13 所示，$\overline{\mathrm{PR}}$ 和 $\overline{\mathrm{CLR}}$ 端口的小圆圈表示低电平有效，当 $\overline{\mathrm{PR}}$ 端口为低电平时，触发器将立即被置位($Q=1$)；当 $\overline{\mathrm{CLR}}$ 端口为低电平时，触发器将立即被复位($Q=0$)，不允许异步置位与异步复位信号同时有效。只有当异步端口信号无效时，时钟和激励信号才起作用；带异步端口的 JK 触发器的真值表如表 5.13 所示。

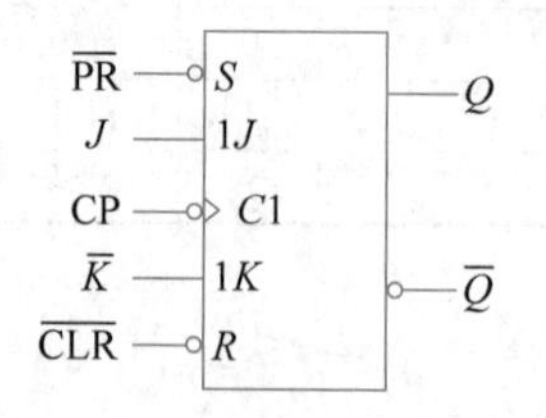

图 5.13 带异步端口的 JK 触发器的逻辑符号

集成 D 触发器也带有异步端口(置位端 $\overline{\mathrm{PR}}$、异步复位端 $\overline{\mathrm{CLR}}$)，异步端口的主要作用是便于为触发器设置初始状态，以及实时改变触发器输出状态。

表 5.13 带异步端口的 JK 触发器的真值表

$\overline{\mathrm{PR}}$	$\overline{\mathrm{CLR}}$	CP	J^n	K^n	Q^{n+1}	功　能
0	0	Φ	Φ	Φ	Φ	禁止
0	1	Φ	Φ	Φ	1	异步置 1
1	0	Φ	Φ	Φ	0	异步复位
1	1	↓	0	0	Q^n	保持
1	1	↓	0	1	0	同步置 0
1	1	↓	1	0	1	同步置 1
1	1	↓	1	1	$\bar{Q}^n$	翻转

如图 5.14 所示是带异步端口的 JK 触发器在给定 $\overline{\mathrm{PR}}$、$\overline{\mathrm{CLR}}$、J 和 K 端输入波形情况下，Q 端的输出波形图，设 Q 的起始状态为 0。

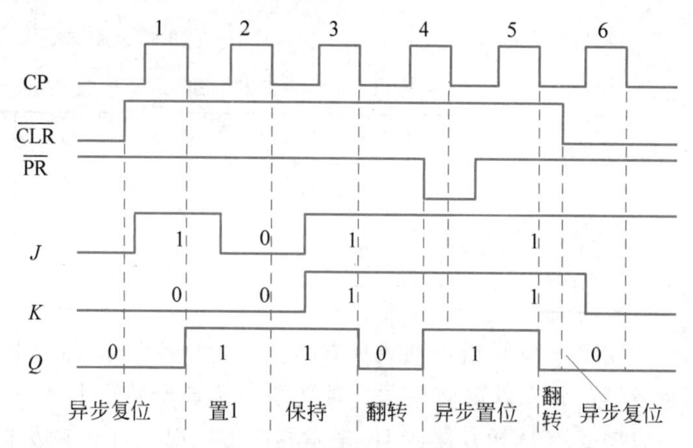

图 5.14 带异步端口的 JK 触发器的工作波形图

注意：触发器的**动态特性**：触发器在使用时，还应注意其动态特性，包括建立时间、保持时间、最高时钟频率等，尤其是工作在时钟频率很高的情况下时。一般地说，当 CP 脉冲的有效边沿到来时，激励输入信号应该已经到来

一段时间，这个时间的最小值称为**建立时间**，用 t_{SU} 表示；CP 脉冲的有效边沿到来后，激励输入信号还应该继续保持一段时间，这个时间的最小值称为**保持时间**，用 t_H 表示。建立时间和保持时间示意图如图 5.15 所示。**最高时钟频率**是指触发器在连续、重复翻转的情况下，时钟信号可以达到的最高工作频率，用 f_{max} 表示。如双 D 触发器芯片 74LS74A，器件手册上给出的动态特性指标为 $t_{SU}=20\text{ns}$，$t_H=5\text{ns}$，$f_{max}=25\text{MHz}$。

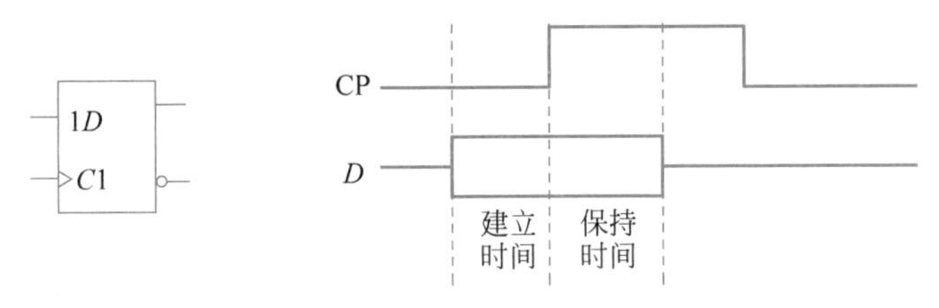

图 5.15 触发器的建立时间和保持时间示意图

5.3.5 触发器逻辑功能的转换

可将触发器附加门电路使其逻辑功能转换为另一种触发器，图 5.16 给出了几种触发器转换的电路，图 5.16(a)是 D 触发器转换为 T 触发器，此时 D 触发器的激励函数表达式为 $D=Q\oplus T$，在时钟上升沿触发；图 5.16(b)是 JK 触发器转换为 T 触发器，此时，JK 触发器的激励函数表达式为 $J=K=T$，在时钟下降沿触发；令 JK 触发器 $J=D$，$K=\overline{D}$，则 JK 触发器转换为 D 触发器，如图 5.16(c)所示。

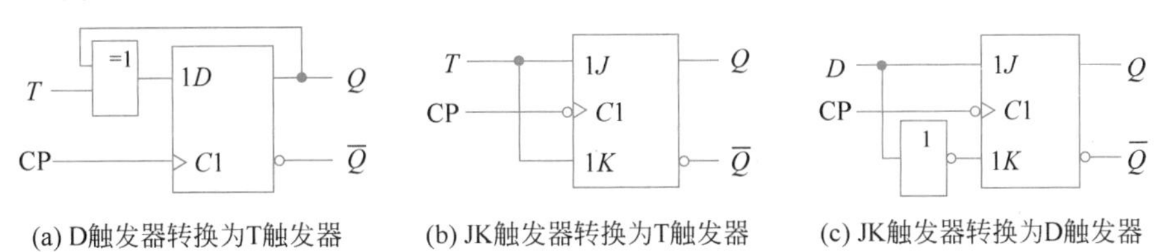

图 5.16 触发器功能的相互转换

5.4 触发器的应用

本节以触发器构成计数器为例介绍触发器的应用。计数器(counter)是用于累计输入脉冲个数的逻辑电路，在计算机和各类数字设备中应用广泛。计算机内部各种定时器、分频器，以及电子表、交通控制系统中使用的计时电路，本质上都是计数器。

计数器可分为加法计数器、减法计数器、双向计数器、BCD 码计数器、二进制计数器等类型。计数器的状态数称为计数器的**模**，模为 M 的计数器也称 ***M* 进制**计数器，其总的状态数为 M，每经过 M 个时钟脉冲，状态完成一次遍历。加法计数器的计数状态按照递增的规律变化，减法计数器的计数状态按照递减的规律变化；双向计数器既可以按照加法规律计数，也可以按照减法规律计数，也称可逆计数器；BCD 计数器的状态按照某种 BCD 码编码，即十进制计数器；二进制计数器的模是 2^n。还可以根据计数器中各触发器状态的变化是否同步，将计数器分为同步计数器（计数器中各触发器采用同一时钟信号）和异步计数器（计数器中各触发器采用不同时钟信号）两类。

5.4.1 触发器构成异步行波计数器

图 5.17 所示电路是用下降沿触发的 JK 触发器构成的 3 位（八进制或模 8）行波加法计数器，各触发器的时钟信号不同，因此这是一个异步时序电路。

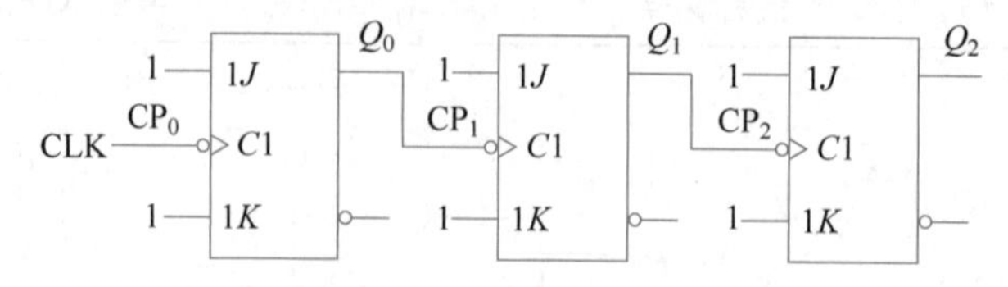

图 5.17　3 位行波加法计数器

3 个 JK 触发器均处于翻转状态，Q_0 在 CLK 的下降沿处状态翻转；Q_1 以信号 Q_0 为时钟，在 Q_0 的下降沿处状态翻转；Q_2 以信号 Q_1 为时钟，在 Q_1 的下降沿处翻转，由此可画出电路的工作波形，如图 5.18 所示。

从图 5.18 的波形图可看出，电路的起始状态为 $Q_2Q_1Q_0=000$，第 1 个 CLK 下降沿后，电路的状态变为 001；以此类推，第 7 个时钟周期后，电路的状态变为 $Q_2Q_1Q_0=111$；第 8 个时钟使电路状态回到 000，从而进入下一个循环，由此可画出电路的状态图，如图 5.19 所示。由状态图可见，该计数器的计数循环内包含 8 个状态，每经过 8 个时钟脉冲，状态按递增顺序循环一次，因此是八进制加法计数器。

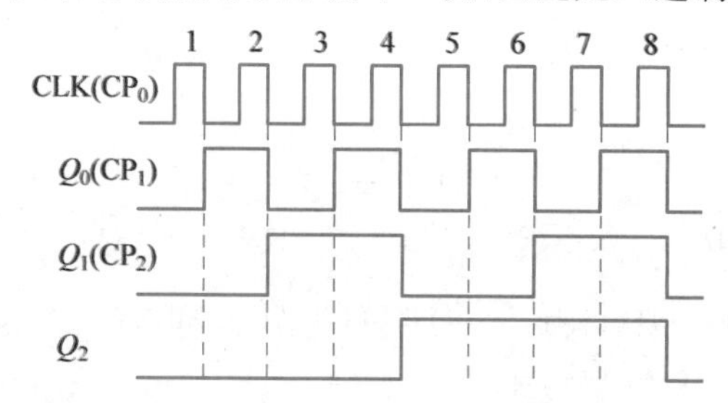

图 5.18　3 位行波加法计数器电路的工作波形图

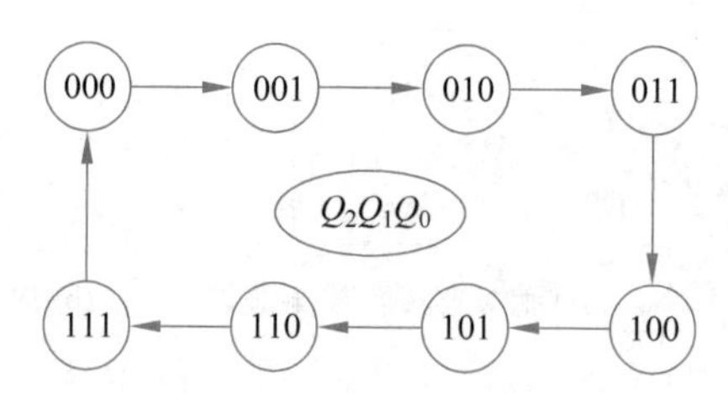

图 5.19　3 位行波加法计数器电路的状态图

图 5.17 所示的计数器，其时序波形类似行波，常称作行波计数器（ripple counter）。若将计数器中的触发器换成上升沿触发类型，则电路的状态变化将按二进制数递减的规律进行，得到行波减法计数器。

由此，可进一步总结出 2^n 进制异步计数器的更为普遍的规律。2^n 进制异步计数器共有 2^n 个状态，需要用 n 个触发器实现，各触发器的连接规律如表 5.14 所示，其中 CP_0 是最低位触发器 Q_0 的时钟输入端，CLK 是外部时钟（计数脉冲）。

表 5.14　2^n 进制异步计数器的构造规律

计数方式	激 励 输 入	上升沿触发时钟	下降沿触发时钟
加法计数器	全部连接为 T′触发器	$CP_0=CLK$，其他 $CP_i=\bar{Q}_{i-1}$	$CP_0=CLK$，其他 $CP_i=Q_{i-1}$
减法计数器	$J_i=K_i=1, D_i=\bar{Q}_i, T_i=1$	$CP_0=CLK$，其他 $CP_i=Q_{i-1}$	$CP_0=CLK$，其他 $CP_i=\bar{Q}_{i-1}$

5.4.2 触发器构成的同步计数器

同步时序电路中各触发器同一时刻状态改变，此特点使其在高速数字系统中优势明显，相对异步计数器其工作速度和可靠性有显著提高。

图 5.20 是由 JK 触发器（下降沿触发）构成的 3 位二进制同步加法计数器电路，从图中可看出该电路的构成具有如下特点。

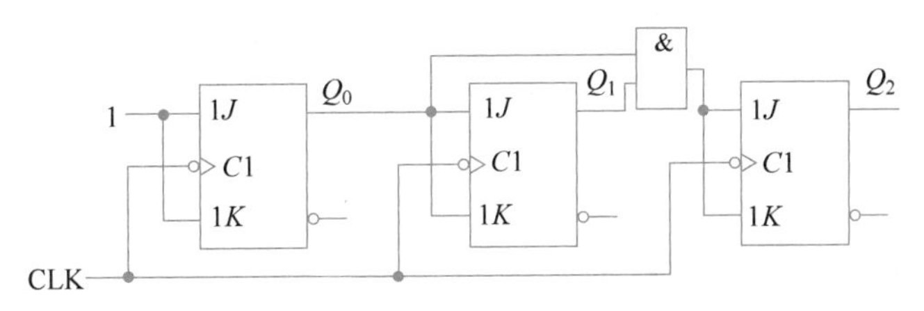

图 5.20 3 位二进制同步加法计数器电路

（1）各触发器都接成 T 触发器（$J=K$），其中 Q_0 工作在翻转模式（T′触发器），即 $J_0=K_0=1$；

（2）$J_1=K_1=Q_0$；$J_2=K_2=Q_1Q_0$。

分析得出图 5.20 所示的同步计数器状态图，如图 5.21 所示，此状态图与前面的八进制行波加法计数器状态图相同。

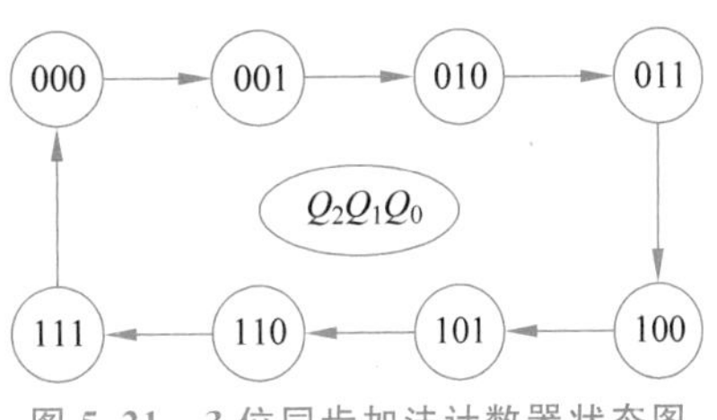

图 5.21 3 位同步加法计数器状态图

由上面的 3 位二进制同步加法计数器进一步引申得出 2^n 进制同步计数器的电路结构和连接规律，如表 5.15 所示。通过表 5.15 可看出，由触发器构成的 2^n 进制同步计数器，在每个时钟脉冲到来时，低位 Q_0 的状态总是翻转；高位触发器只有在低位触发器状态全为 1 时翻转；减法计数器中高位触发器只有在低位触发器状态全为 0 时翻转，其余时刻高位触发器状态保持不变。

表 5.15 2^n 进制同步计数器的电路结构和连接规律

计数方式	触发时钟 CP_i（$i=0\sim n-1$）	Q_0 激励	其他触发器 Q_i 激励（$i=1\sim n-1$）
加法计数器	全部连接 CLK $CP_i=CLK$	连接为 T′触发器 $T_0=1, J_0=K_0=1$	$T_i=J_i=K_i=Q_0Q_1\cdots Q_{i-2}Q_{i-1}$
减法计数器			$T_i=J_i=K_i=\bar{Q}_0\bar{Q}_1\cdots\bar{Q}_{i-2}\bar{Q}_{i-1}$

根据表 5.15 可画出用 JK 触发器构成的十六进制（$n=4$）同步加法计数器电路，如图 5.22 所示。

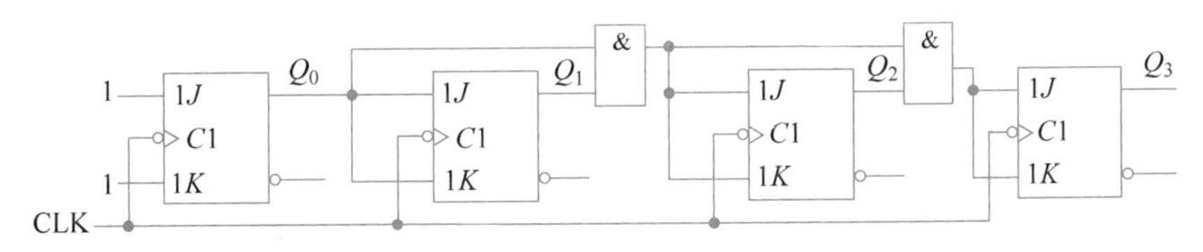

图 5.22 十六进制同步加法计数器电路

5.4.3 计数器的异步变模

利用触发器的异步置位端 S 和异步复位端 R，可以将 2^n 进制计数器修改为 M 进制（$2^{n-1}<M<2^n$）计数器，这种方法也称为计数器的异步变模，其方法可归纳为：先实现一个模 2^n 的加法计数器，再用与非门对状态 M 译码（状态 M 中取值为 1 的 Q 端接与非门输入端），与非门输出端接各触发器的异步复位端（低电平有效）。

比如设计一个 8421 加法计数器（模 10），可在十六进制同步加法计数器的基础上通过异步变模实现，因为模 $M=10=(1010)_2$，应在 $Q_3Q_2Q_1Q_0=(1010)_2$ 状态异步清 0，因此，将 Q_3、Q_1 与非后接到每个触发器的异步复位端 R 上，电路如图 5.23 所示。

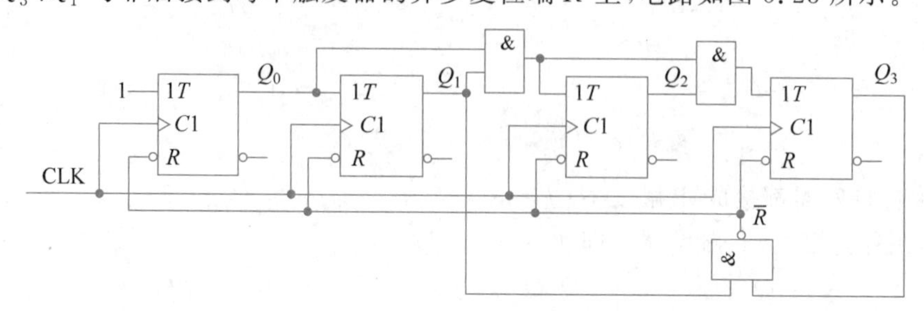

图 5.23 8421 加法计数器（模 10）电路

对图 5.23 的 8421 加法计数器（模 10）电路做进一步分析，首先画出电路的全状态图，如图 5.24 所示，图中的实圈表示稳态，虚圈表示暂态，状态 0000～1001 是持续一个时钟周期的稳态，状态 1010 是持续时间很短的暂态（在状态 1010 触发器异步清 0，电路迅速变为状态 0000）。通过全状态图可看出，此电路具备自启动特性，即电路即使由于某种原因（如开机上电所处状态的不确定性）处于主循环外的某个状态，经过几个时钟周期之后，也会自动进入计数主循环。

画出 8421 加法计数器的工作波形图，如图 5.25 所示。

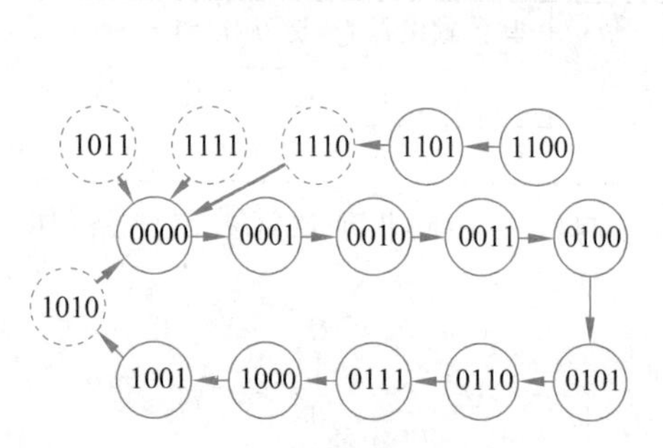

图 5.24 8421 加法计数器电路的全状态图

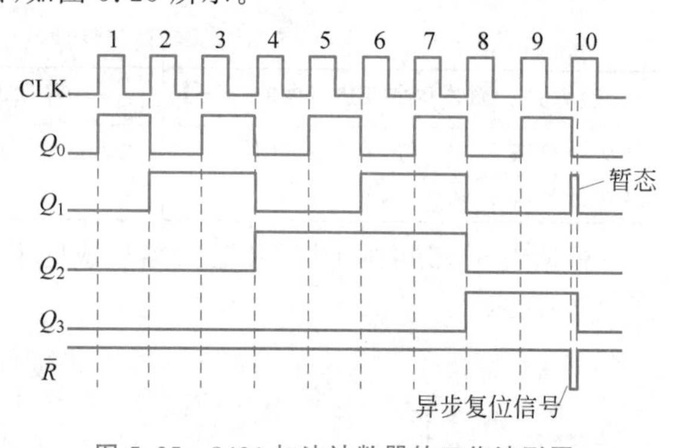

图 5.25 8421 加法计数器的工作波形图

如果电路不回到状态 0000，就不能只用触发器的异步复位端了。图 5.26 所示的余 3 码同步加法计数器电路是综合采用异步置位和异步复位实现的，余 3 码同步加法计数器的状态循环应该是 0011～1100，故电路选择 1100 状态的下一个状态 1101 译码，通过触发器的异步置位和异步复位，使电路回到状态 0011。

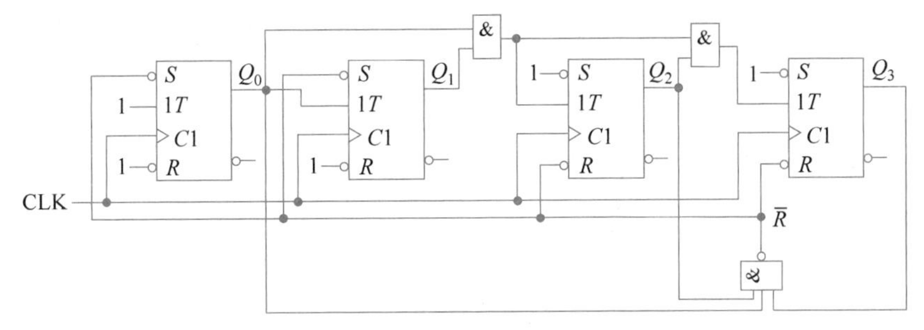

图 5.26　余 3 码同步加法计数器电路

习题 5

5-1　图题 5.1 为或非门构成的 SR 锁存器电路，试画出逻辑符号，列出真值表，画出 Q 和 $\overline{Q}$ 的工作波形（S、R 输入波形自己假设，但必须反映各种输入情况）。

5-2　上升沿触发的 D 触发器的输入波形如图题 5.2 所示，画出对应的 Q 端波形，设初态 $Q=0$。

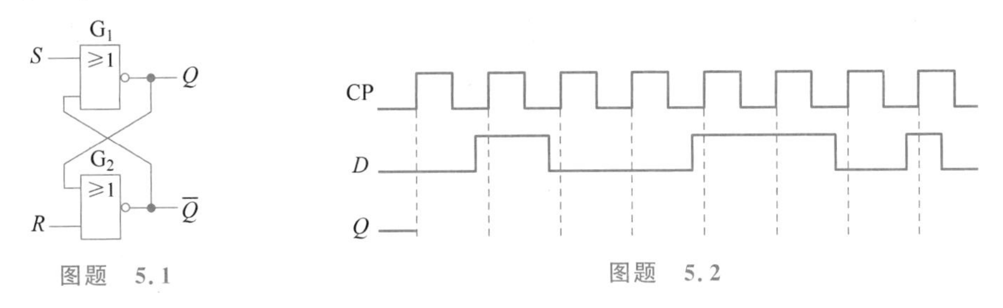

图题　5.1　　　　　　　　图题　5.2

5-3　下降沿触发的 JK 触发器的输入波形如图题 5.3 所示，画出对应的 Q 端波形，设初态 $Q=0$。

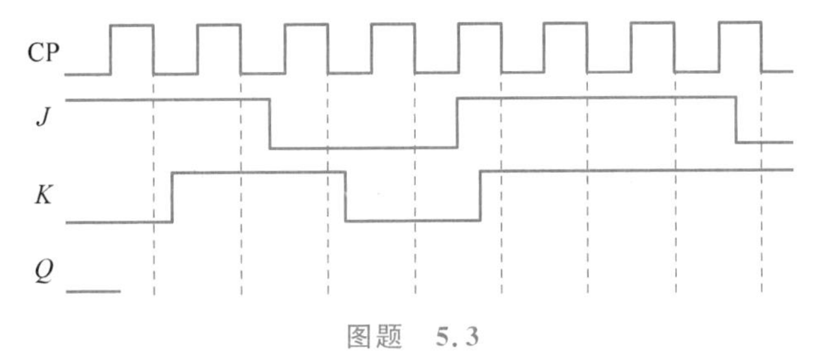

图题　5.3

5-4　设图题 5.4 中 D 触发器的初始状态为 0，针对输入波形画出 Q 端的波形。

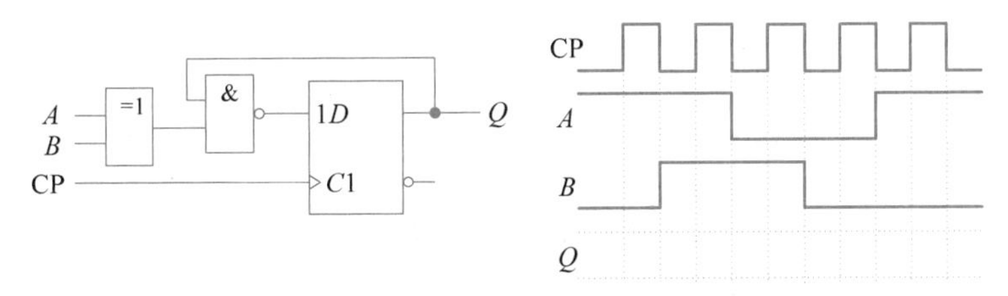

图题　5.4

5-5　T触发器组成图题5.5所示电路。试求出电路次态方程，列出状态表，完成Q端波形图。(设起始状态为0)。

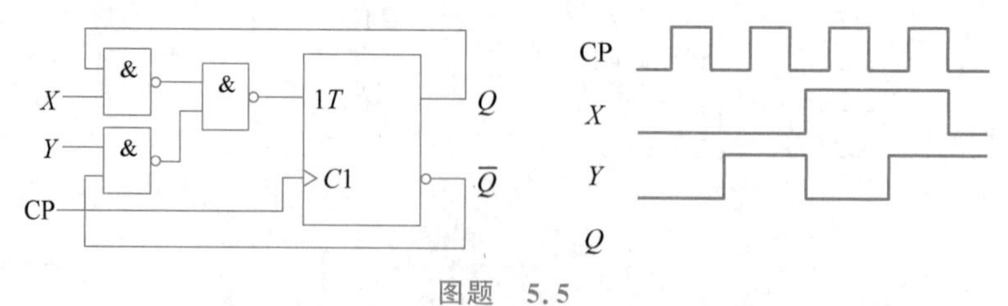

图题　5.5

5-6　试根据图题5.6所示电路及其输入波形，画出Q端波形，设初态$Q=0$。

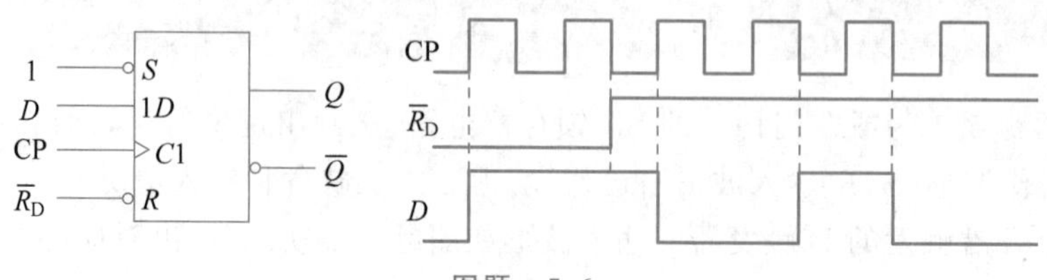

图题　5.6

5-7　已知上升沿触发的D触发器构成如图题5.7(a)所示电路。写出激励方程和次态方程，试根据图题5.7(b)中给出的输入波形，画出F的波形。

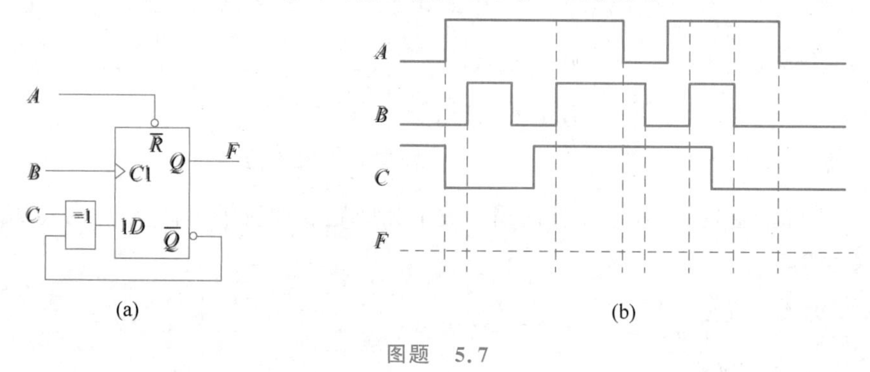

图题　5.7

5-8　设图题5.8所示各触发器Q端的初态都为1，试画出在4个CP脉冲作用下各触发器的Q端波形。

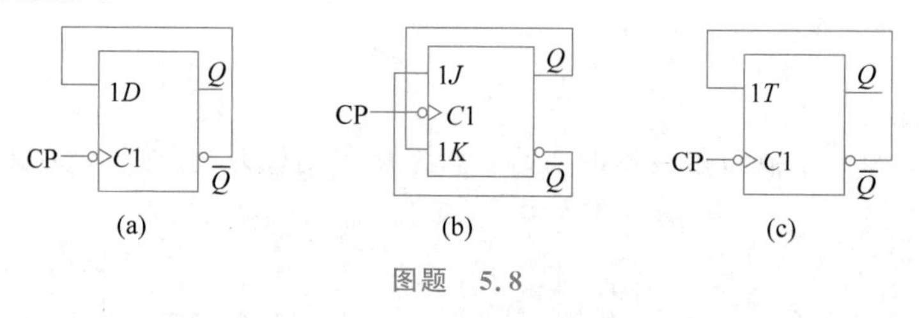

图题　5.8

5-9　填空。

(1) n个触发器构成计数器的最大计数长度为(　　)。

(2) 要构成十一进制加法计数器，至少需要(　　)个触发器，有(　　)个无效状态。

(3) 设3位二进制加法计数器的当前状态为011,则输入10个计数脉冲后状态为(　　)。

(4) 一个1位8421码加法计数器,当前计数值为3,经过13个输入脉冲后,计数器的状态为(　　)。

5-10　画出用下降沿触发的D触发器构成的八进制异步行波加法计数器电路。

5-11　画出用下降沿触发的JK触发器构成的四进制异步行波可逆计数器电路。当控制端 $X=0$ 时,加法计数;当 $X=1$ 时,减法计数。

5-12　画出用上升沿触发的T触发器构成的五进制异步加法计数器电路。

5-13　画出用下降沿触发的T触发器构成的八进制同步减法计数器电路。

5-14　画出用上升沿触发的JK触发器构成的四进制同步可逆计数器电路。当控制端 $X=0$ 时,加法计数;当 $X=1$ 时,减法计数。

实验与设计

5-1　触发器功能测试。

(1) D触发器(74LS74)功能测试:74LS74内部集成了两个上升沿触发的D触发器,在时钟CP上升沿时刻,触发器输出端 Q 随输入端 D 的值而改变;$\overline{\mathrm{CLR}}$ 和 $\overline{\mathrm{PR}}$ 为异步复位、置位端,低电平有效。测试和验证D触发器74LS74的逻辑功能,观察并记录 Q 输出端的状态随输入端 $\overline{\mathrm{PR}}$、$\overline{\mathrm{CLR}}$、D 的值改变的情况。

(2) JK触发器(74LS112)功能测试:JK触发器具有清0、置1、保持和翻转4种功能。74LS112内部集成了两个下降沿触发的JK触发器,常用的JK触发器还有74LS73、74LS113、74LS114等芯片,功能及使用方法略有不同,使用时应参考器件手册。

测试JK触发器(74LS112)的逻辑功能,观察并记录 Q 输出端的状态随输入端 $\overline{\mathrm{PR}}$、$\overline{\mathrm{CLR}}$、J、K 的值改变的情况。

5-2　用D触发器实现六进制异步加法计数器:用D触发器实现六进制异步加法计数器,并验证其逻辑功能。

(1) 触发器的时钟信号用单脉冲输入,观察并记录3个触发器的输出端口的状态变化。

(2) 用 $f=1\mathrm{kHz}$ 的连续脉冲作输入,用双踪示波器观察并比较CP端与最高位 Q 输出端的脉冲波形图,记录最高位 Q 输出端的高电平持续时间和低电平持续时间。

5-3　用JK触发器实现同步五进制加法计数器:用74LS112双JK触发器实现同步五进制加法计数器,并验证其逻辑功能。

(1) 触发器的时钟信号用单脉冲输入,观察并记录3个触发器的输出端口的状态变化。

(2) 用 $f=1\mathrm{kHz}$ 的连续脉冲输入,用双踪示波器观察并比较CP端与最高位 Q 输出端的脉冲波形图,记录最高位 Q 输出端的高电平持续时间和低电平持续时间。

第6章 时序逻辑电路

时序逻辑电路可以分为**同步时序电路**(synchronous sequential circuit)和**异步时序电路**(asynchronous sequential circuit)两种类型。有统一时钟脉冲信号 CP,各触发器在时钟脉冲信号 CP 作用下同时发生状态转换的时序逻辑电路称为同步时序电路;没有统一时钟脉冲信号 CP,各触发器状态变化不同步的时序逻辑电路称为异步时序电路。

本章介绍同步时序电路的分析和设计方法,对于常用的 MSI 时序逻辑部件计数器和移位寄存器,举例说明其使用方法,并在此过程中熟悉时序逻辑电路的相关概念。

6.1 同步时序电路的分析

同步时序电路分析是指对于一个给定的同步时序电路,通过一定的方法和步骤,确定该电路输入信号与输出信号之间的逻辑关系和时序关系。

1. 同步时序电路分析的步骤

对于用触发器构成的同步时序电路,一般可按照以下步骤分析电路的逻辑功能。

(1) 根据电路写出输出方程、激励方程和次态方程。

(2) 列出状态表,画出状态图、工作波形(必要时)。

(3) 根据状态图(或状态表、工作波形),判断电路的逻辑功能。

2. 同步时序电路的分析举例

例 6.1 写出图 6.1 所示电路的激励方程组和次态方程组,列出状态表,画出状态图及工作波形(设电路的初始状态为 $Q_1Q_0=00$),分析其逻辑功能。

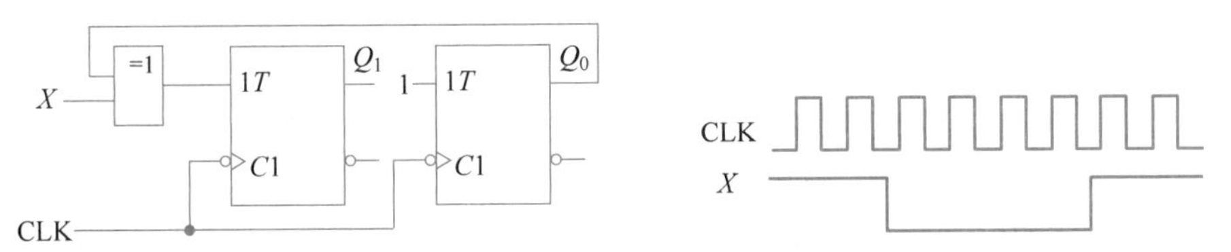

图 6.1 例 6.1 电路及输入波形

解:(1) 根据电路写出激励方程组和次态方程组

$$\begin{cases} T_1^n = X^n \oplus Q_0^n \\ T_0^n = 1 \end{cases} \quad \begin{cases} Q_1^{n+1} = X^n \oplus Q_0^n \oplus Q_1^n \\ Q_0^{n+1} = \bar{Q}_0^n \end{cases}$$

(2) 列出状态表如表 6.1 所示,状态图及工作波形如图 6.2 所示。

表 6.1 例 6.1 状态表

$Q_1^nQ_0^n$	X^n	
	0	**1**
00	01	11
01	10	00
10	11	01
11	00	10

$Q_1^{n+1}Q_0^{n+1}$

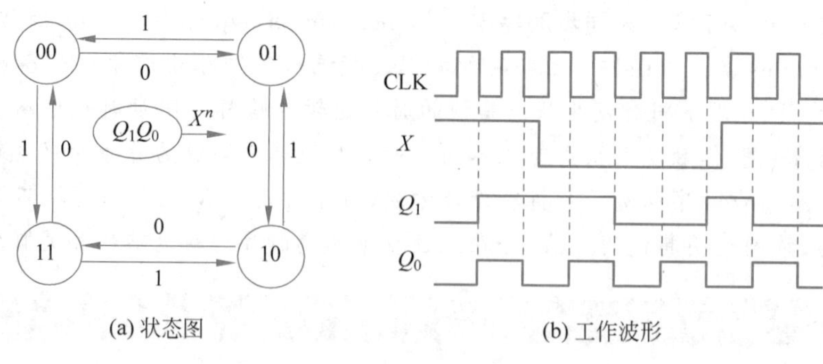

(a) 状态图　　(b) 工作波形

图 6.2　例 6.1 状态图及工作波形

(3) 根据状态图,可得出电路的逻辑功能:模 4 可逆同步计数器,当 $X=0$ 时,为模 4 加法计数器;当 $X=1$ 时,为模 4 减法计数器。

6.2　同步时序电路的设计

与电路分析过程一样,电路设计过程仍然是不同描述方式之间的转换过程,对于设计,起点通常是文字描述的对逻辑功能的要求,目标是用合适的器件构造一个实现该逻辑功能的电路。

6.2.1　设计步骤

基于触发器的同步时序电路设计是分析的逆过程,一般经过以下几个步骤。

(1) 导出原始状态图或状态表。状态图和状态表是描述时序电路功能的重要工具。一般情况下,根据功能要求导出的状态图或状态表中可能存在多余的状态,所以将其称为原始状态图或原始状态表。

对电路状态的定义相对困难,特别是对于初学者,除典型电路以外,没有固定的方法,主要依靠设计者对逻辑功能的分析能力和创造力。在定义状态时要遵循"宁多勿缺"的原则。

(2) 状态化简,得到最简的状态表。状态的多少直接关系需要使用的触发器数量。状态化简的目的就是找出原始状态图或状态表中的等价状态,消除多余状态,得到符合功能要求的最简状态表,最大限度地减少触发器的数量,降低电路的成本。

(3) 状态编码。即用触发器的二进制状态组合来表示最简状态表中的各状态,得到编码状态表。选择不同的状态编码方案,不会影响设计的正确与否,但会影响设计的繁简程度。将状态编码表和上述的最简状态表合二为一,就可得到经过编码的最简状态表。

(4) 触发器选型。根据待设计电路的功能特点,选用合适的触发器类型。一般而言,计数型时序电路应优先选用 JK 触发器或 T 触发器,寄存型时序电路应优先选用 D 触发器,这样可以得到比较简单的激励函数表达式,从而简化电路。

(5) 导出输出信号和激励信号最简的逻辑函数表达式。经过编码的最简状态表实际上包括输出信号的真值表和激励信号的真值表。所以,利用卡诺图,就能得到输出信号和激励信号的最简函数表达式。

(6) 如果有多余状态，画出全状态图(表)，检查是否存在无效循环并将其消除。如果电路不能自启动，则应修改逻辑设计或使用触发器异步置位、复位功能，打破无效循环。

(7) 画出电路图。当电路无多余状态，或虽有多余状态但能够自启动时，即可根据激励函数和输出函数表达式画出满足设计功能要求的逻辑电路。

6.2.2 设计举例

例 6.2 图 6.3(a)所示是铁路和公路交叉路口示意图，今拟在交叉路口东西两侧各设一道可以自动控制的电动栅门，当火车尚未到来时，电动栅门自动打开，行人、车辆放行；当有火车到来时，电动栅门自动关闭，禁止行人、车辆通行。为了实现电动栅门的自动控制，在路口铁道两侧足够远的 P_1 和 P_0 点处，各设置一个压力传感器，对过往的火车进行检测。当压力传感器检测到火车到来时，将传感信号传输给交通控制器，交通控制器据此发出控制信号，将电动栅门关闭，火车通过后，再将电动栅门打开。铁道路口交通控制器框图如图 6.3(b)所示，其中 X_1、X_0 分别为 P_1、P_0 点压力传感器的传感信号，为高电平表示检测到火车到来；Z 为电动栅门的控制信号，为高电平表示栅门关闭。试用 JK 触发器实现该交通控制器。

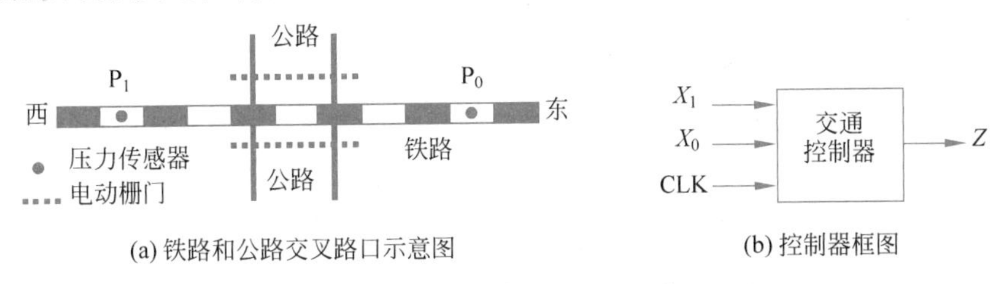

(a) 铁路和公路交叉路口示意图　　(b) 控制器框图

图 6.3 铁道路口交通控制示意图

解：(1) 根据火车的行驶过程，导出交通控制器的状态图。

当火车尚未到来时，$X_1X_0=00$，输出 $Z=0$，电动栅门打开。该状态用 S_0 表示。

当火车由东向西驶来且压上 P_0 传感器时，$X_1X_0=01$，输出 $Z=1$，电动栅门关闭，此状态用 S_1 表示；当火车继续向西行驶且位于 P_1、P_0 之间时，$X_1X_0=00$，输出 $Z=1$，电动栅门继续关闭，该状态用 S_2 表示；当火车继续向西行驶且压上 P_1 传感器时，$X_1X_0=10$，输出 $Z=1$，电动栅门继续关闭，该状态用 S_3 表示；当火车继续向西行驶且离开 P_1 传感器后，$X_1X_0=00$，输出 $Z=0$，电动栅门打开，该状态与 S_0 相同，不必假设新的状态。

当火车由西向东驶来且压上 P_1 传感器时，$X_1X_0=10$，输出 $Z=1$，电动栅门关闭，该状态用 S_4 表示；当火车继续向东行驶且位于 P_1、P_0 之间时，$X_1X_0=00$，输出 $Z=1$，电动栅门继续关闭，该状态用 S_5 表示；当火车继续向东行驶且压上 P_0 传感器时，$X_1X_0=01$，输出 $Z=1$，电动栅门继续关闭，该状态用 S_6 表示；当火车继续向东行驶且离开 P_0 传感器后，$X_1X_0=00$，输出 $Z=0$，电动栅门打开，该状态与 S_0 相同，也不必假设新的状态。

按照上述状态定义情况，并根据火车的行驶过程，得到交通控制器的原始状态图，如图 6.4 所示。该状态图采用了摩尔型结构，也可以采用米里型结构，两种结构并无本质区别。

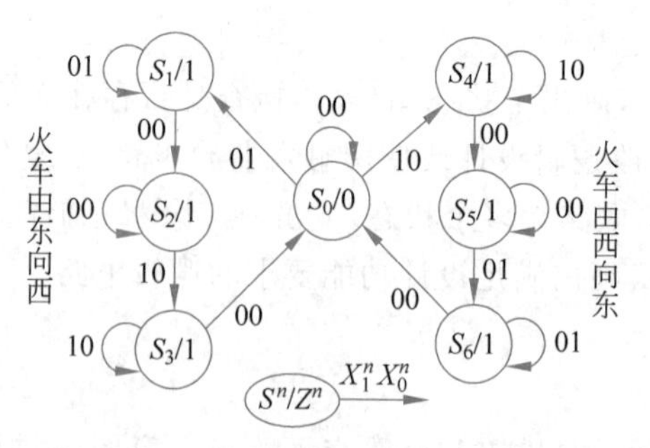

图 6.4　铁道路口交通控制器的原始状态图(摩尔型)

注意：

时序逻辑电路按照电路输出信号特点可以分为**摩尔**(Moore)**型**和**米里**(Mealy)**型**两种类型。

摩尔型：摩尔型电路的输出只与当前所处的状态有关，与输入无直接关系，输入信号都要存储后才能影响输出。

米里型：米里型电路的输出是输入和现态的函数，当输入改变时，输出随之改变(此时电路状态可能由于时钟触发信号未到而未改变)，此特点一方面使米里型电路的输出能对输入改变做出快速响应，但输出信号也容易受到输入信号中噪声的干扰。

同样的功能，既可以用摩尔型电路实现，也可以用米里型电路实现，摩尔型电路输出比米里型电路滞后一个时钟周期，或者说对完成同样功能的摩尔型电路和米里型电路，它们的输出序列本身是相同的，只是米里型电路比摩尔型电路的输出序列超前一个时钟周期。

(2) 交通控制器的原始状态表如表 6.2 所示。该状态表包含了任意项，化简时除了需要使用前述状态等价的条件外，还需要使用状态相容的概念。

表 6.2　交通控制器的原始状态表

S^n	$X_1^nX_0^n$				
	00	**01**	**11**	**10**	Z^n
S_0	S_0	S_1	Φ	S_4	0
S_1	S_2	S_1	Φ	Φ	1
S_2	S_2	Φ	Φ	S_3	1
S_3	S_0	Φ	Φ	S_3	1
S_4	S_5	Φ	Φ	S_4	1
S_5	S_5	S_6	Φ	Φ	1
S_6	S_0	S_6	Φ	Φ	1

S^{n+1}

观察表 6.2，可以发现，如果将 S_1 在 $X_1X_0=10$ 时的 Φ 看作 S_3，将 S_2 在 $X_1X_0=01$ 时的 Φ 看作 S_1，那么 S_1 和 S_2 状态等价；如果将 S_3 在 $X_1X_0=01$ 时的 Φ 看作 S_6，将 S_6 在 $X_1X_0=10$ 时的 Φ 看作 S_3，那么 S_3 和 S_6 状态等价；如果将 S_4 在 $X_1X_0=01$ 时

的Φ看作S_6，将S_5在$X_1X_0=10$时的Φ看作S_4，那么S_4和S_5状态也等价。像这种为了状态等价而将某个任意项Φ看作某个特定状态的方法称为状态相容，化简后要用该特定状态取代这个Φ。

考虑状态相容后，可以得到表6.2状态表的4个最大等价类，它们分别是(S_0)、$(S_1$、$S_2)$、$(S_3$、$S_6)$和$(S_4$、$S_5)$。状态合并后得到最简状态表，如表6.3所示，其编码状态表如表6.4所示。表中将输入变量取值和状态编码按照格雷码排列，使其结构和卡诺图相同，目的是可以直接利用卡诺图法化简，求得输出和次态方程表达式。

表 6.3　交通控制器的最简状态表

S^n	$X_1^nX_0^n$				
	00	**01**	**11**	**10**	Z^n
S_0	S_0	S_1	Φ	S_4	0
S_1	S_2	S_1	Φ	S_3	1
S_3	S_0	S_3	Φ	S_3	1
S_4	S_4	S_3	Φ	S_4	1

S^{n+1}

表 6.4　交通控制器的编码状态表

S^n	$X_1^nX_0^n$				
	00	**01**	**11**	**10**	Z^n
00	00	01	$\Phi\Phi$	10	0
01	01	01	$\Phi\Phi$	11	1
11	00	11	$\Phi\Phi$	11	1
10	10	11	$\Phi\Phi$	10	1

S^{n+1}

注意：

可以用观察法化简原始状态表。

状态化简是建立在状态等价概念基础上的。设S_i和S_j是原始状态表中的两个状态，如果以S_i为初始状态和以S_j为初始状态在任何相同输入作用下产生的输出都相同，那么就称状态S_i和状态S_j互相等价，记作$S_i \approx S_j$。相互等价的两个或多个状态可以合并为一个状态。

两个状态等价的条件如下。

(1) 在所有输入条件下，两个状态对应的输出完全相同。

(2) 它们对应的次态满足下列条件之一。

条件1：次态相同。

条件2：次态相同或交错，或维持现态不变。

条件3：次态互为隐含条件。

次态交错是指状态S_i的次态是S_j，S_j状态的次态是S_i。次态互为隐含条件是指状态S_1和S_2等价的前提条件是状态S_3和S_4等价，而状态S_3和S_4等价的前提条件又是状态S_1和S_2等价，此时，S_1和S_2等价，

S_3 和 S_4 也等价，即 $S_1 \approx S_2$、$S_3 \approx S_4$。

等价状态具有传递性。即如果 $S_1 \approx S_2$、$S_2 \approx S_3$，则有 $S_1 \approx S_2 \approx S_3$，即 S_1、S_2、S_3 相互等价。相互等价的状态的集合称为等价类，全体等价状态的集合称为最大等价类。等价类可以用括号表示，例如 S_1、S_2、S_3 相互等价，$S_1 \approx S_2 \approx S_3$，那么，它们的等价类记为 (S_1, S_2)、(S_2, S_3)、(S_1, S_3) 和 (S_1, S_2, S_3)，其中 (S_1, S_2, S_3) 是最大等价类。

观察法化简就是利用等价条件找出原始状态表中所有的最大等价类，将每个最大等价类中的所有状态合并为 1 个状态，例如，$(S_1, S_2, S_3) = (S_1)$，然后得到最简状态表。

使用观察法化简原始状态表时需要注意以下几点。

(1) 输出不同的状态不可能等价。

(2) 必须按照最大等价类进行状态合并。

(3) 有的状态表可能存在一些有去无回的状态，无论是否符合上述等价条件，都应该将其删除，因为这类状态一般属于多余状态。

(4) 求最简状态表时，若保留状态的次态中出现了被消除的状态，该被消除的状态应该用其等价状态来取代。

还可以用隐含表法等其他方法化简状态表，可参考相关资料和教材。

(3) 触发器选型：采用 JK 触发器。

(4) 导出最简激励方程和输出方程。

从表 6.4 可见，输出 Z 只与状态有关，而与输入无直接关系。输出表达式为

$$Z^n = Q_1^n + Q_0^n$$

根据表 6.4，用卡诺图法化简，得到 Q_1 和 Q_0 的次态方程为

$$Q_1^{n+1} = X_1^n + Q_1^n \bar{Q}_0^n + Q_1^n X_0^n$$

$$Q_0^{n+1} = X_0^n + \bar{Q}_1^n Q_0^n + Q_0^n X_1^n$$

和 JK 触发器的次态方程 $Q^{n+1} = J^n \bar{Q}^n + \bar{K}^n Q^n$ 进行比较，得到 JK 触发器的激励表达式为

$$\begin{cases} J_1^n = X_1^n \\ K_1^n = \overline{X_1^n + X_0^n + \bar{Q}_0^n} \end{cases}$$

$$\begin{cases} J_0^n = X_0^n \\ K_0^n = \overline{X_1^n + X_0^n + \bar{Q}_1^n} \end{cases}$$

(5) 根据输出方程和激励方程表达式，画出用 JK 触发器实现的铁道路口交通控制器电路，如图 6.5 所示。因本电路不存在多余状态，所以不需要检查多余状态、打破无效循环。

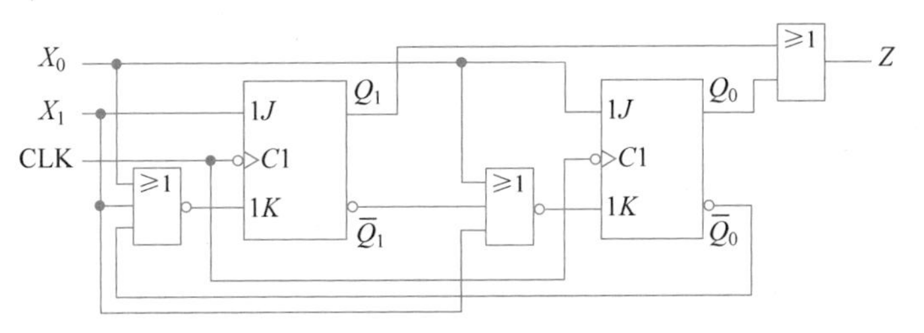

图 6.5 铁道路口交通控制器电路

6.3 MSI 计数器

74 系列有许多计数器芯片可供用户选用，本节分异步计数器和同步计数器两类对 74 系列计数器芯片进行介绍。

6.3.1 MSI 异步计数器

常用的 MSI 异步计数器型号及特性如表 6.5 所示，同一行中的计数器结构、功能、使用方法相近。此处以二-五-十进制加法计数器 7490、二-八-十六进制加法计数器 7493 为例介绍其用法。

表 6.5 常用的 MSI 异步计数器型号及特性

型　号	模数、编码	预置方式	复位方式	计数规律	触发方式
7490,74290	2-5-10	异步(置 9)	异步	加法	下降沿
7493,74293	2-8-16				
74176,74177	2-5-10	异步			
CD4020,CD4060	模 2^{14}，二进制				
CD4024	模 2^{7}，二进制				
CD4040	模 2^{12}，二进制				

1. 二-五-十进制加法计数器 7490

二-五-十进制加法计数器 7490 的电路结构、逻辑符号如图 6.6 所示。由电路结构(图 6.6(a))可见，7490 内部实际上分为二进制和五进制两个独立的计数器，分开使用时，为二进制计数器(CP_1 为其时钟，Q_A 为其输出)和五进制计数器(CP_2 为其时钟，$Q_DQ_CQ_B$ 为其输出)；级联使用时，可以用 5421 和 8421 两种 BCD 码实现十进制计数器。CP_1、CP_2 两个时钟输入信号均为下降沿有效。

表 6.6 是 7490 的功能表。功能表用于说明各输入信号的作用，是描述 MSI 数字集成电路功能的一种重要方法，只要给出功能表，一般就能正确使用芯片。由 7490 的功能表可看出，7490 各引脚的功能如下。

(1) 异步置 9 端 S_{91}、S_{92}：此端口优先级最高，当 S_{91}、S_{92} 同时为 1 时，$Q_DQ_CQ_BQ_A$ 状态立刻变为 1001(异步置 9)。

(2) 异步清 0 端 R_{01}、R_{02}：当 R_{01}、R_{02} 同时为 1，且 S_{91}、S_{92} 中至少有一个为 0 时，$Q_DQ_CQ_BQ_A$ 状态立刻变为 0000(异步清 0)。

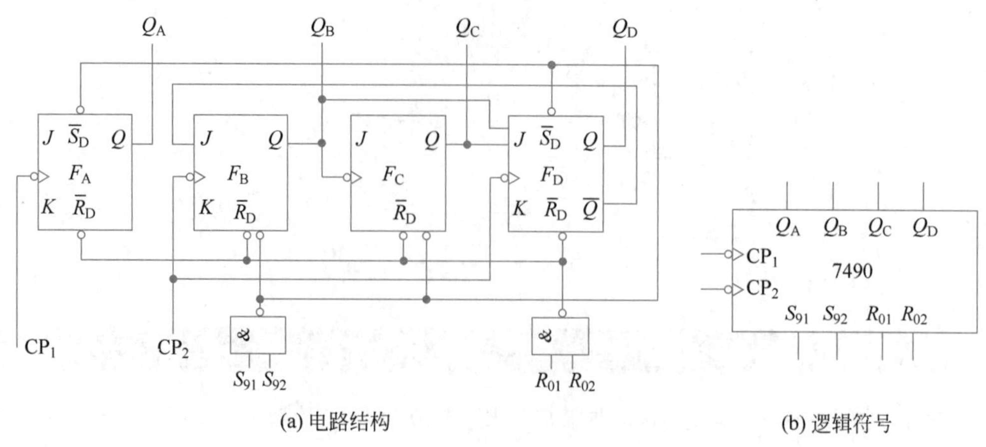

(a) 电路结构　　　　(b) 逻辑符号

图 6.6　7490 的电路结构与逻辑符号

(3) 当 S_{91}、S_{92} 中至少有一个为 0，且 R_{01}、R_{02} 中至少有一个为 0($S_{91}S_{92}=0$ 且 $R_{01}R_{02}=0$)时，7490 处于同步计数状态，$Q_DQ_CQ_BQ_A$ 状态在 CP 时钟脉冲信号下降沿到来时改变。

表 6.6　7490 的功能表

输入					输出				功能
S_{91}	S_{92}	R_{01}	R_{02}	CP	Q_D	Q_C	Q_B	Q_A	
1	1	Φ	Φ	Φ	1	0	0	1	异步置 9
0	Φ	1	1	Φ	0	0	0	0	异步清 0
Φ	0								
0	Φ	0	Φ	↓	加法计数				同步计数
Φ	0	0	Φ	↓					
0	Φ	Φ	0	↓					
Φ	0	Φ	0	↓					

2. 用 7490 构成计数器

当 7490 时钟以 CP_1 为输入、Q_A 为输出时，为二进制计数器；当时钟以 CP_2 为输入、$Q_DQ_CQ_B$ 为输出时，为五进制计数器；级联使用时，可以用 5421 和 8421 两种 BCD 码制实现十进制计数器。图 6.7(a)是用 7490 实现 8421 码计数器的电路，先模 2 计数，再模 5 计数，Q_A 接 CP_2，从 $Q_DQ_CQ_BQ_A$ 输出 8421 码；图 6.7(b)是用 7490 实现 5421 码计数器电路，先模 5 计数，再模 2 计数，Q_D 接 CP_1，从 $Q_AQ_DQ_CQ_B$ 输出 5421 码，最高位 Q_A 作为进位输出。

控制异步置 9 端 S_{91}、S_{92} 和异步清 0 端 R_{01}、R_{02} 可实现 10 以内任意进制计数器，更高进制的计数器需要两片或多片 7490 级联实现。

3. 二-八-十六进制加法计数器 7493

二-八-十六进制异步加法计数器 7493 采用 14 引脚双列直插式封装，其电源和地的引脚位置与多数 74 系列集成电路不同，第 5 脚为电源，第 10 脚为地，使用时需加以注意。

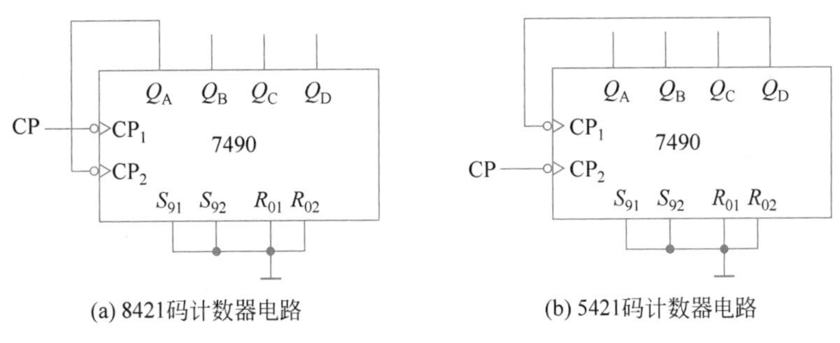

图 6.7 7490 实现十进制计数器

7493 的电路结构、逻辑符号如图 6.8 所示。由电路结构可见，7493 实际上分为二进制和八进制两部分电路，分开使用时，为二进制计数器或八进制计数器；级联使用时，为十六进制计数器。两个时钟脉冲输入信号 CP_A、CP_B 均为下降沿有效。

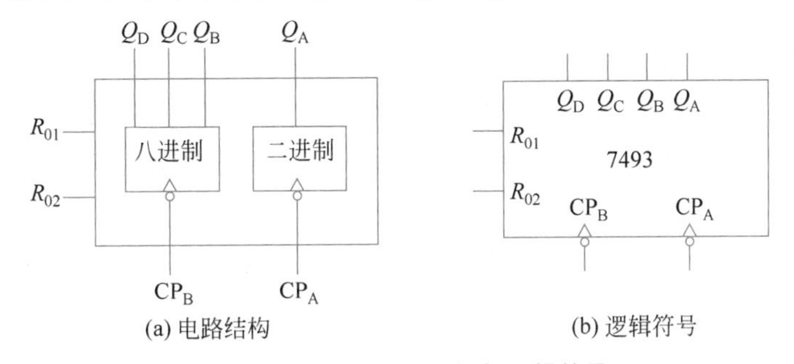

图 6.8 7493 的电路结构与逻辑符号

7493 的功能表如表 6.7 所示。由功能表可看出，7493 各引脚的功能如下。

表 6.7 7493 的功能表

输入			输出			
R_{01}	R_{02}	CP	Q_D	Q_C	Q_B	Q_A
1	1	Φ	0	0	0	0
0	Φ	↓	同步计数			
Φ	0	↓				

(1) 异步清零端 R_{01}、R_{02}：当 R_{01}、R_{02} 同时为 1 时，7493 异步清 0($Q_DQ_CQ_BQ_A$ 立即变为 0000)。

(2) 当 R_{01}、R_{02} 中至少有一个为 0($R_{01}R_{02}=0$)时，7493 处于同步计数状态，计数值在 CP 时钟脉冲信号下降沿到来时改变。

4. 用 7493 构成计数器

如前所述，7493 是二-八-十六进制计数器，只使用 Q_A 时，为二进制计数器；只使用 $Q_DQ_CQ_B$ 时，为八进制计数器；将其级联使用时，为十六进制计数器。如果利用它的异步清 0 端，可以构成十六进制内任意进制计数器。

如图 6.9 所示是用 7493 构成 8421 码(十进制)计数器的电路结构及其工作波形。从图 6.9(a)的电路可看出，级联时，二进制在低位，八进制在高位，故 Q_D 为高位，Q_A 为低位，外部时钟脉冲 CLK 从 CP_A 输入。当电路进入状态 1010（十进制状态 10）时，R_{01} 和 R_{02} 同时为 1，计数器立即清 0，使 1010 成为过渡状态（暂态），此时波形出现了毛刺，如图 6.9(b)所示。在使用异步端口进行清 0 或置 1 的情况下，一般都会在输出波形上产生毛刺，在实际设计中需要注意。

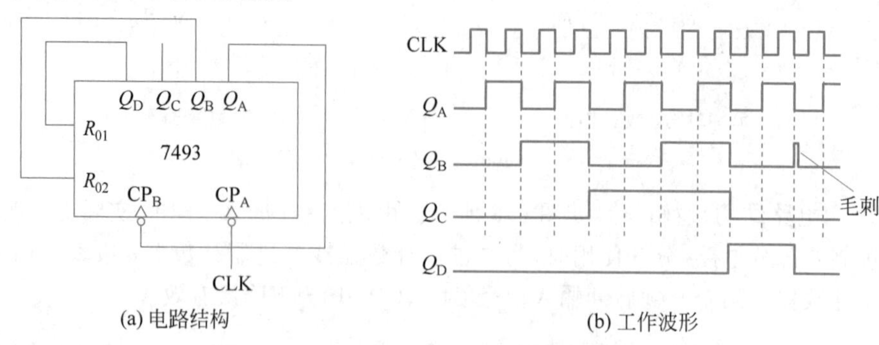

图 6.9　7493 构成 8421 码计数器

图 6.9 的电路，如果需要产生进位输出信号，可以用 Q_D 作为进位输出。虽然 Q_D 在状态 1000 时变为 1，但因为是下降沿触发芯片，只有进位输出的下降沿才能产生有效进位，故要到状态 1010 异步清 0 时才产生下降沿，向下级电路有效进位，符合逢十进一的十进制加法规则。当然，如果下级电路是上升沿触发，则需调整进位输出的连接方式，保证正确进位。

6.3.2　MSI 同步计数器

常用的 MSI 同步计数器型号及特性如表 6.8 所示，下面以 4 位二进制同步可预置加法计数器 74163 为例介绍其使用方法。

表 6.8　常用的 MSI 同步计数器型号及特性

型号	模数、编码	计数规律	预置方式	复位方式	计数方式	触发方式
74160	模 10,8421 码	加法	同步	异步	同步	上升沿
74161	模 16,二进制	加法	同步	异步		
74162	模 10,8421 码	加法	同步	同步		
74163	模 16,二进制	加法	同步	同步		
74190	模 10,8421 码	单 CP,可逆	异步			
74191	模 16,二进制	单 CP,可逆	异步			
74192	模 10,8421 码	双 CP,可逆	异步	异步		
74193	模 16,二进制	双 CP,可逆	异步	异步		

1. 4 位二进制同步可预置加法计数器 74163

74163 为 4 位二进制同步置数/同步清 0 加法计数器，其逻辑符号如图 6.10 所示。CO(carry output)为进位输出端，当控制端 T 和计数器所有的 Q 端都为高电平时，CO 输出为 1，即 $CO=TQ_DQ_CQ_BQ_A$。

表 6.9 是 74163 的功能表。由功能表可见，74163 具有同步清 0、同步置数、同步计数和状态保持等功能，属于功能比较全面的 MSI 同步计数器，其各引脚的功能如下。

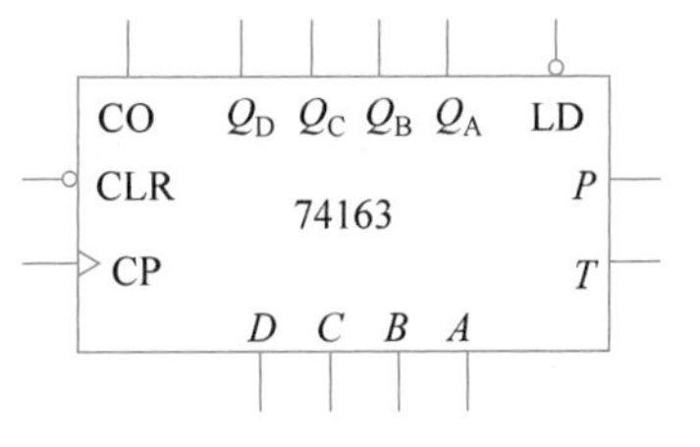

图 6.10 74163 逻辑符号

(1) 同步清 0 端 $\overline{\text{CLR}}$：其优先级最高，低电平有效，当 $\overline{\text{CLR}}=0$ 时，$Q_DQ_CQ_BQ_A$ 在 CP 下一个上升沿到来时变为 0000(同步清 0)。

(2) 同步置数端 $\overline{\text{LD}}$：低电平有效，当 $\overline{\text{LD}}=0$ 时，$Q_DQ_CQ_BQ_A$ 在 CP 下一个上升沿到来时变为预置端口($DCBA$ 是数据预置端口)的 d、c、b、a(同步置数)。

(3) 计数使能端 P、T：只有当 P、T 同时为 1 时，计数器才能计数；当 P、T 中有一个为 0($P \cdot T=0$)时，74163 为保持状态，$Q_DQ_CQ_BQ_A$ 数值不会变化。

表 6.9 74163 的功能表

输入					输出	功能
$\overline{\text{CLR}}$	$\overline{\text{LD}}$	P T	CP	D C B A	Q_D Q_C Q_B Q_A	
0	Φ	Φ Φ	↑	Φ Φ Φ Φ	0 0 0 0	同步清 0
1	0	Φ Φ	↑	d c b a	d c b a	同步置数
1	1	Φ 0 0 Φ	Φ	Φ Φ Φ Φ	Q_D^n Q_C^n Q_B^n Q_A^n	保持
1	1	1 1	↑	Φ Φ Φ Φ	加法计数	加法计数

利用 74163 的同步清 0 和同步置数功能，可以构成任意进制的计数器。

2. 反馈清 0 法构成 M 进制计数器

由于 74163 的 $\overline{\text{CLR}}$ 是同步清 0，其反馈识别门应该在状态"$M-1$"时就输出低电平，以便下一个 CP 脉冲(即第 M 个 CP 脉冲)上升沿到来时执行清 0 功能。此处的状态"$M-1$"是稳定状态，因此计数器输出波形不会出现毛刺。

例 6.3 用 74163 采用反馈清 0 法构成十一进制计数器，并画出工作波形。

解：$M-1=11-1=10=(1010)_2$，Q_D、Q_B 为 1，因此，识别与非门输入端接 Q_D 和 Q_B，输出端接 $\overline{\text{CLR}}$。为了保证 $\overline{\text{CLR}}=1$ 时计数器正常计数，$\overline{\text{LD}}$、P、T 等端口均应接逻辑 1。电路结构如图 6.11(a)所示，工作波形如图 6.11(b)所示。

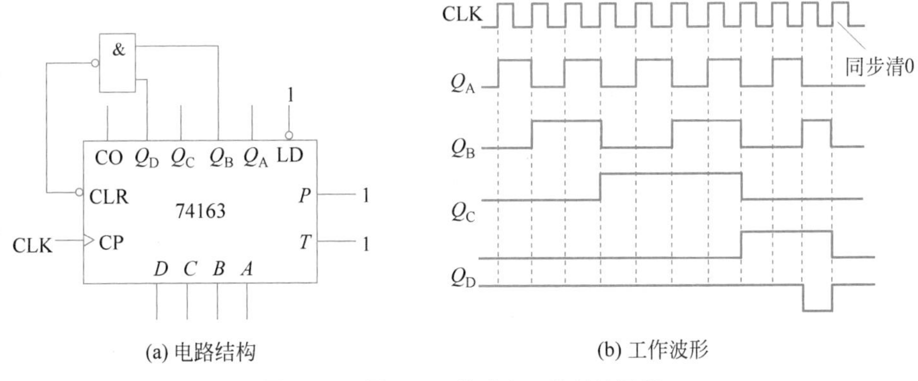

图 6.11 用 74163 构成十一进制计数器

3. 反馈预置法构成 M 进制计数器

为电路置入初始状态的操作称为预置。在计数器中，当计数到特定状态时为其预置一个初始状态，可实现预想的计数器。

使用74163用反馈预置法构成 M 进制计数器的连接方式为：将计数器的初始状态作为预置数接 $DCBA$，计数器末状态中1对应的 Q 端接与非门输入端，与非门输出端接 $\overline{\mathrm{LD}}$ 端口。如果末状态是15，则直接将进位输出CO取反后接 $\overline{\mathrm{LD}}$ 即可。为了保证 $\overline{\mathrm{LD}}=1$ 时计数器正常计数，74163的其他控制端 $\overline{\mathrm{CLR}}$、P、T 均应接逻辑1。在这种接法中，改变 $DCBA$ 端的预置数，就可以改变计数器的模，有时也将这种计数器称为程控计数器。当计数器的末状态是15时（用CO取反后接 $\overline{\mathrm{LD}}$），计数器的模 M 与 $DCBA$ 端的预置数 Y 的关系为 $Y=16-M$。

例6.4 用74163实现1位余3码计数器。

解：余3码计数器是十进制计数器，其计数从0到9，0对应的状态是0011，故 $DCBA=0011$；9对应的状态是1100，故 $\overline{\mathrm{LD}}=\overline{Q_{\mathrm{D}}Q_{\mathrm{C}}}$，用两输入与非门实现该函数，74163其他控制输入端均接1。电路结构如图6.12(a)所示。

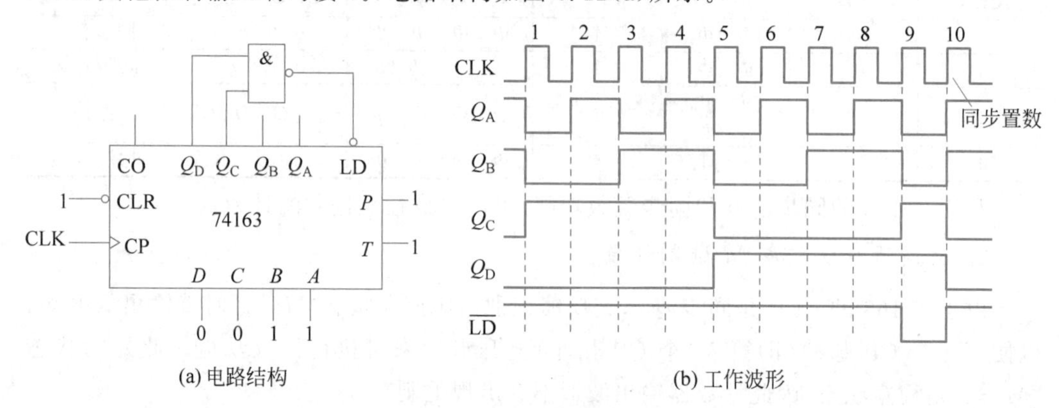

图6.12 余3码加法计数器

计数器工作波形如图6.12(b)所示，设74163的起始状态为0011，电路工作在计数模式，9个脉冲作用后，74163状态变为1100，$\overline{\mathrm{LD}}=0$，电路进入预置模式，第10个时钟脉冲上升沿到来时，74163完成预置操作，新状态就是预置状态0011。

4. 级联扩展

74163既可像7493那样异步级联，也可采用同步级联。用两片74163同步级联构成的二进制至256进制程控计数器的电路如图6.13所示。设预置数为 Y，计数器模数为 M，级联的芯片数为 k，则三者之间的关系为 $Y=16^k-M$。

例如，要构成 $M=135$ 进制的计数器，需要两片74163，预置数 $Y=16^2-135=121=(0111\ 1001)_2$。

故图6.13所示的电路中，左侧74163（高位）的 $DCBA$ 接0111，右侧74163（低位）的 $DCBA$ 接1001。

按照这种低位芯片的进位输出CO接相邻高位芯片的 T 控制端、最高位芯片的进位

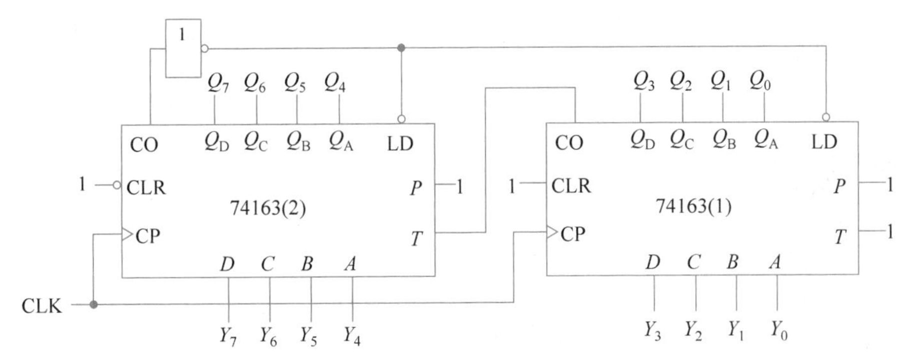

图 6.13 2～256 进制程控计数器的电路

输出 CO 取反后接各个 74163 的 $\overline{LD}$ 控制端的连接方式,可以实现更多芯片的级联。需注意的是,由于进位输出 CO 端与 P 无关,所以电路中的 P、T 端口不能互换连接。

注意:集成同步计数芯片中,74160、74161、74162 的引脚排列和逻辑符号与 74163 完全相同,不同之处在于,74161 为异步清 0 的十六进制计数器,74160 和 74162 分别为异步清 0 和同步清 0 的十进制计数器(进位输出表达式相应变为 $CO=T \cdot Q_D\bar{Q}_C\bar{Q}_BQ_A$)。使用 74160 或 74162 构成程控计数器时,预置数 Y、计数器模数 M 和级联芯片数 k 的关系为 $Y=10^k-M$。其中,Y 应以 8421 码的形式接入芯片的并行数据输入端 $DCBA$。例如,用两片 74160 构成八十三进制的程控计数器,预置数 $Y=10^2-83=17=(0001\ 0111)_{8421}$,即高位芯片的 $DCBA$ 接 0001,低位芯片的 $DCBA$ 接 0111,其他引脚的连接方式与 74163 相同。

5. 计数器的应用

计数器不仅可以实现计数,也可以实现计时、分频、脉冲分配和产生周期序列信号等功能。

分频器是一种能够从较高频率的输入信号得到较低频率输出信号的电路。用计数器对较高频率的输入信号的脉冲计数,可对其实现分频,计数器的模就是分频次数。

例 6.5 某数字信号处理系统的时钟信号频率为 20MHz,在电路中需要用到 2MHz 的时钟信号,试用 74163 设计一个分频器电路,实现由 20MHz 得到 2MHz 的信号。

解:该分频器的分频次数 $M=20\text{MHz}\div 2\text{MHz}=10$,因此,设计一个十进制计数器可满足要求。用 74163 实现的 10 分频电路如图 6.14 所示,该电路采用程控分频器实现,预置数为 0110,末状态为 1111,故为十进制计数器,从 CO 输出端(Q_D 端也可)就可以得到频率为 2MHz 的输出信号。

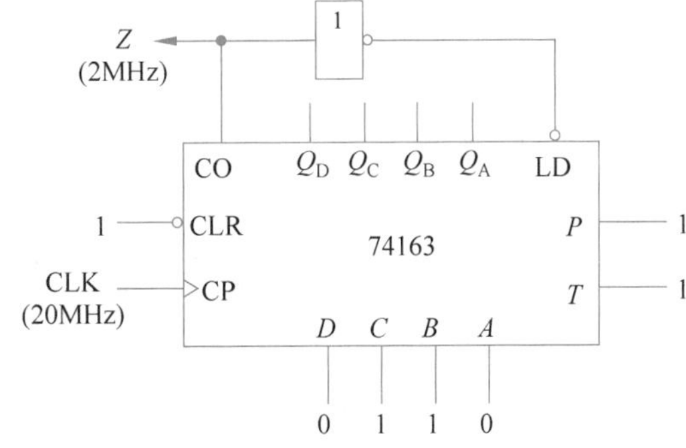

图 6.14 用 74163 实现 10 分频电路

需注意的是，用 74163 构成模 16 计数器，从 74163 的 Q_A、Q_B、Q_C、Q_D 端口输出，可分别得到输入时钟信号(CLK)的 2 分频、4 分频、8 分频和 16 分频的方波信号，也就是说，将计数器接为模 2^n 计数器，直接从 Q 端得到 2^k ($k=1\sim n$)分频的方波信号。

6.4 移位寄存器

寄存器是具备存储二进制数字信息功能的数字部件，**移位寄存器**(shift register)除具备存储二进制数字信息的功能外，还能将存储的信息在时钟的作用下依次左移或右移。此外，移位寄存器还能完成串行-并行转换等功能。

6.4.1 触发器构成移位寄存器

由 D 触发器构成的 4 位移位寄存器如图 6.15 所示，在时钟信号 CP 的每个上升沿将数据右移 1 位，比如，假设当前时刻 $Q_0Q_1Q_2Q_3=1001$，D_I 为 1，则在时钟 CP 下一个上升沿到来后，$Q_0Q_1Q_2Q_3=1100$，D_O 为 0。

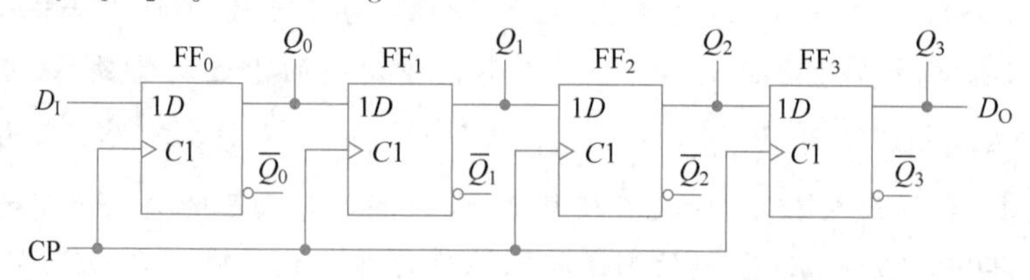

图 6.15 由 D 触发器构成的 4 位移位寄存器

6.4.2 MSI 移位寄存器

常用的 74 系列移位寄存器芯片及其特性如表 6.10 所示。其中，串行输入是指输入数据逐位输入，并行输入是指输入数据各位在一个时钟周期内同时输入；串行输出是指数据逐位输出，并行输出是指输出数据各位在一个时钟周期内同时输出；右移是指数据从低位向高位移位，左移是指数据从高位向低位移位，双向则指数据既可以从低位向高位移位，也可以从高位向低位移位。

注意：此处对左移和右移方向的定义适用于移位寄存器，不一定适用其他场合，如计算机编程、硬件描述语言(HDL)中的左移和右移的方向定义与此处定义并不一致。

表 6.10 常用 MSI 移位寄存器及其特性

型　　号	位　　数	输入方式	输出方式	移位方式
74164	8	串行	串行、并行	右移
74166	8	串行、并行	串行	右移
74194	4	串行、并行	串行、并行	双向移位
74198	8	串行、并行	串行、并行	双向移位
74299	8	串行、并行	串行、并行(三态)	双向移位

这里以4位双向移位寄存器74194为例介绍MSI移位寄存器的用法。74198除了位数不同外，其使用方法与74194完全相同。

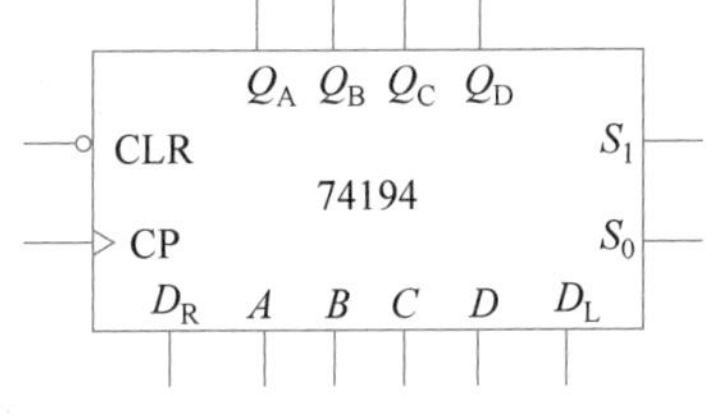

图6.16 74194的逻辑符号

74194的逻辑符号如图6.16所示，其功能表如表6.11所示，由功能表可见，74194具有异步清0、数据保持、同步右移、同步左移、同步置数5种工作模式。

(1) $\overline{CLR}$为异步清0端：低电平有效，且优先级最高。

(2) S_1、S_0为工作方式选择端：$S_1S_0=00$时，74194工作于保持方式；$S_1S_0=01$时，同步右移方式，其中D_R为右移数据输入端，Q_D为右移数据输出端；$S_1S_0=10$时，同步左移方式，其中D_L为左移数据输入端，Q_A为左移数据输出端；$S_1S_0=11$时，同步置数方式，其中$A\sim D$为数据预置端。无论何种方式，$Q_A\sim Q_D$都是并行数据输出端。

表6.11 74194功能表

输入											输出				工作模式
$\overline{CLR}$	S_1	S_0	CP	D_R	D_L	A	B	C	D		Q_A	Q_B	Q_C	Q_D	
0	Φ	Φ	Φ	Φ	Φ	Φ	Φ	Φ	Φ		0	0	0	0	异步清0
1	0	0	↑	Φ	Φ	Φ	Φ	Φ	Φ		Q_A^n	Q_B^n	Q_C^n	Q_D^n	数据保持
1	0	1	↑	x	Φ	Φ	Φ	Φ	Φ		x	Q_A^n	Q_B^n	Q_C^n	同步右移
1	1	0	↑	Φ	y	Φ	Φ	Φ	Φ		Q_B^n	Q_C^n	Q_D^n	y	同步左移
1	1	1	↑	Φ	Φ	a	b	c	d		a	b	c	d	同步置数

74194的使用只要按照功能表进行相应的电路连接即可。例如，74194工作于右移方式，根据功能表，将CP端口接外部时钟CLK信号，$\overline{CLR}$接1，S_1、S_0接01，D_R接输入数据D，从$Q_A\sim Q_D$端口即可得到右移的数据。

6.4.3 移位型计数器

用移位寄存器构成的计数器称为移位型计数器，包括环形计数器、扭环形计数器和变形扭环形计数器。

(1) **环形计数器**(ring counter)：n级移位寄存器的末级输出直接连接到首级数据输入端，就构成了模为n的环形计数器。

74194构成的模4环形计数器电路结构如图6.17(a)所示，电路全状态图如图6.17(b)所示，74194工作于4级右移模式，末级输出(Q_D)回送到右移输入端，形成了环形移位结构，构成模4计数器。从全状态图可知，该电路存在多个循环，状态数为4的循环有3个，从中可任意选取一个作为**有效循环**，另外的循环则为无效循环，该电路存在不能自启动的问题。

环形计数器的优点是电路结构简单，而且其有效循环可以做到每个状态只包含一个1(或者0)，这种编码也称为**独热码**(one-hot)编码，其优点是译码电路可以非常简单。环形计数器的缺点是没有充分利用电路的状态，n级移位寄存器构成的环形计数器，有效状

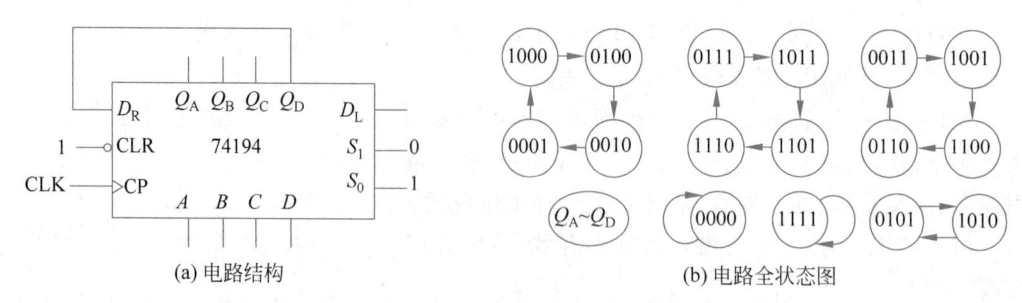

(a) 电路结构　　(b) 电路全状态图

图 6.17　用 74194 构成模 4 环形计数器

态只有 n 个，存在大量的无效状态。

（2）**扭环形计数器**（twisted counter）：n 级移位寄存器的末级输出取反后连接到首级数据输入端，就构成了模为 $2n$ 的扭环形计数器，也称为**约翰逊计数器**（Johnson counter），电路的有效状态比环形计数器增加了一倍。

一个用 74194 构成的八进制扭环形计数器电路结构（图 6.18(a)）及全状态图（图 6.18(b)）如图 6.18 所示。由状态图可见，存在两个 8 状态的循环，可任意选取其中一个作为有效循环，另一个则为无效循环。该电路也存在不能自启动的问题。

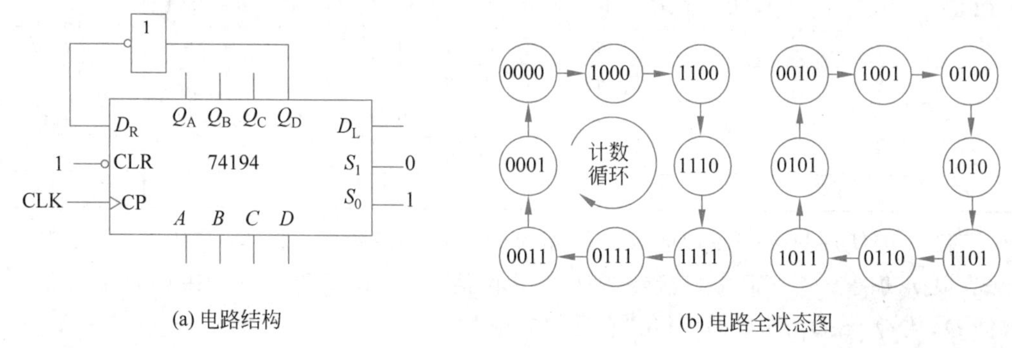

(a) 电路结构　　(b) 电路全状态图

图 6.18　八进制扭环形计数器

在时序电路中，常常要求电路具有**自启动**特性，电路加电后，其所处的初始状态是随机的，自启动要求无论处于哪种初始状态，在经过有限个时钟脉冲后，都能自动进入主循环，这样可以使电路加电后不必预置初始状态。自启动特性还可使电路在工作过程中因干扰而脱离主循环时，能自动回归主循环，使电路具有一定的纠偏能力。

显然，图 6.18 所示的八进制扭环形计数器不具有自启动特性。一旦电路进入无效循环，将无法自动回到主计数循环。故需要打破该计数器的无效循环。假设选择含有 0000 状态的循环为有效循环，那么从无效循环中随意选择一个状态（比如 0010），当计数器计到该状态时，让计数器异步清 0，就可以使计数器进入有效循环。具备自启动特性的八进制扭环形计数器电路结构（图 6.19(a)）及其全状态图（图 6.19(b)）如图 6.19 所示，其中 0010 状态为过渡状态（用虚线表示）。显然，该电路已经具有了自启动特性，假如加电后计数器处于 1010 状态，经过 5 个时钟脉冲后，变为 0000 状态，从而自动进入有效循环。

（3）**变形扭环形计数器**：n 级移位寄存器的最后两级输出"与非"后连接至首级数据

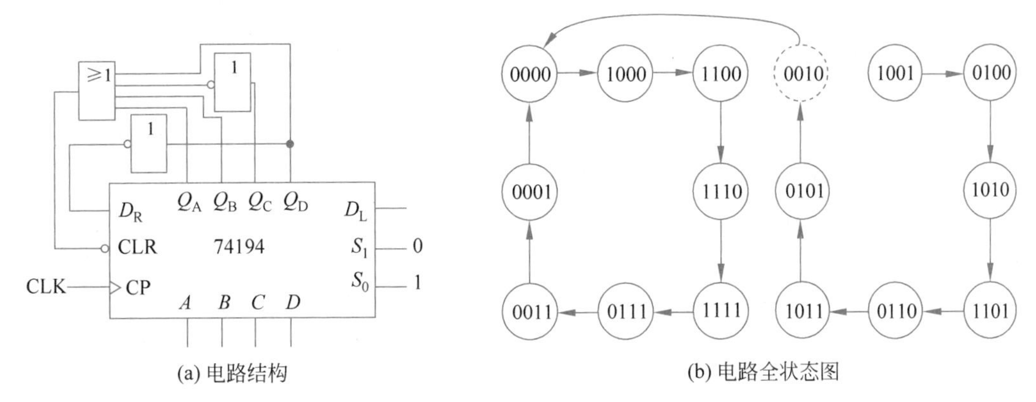

(a) 电路结构 (b) 电路全状态图

图 6.19 自启动八进制扭环形计数器

输入端,可以构成模为 $2n-1$ 的变形扭环形计数器。

图 6.20 是由 74194 构成的模 7 变形扭环形计数器,该计数器具有自启动特性。

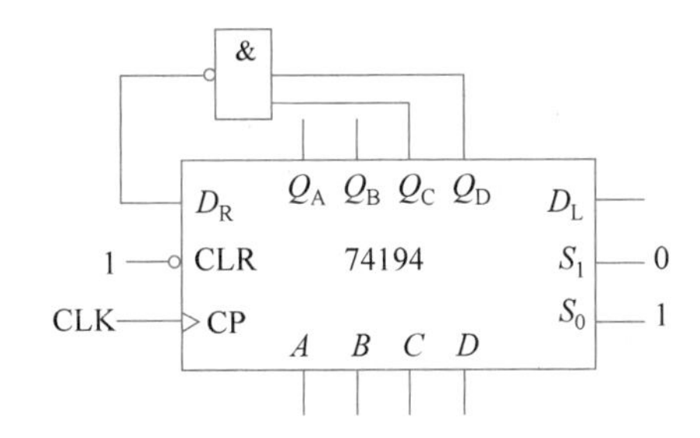

图 6.20 74194 构成模 7 变形扭环形计数器

变形扭环形计数器的特点是模为奇数,具备自启动特性。

6.4.4 序列检测器

序列检测器是能够从输入信号中检测特定输入序列的逻辑电路。利用移位寄存器的移位和寄存功能,可实现序列检测器。

图 6.21 是用 74194 构成的 1101 序列检测器的两种电路,74194 设置为左移模式,待检测的串行序列由左移串行输入端 D_L 输入,在时钟脉冲作用下,经 Q_D 到 Q_A 左移输

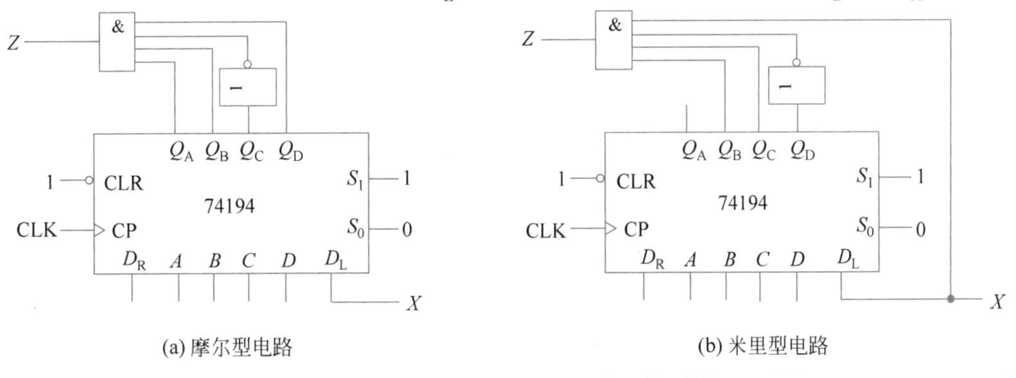

(a) 摩尔型电路 (b) 米里型电路

图 6.21 用 74194 构成 1101 序列检测器

出，移位寄存器将串行数据转换为并行数据，供门电路进行序列检测。当 X 中出现 1101 时，4 输入与门输出 1($Z=1$)，表示电路检测到了 1101 序列，否则输出 0。

注意： 这两种电路实现的都是**可重叠序列检测器**，即前一组 1101 中的 1(或 0)还可以作为下一组 1101 序列的码字。

图 6.21(a)的输出 $Z=Q_AQ_B\bar{Q}_CQ_D$，与输入 X 无直接关系，属于**摩尔型**电路；图 6.21(b)的输出 $Z=Q_BQ_C\bar{Q}_DX$，与输入 X 有直接关系，属于**米里型**电路。故同样的功能既可用摩尔型电路实现，也可用米里型电路实现。

图 6.22 所示电路是**不可重叠**的 1101 序列检测器，当电路检测到 1101 时，输出 $Z=1$，此时 74194 工作在同步置数模式($S_1S_0=11$)。电路在下一个时钟脉冲作用下执行并入操作，并行输入端的 000 将 Q_A、Q_B、Q_C 清 0(清除已有检测序列)，序列的下一位输入码经并入端 D 送到 Q_D(与经 D_L 移入 Q_D 效果相同)，保证序列输入不间断。电路进入新状态后 $Z=0$，电路回到左移模式($S_1S_0=10$)，继续在时钟脉冲作用下输入后续各位进行检测。

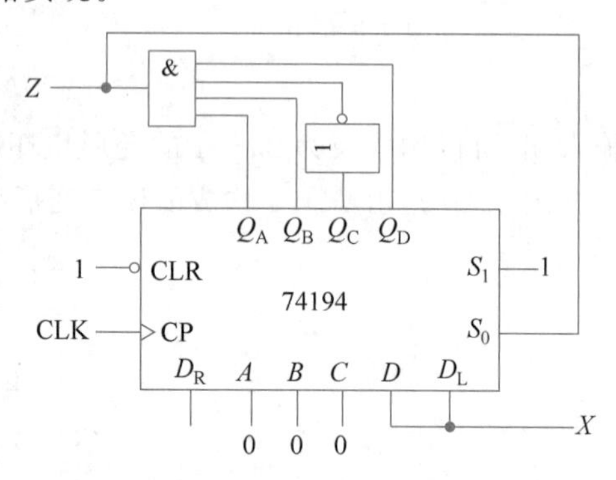

图 6.22　用 74194 构成不可重叠的 1101 序列检测器(摩尔型电路)

6.4.5　序列发生器

扭环形计数器的有效状态为 $2n$ 个，其无效状态仍为 2^n-2n 个。用 n 级移位寄存器构成 m 序列发生器，其有效状态达到 2^n-1 个。

m 序列发生器是一种伪随机序列发生器，产生的序列具有较好的随机性。图 6.23(a)是由 74194 构成的周期是 15 的 m 序列发生器，电路全状态图如图 6.23(b)所示，电路中 74194 接成右移模式，输入信号 $D_R=Q_C\oplus Q_D$，序列由 Q_D 输出，其一个周期的输出为 000100110101111，循环输出。由全状态图可知，若电路处于状态 0000，则会一直处于该状态，无法进入有效循环，电路无自启动功能。可以利用 74194 的同步预置功能，增加自启动电路，打破死循环，具体电路读者可自行设计实现。

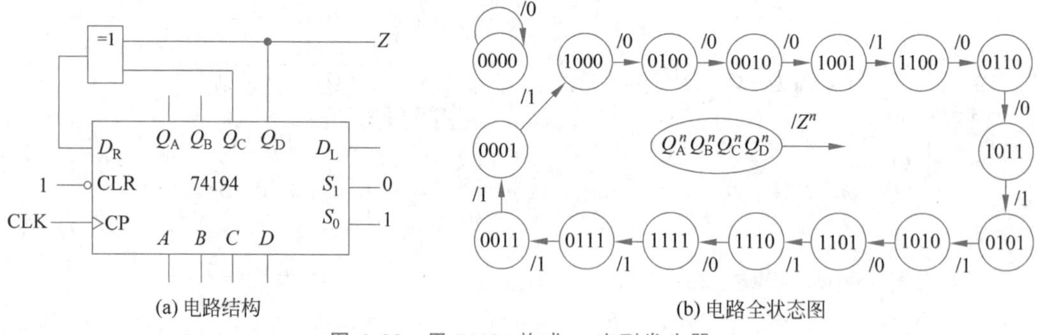

图 6.23　用 74194 构成 m 序列发生器

6.5 存储器 

存储器是用于存储信息的部件，在计算机中主要用于存储程序和数据。将信息存入存储器的操作称为写，从存储器中取出信息的操作称为读，这两种操作可统称为对存储器的访问。

6.5.1 半导体存储器

半导体存储器分为只读存储……取存储器 RAM (Random-Access Memory)两种……6.24 所示。

存储……

……Flash

……ND Flash

RAM 存储器……M 为静态 RAM(Static RAM)，用 MOS 管(类似……信息就可以一直保存；DRAM 为动态 RAM(D……储信息，因电容器存在放电现象，所以 DRAM ……入存储的信息，这一过程称为刷新。

在现……PROM 和 Flash(闪存)。EEPROM (Electri……电擦除、可电编程的存储器；Flash 是存取速……性存储器(断电后数据也不会丢失)，广泛应用……

注意……M，掩模 ROM 出厂后，其内容不能修改，只……编程(一次写入之后不可更改)的 PROM (Progr……件，之后又出现了采用紫外线擦除、电编程方式的 EPROM 器……擦除，多次编程，但擦除时间长，存储内容时间长易挥发，使用不够方便。

随后出现的电擦除、电编程的 EEPROM 器件，用电擦除取代了紫外线擦除，提高了使用的方便性和稳定性。之后，在 EEPROM 的基础上出现了存取速度更快的 Flash。

现在主流的 ROM 器件只有 EEPROM 和 Flash，其他 ROM 器件基本

已淘汰，以ROM器件的典型应用——计算机中的BIOS(基本输入输出系统)芯片为例，BIOS芯片是计算机主板上的重要存储芯片，用于存储计算机启动系统的程序，以及外围设备的数据传输服务指令，以前的BIOS芯片是掩模ROM，而现在几乎所有的BIOS芯片都采用闪存技术制作。

6.5.2 闪存(Flash)

目前Flash主要有两种：NOR Flash和NAND Flash。NOR Flash的特点是读取速度快，其读取和常见的SDRAM的读取相似，并且可以直接运行NOR Flash中的程序代码，而不必将代码读到系统RAM中运行，所以NOR Flash适合存储程序代码，适用于存储容量小的应用场合。

NAND Flash则是高数据存储密度的理想解决方案，NAND Flash的单元尺寸仅为NOR Flash的约一半，生产过程更为简单，能以较低的价格实现更大的容量，并且擦除和写入速度更快，有自己专用的接口标准，所以NAND适用于存储数据。

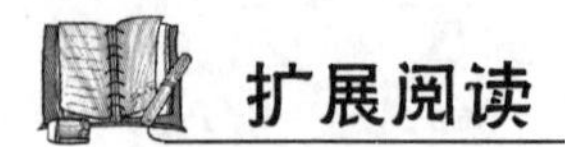

Flash发展的简短回顾

1980年左右，开始出现EEPROM器件，它采用浮栅单元来存储数据，具有非易失性(存储的数据在主机掉电后不会丢失)，并采用电编程、电擦除的方式，方便性、快捷性比紫外光擦除的EPROM更高。

1984年，在EEPROM的基础上，诞生了快闪存储器(闪存)，其擦除速度比EEPROM更快。

1987年研制出了NAND Flash。

1988年，出现了商用的NOR Flash芯片。相比较而言，NOR Flash读取速度快，NAND Flash制作成本低，能实现较高的存储密度。

1991年，Flash开始用于制作计算机中的固态硬盘(Solid State Drives，SSD)，笔记本电脑开始使用SSD作为硬盘。

1997年，手机上开始配置Flash。

2000年，Flash开始用于制作U盘。

之后，Flash进入快速发展、快速迭代时期，其容量和速度不断提高，价格不断降低，被广泛用于SD卡、U盘、手机、笔记本电脑中的SSD盘、数码相机等。

2011年，UFS(Universal Flash Storage，通用闪存存储)1.0标准诞生。

2012年，3D NAND开始出现，32层的3D NAND闪存芯片开始推出，闪存的制程进入了3D时代，制程工艺达到20nm。

目前市面上生产NAND Flash的国外厂家主要有Samsung(三星)、海力士、美光等；国产NAND Flash的主要厂家是长江存储，国产NOR Flash的主要厂家是兆易创新。

2018年，长江存储(简称长存)宣布其3D NAND架构Xtracking研制成功；2019年，长存 64 层 256Gb 3D NAND Flash 投产；2020 年，长存宣布 128 层 3D NAND 闪存研发成功，单颗容量达 1.33Tb。2022 年，长存成功试产了 232 层 Flash 芯片。

6.5.3 静态随机存储器(SRAM)

SRAM 指静态存储器，一个 SRAM 单元可以存储一位数据(1 或者 0)。典型的 SRAM 单元由 6 个 MOS 管组成，图 6.25 显示了典型 6 管 CMOS 型 SRAM 单元的结构，图 6.25(a)是门级原理图，图 6.25(b)是 MOS 管原理图。从图中可看出，一个 SRAM 单元由 2 个 CMOS 反相器和 2 个用于控制写入的 MOS 导通管(Pass Transistors，PT)构成，其中，每个 CMOS 反相器由两个 MOS 管(1 个 NMOS 管和 1 个 PMOS 管)构成，2 个 CMOS 反相器能够稳定存储 0 和 1 状态，存储的 0 和 1 信息会一直保存在由两个非门构成的反馈回路中，类似于触发器，并通过 PT 进行读写。

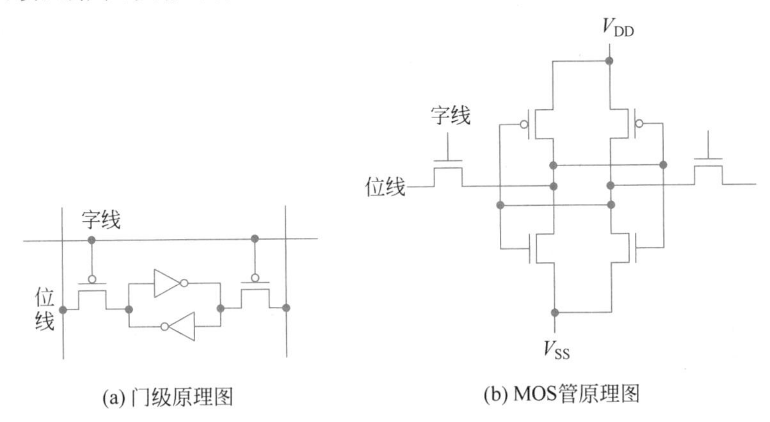

(a) 门级原理图　　(b) MOS管原理图

图 6.25　典型 6 管 SRAM 单元结构

SRAM 芯片的一般结构如图 6.26 所示。存储单元矩阵是 RAM 的核心，用于存储二进制信息。每个存储单元中存储的一组二进制信息称为一个字，字的二进制位数称为字长，每个二进制位称为比特。为了便于读写操作，各存储单元都分配了唯一的编号，称为存储单元的地址，输入不同的地址码，就可以选中不同的存储单元。读控制信号 $\overline{OE}$ 和写控制信号 $\overline{WE}$ 分别控制存储器的读、写操作，均为低电平有效。

片选信号 $\overline{CE}$ 是为便于系统扩展而设，只有当 $\overline{CE}$ 有效时，芯片被使能，才可以对芯片进行读写操作。当芯片未被使能时，数据线处于高阻状态。

译码器用于地址译码，以便选中地址码指定的存储单元。由于存储器的容量通常很大，地址码或地址线位数较多，如果直接对地址进行译码，仅地址译码器就非常庞大。为了简化电路，常常将地址码分为 X 和 Y 两部分，用两个译码器分别进行译码，称为二维译码。X 部分的地址称为行地址，Y 部分的地址称为列地址。只有同时被行地址译码器和列地址译码器选中的存储单元，才能进行读写操作。

存储器的容量大小通常用存储单元的个数与字长的乘积表示，并用符号 C 表示存储容量。n 位地址码、m 位字长的存储器的存储容量为 $C=2^n\times m$(位)。

在计算机中，常将 $2^{10}=1024$ 称为 1K。例如 SRAM 芯片 HM6116 有 11 条地址线和

8条数据线，说明它有 $2^{11}=2048=2K$ 个存储单元，每个单元的位数(字长)为8，存储容量为 $2^{11}\times8=2048\times8=2K\times8$ 位(b)，也可以说存储容量为2K字或16Kb。静态RAM芯片HM6116的逻辑符号如图6.27所示。

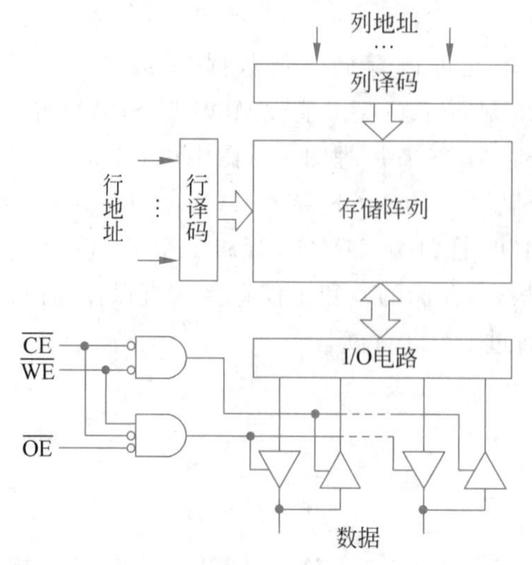

图6.26 SRAM芯片的一般结构

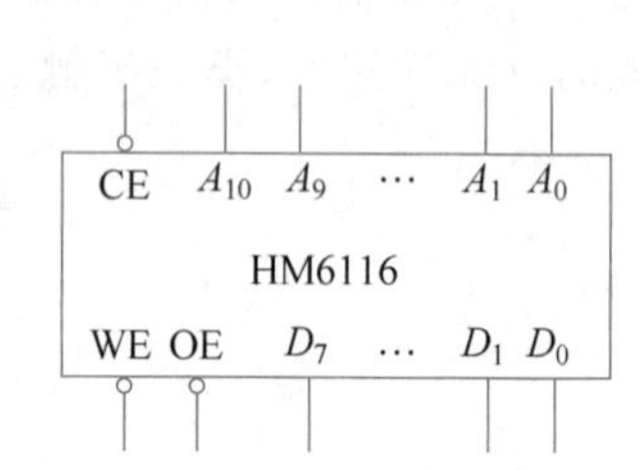

图6.27 HM6116的逻辑符号

部分常用的SRAM芯片型号及存储容量如表6.12所示。

表6.12 部分常用的SRAM芯片型号及存储容量

型　　号	类　　型	容　　量	字×位
HM6116	SRAM	16Kb	2K×8
HM628128	SRAM	1Mb	128K×8
CY7C1062	SRAM	16Mb	512K×32
CY7C1308	DDR	9Mb	256K×36

6.5.4 动态随机存取存储器(DRAM)

动态随机存取存储器(DRAM)存储单元的结构如图6.28所示，一个MOS管和一个电容器组成一个存储单元(cell)。简单来说，MOS管是一个电子开关，当给MOS管的栅极(上面的一端)加上电压时，MOS管两端(源极和漏极之间)就可以流过电流。cell中的小电容是存储信息的关键，电容可以存储电荷，一般规定当电容存储电荷时，cell存储比特1；当电容不存储电荷时，cell存储比特0。

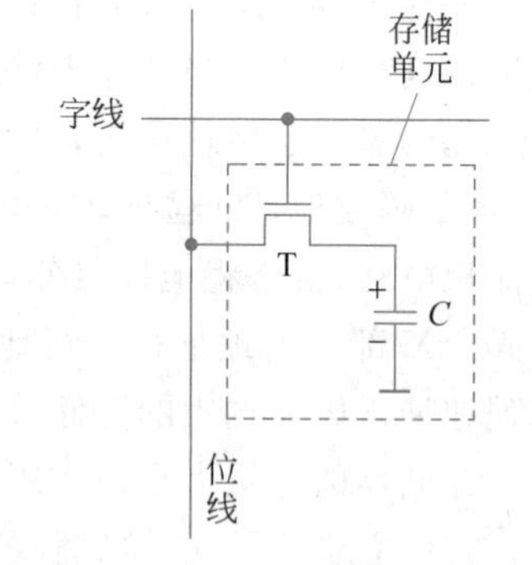

图6.28 DRAM存储单元的结构

cell电容的电容值很小，存储电荷不多，无论是充电还是放电都很快，而CMOS工艺存在“电流泄漏”问题，因此即使不打开字线，cell电容也会缓慢损失电荷，丢失存储的信息。解决此问题的方法是“刷新”电容，即根据电容的旧值重新向cell写入数据。因为要经常动态地刷新电容，故称动态随机存储器。

多个 cell 排列构成的二维平面称为存储阵列(memory array);多个阵列构成一个堆(bank),多个 bank 构成了 DRAM 芯片,多个能被一个内存通道同时访问的芯片组称为一个 rank,计算机主板上的内存条,也称双列直插式存储模块(Dual-Inline-Memory-Modules,DIMM)条,则是由 1 个或多个 rank 构成的,上面这个不断扩展的过程可通过图 6.29 进行说明。图中的内存条(DIMM 条)单面包含 8 颗 DRAM 芯片,这 8 颗 DRAM 芯片被一个内存通道同时访问,合称为一个 rank;有的 DIMM 条有两面,则这种内存条有两个 rank。

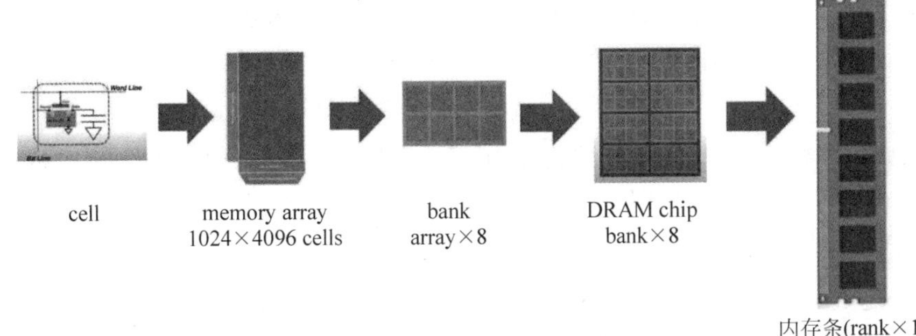

图 6.29 DRAM 的存储单元结构

上图中标注的数字并不是绝对的,视 DRAM 的尺寸和厂家的设计需要而定。

近 40 年来,DRAM 芯片的发展经历了从 DRAM 到 SDRAM(同步动态随机存取存储器),再到 DDR SDRAM(双数据率同步动态随机存储器)的过程,其存储密度变得更高,速度更快,同时功耗更低,目前最新的是 DDR5。

扩展阅读

DRAM 发展的简短回顾

20 世纪 70 年代早期到 90 年代中期生产的 **DRAM** 采用异步接口,其输入控制信号对内部功能有直接影响。

1993 年推出了 SDRAM,SDRAM 采用了同步接口,也称 SDR(单数据速率)SDRAM,单数据速率意味着在一个时钟周期内只能读写一次数据。SDRAM 存储容量达到 512Mb,速度从 66MHz 到 133MHz。

SDRAM 之后,一系列 DDR 出现,目前已发展至 DDR5,每一代在容量、存取速度方面都有进步,核心工作电压从 2.5V 降至 1.1V,具体如表 6.13 所示。

表 6.13 SDRAM 从 DDR 至 DDR5 的性能参数

标准	DDR	DDR2	DDR3	DDR4	DDR5
发布时间	2000	2003	2007	2012	2020
工作电压	2.5V	1.8V	1.5V	1.2V	1.1V
存储颗粒容量	128Mb~1Gb	128Mb~4Gb	512Mb~8Gb	2Gb~16Gb	8Gb~64Gb
速度(MT/s)*	200~400	400~800	800~2133	1600~3200	3200~6400

* MT/s(Million Transfers Per Second)即每秒百万次传输，因为DDR信号在每次时钟可沿时钟信号的上升沿和下降沿进行两次信号传输，所以可认为DDR存储器的传输速率是其工作频率的2倍，即1MHz=2MT/s。

DDR(双倍数据速率)SDRAM是通过在时钟信号的上升沿和下降沿传输数据，在不增加时钟频率的情况下实现了双倍的数据带宽。

DDR2的数据速率比DDR1提高了一倍。DDR3传输数据的速率是DDR2的2倍，目前DDR5存储颗粒的容量已达到8Gb到64Gb，传输数据的速率从3200MT/s到6400MT/s，工作电压从DDR4的1.2V降低到1.1V，同时支持许多新的功能。

生产SDRAM的国外厂家主要有三星、海力士等。国产SDRAM的生产厂家主要是长鑫存储，2019年9月，长鑫发布了19nm工艺制造的8G DDR4。

一个典型的数字系统的存储器配置如下：采用DDR5 SDRAM作为运行内存，用NAND Flash作为主存储器，用于存储文件系统等大容量数据，同时配置小容量的NOR Flash用于存储启动程序。

习题6

6-1 画出图题6.1所示电路的状态图，并确定其逻辑功能。

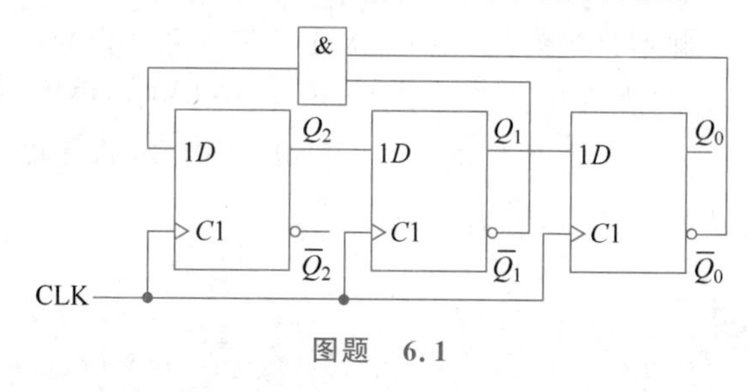

图题 6.1

6-2 写出图题6.2所示电路的激励方程组和次态方程组，列出其状态表，画出其状态图及工作波形(设电路的初始状态为$Q_1Q_0=00$)，指出其逻辑功能。

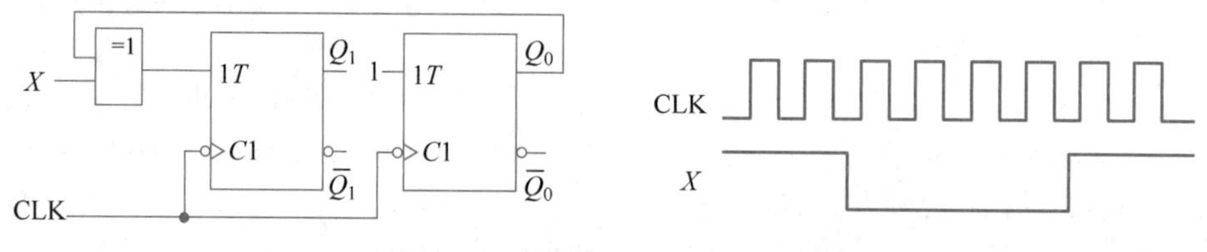

图题 6.2

6-3 写出图题6.3所示电路的输出方程组、激励方程组和次态方程组，列出其状态表，画出其状态图及工作波形(设电路的初始状态为$Q_1Q_0=00$)，指出其逻辑功能和电路类型。

6-4 画出1010序列检测器的原始状态图，列出其原始状态表。允许输入序列码重叠。

6-5 某0110序列检测器，对应于X输入序列0110的最后一个0，输出$Z=1$；如果$Z=1$，则仅当$X=1$时，输出Z才变为0，否则Z一直保持为1。其他情况下，$Z=0$，允许输入序列码重叠。试画出该序列检测器的最简状态图，列出其状态表。

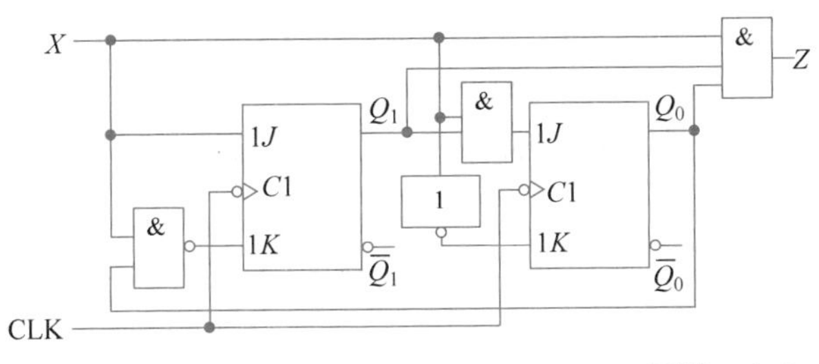

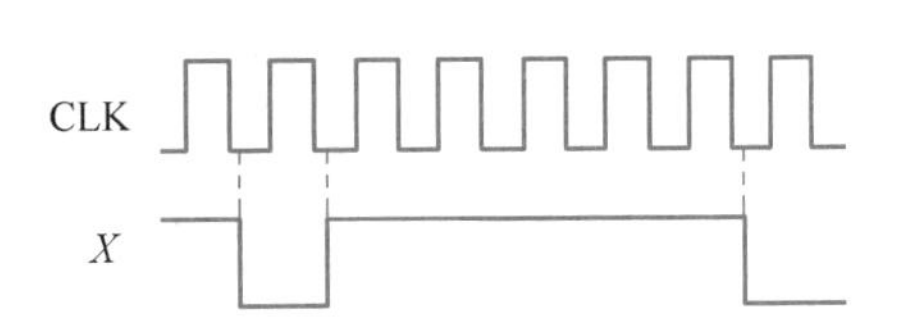

图题 6.3

6-6 试用7490构成七进制计数器。

6-7 试用7493构成模11计数器，画出电路图和全状态图。

6-8 分别用7493构成十三进制和172进制计数器。

6-9 试用7493设计一个200进制计数器。

6-10 4位二进制同步置数/异步清0加法计数器74161的逻辑符号如图题6.4所示，功能表如表题6.1所示。试用复位(清0)法设计一个模11加法计数器，画出电路图和全状态图。

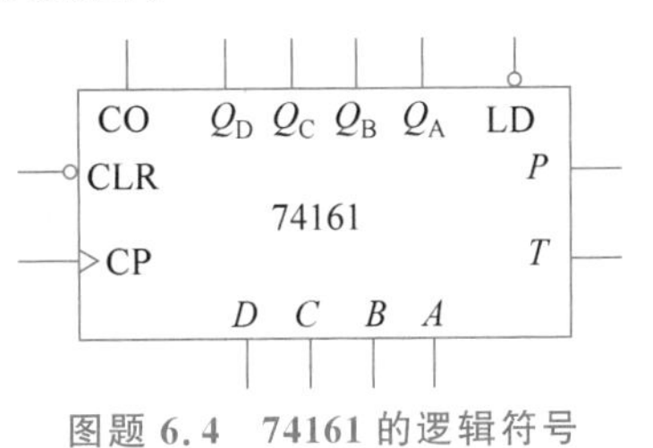

图题6.4 74161的逻辑符号

表题6.1 74161功能表

输入					输出	功能
$\overline{CLR}$	$\overline{LD}$	P T	CP	D C B A	Q_D Q_C Q_B Q_A	
0	Φ	Φ Φ	Φ	Φ Φ Φ Φ	0 0 0 0	异步清0
1	0	Φ Φ	↑	d c b a	d c b a	同步置数
1	1	Φ 0 0 Φ	Φ	Φ Φ Φ Φ	Q_D^n Q_C^n Q_B^n Q_A^n	保持
1	1	1 1	↑	Φ Φ Φ Φ	加法计数	加法计数

6-11 由74161和与非门构成的计数器电路如图题6.5所示，画出该计数器电路的全状态图，求该计数器的模。

6-12 用74161构成的电路如图题6.6所示，画出该电路的全状态图，说明电路的功能(包括采用的编码)。

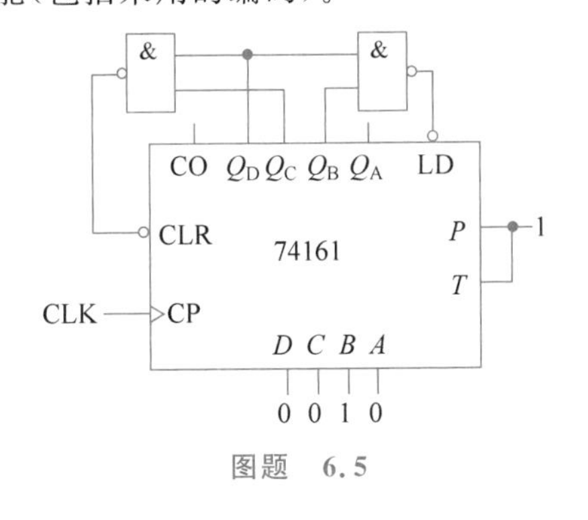

图题 6.5

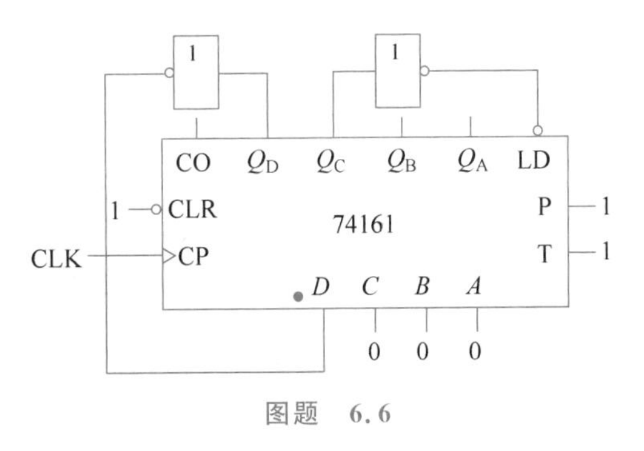

图题 6.6

6-13　用4位二进制同步加法计数器74161构成的电路如图题6.7所示，当该电路状态是0111时，其下一个状态是(　　)；当电路状态是1111时，其下一个状态是(　　)。

6-14　用74161构成的电路如图题6.8所示，画出该电路的主循环状态图，说明该电路的功能。

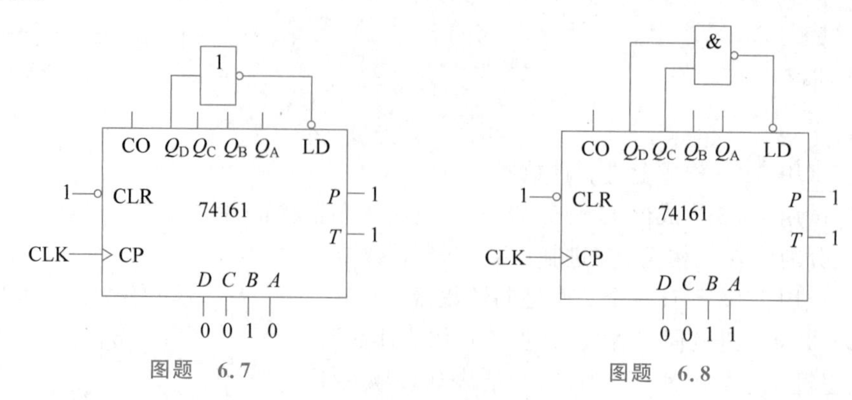

图题　6.7　　　　图题　6.8

6-15　图题6.9是用74161构成的两个计数器电路，其中图题6.9(a)的模是(　　)，图题6.9(b)的模是(　　)。

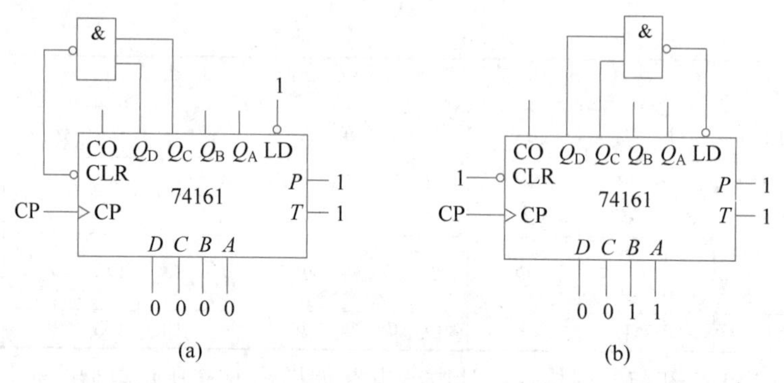

图题　6.9

6-16　用74161构成24小时计时器，要求采用8421码，且不允许出现毛刺。

6-17　用4位二进制同步加法计数器74163构成的电路如图题6.10所示，Q_D是计数值的高位。画出电路的主循环状态图，说明其功能。

6-18　分别用74163构成8421和5421加法计数器，画出全状态图。

6-19　直接用74163级联构成256进制同步加法计数器，画出电路图。

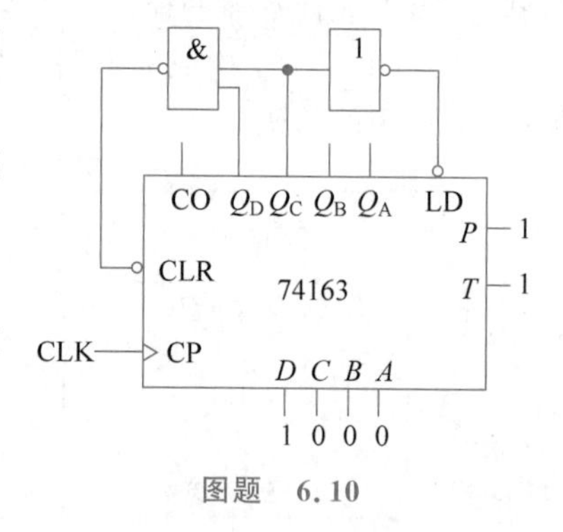

图题　6.10

6-20　用JK触发器构成3级移位寄存器，画出电路图，要求采用左移方式实现。

6-21　用D触发器构成两级双向移位寄存器，画出电路图。要求当控制端$X=0$时，为右移方式；$X=1$时，为左移方式。

6-22　74198 是 8 位双向移位寄存器，与 74194 相比，74198 除了数据位数不同外，使用方法完全相同，表题 6.2 是 74198 的功能表，由功能表可见，74198 具有异步清 0、数据保持、同步右移、同步左移、同步置数 5 种工作模式，与 74194 相同。

表题 6.2　74198 功能表

输入					输出	工作模式
$\overline{CLR}$	S_1S_0	CP	D_RD_L	$A\ B\ C\ D\ E\ F\ G\ H$	$Q_A\ Q_B\ Q_C\ Q_D\ Q_E\ Q_F\ Q_G\ Q_H$	
0	$\Phi\ \Phi$	Φ	$\Phi\quad\Phi$	$\Phi\ \Phi\ \Phi\ \Phi\ \Phi\ \Phi\ \Phi\ \Phi$	0 0 0 0 0 0 0 0	异步清 0
1	0 0	↑	$\Phi\quad\Phi$	$\Phi\ \Phi\ \Phi\ \Phi\ \Phi\ \Phi\ \Phi\ \Phi$	$Q_A^n\ Q_B^n\ Q_C^n\ Q_D^n\ Q_E^n\ Q_F^n\ Q_G^n\ Q_H^n$	数据保持
1	0 1	↑	$x\quad\Phi$	$\Phi\ \Phi\ \Phi\ \Phi\ \Phi\ \Phi\ \Phi\ \Phi$	$x\ Q_A^n\ Q_B^n\ Q_C^n\ Q_D^n\ Q_E^n\ Q_F^n\ Q_G^n$	同步右移
1	1 0	↑	$\Phi\quad y$	$\Phi\ \Phi\ \Phi\ \Phi\ \Phi\ \Phi\ \Phi\ \Phi$	$Q_B^n\ Q_C^n\ Q_D^n\ Q_E^n\ Q_F^n\ Q_G^n\ Q_H^n\ y$	同步左移
1	1 1	↑	$\Phi\quad\Phi$	$a\ b\ c\ d\ e\ f\ g\ h$	$a\ b\ c\ d\ e\ f\ g\ h$	同步置数

试用 74198 构成米里型 1010110 序列检测器，允许序列码重叠。

6-23　用 74194 构成摩尔型 0110 序列检测器，不允许序列码重叠。

6-24　用 74194 构成六进制扭环形计数器，要求采用右移方式实现。

6-25　分别用 74198 和 74194 构成十一进制变形扭环形计数器，要求采用左移方式实现。

6-26　分别用 D 触发器和 JK 触发器构成四进制扭环形计数器。

6-27　图题 6.11 为 74194 构成的 m 序列产生器，试画出其全状态图。如果电路的初始状态为 $Q_AQ_BQ_CQ_D=(0001)_2$，试写出一个周期的输出序列，并在保持主循环状态图不变的条件下对电路进行改进，使其具有自启动特性。

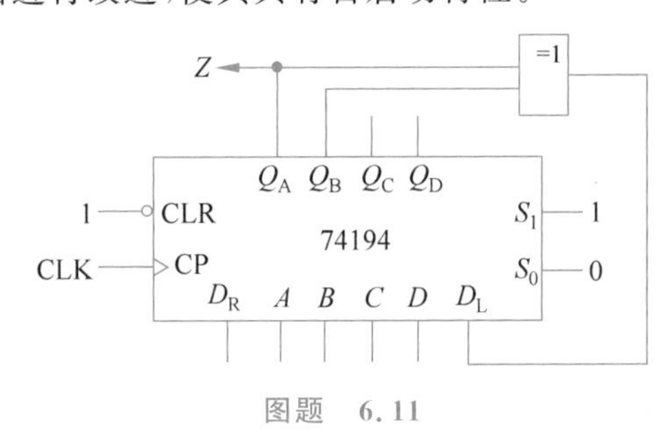

图题　6.11

6-28　用 74194 构成模 7 计数器并画出全状态图，要求采用左移方式实现。

实验与设计

6-1　MSI 计数器的应用。

（1）用 74LS163 以反馈置数方式实现十进制计数器：用 74LS163（或 74LS161）和 74LS00 设计十进制计数器，图题 6.12 所示是其电路，在实验板上验证该电路的功能，输出显示可以用数码管或者 LED 灯。

（2）实现多种进制计数器：在图题 6.12 所示十进制计数器的基础上，改变电路的模，实现模 9、模 8、模 5 计数器，通过 LED 灯或数码管观察并记录实验结果，并用示波器观察时钟 CP 和输出 CO、Q_D、Q_C、Q_B、Q_A 的波形，记录并分析实验现象。

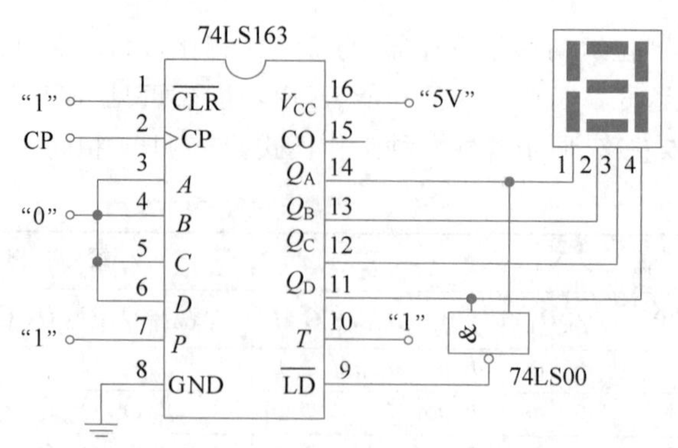

图题 6.12 用 74LS163(或 74LS161)构成十进制计数器(同步置数)电路

(3) 用 74LS163 以反馈复位方式实现十进制计数器：用 74LS163(或 74LS161)和 74LS00 设计十进制计数器，采用反馈复位方法实现，要求以 8421 码显示。

(4) 在采用反馈复位方法实现十进制计数的基础上，改变电路的模，实现模 9、模 7、模 6 计数器，通过 LED 灯或数码管观察并记录实验结果。

(5) 分析 74LS90 级联电路：图题 6.13 是用两片 74LS90 级联构成的计数器，分析该计数器的模是多少，并在实验板上实现该电路进行验证。

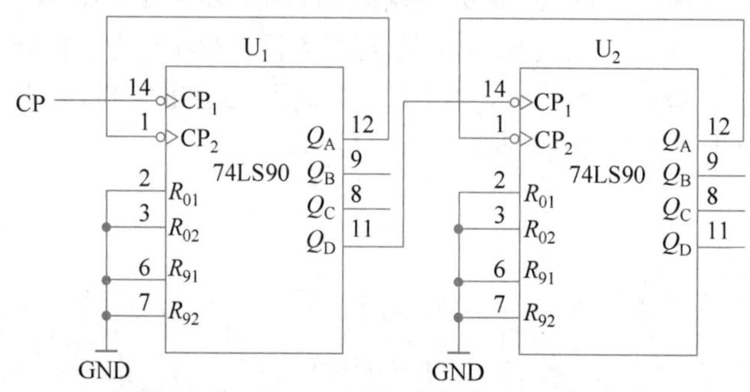

图题 6.13 用 74LS90 级联构成的计数器电路

(6) 用 74LS90 实现模 12 计数器，要求以 8421 码显示。

6-2 MSI 移位寄存器的应用。

(1) 测试 4 位双向移位寄存器 74LS194 的逻辑功能。

(2) 用 74LS194 实现 4 位右移环行计数器：要求初始状态为 0001，设计出电路，并进行实际验证。

将 74LS194 的 Q_D 连接至 D_R，首先用置数功能($S_1S_0=11$)将 D、C、B、A 预置的数据 0001 送至 $Q_DQ_CQ_BQ_A$，然后将 74LS194 设置为右移功能($S_1S_0=01$)，实现 4 位右移环行计数功能。S_1S_0 端口可接到实验板按键用手动控制。

(3) 用 74LS194 实现 4 路彩灯控制器：要求 4 路彩灯实现如下两种花型的演示并循环交替。

花型 1——从左到右顺序亮，全亮后再从左到右顺序灭。

花型 2——从右到左顺序亮，全亮后再从右到左顺序灭。

要求设计出电路，并进行实际验证。

第7章 EDA技术与PLD

EDA技术把数字逻辑电路的设计从手工、半手工方式带入自动和半自动的时代，更加高效和便捷，也带来了设计思路和设计理念的转变，EDA技术已成为现代数字设计的普遍工具，数字电路和数字系统的设计已离不开EDA工具的支持，对设计者而言，熟练掌握EDA技术可极大提高工作效率，收到事半功倍的效果。

本章介绍EDA技术的发展历程，EDA设计的流程，FPGA/CPLD的结构和原理，以及相关的编程工艺和配置电路。

7.1 EDA技术概述

电子设计自动化(Electronic Design Automation，EDA)技术是随着集成电路和计算机技术的发展应运而生的。**EDA技术**就是设计者以计算机为平台，基于EDA软件工具，采用原理图或硬件描述语言完成设计输入，然后由计算机自动完成逻辑综合、优化、布局布线，直至对于目标芯片(FPGA/CPLD)的适配和编程下载等工作(甚至是完成ASIC专用集成电路掩模设计)，实现既定的电路功能，上述辅助进行电子设计的软件工具及技术统称EDA。

EDA技术的发展以计算机科学、微电子技术为基础，融合了人工智能(Artificial Intelligence，AI)及众多学科的最新成果。EDA技术的发展历程与集成电路技术、计算机技术、FPGA/CPLD的发展是同步的。回顾60多年来集成电路技术的发展历程，可以将电子设计自动化技术大致分为3个发展阶段(如图7.1所示)，数字芯片从小规模集成电路、中规模集成电路、大规模集成电路，发展到特大规模集成电路、超大规模集成电路，直至系统集成芯片SoC，与其对应的是EDA技术也经历了由简单到复杂、由初级到高级的发展历程，从CAD、CAE到EDA阶段，设计的自动化程度越来越高。

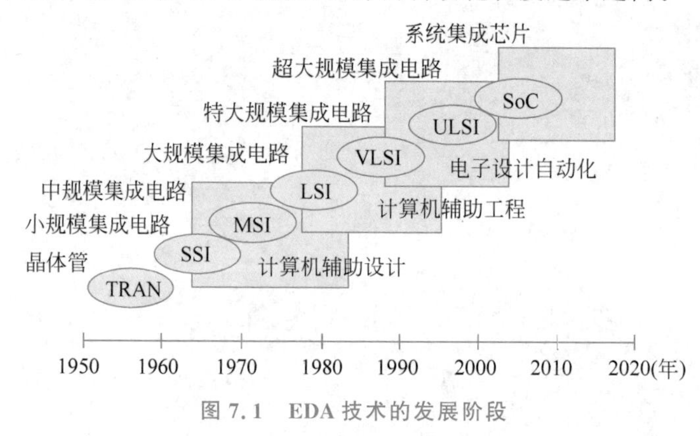

图7.1　EDA技术的发展阶段

1. CAD阶段

CAD阶段是EDA技术发展的早期阶段(20世纪70年代至20世纪80年代初)。在这个阶段，一方面，计算机的功能还比较有限，个人计算机还没有普及；另一方面，电子设计软件的功能也较弱。人们主要借助计算机对所设计的电路性能进行一些模拟和预测；另外，用计算机完成PCB的布局布线和简单版图的绘制等工作。

2. CAE 阶段

集成电路规模的逐渐扩大、电子系统设计的逐步复杂，使电子 CAD 工具得到完善和发展，尤其是在设计方法学、设计工具集成化方面取得了长足的进步，EDA 技术进入 CAE 阶段(20 世纪 80 年代初至 20 世纪 90 年代初)。在这个阶段，各种单点设计工具、设计单元库逐渐完备，并且开始将许多单点工具集成在一起使用，提高了效率。

3. EDA 阶段

20 世纪 90 年代以来，集成电路工艺取得了显著的发展和进步，工艺水平达到深亚微米级，在一个芯片上可以集成数量达上千万乃至上亿的晶体管，芯片的工作速度达到 Gb/s 级——这就对电子设计的工具提出了更高的要求，也促进了设计工具性能的提高。

21 世纪后，EDA 技术开始步入一个新的阶段，表现在以下几个方面。

(1) 电子设计各领域全方位融入 EDA 技术，EDA 技术使电子各领域的界限更加模糊，相互渗透，如模拟与数字、软件与硬件、系统与器件、ASIC 与 FPGA、行为与结构等，软硬件协同设计也成为一个发展方向。EDA 工具的开放性和标准化程度提高，各种 EDA 工具优化组合，有利于大规模、有组织地进行设计开发。

(2) IP 核复用技术在设计领域得到广泛应用，缩短了设计周期，提高了设计效率。IP(intellectual property)原本的含义是知识产权、著作权，在 IC 设计领域，可将其理解为实现某种功能的设计，IP 核则是指完成某种功能的电路模块。IP 核分为软核、固核和硬核 3 种类型。

① **软核**是指寄存器传输级(RTL)模型，表现为 RTL 代码(Verilog HDL 或 VHDL)。软核只经过了功能仿真，其优点是灵活性高、可移植性强。用户可以对软核的功能加以裁剪以符合特定的应用，也可以对软核的参数进行重新载入。

② **固核**是指经过了综合(布局布线)的带有平面规划信息的网表，通常以 RTL 代码和对应具体工艺网表的混合形式提供。和软核相比，固核的设计灵活性稍差，但在可靠性上有较大提高。

③ **硬核**是指经过验证的设计版图，其经过了前端和后端验证，并针对特定的设计工艺，用户不能对其进行修改。

扩展阅读

FPGA 中的 IP 核

现代 FPGA 中普遍嵌入硬核和软核。图 7.2 是 FPGA 器件中软核和硬核处理器示意图，软核处理器基于逻辑单元(LCs)实现，几乎所有 FPGA 均可集成；硬核处理器则只存在于部分 FPGA 器件中，一般硬核处理器性能更优，通用性更强，比如可运行通用操作系统(如 Linux)。

在 Intel 的 FPGA 中，Nios Ⅱ属于软核处理器，几乎所有 Intel 的 FPGA 芯片均可嵌入该软核，大约耗用 3000 个 LC 资源。Nios Ⅱ核除了处理器内核、On-Chip Memory(片上存储器)和 JTAG UART 核等核心模块不可缺少外，其他组件(如 PIO 核、EPCS 核、

SDRAM 核等)均可根据需要灵活添加。Intel 的一部分 FPGA(如 Arria 10、Arria Ⅴ、Cyclone Ⅴ 器件)中嵌入了 ARM 9 硬核,如 Cyclone Ⅴ 器件内嵌入了 ARM Cortex-A9 多核处理器。此外,锁相环(PLL)、PCI 核、可变精度的 DSP 核(乘法器)、3Gb/s 或 5Gb/s 收发器等也都属于硬核。

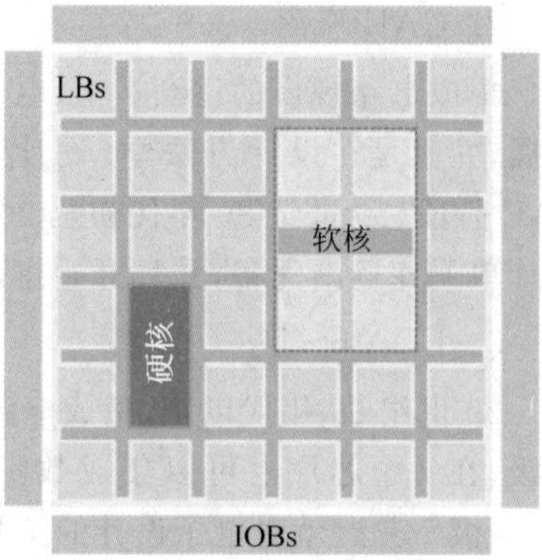

Xilinx 的 FPGA 中,MicroBlaze 属于软核处理器,几乎所有 Xilinx 的 FPGA 均能嵌入该软核。一部分 Xilinx 的 FPGA 中嵌入了 ARM 硬核,如 Zynq 器件。早期还有一些 Xilinx 的 FPGA 中嵌入了 IBM PowerPC 硬核,如 Virtex-4 器件。

图 7.2　FPGA 器件中的软核和硬核处理器示意图

基于 IP 核的设计节省了开发时间,避免了重复劳动,但也存在一些问题,如 IP 版权的保护、IP 的保密、IP 间的集成等。

片上系统(SoC),又称芯片系统、系统芯片,是指将系统集成在一个芯片上,这在便携设备中用得较多。手机芯片是典型的 SoC,手机 SoC 集成了 CPU、GPU、RAM、Modem(调制解调器)、DSP(数字信号处理)、CODEC(编解码器)等部件,集成度很高,是 SoC 的典型代表。

(3) 嵌入式微处理器硬核和软核的出现、更大规模的 FPGA/CPLD 的推出,使可编程片上系统(System on Programmable Chip,SoPC)步入实用化阶段,在芯片中集成系统成为可能。

(4) 硬件描述语言(Hardware Description Language,HDL)标准化程度提高。硬件描述语言不断进化,其标准化程度越来越高,便于设计的复用、交流、保存和修改,也便于组织大规模、模块化的设计。标准化程度最高的硬件描述语言是 Verilog HDL 和 VHDL,它们已成为 IEEE 标准,并且功能不断完善。

(5) 在设计和仿真两方面支持标准硬件描述语言的 EDA 软件不断推出,系统级、行为验证级硬件描述语言的出现(如 System C、SystemVerilog)使复杂电子系统的设计和验证更加高效。

EDA 技术的应用贯穿电子系统开发的各层级,如寄存器传输级(RTL)、门级和版图级;也覆盖电子系统开发的各领域,从低频电路到高频电路、从线性电路到非线性电路、从模拟电路到数字电路、从 PCB 领域到 FPGA 领域等。从过去发展的过程看,EDA 技术一直滞后于制造工艺的发展,在制造技术的驱动下不断进步;从长远看,EDA 技术会在诸多因素的推动下不断提升。

7.2　EDA 设计的流程

基于 FPGA/CPLD 的 EDA 设计流程如图 7.3 所示,包括设计输入、综合(编译)、布局布线、时序分析、编程与配置等步骤。

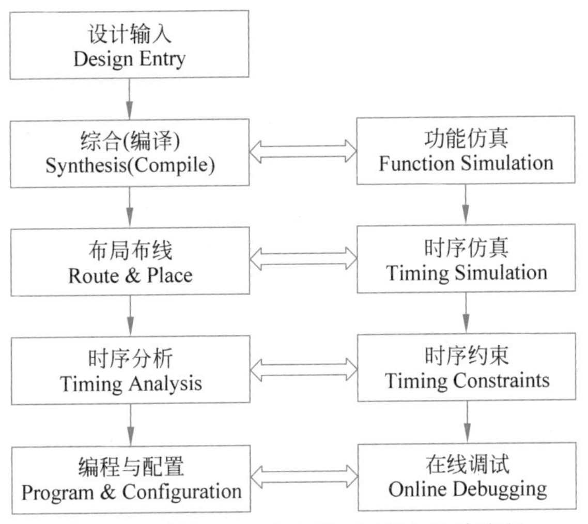

图 7.3　基于 FPGA/CPLD 的 EDA 设计流程

1. 设计输入

设计输入是将电路用开发软件要求的某种形式表达出来，并输入相应软件的过程。设计输入最常用的方式是 HDL 文本输入和原理图输入。

(1) HDL 文本输入：20 世纪 80 年代，曾一度出现十余种硬件描述语言，20 世纪 80 年代后期，硬件描述语言向着标准化方向发展。最终，VHDL 和 Verilog HDL 适应了这种发展趋势，先后成为 IEEE 标准，在设计领域成为事实上的通用语言。Verilog HDL 和 VHDL 各有优点，可胜任算法级(algorithm level)、RTL 级、门级等各种层次的逻辑设计，也支持仿真验证、时序分析等任务，并因其标准化而便于移植到不同 EDA 平台。

(2) 原理图输入：原理图是图形化的表达方式，使用元件符号和连线描述设计。其特点是适合描述连接关系和接口关系，表达直观，尤其是表现层次结构更为方便，但它要求设计工具提供必要的元件库或宏模块库，设计的可重用性、可移植性不如 HDL 语言。

2. 综合(编译)

综合(synthesis)是指将较高级抽象层级的设计描述自动转化为较低层级描述的过程。综合在有的工具中也称为编译(compile)。综合有下面几种形式。

(1) 将算法表示、行为描述转换到寄存器传输级(RTL)，称为 RTL 级综合。

(2) 将 RTL 级描述转换到逻辑门级(包括触发器)，称为门级(或工艺级)综合。

(3) 将逻辑门级转换到版图级，这一般需要流片厂商的支持，包括在工具和工艺库方面。

综合器(synthesizer)就是自动实现上述转换的软件工具。或者说，综合器是将原理图或 HDL 语言表达、描述的电路，编译成相应层级电路网表的工具。

3. 布局布线

布局布线(place & route)，又称适配，可理解为将综合生成的电路网表映射到具体的目标器件中予以实现，并产生最终可下载文件的过程。它将综合后的网表文件针对某一具体的目标器件进行逻辑映射，将设计分为多个适合器件内部逻辑资源实现的逻辑小块，并根据用户的设定在速度和面积之间做出选择或折中。布局是将已分割的逻辑小块放到器件内部逻辑资源的具体位置，并使它们易于连线；布线则是利用器件的布线资源完成各功能块之间和反馈信号之间的连接。

布局布线完成后产生如下重要文件：面向其他 EDA 工具的输出文件，如 EDIF 文件等；延时网表文件，以便进行时序分析和时序仿真；器件编程文件，如用于 CPLD 编程的 JEDEC、POF 等格式的文件；用于 FPGA 配置的 SOF、JIC、BIN 等格式的文件。布局布线与芯片的物理结构直接相关，多选择芯片制造商提供的工具进行此项工作。

4. 时序分析

时序分析(timing analysis)或称静态时序分析(Static Timing Analysis，STA)、时序检查，是指对设计中所有的时序路径进行分析，计算每条时序路径的延时，检查每条时序路径尤其是关键路径是否满足时序要求，并给出时序分析和报告结果，只要该路径的时序裕量为正，就表示该路径能满足时序要求。

时序分析前一般先要进行时序约束，以提供设计目标和参考数值。

时序分析的主要目的在于保证系统的稳定性、可靠性，并提高系统工作频率和数据处理能力。

5. 功能仿真与时序仿真

仿真(simulation)是对所设计电路功能的验证。用户可以在设计过程中对整个系统和各模块进行仿真，即在计算机上用软件验证功能是否正确、各部分的时序配合是否准确。发现问题可以随时修改，避免逻辑错误。

仿真包括**功能仿真**(function simulation)和**时序仿真**(timing simulation)。不考虑信号时延等因素的仿真称为功能仿真；时序仿真是在选择器件并完成布局布线后进行的包含延时的仿真，其仿真结果能比较准确地模拟芯片的实际性能。由于不同器件的内部延时不一样，不同的布局布线方案也给延时造成很大的影响，因此时序仿真是非常必要的，如果仿真结果达不到设计要求，就需要修改源代码或选择不同速度等级的器件，直至满足设计要求。

时序分析和时序仿真是两个不同的概念，时序分析是静态的，无须编写测试向量，但需要编写时序约束，主要分析设计中所有可能的信号路径并确定其是否满足时序要求；时序仿真是动态的，需要编写测试向量(Test Bench 代码)。

6. 编程与配置

把适配后生成的编程文件装入器件中的过程称为下载。通常将基于 EEPROM 工艺的非易失结构 CPLD 的下载称为编程(program)，而将基于 SRAM 工艺结构的 FPGA 器件的下载称为配置(configuration)。下载完成后，便可进行在线调试，若发现问题，则需要重复上面的流程。

7.3 PLD 概述

可编程逻辑器件(Programmable Logic Device，PLD)是 20 世纪 70 年代逐渐发展起来的新型器件，它的应用给数字电路和系统的设计方式带来了革命性变化。PLD 发展的

动力来自实际需求的增长和芯片制造商间的竞争。

扩展阅读

PLD器件发展的简短回顾

20世纪70年代中期出现的可编程逻辑阵列(Programmable Logic Array,PLA)被认为是PLD器件的雏形。PLA在结构上由可编程的与阵列和可编程的或阵列构成,阵列规模小,编程烦琐。后来出现了可编程阵列逻辑(Programmable Array Logic,PAL)。PAL由可编程的与阵列和固定的或阵列组成,采用熔丝编程工艺,它的设计较PLA灵活、快速,因而成为第一个得到普遍应用的PLD。

20世纪80年代初期,Lattice公司发明了通用阵列逻辑(Generic Array Logic,GAL)。GAL器件采用了EEPROM工艺和输出逻辑宏单元(Output Logic Macro Cell,OLMC)的结构,具有可擦除、可编程、可长期保持数据的优点,得到广泛应用。

20世纪80年代中期,Altera公司推出一种新型的可擦除、可编程的逻辑器件(Erasable Programmable Logic Device,EPLD),EPLD采用CMOS和UVEPROM工艺制成,集成度更高、设计更灵活,但其内部连线功能稍弱。

1985年,Xilinx公司推出了现场可编程门阵列(Field Programmable Gate Array,FPGA),这是一种采用单元型结构的新型PLD。它采用CMOS、SRAM工艺制作,在结构上与阵列型PLD不同,其内部由许多独立的逻辑单元构成,各逻辑单元之间可以灵活地相互连接,具有密度高、速度快、编程灵活、可重新配置等优点,FPGA逐渐发展成最主流的PLD。

CPLD(Complex Programmable Logic Device)是由EPLD改进而来的,采用EEPROM工艺制作。与EPLD相比,CPLD增加了内部连线,对逻辑宏单元和I/O单元也有改进,尤其是Lattice公司提出在系统可编程(In System Programmable,ISP)技术后,CPLD也获得了长足发展。

国产FPGA芯片近年来也获得快速发展,典型的生产厂家包括紫光同创、高云等,紫光同创的Titan系列是首款国产自主知识产权千万门级FPGA产品。

1. PLD按集成度分类

从集成度上划分,PLD可分为低密度PLD(LDPLD)和高密度PLD(HDPLD),低密度PLD也称简单PLD(SPLD)。历史上,GAL22V10是简单PLD和高密度PLD的分水岭,GAL22V10的集成度为500～750门,以此区分的话,PROM、PLA、PAL和GAL属于简单PLD,CPLD、FPGA则属于高密度PLD,如表7.1所示。

4种SPLD器件均基于与或阵列结构,其区别主要表现在与阵列、或阵列是否可编程,输出电路是否含有存储元件(如触发器),以及是否可以灵活配置(可组态)方面,具体如表7.2所示。PROM、PLA现在已经被淘汰,PAL器件仍有少量应用;CPLD和FPGA两种器件是当前PLD的主流。

表 7.1　PLD 按集成度分类

<table>
<tr><td rowspan="6">PLD</td><td rowspan="4">简单 PLD
(SPLD)</td><td>PROM</td></tr>
<tr><td>PLA</td></tr>
<tr><td>PAL</td></tr>
<tr><td>GAL</td></tr>
<tr><td rowspan="2">高密度 PLD
(HDPLD)</td><td>CPLD</td></tr>
<tr><td>FPGA</td></tr>
</table>

表 7.2　SPLD 的区别

器件	与阵列	或阵列	输出电路
PROM	固定	可编程	固定
PLA	可编程	可编程	固定
PAL	可编程	固定	固定
GAL	可编程	固定	可组态

2. PLD 按编程特点分类

(1) 按编程次数分类，分一次性可编程(One Time Programmable，OTP)器件和可多次可编程器件。OTP 器件只能被编程一次，不能修改；可多次可编程器件则允许对器件多次编程。

(2) 按编程工艺分类如下。

- 采用熔丝(fuse)编程的器件：早期的 PROM 器件采用此类编程结构。
- 采用反熔丝(antifuse)编程工艺的器件：反熔丝是对熔丝技术的改进，在编程处通过击穿漏层使两点之间获得导通，与熔丝烧断获得开路正好相反。
- 采用紫外线擦除、电编程工艺的器件：如 EPROM。
- EEPROM 型编程工艺：即采用电擦除、电编程方式的器件。
- 闪存(Flash)型编程工艺。很多 CPLD 采用 Flash 编程工艺。
- 采用静态存储器(SRAM)结构的器件：大多数 FPGA 采用此类编程工艺。

采用 SRAM 编程工艺的器件称为易失类器件，每次掉电后此类器件配置数据会丢失，因而每次上电都需要重新进行配置；而采用其他几种编程工艺结构的器件均为非易失类器件，编程后配置数据会一直保持在器件内，直至被擦除或重写。

采用熔丝或反熔丝编程工艺的器件只能编程一次，所以属于 OTP 器件，其他编程工艺都支持反复多次编程。

3. 按结构特点分类

按照结构特点可以将 PLD 分为如下两类。

(1) 基于乘积项结构的 PLD：其主要结构是与或阵列，低密度的 PLD(包括 PROM、PLA、PAL 和 GAL)、一些 CPLD 采用与或阵列结构，基于 EEPROM 或 Flash 工艺制作，掉电后配置数据不会丢失，但器件容量大多小于 1 万逻辑门的规模。

(2) 基于查找表(Look Up Table，LUT)结构的 PLD：查找表的原理类似于 ROM，基于静态存储器(SRAM)和数据选择器(MUX)，通过查表方式实现函数功能。函数值存放在 SRAM 中，SRAM 地址线即输入变量，不同的输入通过 MUX 找到对应的函数值并输出。绝大多数的 FPGA 器件都是用查找表结构实现的，其特点是集成度高(可实现千万逻辑门级规模)，但器件的配置数据易失，需外挂非易失配置器件来存储配置数据，才能构成独立运行的脱机系统。

7.4 PLD的原理与结构

1. PLD的结构

任何组合逻辑函数均可化为“与或”表达式，用“与门-或门”二级电路实现，而任何时序电路又可由组合电路加上存储元件(触发器)构成。因此，从原理上说，与或阵列加上触发器的结构就可以实现任意的数字逻辑功能。PLD就是采用这样的结构，再加上可灵活配置的互连线，实现逻辑功能的。

图7.4表示的是PLD的基本结构，它由输入缓冲电路、与阵列、或阵列和输出缓冲电路4部分组成。与阵列、或阵列是主体，用于实现各种组合逻辑函数和逻辑功能；输入缓冲电路用于产生输入信号的原变量和反变量，并增强输入信号的驱动能力；输出缓冲电路用于处理将要输出的信号，输出缓冲电路中一般有三态门、寄存器等单元，甚至有宏单元，用户可以根据需要灵活配置各种输出方式，既能输出纯组合逻辑信号，也能输出时序逻辑信号。

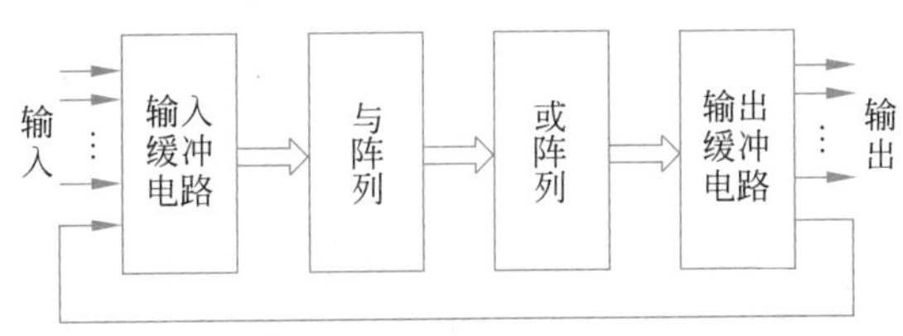

图7.4 PLD的基本结构

图7.4给出的是基于与或阵列的PLD的基本结构，这种结构的缺点是器件的规模不容易做得很大，随着器件规模的增大，设计人员又开发出另一种可编程逻辑结构，即查找表结构，其物理结构是SRAM，N个输入项的逻辑函数可以由一个2^N位容量的SRAM实现，函数值存放在SRAM中，SRAM的地址线作为输入变量，SRAM的输出为逻辑函数值，由连线开关实现与其他功能块的连接，绝大多数的FPGA器件都采用查找表结构实现。

2. PLD电路的表示方法

首先回顾一下数字逻辑电路符号。表7.3是与门、或门、非门、异或门的逻辑电路符号，上面一行为矩形轮廓符号，下面一行为特定外形符号。这两种符号都是IEEE和ANSI支持的国际标准符号。在大规模PLD中，特定外形符号更适合表示其逻辑结构，故本章和第8章和第9章中均采用特定外形符号来表示电路结构。

表7.3 与门、或门、非门、异或门的逻辑电路符号

符号类型	与门	或门	非门	异或门
矩形轮廓符号	A, B, &, F	A, B, ≥1, F	A, 1, $\overline{A}$	A, B, =1, F
特定外形符号	A, B, F	A, B, F	A, $\overline{A}$	A, B, F

PLD内部结构的逻辑图表示一般采用如下方式，这些图会在一些芯片资料中看到。

（1）PLD缓冲电路的表示：PLD的输入、输出缓冲电路的表示方法如图7.5所示，其中图7.5(a)为输入缓冲电路，采用互补的结构，输入信号分别产生其原信号和非信号；图7.5(b)和图7.5(c)分别为高电平使能三态非门和低电平使能三态非门的输出缓冲电路。

(a) PLD的输入缓冲电路　(b) 高电平使能三态非门的输出缓冲电路　(c) 低电平使能三态非门的输出缓冲电路

图7.5　PLD的输入、输出缓冲电路

（2）PLD与门、或门的表示：图7.6是PLD与阵列的表示符号，图中表示的乘积项为$P=A \cdot B \cdot C$；图7.7是PLD或阵列的表示符号，图中表示的逻辑关系为$F=P_1+P_2+P_3$。

图7.6　PLD与阵列的表示符号　　图7.7　PLD或阵列的表示符号

（3）PLD连接的表示：图7.8所示为PLD中阵列交叉点三种连接关系的表示，其中，图7.8(a)中的"·"表示固定连接，是厂家在生产芯片时连好的，不可改变；图7.8(b)中的"×"表示可编程连接，表示该点既可以连接（在熔丝编程工艺中，连接对应于熔丝未熔断），也可以断开（对应于熔丝熔断）；图7.8(c)中的未连接有两种可能：一是该点在出厂时就是断开的，二是可编程连接的熔丝熔断。

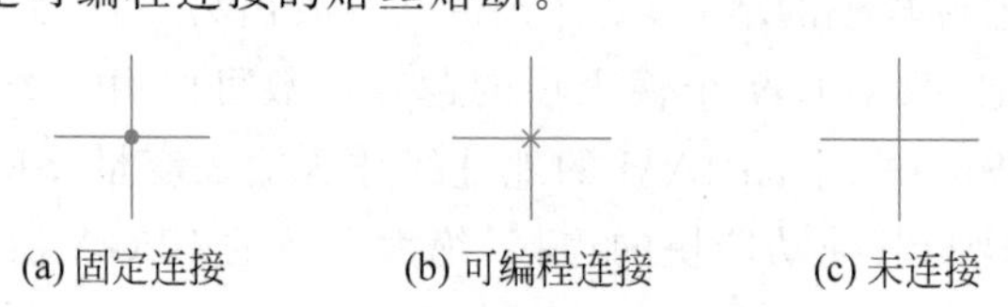

(a) 固定连接　(b) 可编程连接　(c) 未连接

图7.8　PLD中连接关系的表示

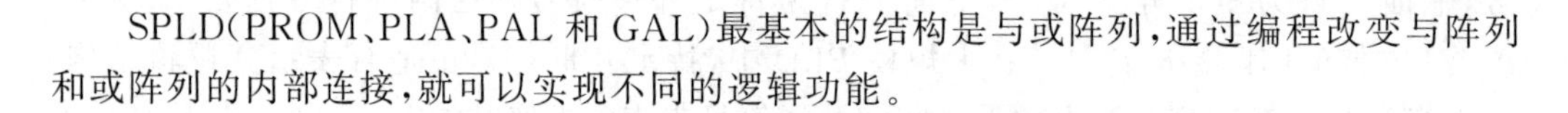

7.5 低密度PLD

SPLD（PROM、PLA、PAL和GAL）最基本的结构是与或阵列，通过编程改变与阵列和或阵列的内部连接，就可以实现不同的逻辑功能。

7.5.1 PROM

从存储器的角度看，PROM由地址译码器和存储单元阵列构成，如图7.9所示，地址译码器用于完成PROM存储单元阵列行的选择。从可编程逻辑器件的角度看，地址译码器可看作一个与阵列，其连接是固定的；存储单元阵列可看作一个或阵列，其连接关系是可编程的。这样可将PROM的内部结构用与或阵列的形式表示，如图7.10所示，图中所示的PROM有3个输入端、8个乘积项、3个输出端。

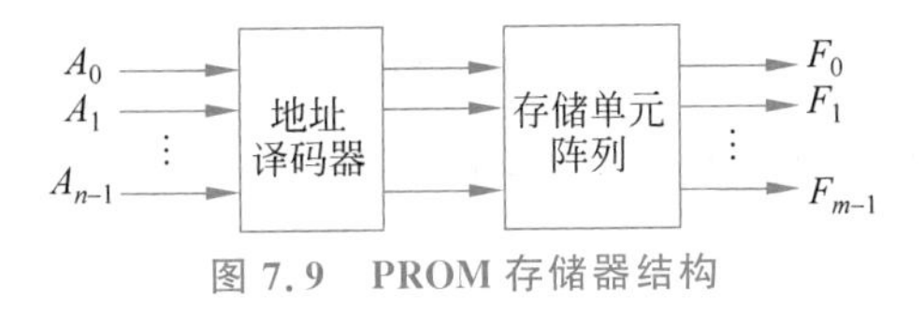

图 7.9 PROM 存储器结构

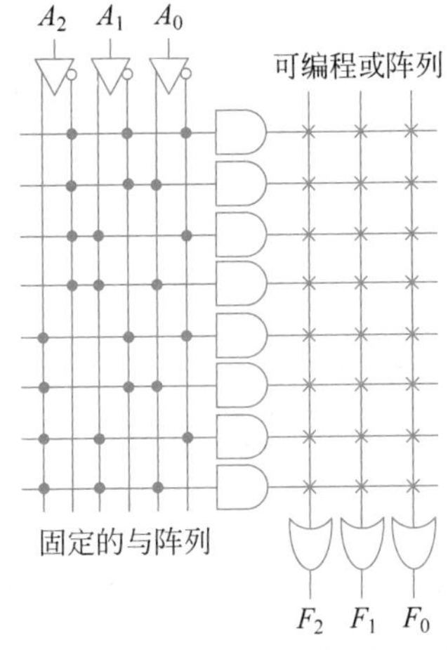

图 7.10 PROM 的与或阵列结构

图 7.11 是用 PROM 实现半加器逻辑功能的示意图，其中图 7.11(a)表示的是 2 输入的 PROM 阵列结构，图 7.11(b)是用该 PROM 实现半加器的电路连接图，其输出逻辑为 $F_0=A_0\overline{A}_1+\overline{A}_0A_1$，$F_1=A_0A_1$。

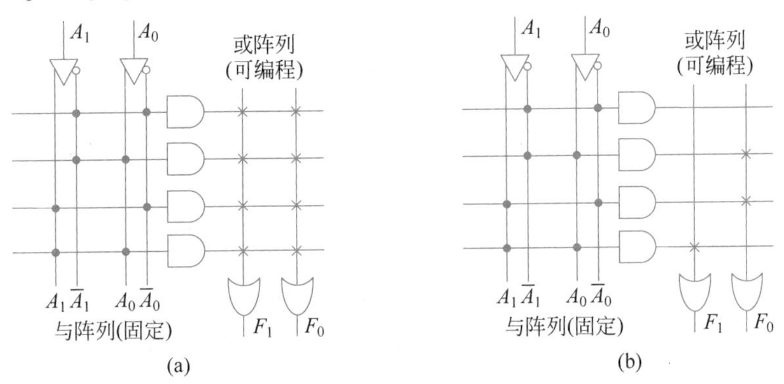

图 7.11 用 PROM 结构实现半加器逻辑功能的示意图

7.5.2 PLA

PLA 在结构上由可编程的与阵列和可编程的或阵列构成，图 7.12 是 PLA 逻辑结构，图中的 PLA 只有 2 个输入，实际中的 PLA 规模要大一些，典型的结构是 16 个输入、32 个乘积项、8 个输出。PLA 的与阵列、或阵列均可编程，这种结构的优点是芯片的利用率高，可节省芯片面积；缺点是对开发软件的要求高，优化算法复杂，因此，PLA 只在小规模逻辑芯片上得到应用，目前已经被淘汰。

7.5.3 PAL

PAL 在结构上对 PLA 进行了改进，PAL 的与阵列是可编程的，或阵列是固定的，这样的结构决定了送到或门的乘积项的数目是固定的，大大简化了设计算法。图 7.13 表示的是两个输入变量的 PAL 阵列结构，由于 PAL 的或阵列是固定的，因此图 7.13 表示的 PAL 阵列结构也可以用图 7.14 表示。

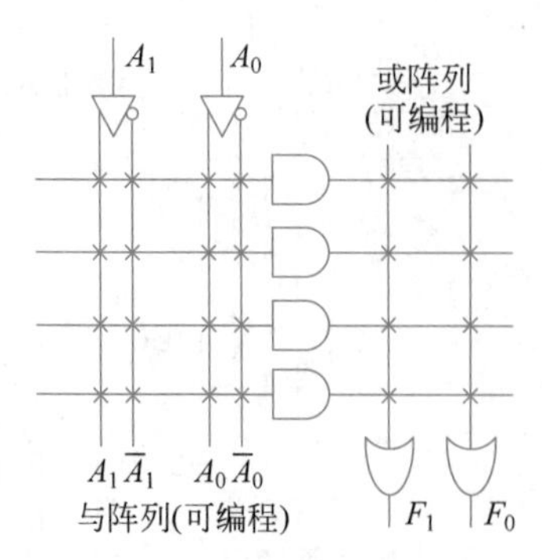

图 7.12 PLA 逻辑阵列结构

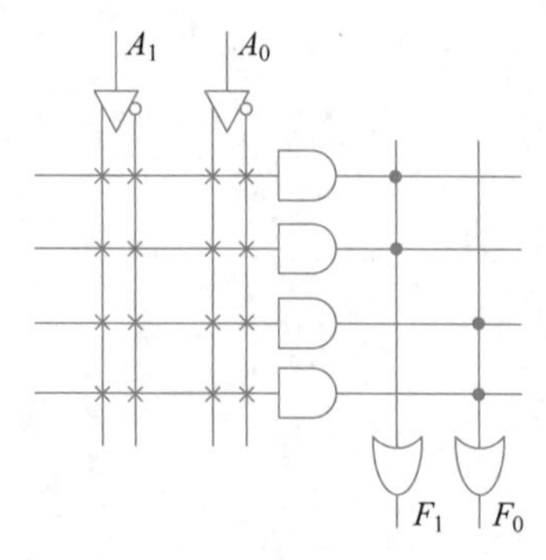

图 7.13 两个输入变量的 PAL 阵列结构

图 7.15 所示为用 PAL 实现 1 位全加器的电路连接图，其输出逻辑为

$$\mathrm{Sum}=\bar{A}\bar{B}C_{\mathrm{in}}+\bar{A}B\bar{C}_{\mathrm{in}}+A\bar{B}\bar{C}_{\mathrm{in}}+ABC_{\mathrm{in}},\quad C_{\mathrm{out}}=AC_{\mathrm{in}}+BC_{\mathrm{in}}+AB$$

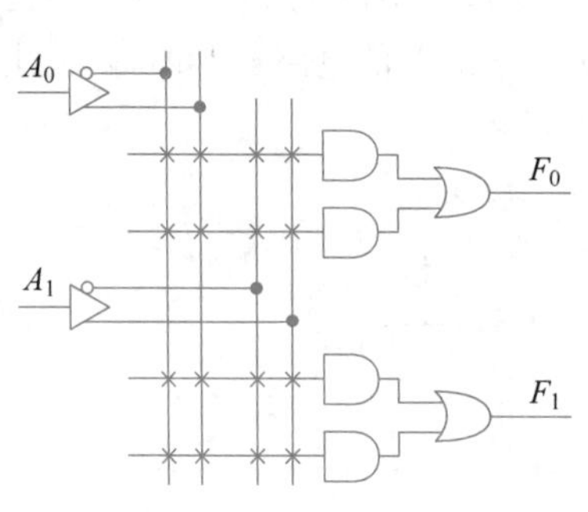

图 7.14 PAL 阵列结构

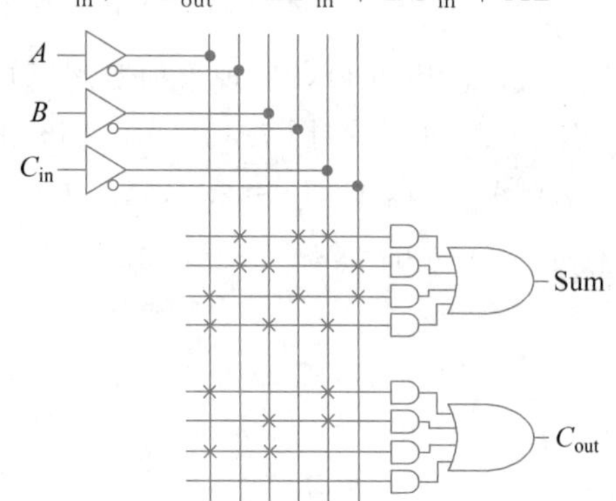

图 7.15 用 PAL 实现 1 位全加器的电路连接图

图 7.16 是 PAL22V10 器件的内部结构(局部)，从图中可以看到 PAL 的输出反馈，还可看出 PAL22V10 在输出端加入了输出逻辑宏单元结构，宏单元中包含触发器，可实现时序逻辑功能。

图 7.17 是 PAL22V10 一个输出宏单元的结构。来自与或阵列的输出信号连至宏单元内的异或门，异或门的另一输入端可编程设置为 0 或 1，因此该异或门可用于为或门的输出求补；异或门的输出连接到 D 触发器，2 选 1 多路器允许将触发器旁路；无论触发器的输出还是三态缓冲器的输出，都可以连接到与阵列。如果三态缓冲器输出为高阻态，那么与之相连的 I/O 引脚可以用作输入。

PAL 器件触发器的输出可以反馈连接到与阵列，比如图 7.18 所示的 PAL 电路，其触发器输出的次态方程可表示为 $Q^{n+1}=D=\bar{A}B\bar{Q}^{n}+A\bar{B}Q^{n}$。

7.5.4 GAL

1985 年，Lattice 公司在 PAL 的基础上设计出了 GAL 器件。GAL 首次采用了 EEPROM 工艺，在阵列上沿用了 PAL 的结构(与阵列可编程，或阵列固定)，在输出结构上做了改进，设计了独特的输出逻辑宏单元(Output Logic Macro Cell，OLMC)。OLMC 是一种灵活的可编程的输出结构，图 7.19 所示为 GAL 器件 GAL16V8 的部分结构。

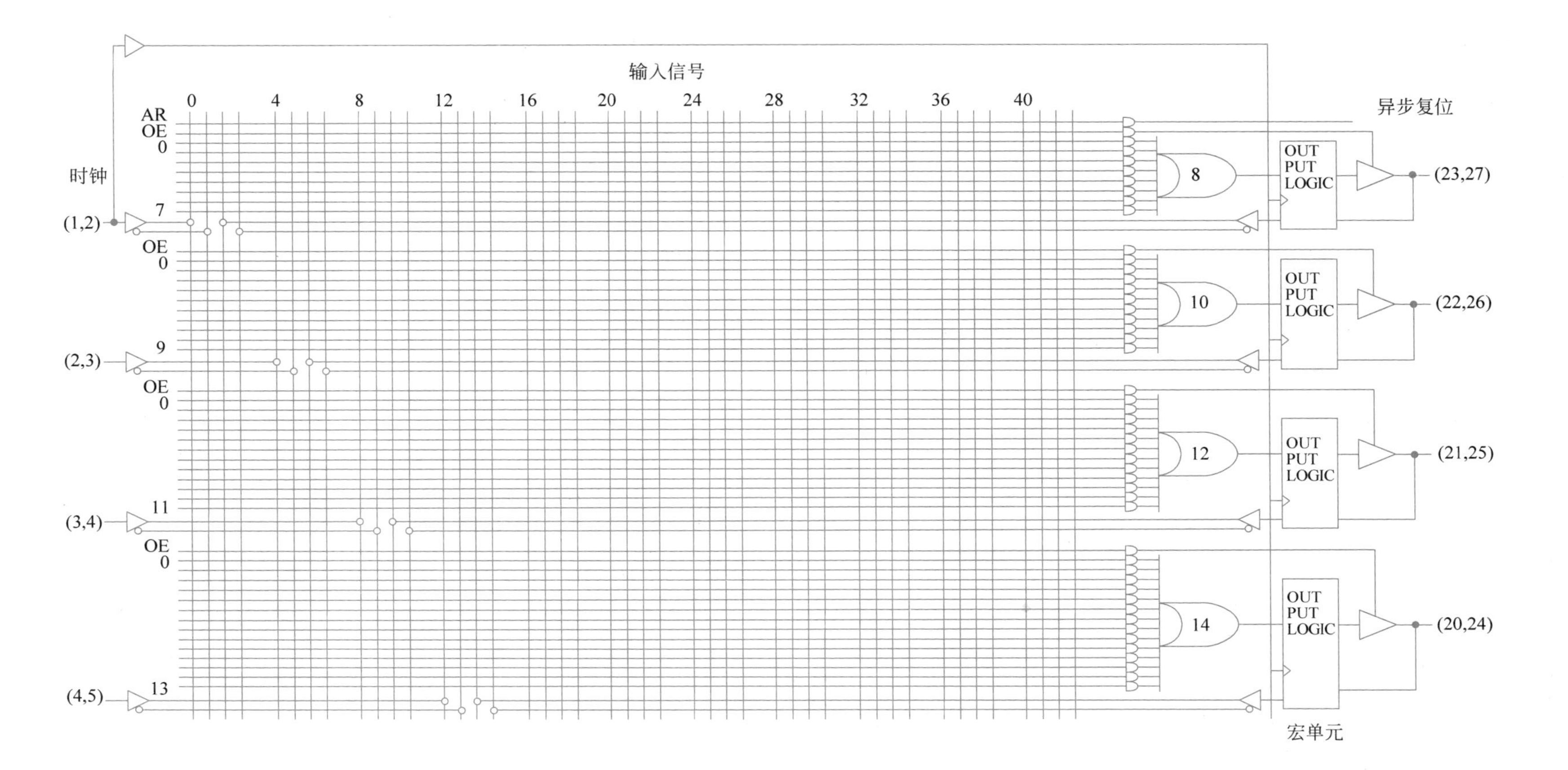

图 7.16　PAL22V10 器件的内部结构

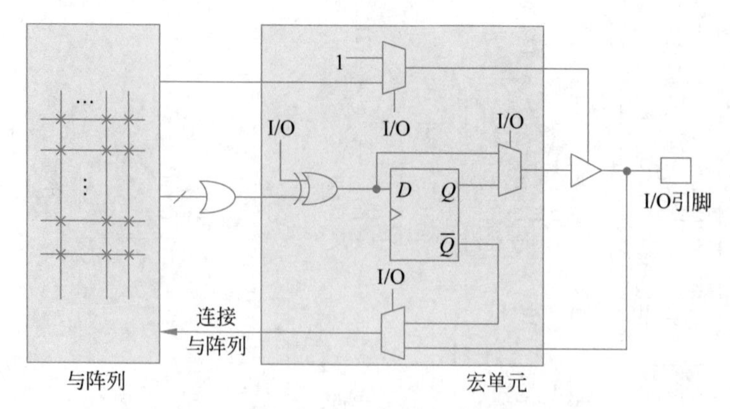

图 7.17 PAL22V10 一个输出宏单元的结构

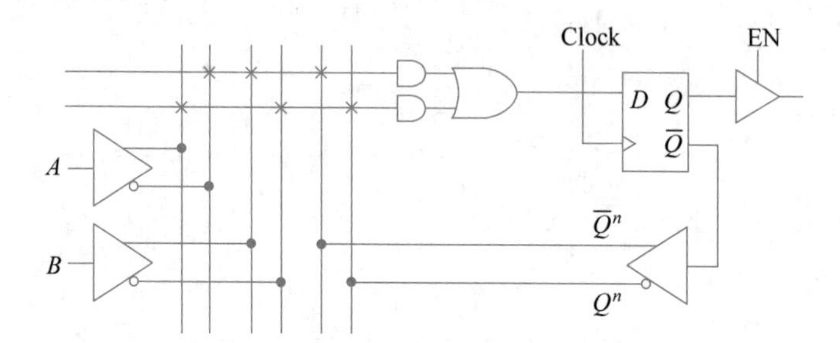

图 7.18 PAL 器件触发器的输出反馈连接到与阵列

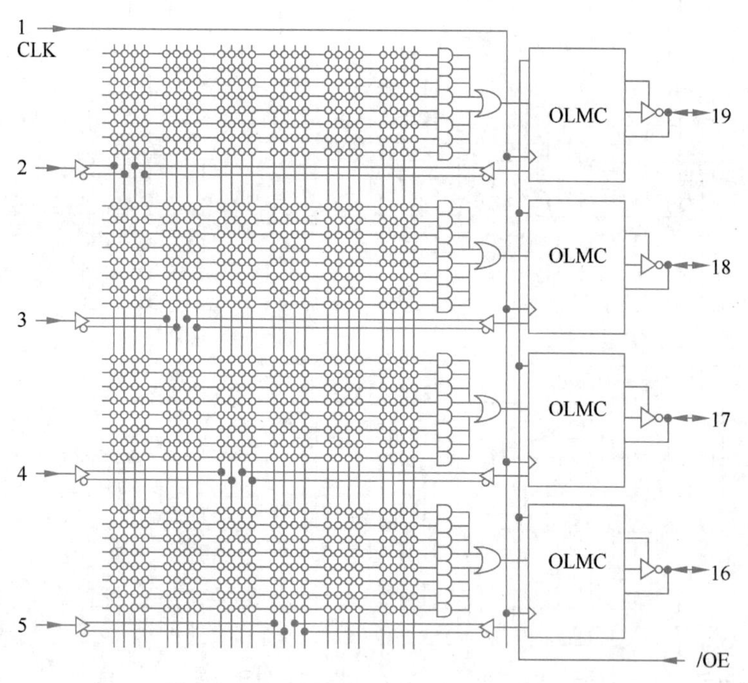

图 7.19 GAL 器件 GAL16V8 的部分结构

图 7.20 是 GAL16V8 的 OLMC 结构，从图 7.20 中可以看出，OLMC 主要由或门、1 个 D 触发器、两个数据选择器(MUX)和 1 个输出三态非门构成。其中 4 选 1 MUX 用于选择输出方式和输出的极性，2 选 1 MUX 用于选择反馈信号。这两个 MUX 的状态由两位可编程的特征码 S_1S_0 控制，S_1S_0 有 4 种组态，因此，OLMC 有 4 种输出方式。当 $S_1S_0=00$ 时，为低电平有效寄存器输出方式，输出为 D 触发器的 Q 端；当 $S_1S_0=01$ 时，为高电平有效寄存器输出方式，输出为 D 触发器的 $\bar{Q}$ 端；当 $S_1S_0=10$ 时，为低电平有效组合逻辑输出方式；当 $S_1S_0=11$ 时，为高电平有效组合逻辑输出方式。OLMC 的这 4 种输出方式分别如图 7.21(a)～图 7.21(d)所示。

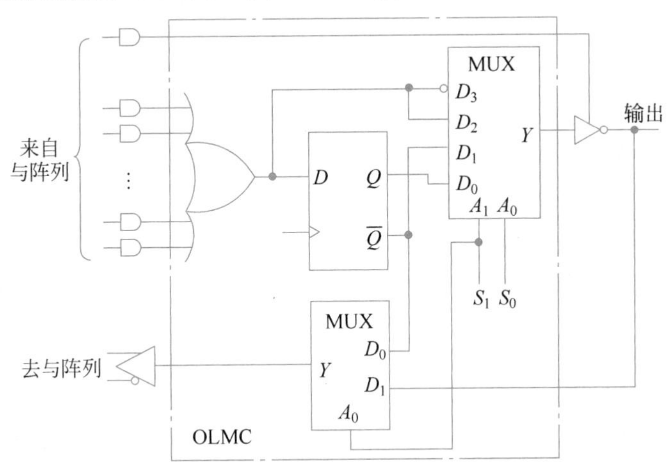

图 7.20 GAL16V8 的 OLMC 结构

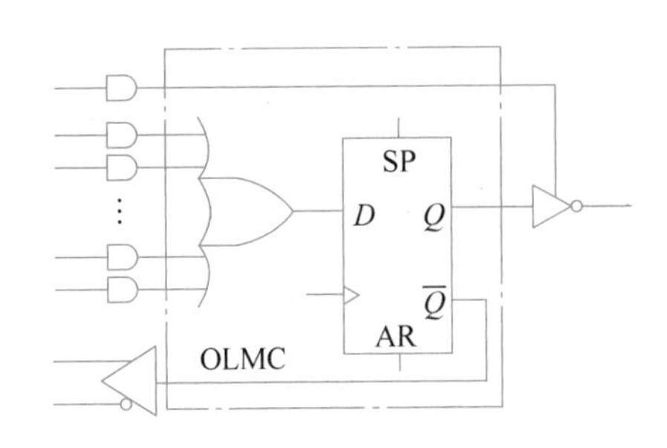

(a) 低电平有效寄存器输出方式($S_1S_0=00$)

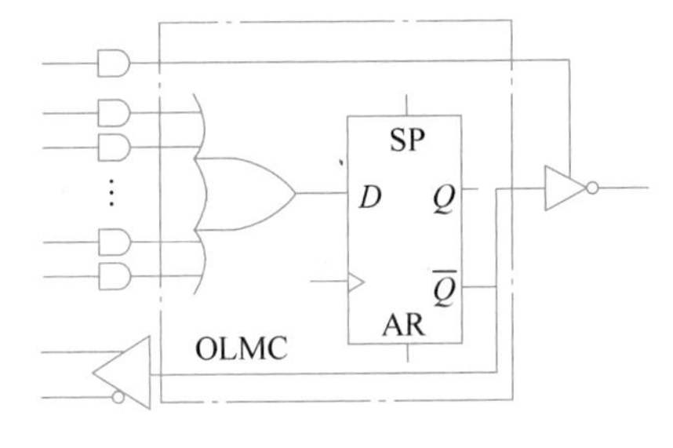

(b) 高电平有效寄存器输出方式($S_1S_0=01$)

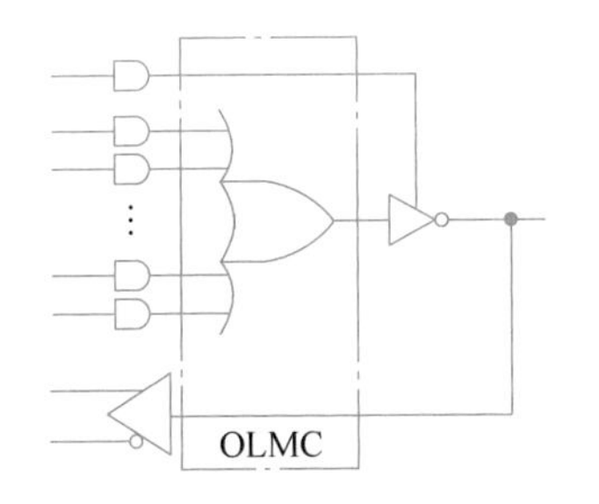

(c) 低电平有效组合逻辑输出方式($S_1S_0=10$)

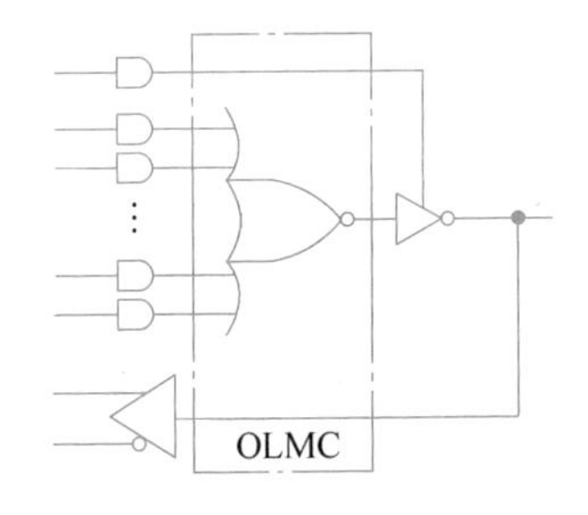

(d) 高电平有效组合逻辑输出方式($S_1S_0=11$)

图 7.21 OLMC 的 4 种输出方式

7.6 CPLD的原理与结构

CPLD是在PAL、GAL基础上发展起来的阵列型PLD,CPLD芯片中包含多个电路块,称为宏功能块,或称为宏单元,每个宏单元由类似PAL的电路块构成。图7.22所示的CPLD内部结构中包含了6个类似PAL的宏单元,宏单元再通过芯片内部的连线资源互连,并连接到I/O控制块。

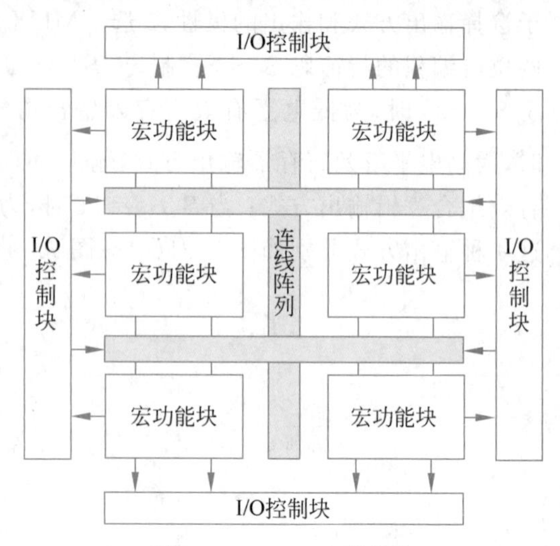

图7.22　CPLD内部结构

图7.23所示为宏单元内部结构及两个宏单元间互连结构示意图。可以看出,每个宏单元是由类似PAL结构的电路构成的,包括可编程的与阵列、固定的或阵列。或门的输出连接至异或门的一个输入端,由于异或门的另一个输入可以编程设置为0或1,

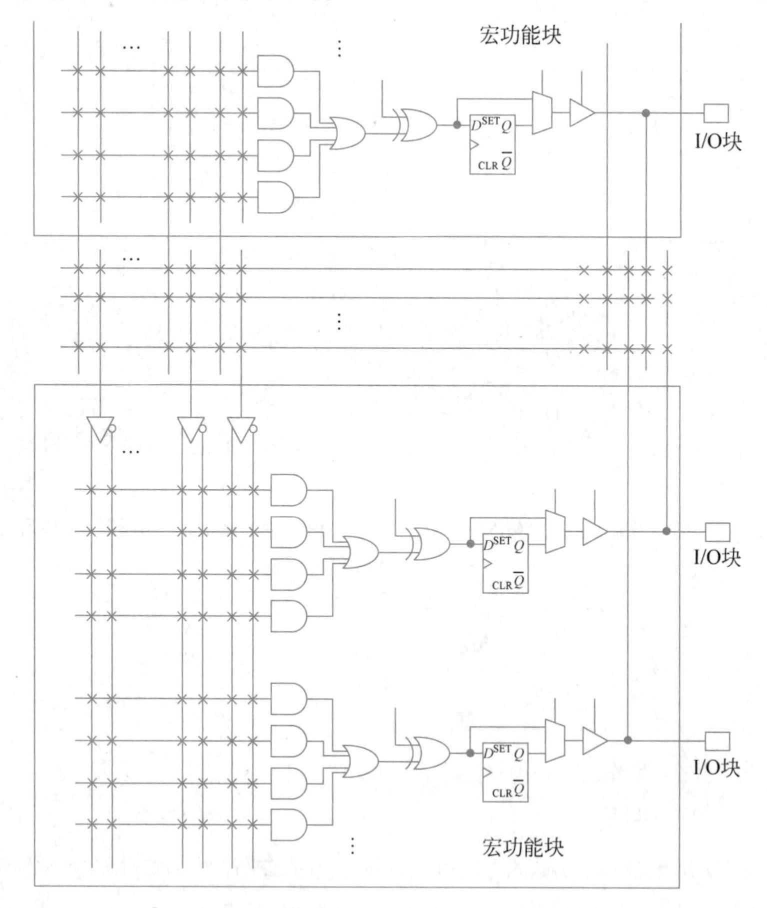

图7.23　宏单元内部结构及两个宏单元间互连结构示意图

所以该异或门可以用于为或门的输出求补。异或门的输出连接到D触发器的输入端，2选1多路选择器可以将触发器旁路，也可以将三态缓冲器使能或者连接到与阵列的乘积项。三态缓冲器的输出还可以反馈到与阵列。如果三态缓冲器输出处于高阻状态，那么与之相连的I/O引脚可以用作输入。

很多CPLD都采用了与图7.23类似的结构，如Xilinx公司的XC9500系列（Flash工艺）、Altera公司的MAX7000系列（EEPROM工艺）和Lattice公司的部分产品。

7.7 FPGA的原理与结构

CPLD是在小规模PLD的基础上发展而来的，在结构上主要以与或阵列为主，后来设计者又从ROM工作原理、地址信号与存储数据间的关系及ASIC的门阵列法中得到启发，构造出另一种可编程逻辑结构，即查找表(LUT)结构。

7.7.1 查找表结构

查找表的原理类似于ROM，其物理结构是静态存储器(SRAM)，N个输入项的逻辑函数可由一个2^N位容量的SRAM实现，函数值存放在SRAM中，SRAM的地址线起输入线的作用，地址即输入变量值，SRAM的输出为逻辑函数值，由连线开关实现与其他功能块的连接。

图7.24是用2输入查找表实现表7.4所示的2输入或门功能的示意图，2输入查找表中有4个存储单元，用于存储真值表中的4个值，输入变量A、B作为查找表中3个多路选择器的地址选择端，根据变量A、B的值从4个存储单元中选择一个作为LUT的输出，即可实现或门的逻辑功能。

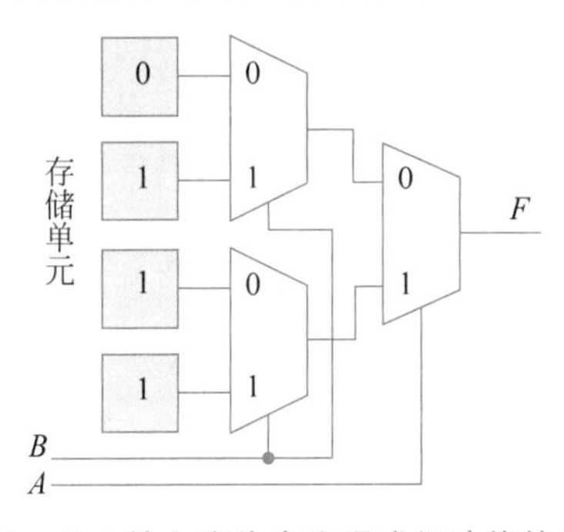

图7.24 用2输入查找表实现或门功能的示意图

表7.4 2输入或门真值表

A	B	F
0	0	0
0	1	1
1	0	1
1	1	1

用3输入的查找表实现一个3人表决电路，真值表如表7.5所示，用3输入的查找表实现的3人表决电路如图7.25所示。3输入查找表中有8个存储单元，分别用于存储真值表中的8个函数值，输入变量A、B、C作为查找表中7个多路选择器的地址选择端，根据A、B、C的值从8个存储单元中选择一个作为LUT的输出，实现3人表决电路的功能。

图7.26所示为4输入查找表及其内部结构，能够实现任意输入变量为4个或少于4个的逻辑函数。

表 7.5　3 人表决电路真值表

A	*B*	*C*	*F*
0	0	0	0
0	0	1	0
0	1	0	0
0	1	1	1
1	0	0	0
1	0	1	1
1	1	0	1
1	1	1	1

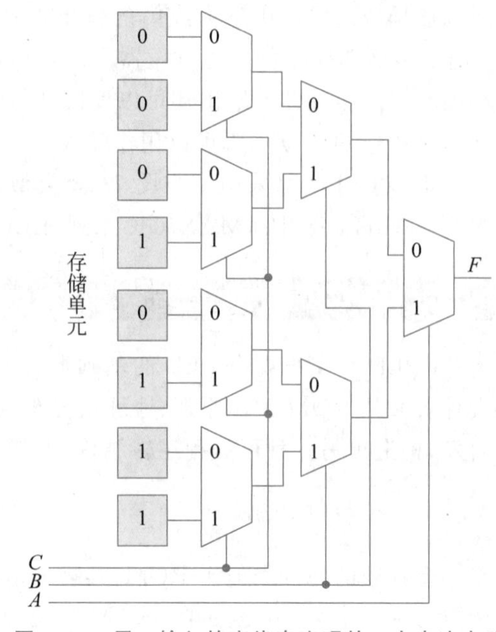

图 7.25　用 3 输入的查找表实现的 3 人表决电路

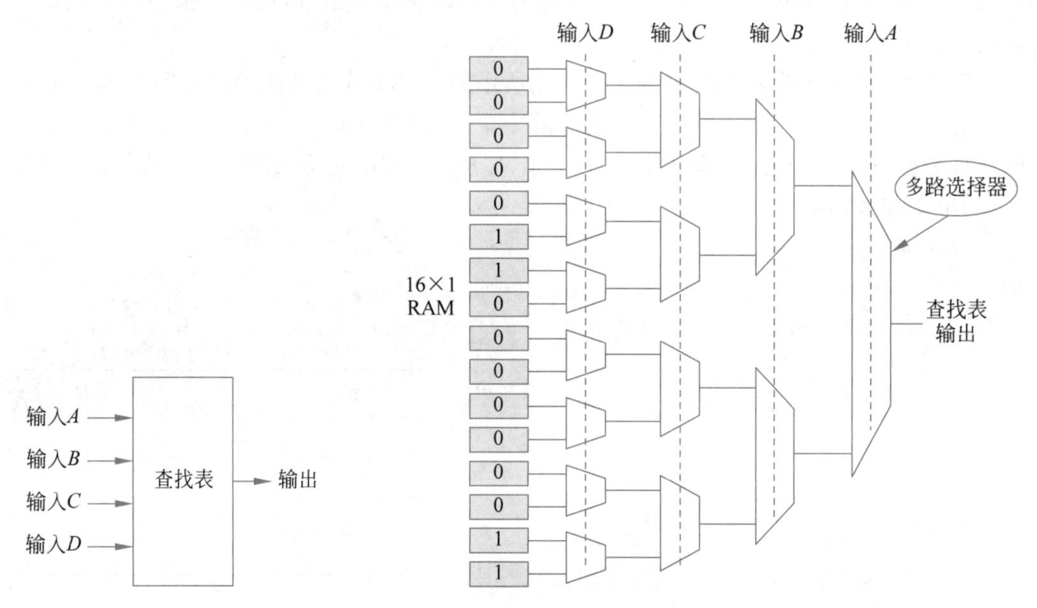

图 7.26　4 输入查找表及其内部结构

N 输入的查找表可以实现任意 N 个输入变量的组合逻辑函数。从理论上讲，只要能够增加输入信号线和扩大存储器容量，用查找表就可以实现任意输入变量的逻辑函数。但在实际中，查找表的规模受技术和成本因素的限制。每增加 1 个输入变量，查找表 SRAM 的容量就要扩大 1 倍，SRAM 存储单元数与输入变量数 N 的关系是 2^N，N 不可能很大，否则查找表的利用率很低。实际中查找表输入变量数一般是 4 个或 5 个，最多 6 个，更多输入变量的逻辑函数可用多个查找表组合或级联实现。

在 FPGA 的逻辑块中，除了查找表，一般还包含触发器，其结构如图 7.27 所示。加入触发器的作用是将查找表输出的值保存起来，以实现时序逻辑功能。当然也可以将触发器旁路掉，以实现纯组合逻辑功能，在图 7.27 所示的电路中，2 选 1 数据选择器就是用于旁路触发器的。输出端一般还加 1 个三态缓冲器，以使输出更加灵活。

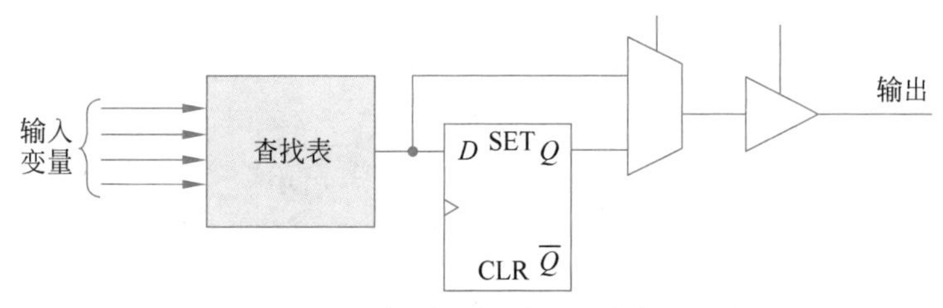

图 7.27 FPGA 的逻辑块结构(查找表加触发器)

FPGA 器件的规模可以做得非常大，其内部主要由大量纵横排列的逻辑块(logic block)构成，每个逻辑块采用类似图 7.27 所示的结构。大量这样的逻辑块通过内部连线和开关就可以实现非常复杂的逻辑功能。图 7.28 为 FPGA 器件的内部结构，很多 FPGA 器件的结构都可以用该图表示，如 Altera 公司的 Cyclone 器件，以及 Xilinx 公司的 XC4000、Spartan 器件等。

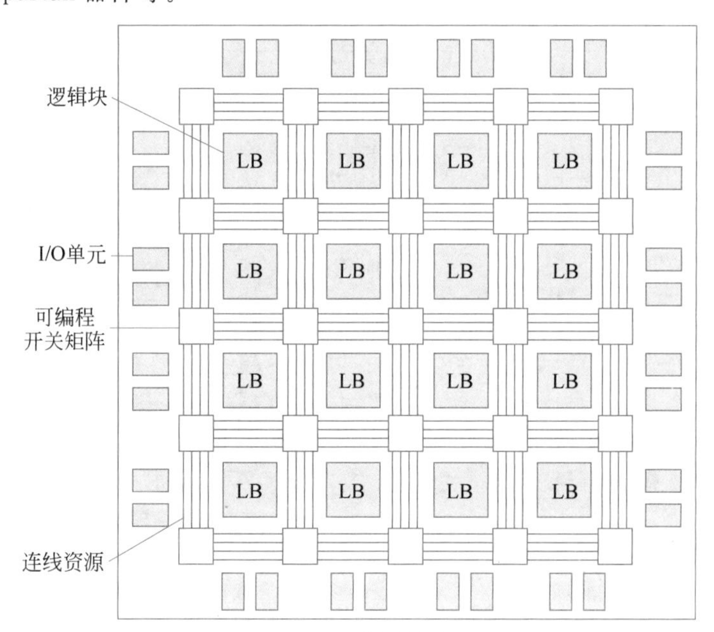

图 7.28 FPGA 器件的内部结构

7.7.2 典型 FPGA 的结构

XC4000 器件属于 Xilinx 早期一款中等规模的 FPGA 器件，芯片的规模从 XC4013 到 XC40250，分别对应 2 万～25 万个等效逻辑门。XC4000 器件的基本逻辑块称为可配置逻辑块(Configurable Logic Block，CLB)，还包括输入/输出模块(I/O Block，IOB)和布线通道(routing channel)。大量 CLB 在器件中排列为阵列状，CLB 之间为布线通道，

IOB 分布在器件的周围。

CLB 的输入与输出可与 CLB 周围的互连资源相连，图 7.29 表示了 XC4000 器件内部的布线通道结构。从图中可看出，布线通道主要由单长线和双长线构成。单长线和双长线提供了 CLB 之间快速而灵活的互连，但是，传输信号每经过一个可编程开关矩阵(PSM)就增加一次延时。因此，器件内部的延时与器件的结构和布线有关，延时是不确定的，也是不可预测的。

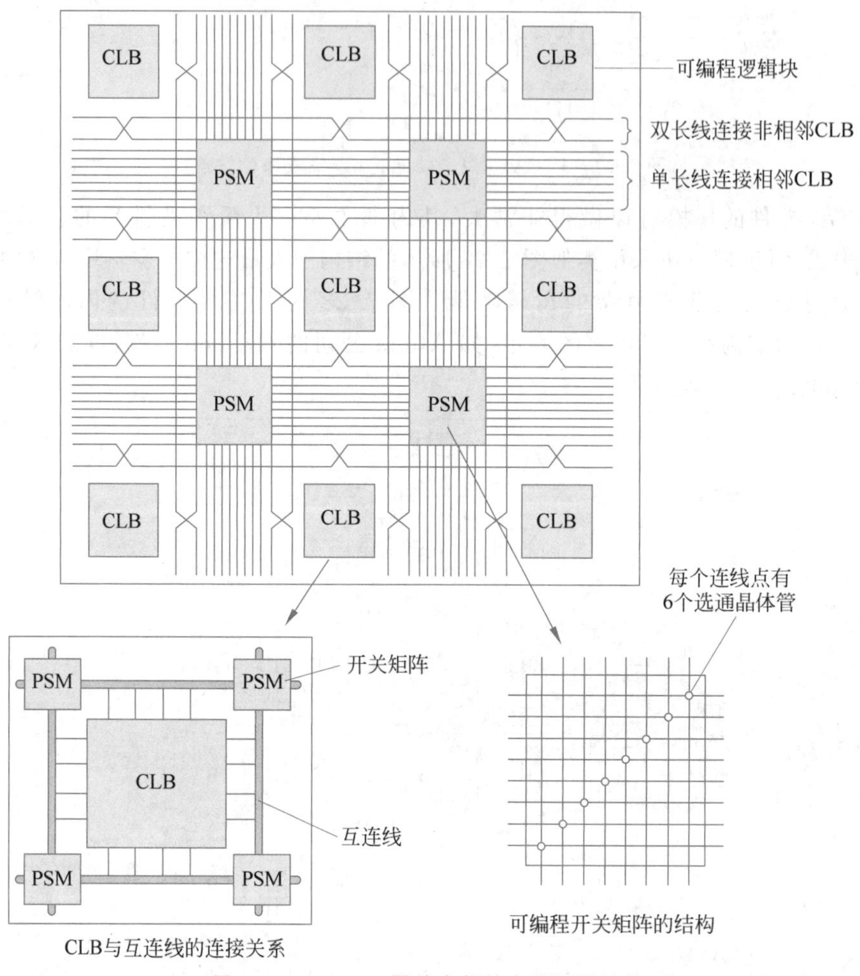

图 7.29　XC4000 器件内部的布线通道结构

7.8 FPGA/CPLD 的编程工艺

FPGA/CPLD 常用的编程工艺有以下类型：熔丝型开关、浮栅编程工艺(EPROM、EEPROM 和 Flash)、SRAM 编程工艺。其中，前两类为非易失性工艺，编程后配置数据一直保持在器件上；SRAM 编程元件为易失性工艺，每次掉电后配置数据都会丢失，再次上电时需重新导入配置数据。熔丝型开关和反熔丝型开关器件只能写一次，属于 OTP 器件；浮栅编程工艺和 SRAM 编程工艺则可以多次编程。

7.8.1 熔丝型开关

熔丝型开关是最早的编程元件，它由可用电流熔断的熔丝构成。使用熔丝编程技术的器件(如 PROM)，需在编程节点上设置相应的熔丝开关，编程时根据熔丝图文件，使保持连接的节点保留熔丝，要去除连接的节点烧掉熔丝，其原理如图 7.30 所示。

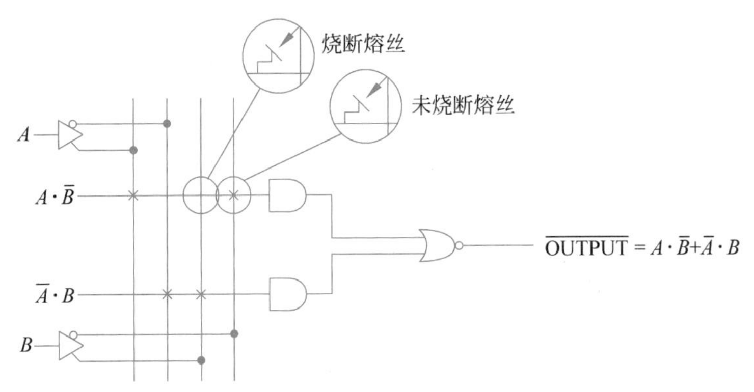

图 7.30 熔丝型开关原理图

熔丝型开关烧断后不能恢复，只可编程一次，熔丝开关也很难测试其可靠性。此外，为了保证熔丝熔化时产生的金属物质不影响器件的其他部分，要留出较大的保护空间，因此熔丝占用的芯片面积较大。

7.8.2 浮栅编程工艺

浮栅编程工艺包括紫外线擦除、电编程的 EPROM、电擦除电编程的 EEPROM 及 Flash 闪速存储器，这 3 种工艺都采用浮栅存储电荷的方法保存编程数据，因此断电时存储的数据不会丢失。

1. EPROM

EPROM 编程工艺的基本结构是浮栅管。浮栅管相当于一个电子开关，当浮栅中未注入电子时，浮栅管导通；浮栅中注入电子后，浮栅管截止。

图 7.31(a)是浮栅管电路符号，浮栅管结构与普通 NMOS 管类似，但有 G_1 和 G_2 两个栅极，G_1 栅无引出线，被包围在二氧化硅(SiO_2)中，称为浮栅；G_2 为控制栅，有引出线。在漏极(D)和源极(S)间加上几十伏的电压脉冲，使沟道中产生足够强的电场，造成雪崩，令电子跃入浮栅中，从而使浮栅 G_1 带上负电荷。由于浮栅周围都是绝缘 SiO_2 层，泄漏电流极小，所以一旦电子注入 G_1 栅，就能长期保存。当 G_1 栅有电子积累时，相当于存储了 0，反之，相当于存储了 1。

图 7.31(b)是用浮栅管作为互连单元的示意图，浮栅管充当了一个开关的作用，如果对浮栅管的控制栅极施加高压，电荷会被注入浮栅，当高压去除时，电荷会存储其中，浮栅管会一直处于截止状态(存储电荷的作用是增加浮栅管阈值电压，使其不能接通)，用浮栅管存储 1 或 0 来控制两条连线(字线和位线)的截止和连通。

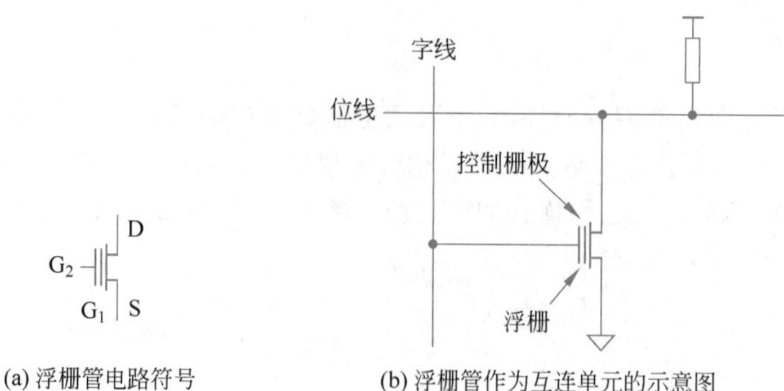

图 7.31 浮栅管

2. EEPROM

EEPROM 也可写作 E^2PROM，它是电擦除电编程的编程工艺。EEPROM 在结构上类似于 EPROM，但可以用电的方式去除栅极电荷，以实现连通功能，PAL 器件与阵列的可编程连接点就是采用 EEPROM 元件实现的。图 7.32 是 EEPROM 互连元件示意图，图中采用 EEPROM 浮栅晶体管连接行线和列线，可根据需要使浮栅晶体管写 0 或者写 1，以达到断开或者连通连线的目的。EEPROM 浮栅管一旦被编程(写 0 或写 1)，它将一直保持编程后的状态，直至被重新编程。

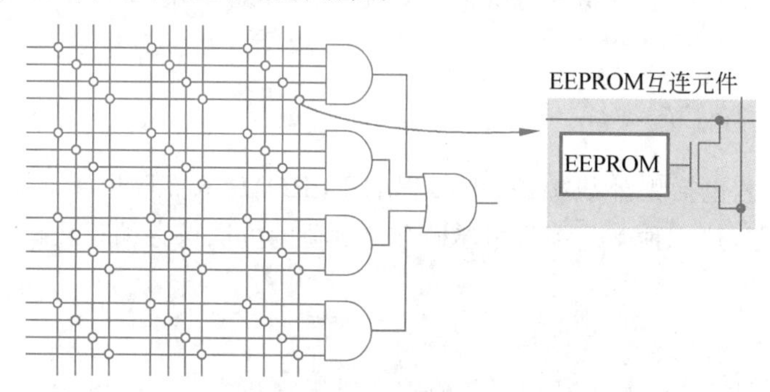

图 7.32 EEPROM 互连元件示意图

EEPROM 工艺也用于实现存储器，有专门的 EEPROM 存储芯片。

在 EEPROM 的基础上又开发出了闪存工艺，擦除速度快，性能更优。在现有的工艺水平下，使用 EEPROM 和 Flash 工艺的编程元件的擦写寿命都已达 10 万次以上。闪存在本书 6.5.2 节已有介绍，此处不再赘述。

7.8.3 SRAM 编程工艺

SRAM 是指静态存储器，SRAM 工艺是 FPGA 的主流工艺，多数 FPGA 基于 SRAM 工艺制成。典型的 SRAM 基本单元由 6 个 CMOS 晶体管构成，图 7.33 显示了典型 6 管 CMOS 型 SRAM 单元的结构，图 7.33(a)是门级原理图，图 7.33(b)是晶体管级原理图。一个 SRAM 单元由 2 个 CMOS 反相器和 2 个用于控制写入的 MOS 导通管构成，CMOS 反相器由 2 个 MOS 管构成，2 个 CMOS 反相器能够稳定存储 0 和 1 状态。

注意： 图 7.33 与本书 6.5.3 节中 SRAM 作为存储器存储单元(图 6.25)不同，在单元作为普通静态存储器时是通过导通管读取状态，而在 FPGA 中是从触发器中(图中的 Q 端)输出，而不是通过导通管读取。

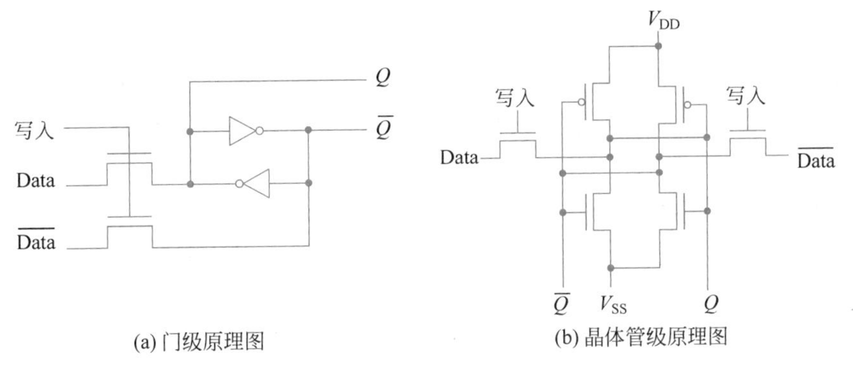

图 7.33 FPGA 中的 SRAM 单元的结构

SRAM 单元在 FPGA 中的作用有如下两种。

(1) SRAM 单元在 FPGA 中用于构成查找表结构，图 7.34 是用 SRAM 单元构成 2 输入查找表的存储单元示意图，真值表存储在 SRAM 单元中，用多路选择器 MUX 查表得到结果。

(2) SRAM 单元用于构成 FPGA 中的逻辑互连，比如，可通过存储在 SRAM 单元中的控制位作为多路选择器 MUX 的地址选择端，控制 MUX 的输出；也可通过存储在 SRAM 单元中的控制位实现行列连线的可编程互连，如图 7.35 中用 SRAM 单元控制导通管的栅极，如果 SRAM 单元中为 0，则该导通管关闭；如果 SRAM 单元中为 1，则该导通管导通。

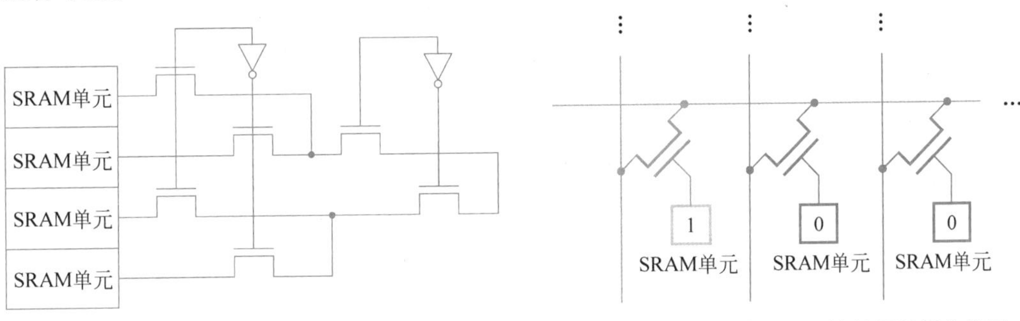

图 7.34 用 SRAM 单元构成 2 输入查找表的存储单元示意图

图 7.35 SRAM 单元用于控制导通管的栅极

从每个单元占用的硅片面积来看，SRAM 结构并不节省，比如，一个 FPGA 有 100 万个可编程点，意味着要用 500 万或 600 万个晶体管实现这种可编程性。但 SRAM 结构的优点也很突出：可重复编程，编程迅速，静态功耗低，抗干扰能力强。一般情况下，控制读/写的 MOS 传输开关处于断开状态，功耗极低。

7.9 FPGA/CPLD的编程与配置

7.9.1 在系统可编程

FPGA/CPLD都支持在系统可编程功能，所谓在系统可编程(ISP)，是指可对器件、电路板或整个电子系统的逻辑功能随时进行修改或重构的能力，这种重构或修改可以发生在产品设计、生产过程的任意环节，甚至是在交付用户后，在有的文献中也称为在线可重配置。

在系统可编程技术允许用户先制板后编程，在调试过程中发现问题，可在基本不改动硬件电路的前提下，通过对FPGA/CPLD进行重新配置，实现逻辑功能的改动，使设计和调试变得方便，如图7.36所示，只需在PCB上预留编程接口，就可实现ISP功能。

在系统编程一般采用JTAG接口实现，JTAG接口原本用于边界扫描测试，同时作为编程接口，以减少对芯片引脚的占用。

下面以Xilinx的Artix-7器件的配置为例，具体介绍FPGA/CPLD的编程配置方式。

7.9.2 Artix-7器件的配置

Artix-7器件的配置模式主要有以下几种(7系列器件，如Spartan-7、Kintex-7和Virtex-7，配置与此类同)。

(1) 主动串行模式；主动SPI模式；主动BPI模式；主动并行模式。

(2) 被动并行模式；被动串行模式。

(3) JTAG模式。

所谓主动，即FPGA器件主导配置过程，FPGA器件处于主动地位，配置时钟CCLK由FPGA提供；所谓被动，即由外部主机(host)控制配置过程，FPGA器件处于从属地位，配置时钟CCLK由外部控制器提供。表7.6列出了这7种配置模式，模式的切换由FPGA的3个配置引脚M2、M1、M0控制。

表7.6 7系列FPGA器件的7种配置模式

配置模式	M[2:0]	配置线宽	说明
主动串行(master serial)	000	×1	FPGA向外部的非易失性串行数据存储器或者控制器发出CCLK时钟信号，配置数据以串行方式载入FPGA
主动SPI(master SPI)	001	×1,×2,×4	主动串行，用串行配置器件进行配置
主动BPI(master BPI)	010	×8,×16	多用于对FPGA上电配置速度有较高要求的场合
主动并行(master SelectMAP)	100	×8,×16	主动并行模式
JTAG	101	×1	用下载电缆通过JTAG接口完成
被动并行(slave SelectMAP)	110	×8,×16,×32	被动并行异步，使用并行异步微处理器接口进行配置
被动串行(slave serial)	111	×1	由外部的处理器提供CCLK时钟和串行数据

多数 FPGA 开发板采用 JTAG+主动 SPI 的配置方式，这样既具备 JTAG 配置的方便性，又可用 SPI 方式把程序烧到 Flash 配置芯片中，将配置文件固化到开发板上，达到脱机运行的目的。也有的开发板采用 JTAG+主动 BPI 配置模式，多用于对 FPGA 上电配置速度有较高要求的场合。

下面对几种配置模式做进一步的说明，着重介绍常用的 JTAG 和主动 SPI 配置方式。

1. 被动串行配置模式

其电路如图 7.36 所示，在该模式下，由外部处理器提供 CCLK 时钟和串行数据。

2. 被动并行配置模式

其电路如图 7.37 所示，在该模式下，由外部处理器提供配置时钟和并行的配置数据，该模式相对于串行方式，配置速度快，但电路稍复杂。

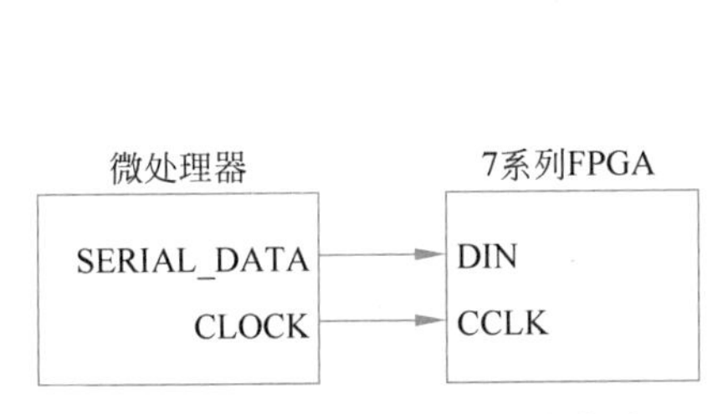

图 7.36 被动串行配置模式电路

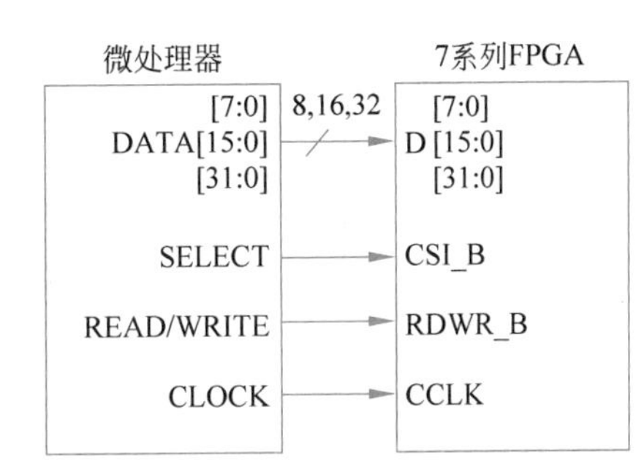

图 7.37 被动并行配置模式电路

3. JTAG 配置模式

JTAG 方式是最基本和最常用的配置方式，JTAG 方式具有比其他配置方式更高的优先级，该模式属于工程调试模式，可在线配置和调试 FPGA，最简单的实现方式是使用 Xilinx 官方提供的专用 JTAG 调试下载器。

4. 主动 SPI 配置模式

主动 SPI 配置模式使用广泛，该模式通过外挂 SPI Flash 存储器实现。通常该模式和 JTAG 模式一起设计，可以用 JTAG 方式在线调试，代码调试无误后，再用 SPI 模式把配置数据烧写至 SPI 芯片中，将其固化到开发板上，之后 FPGA 上电后会自动载入 SPI 存储器中的配置数据，达到脱机运行的目的。JTAG+主动 SPI 配置模式的详细配置电路如图 7.38 所示。图中的 PROGRAM_B 引脚低电平有效，为低时，配置信息被清空，重新进行配置过程。

Xilinx 的编程配置文件包括 5 种，如表 7.7 所示，其中 MCS、BIN 和 HEX 文件为固化文件，可直接烧写至 FPGA 的外挂 Flash 存储器中。

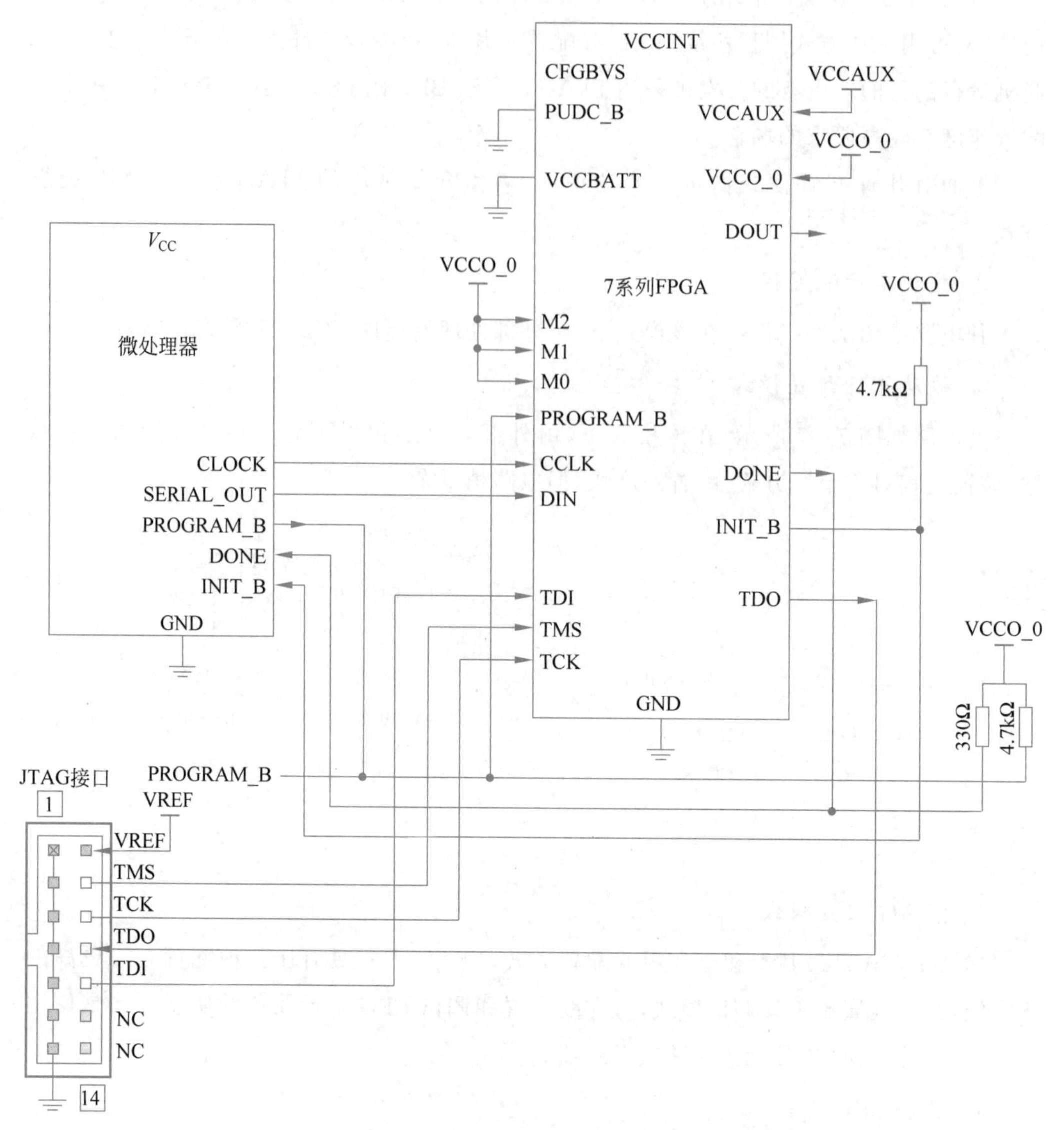

图 7.38 JTAG+主动 SPI 配置模式的详细配置电路

表 7.7 Xilinx 的编程配置文件

配置文件	说　明
. bit	比特流二进制配置数据，包含头文件信息，通过 JTAG 方式编程电缆下载
. rbt	bit 文件的 ASCII 等效文件，包含字符头文件
. bin	二进制配置文件，不包含头文件信息，适合微处理器配置或第三方编程器
. mcs	工业标准 PROM 数据文件，包含地址和校验信息
. hex	ASCII PROM 文件格式，仅包含配置数据，适用于微处理器配置

习题 7

7-1 什么是 EDA 技术?

7-2 什么是 IP 复用技术? IP 核对 EDA 技术的应用和发展有什么意义?

7-3 以自己熟悉的一款 FPGA 芯片为例,说明其内部集成了哪些硬核逻辑,其支持的软核有哪些?

7-4 基于 FPGA/CPLD 的数字系统设计流程包括哪些步骤?

7-5 什么是综合? 常用的综合工具有哪些?

7-6 功能仿真与时序仿真有何区别?

7-7 PLA 和 PAL 在结构上有何区别?

7-8 简述基于乘积项的可编程逻辑器件的结构特点。

7-9 基于查找表的可编程逻辑结构的原理是什么?

7-10 某与或阵列如图题 7.1 所示,写出 F_1、F_0 的函数表达式。

7-11 某与或阵列如图题 7.2 所示,写出 F_1、F_2 的函数表达式。

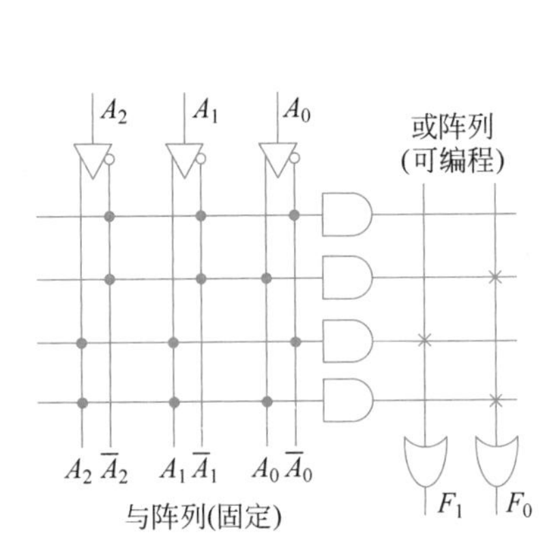

图题 7.1 与或阵列

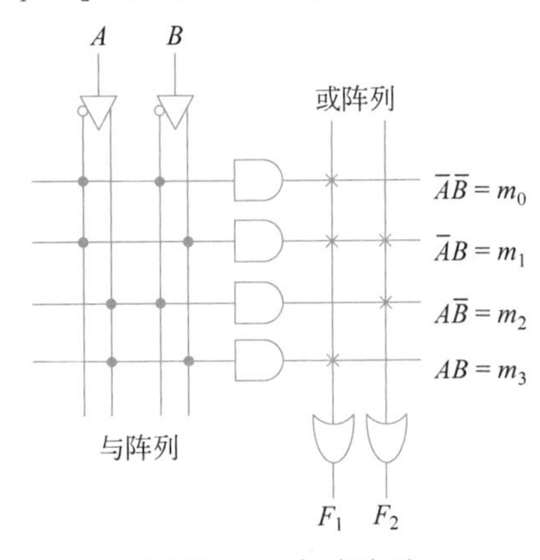

图题 7.2 与或阵列

7-12 图题 7.3 是一个输出极性可编程的 PLA,试通过编程连接实现函数 $F_1=AB+\overline{A}\overline{C}$,$F_2=(A+B)(A+C)$。

7-13 用 PLA 和 D 触发器实现一个同步时序电路,其输出方程为 $Z^n=X^nQ_1^n\bar{Q}_0^n$,次态方程为 $Q_1^{n+1}=X^nQ_1^n+\bar{X}^nQ_0^n$,$Q_0^{n+1}=X^n\bar{Q}_1^n+\bar{X}^nQ_0^n$,画出电路连接图。

7-14 用适当容量的 PROM 实现下列多输出函数,要求画出与-或阵列图。

$$\begin{cases}F_1(A,B,C)=AB\bar{C}+\bar{A}\bar{C}+\bar{B}C\\F_2(A,B,C)=A+B+\bar{C}\\F_3(A,B,C)=\bar{A}\bar{B}+A\bar{B}+\bar{C}\end{cases}$$

7-15 试将图题 7.4 中 PLA 的各输出函数写成最小项 $\left(\sum m\right)$ 的形式。

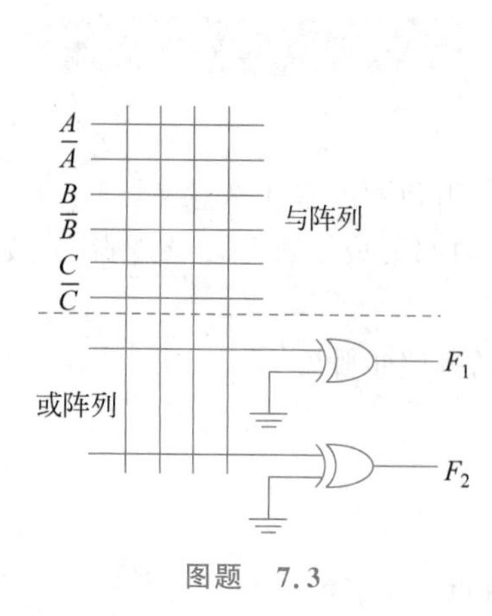

图题 7.3

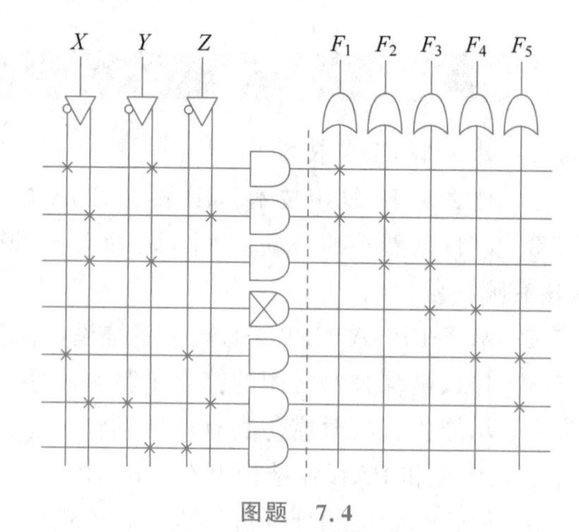

图题 7.4

7-16 分析图题 7.5 所示电路的逻辑功能。

(1) 写出输出方程、激励方程和次态方程。

(2) 列出状态表。

(3) 画出状态图。

(4) 说明电路的功能。

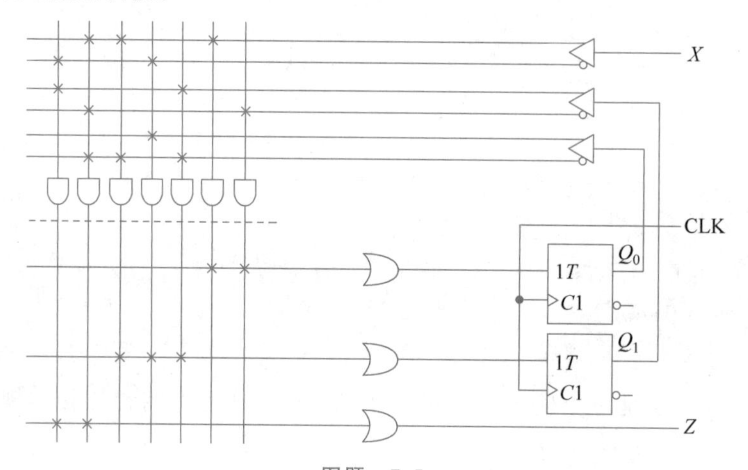

图题 7.5

7-17 电子锁有 3 个按键。当同时按下任意两个键时,电子锁打开;当只按下一个键或同时按下 3 个键时,电子锁报警。

(1) 定义输入、输出变量,列出其真值表。

(2) 用 4 选 1 数据选择器实现电子锁的控制电路。

(3) 用低电平有效的 3 线-8 线译码器实现电子锁的控制电路,可以附加逻辑门。

(4) 若用 PROM 实现电子锁的控制电路,该 PROM 需要有几条地址线、几条数据线?

7-18 FPGA 和 CPLD 在结构上有什么明显的区别?各有什么特点?

7-19 了解 FPGA 器件中存储器块和分布式存储器的概念,它们分别是指什么?

7-20 了解 Xilinx 的 FPGA 内集成的延时锁定环(DLL)技术与 Intel 的 FPGA 采用

的锁相环(PLL)技术有何区别,它们各有什么优缺点?

7-21 FPGA 器件的 JTAG 接口有哪些功能?

7-22 FPGA/CPLD 编程技术中的主动配置和被动配置方式有何区别?

实验与设计

7-1 基于 Vivado 软件,用 Verilog 语言实现 74LS161 的功能,并进行综合和仿真。

(1) 将 74LS161 的 Verilog 代码封装成一个 IP 核。

(2) 创建和封装 74LS00(2 输入与非门)功能的 IP 核。

(3) 调用 74LS161 和 74LS00 两个 IP 核实现模 10 计数器,其参考设计原理图如图题 7.6 所示,输入电路图进行编译和仿真,并进行引脚约束和下载验证。

(4) 采用 IP 集成的方式实现模 60 计数器,个位和十位均采用 8421 码的编码方式,完成原理图设计、输入、编译、仿真和下载的整个过程。

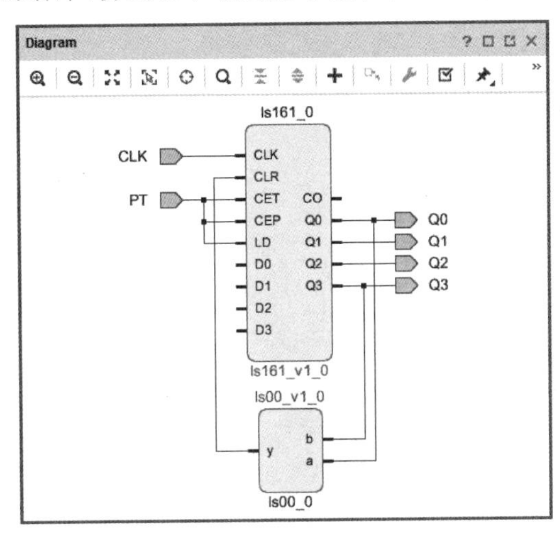

图题 7.6 模 10 计数器参考设计原理图

7-2 采用原理图方式实现 m 序列发生器。

(1) 基于 Vivado 软件,用 Verilog 语言实现 DFF(D 触发器,带异步复位端和异步置位端)和 XOR(2 输入异或门)的功能,分别进行综合和仿真。

(2) 将 DFF(D 触发器)和 XOR(2 输入异或门)分别封装成 IP 核。

(3) 调用 DFF(D 触发器)和 XOR(2 输入异或门)IP 核,采用原理图方式实现生成多项式为 $f(x)=1+x^3+x^5$ 的 m 序列发生器,由 5 个 D 触发器构成,要求带有异步复位端,用于在系统初始化时,将 5 个 D 触发器的初始态设置为 00001,防止进入全 0 状态。

(4) 对 m 序列发生器进行仿真,给出波形图。

(5) 用原理图方式实现生成多项式为 $f(x)=1+x+x^2+x^3+x^5$ 的 m 序列,并进行波形仿真。

7-3 用数字锁相环实现分频,输入时钟频率为 100MHz,用数字锁相环得到 6MHz 的时钟信号,用 Vivado 中自带的 IP 核(Clocking Wizard 核)实现该设计。

第8章 Verilog数字逻辑设计

本章介绍用 Verilog 进行数字逻辑设计的方法，包括门级结构描述，数据流描述，行为描述，多层次结构电路的设计，任务和函数等。

8.1 Verilog HDL 简史

Verilog HDL 作为一种硬件描述语言（Hardware Description Language，HDL），具有机器可读、人可读的特点，可用于电子系统创建的所有阶段，支持硬件的开发、综合、验证和测试，同时支持设计数据的交流、维护和修改。Verilog HDL（简称 Verilog）的主要用户包括 EDA 工具的实现者和电子系统的设计者。

扩展阅读

Verilog HDL 发展的简短回顾

Verilog HDL 1983 年由 GDA 公司的 Phil Moorby 首创，后来 Moorby 设计了 Verilog-XL 仿真器并获成功，从而使 Verilog 语言得到推广使用。

1989 年，Cadence 公司收购 GDA 公司，于 1990 年公开发布 Verilog HDL，并成立开放 Verilog 国际（Open Verilog International，OVI）组织，负责 Verilog 语言的推广，Verilog 语言的发展开始进入快车道。1993 年，几乎所有的 ASIC 厂商都开始支持 Verilog。

1995 年，Verilog HDL 成为 IEEE 标准，称为 IEEE 标准 1364—1995（Verilog-1995）。

2001 年，IEEE 标准 1364—2001（Verilog-2001）发布，Verilog-2001 标准对 Verilog-1995 标准做了扩充和增强，提高了行为级和 RTL 级建模的能力。目前，多数综合器、仿真器支持的仍然是 Verilog-2001 标准。

2005 年，IEEE 标准 1364—2005（Verilog-2005）发布，该版本是对 Verilog-2001 版本的修正。

目前 Verilog-2001 标准依然是主流的 Verilog HDL 标准，众多的 EDA 综合工具和仿真工具均支持该标准。从功能上看，Verilog 语言可满足各层次设计的需求，成为使用最广泛的硬件描述语言之一。

8.2 Verilog 描述的层级和方式

Verilog HDL 能够在多个层级对数字系统进行描述，Verilog 模型可以是实际电路不同级别的抽象，包括如下层级。

(1) 行为级（behave level）。

(2) 寄存器传输级（Register Transfer Level，RTL）。

(3) 门级（gate level）。

(4) 开关级（switch level）。

行为级建模：和 RTL 级建模的界限并不清晰，如果按照目前 EDA 综合工具和仿真工具区分，行为级建模侧重于 Test Bench 仿真，着重系统的行为和算法，常用的语言结构和语句有 initial，always，fork/join，task，function，repeat，wait，event，while，forever 等。

RTL 建模：主要侧重于综合，用于 ASIC 和 FPGA 电路实现，并在面积、速度、功耗和时序间折中平衡，可综合至门级电路，常用的语言结构和语句包括 Verilog HDL 的可综合子集，如 always，if-else，case，assign，task，function，for 等。

门级建模：主要面向 ASIC 和 FPGA 的物理实现，它既可以是电路的逻辑门级描述，也可以由 RTL 模型综合得出的门级网表，常用的描述有 Verilog 门元件、UDP、线网表等，门级建模与 ASIC 和 FPGA 的片内资源与工艺息息相关。

开关级建模：主要描述器件中晶体管和存储节点及它们之间的连接关系(由于在数字电路中，晶体管通常工作于开关状态，因此将基于晶体管的设计层级称为开关级)。Verilog 在开关级提供了门元件和开关级元件，可建立 MOS 器件的底层模型。

图 8.1 是 Verilog 设计的层级示意图，从 RTL 到门级、开关级，直至版图级。

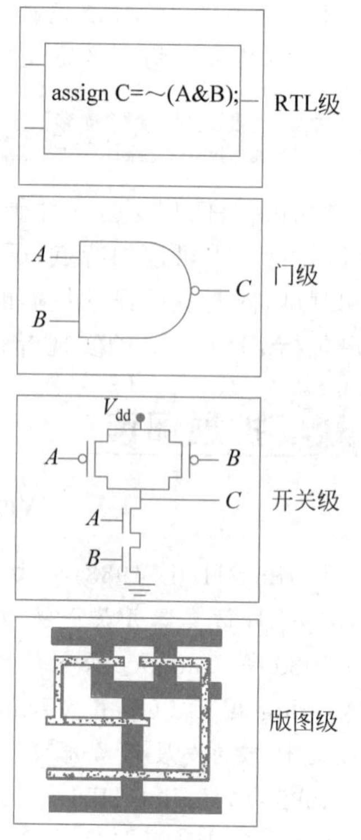

图 8.1 Verilog 设计的层级示意图

Verilog HDL 常用以下三种方式描述逻辑电路。

(1) 结构描述。

(2) 行为描述。

(3) 数据流描述。

结构描述调用电路元件(如子模块、逻辑门，甚至晶体管)构建电路；行为描述侧重于描述电路的行为特性以构建电路；数据流描述主要用连续赋值语句、操作符和表达式表示电路，也可以混合采用上述方式来描述电路。

8.3 Verilog 门级结构描述

8.3.1 门元件

Verilog 内置了 14 个门级元件，用于门级建模。表 8.1 对 Verilog 的 12 个内置门元件(不包含 pullup，pulldown)分类做了汇总。

表 8.1 Verilog HDL 的 12 个内置门元件

类　别	关 键 字	门　元　件	符号示意图
多输入门	and	与门	
	nand	与非门	
	or	或门	
	nor	或非门	
	xor	异或门	
	xnor	异或非门	

续表

类　别	关　键　字	门　元　件	符号示意图
多输出门	buf	缓冲器	
	not	非门	
三态门	bufif1	高电平使能三态缓冲器	
	bufif0	低电平使能三态缓冲器	
	notif1	高电平使能三态非门	
	notif0	低电平使能三态非门	

8.3.2 门元件的例化

门元件例化的完整格式如下。

```
门元件名 <驱动强度说明> #<门延时> 例化名 (门端口列表)
```

<驱动强度说明>为可选项,其格式为:(对 1 的驱动强度,对 0 的驱动强度),如果驱动强度缺省,则默认为(strong1,strong0)。<门延时>也是可选项,若没有指定延时,默认延时为 0。

1. 多输入门的例化

多输入门的端口列表可按下面的顺序列出。

```
(输出,输入 1,输入 2,输入 3,…);
```

示例如下。

```
and a1(out,in1,in2,in3);                //3 输入与门,其名字为 a1
and a2(out,in1,in2);                    //2 输入与门,其名字为 a2
```

2. 多输出门的例化

buf 和 not 两种元件允许有多个输出,但只能有一个输入。多输出门的端口列表按下面的顺序列出。

```
(输出 1,输出 2,…,输入);
```

示例如下。

```
not g3(out1,out2,in);                   //1 个输入 in,2 个输出 out1,out2
buf g4(out1,out2,out3,din);             //输入端 din,3 个输出 out1,out2,out3
```

3. 三态门的例化

对于三态门,按以下顺序列出输入、输出端口。

```
(输出,输入,使能控制端);
```

示例如下。

```
bufif1 g1(out,in,enable);               //高电平使能的三态门
bufif0 g2(out,a,ctrl);                  //低电平使能的三态门
```

8.3.3 门级结构描述

结构描述是指通过调用库中的元件或已设计好的模块完成设计实体功能的描述。门级结构描述是指例化 Verilog HDL 门元件实现电路功能。

1. 门元件例化实现数据选择器

图 8.2 是用门元件实现 4 选 1 数据选择器(MUX)的原理图。对于该电路,用 Verilog 门元件例化描述如例 8.1 所示。

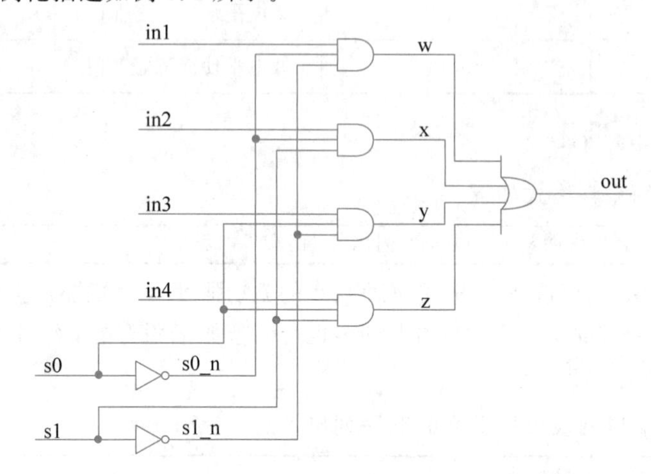

图 8.2 用门元件实现 4 选 1 MUX 的原理图

例 8.1 用门元件例化实现 4 选 1 MUX

```
module mux4_1(
    input in1,in2,in3,in4,s0,s1,
    output out);
wire s0_n,s1_n,w,x,y,z;
not (s0_n,s0),(s1_n,s1);
and (w,in1,s0_n,s1_n),(x,in2,s0_n,s1),
     (y,in3,s0,s1_n),(z,in4,s0,s1);
or (out,w,x,y,z);
endmodule
```

2. 门元件例化实现全加器

例 8.2 采用门元件例化实现 1 位全加器,其综合视图如图 8.3 所示。

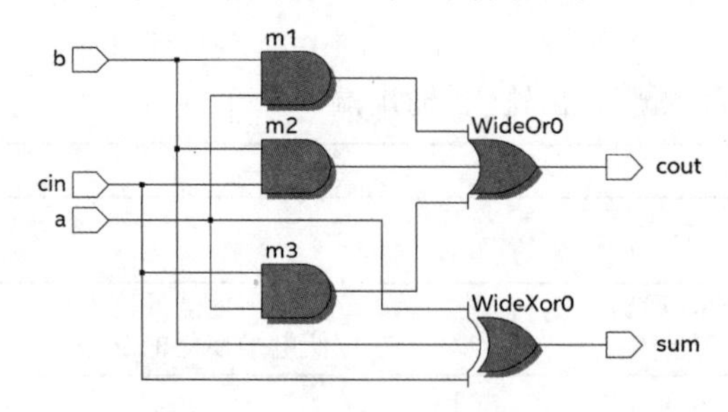

图 8.3 门元件例化实现 1 位全加器的综合视图

例 8.2 用门元件例化实现 1 位全加器

```
module full_add(                                  //门元件例化
   input a,b,cin,
   output sum,cout);
wire s1,m1,m2,m3;
and (m1,a,b),(m2,b,cin),(m3,a,cin);
xor (sum,a,b,cin);
or (cout,m1,m2,m3);
endmodule
```

3. 门元件例化实现三态缓冲器阵列

例 8.3 用门元件例化实现三态缓冲器阵列

```
module tri_drv(
   input [7:0] din,
   input tri_en,
   output [7:0] dout);
bufif0 u1(dout, din, tri_en);
endmodule
```

8.4 数据流描述

赋值是将值赋给 net 型和 variable 型变量的操作，两种基本的赋值操作如下。

（1）连续赋值：用于对 net 型变量赋值。

（2）过程赋值：用于对 variable 型变量赋值。

8.4.1 连续赋值

连续赋值提供了有别于门元件例化的另一种组合逻辑建模的方法。

连续赋值语句是 Verilog 数据流建模的核心语句，主要用于对 net 型变量（包括标量和向量）进行赋值，其格式如下。

```
assign LHS_net = RHS_expression;
```

LHS(Left Hand Side)指赋值符号“=”的左侧，RHS(Right Hand Side)指赋值符号“=”的右侧。LHS_net 必须是 net 型变量，不能是 reg 型变量。

RHS_expression 的操作数对数据类型没有要求，可以是 net 或 variable 数据类型，也可以是函数调用。只要 RHS_expression 表达式的操作数有事件发生（值的变化），就会立刻重新计算 RHS_expression 的值，并将重新计算后的值赋予 LHS_net。比如：

```
wire cout, a, b;
assign cout = a & b;
```

注意： Verilog 还提供了另一种对 net 型变量赋值的方法，即在 net 型变量声明时对其赋值。比如下面的赋值语句等效于上面例子中对 cout 的赋值语句。

```
wire a, b;
wire cout = a & b;     //等效于 assign cout = a & b;
```

8.4.2 数据流描述

用数据流描述电路与用传统的逻辑表达式表示电路类似。只要有了布尔代数表达式，就很容易将其用数据流方式表达出来，方法是用 Verilog 中的逻辑操作符置换布尔运算符。

若逻辑表达式为 $f=ab+\overline{cd}$，则用数据流方式表示为

```
assign f = (a&b)|(~(c&d));
```

例 8.4 是用数据流描述的 4 选 1 MUX，采用条件操作符实现。

例 8.4 用数据流描述的 4 选 1 MUX

```
module mux4_1(
   input d0,d1,d2,d3,s0,s1,
   output y);
assign out = s0 ? (s1 ? d3 : d1):(s1 ? d2 : d0);
endmodule
```

8.4.3 数据流描述加法器

1. 半加器

半加器的真值表如表 8.2 所示，图 8.4 是其原理图，例 8.5 是该半加器的数据流描述。

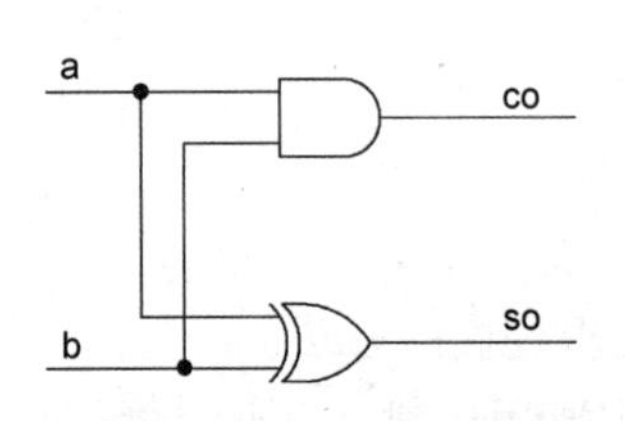

图 8.4 半加器原理图

表 8.2 半加器的真值表

输入		输出	
a	*b*	sum	cout
0	0	0	0
0	1	1	0
1	0	1	0
1	1	0	1

例 8.5 半加器的数据流描述

```
module half_add(                          //数据流描述
   input a,b,
   output so,co);
assign so = a^b, co = a&b;
endmodule
```

2. 全加器

例 8.6 用数据流描述实现 1 位全加器

```
module full_add(
   input a,b,cin, output sum,cout);
assign sum = a ^ b ^ cin,                 //数据流描述
       cout = (a&b)|(b&cin)|(cin&a);
endmodule
```

3. 4位加法器

例 8.7 用数据流描述实现4位二进制加法器

```
module add4
  #(parameter MSB = 4)                  //用参数定义位宽
    (input[MSB-1:0] a,b,
     input cin,
     output[MSB-1:0] sum,
     output cout);
assign {cout,sum} = a + b + cin;        //数据流描述
endmodule
```

4. 超前进位加法器

4位超前进位加法器的源码如例8.8所示,其RTL综合原理图如图8.5所示。

例 8.8 4位超前进位加法器

```
module add4_ahead(
   input[3:0] a,b,
   input cin,
   output[3:0] sum,
   output cout);
wire[3:0] G, P, C;
assign G[0] = a[0]&b[0],               //产生第0位本位值和进位值
       P[0] = a[0]|b[0],
       C[0] = cin,
       sum[0] = G[0]^P[0]^C[0];
assign G[1] = a[1]&b[1],               //产生第1位本位值和进位值
       P[1] = a[1]|b[1],
       C[1] = G[0]|(P[0]&C[0]),
       sum[1] = G[1]^P[1]^C[1];
assign G[2] = a[2]&b[2],               //产生第2位本位值和进位值
       P[2] = a[2]|b[2],
       C[2] = G[1]|(P[1]&C[1]),
       sum[2] = G[2]^P[2]^C[2];
assign G[3] = a[3]&b[3],               //产生第3位本位值和进位值
       P[3] = a[3]|b[3],
       C[3] = G[2]|(P[2]&C[2]),
       sum[3] = G[3]^P[3]^C[3];
assign cout = C[3];                    //产生最高位进位输出
endmodule
```

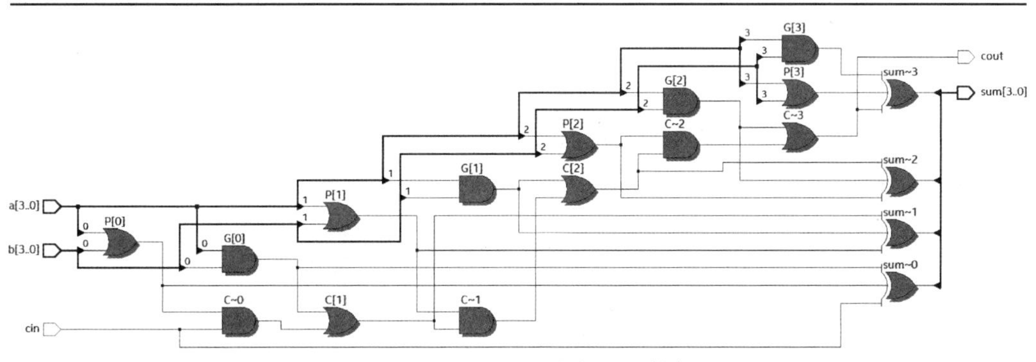

图 8.5 4位超前进位加法器的RTL综合原理图

5. BCD码加法器

下例实现的是2位BCD码加法器，其输入是2个8位二进制数，结果用3位BCD码表示，用`define定义输出的3位十进制数字。

例8.9 用数据流方式实现2位BCD码加法器

```
`define sdig2 sum[11:8]
`define sdig1 sum[7:4]
`define sdig0 sum[3:0]
module add_bcd(
    input [7:0] op_a,op_b,                    //被加数、加数
    output [11:0] sum);                       //结果,BCD码
wire[4:0] s0, s1;
wire ci;
assign s0 = {1'b0, op_a[3:0]} + op_b[3:0],
       s1 = {1'b0, op_a[7:4]} + op_b[7:4] + ci;
assign ci = (s0 > 9) ? 1'b1 : 1'b0;
assign `sdig0 = (s0 > 9) ? s0[3:0] + 6 : s0[3:0],
       `sdig1 = (s1 > 9) ? s1[3:0] + 6 : s1[3:0],
       `sdig2 = (s1 > 9) ? 4'd1 : 4'd0;
endmodule
```

8.4.4 数据流描述减法器

1. 半减器

半减器只考虑两位二进制数相减，相减的差及是否向高位借位，其真值表如表8.3所示。由此可得其表达式，并用数据流描述，如例8.10所示，其综合原理图如图8.6所示。

表8.3 半减器真值表

输入		输出	
a	*b*	*d*	co
0	0	0	0
0	1	1	1
1	0	1	0

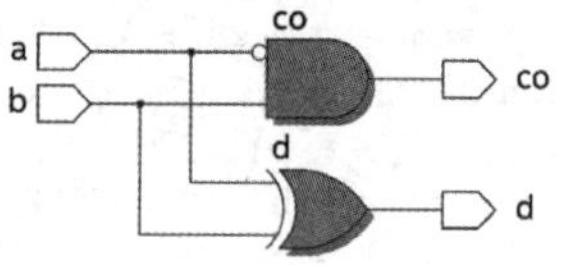

图8.6 半减器的综合原理图

例8.10 半减器的数据流描述

```
module half_sub(
    input a, b,
    output d, co);
assign d = a^b, co = (~a)&b;
endmodule
```

2. 全减器

全减器除了考虑两位二进制数相减的差，以及是否向高位借位，还要考虑当前位的低位是否曾有借位，用数据流描述的全减器如例8.11所示，其综合原理图如图8.7所示。

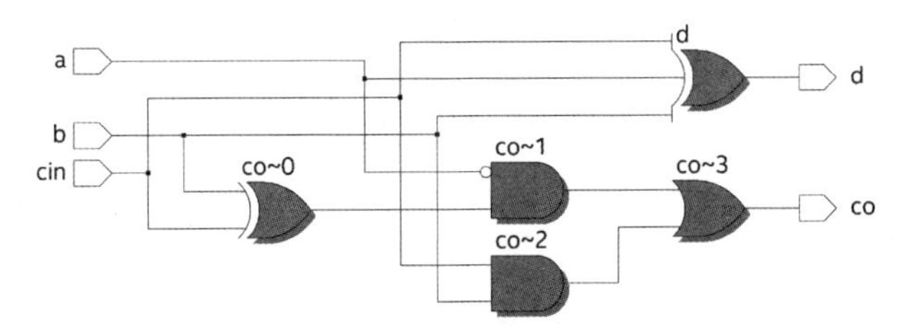

图 8.7 全减器的综合原理图

例 8.11 用数据流描述的全减器

```
module full_sub(
   input a, b,
   input cin,                              //低位借位
   output d, co);
assign d = a^b^cin,
      co = (~a&(b^cin))|(b&cin);
endmodule
```

全减器的 Test Bench 测试代码如例 8.12 所示，用 ModelSim 运行后的仿真波形图如图 8.8 所示，由波形图分析得知全减器功能正确。

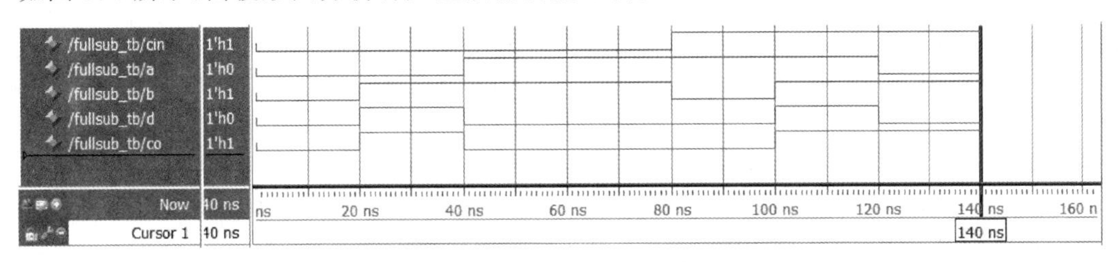

图 8.8 1 位全减器的仿真波形图

例 8.12 全减器的 Test Bench 测试代码

```
`timescale 1ns / 1ns
module fullsub_tb;
reg a,b,cin;
wire d, co;
full_sub u1(.a(a), .b(b), .cin(cin), .d(d), .co(co));
initial begin a = 0; b = 0; cin = 0;
   repeat(3) begin
   # 20 a <= $random; b <= $random; end
   repeat(3) begin
   # 20 cin <= 1; a <= $random; b <= $random; end
   # 20 $stop;
end
endmodule
```

3. 4 位二进制减法器

用数据流描述的 4 位二进制减法器(无符号)如例 8.13 所示，是由 4 个 1 位全减器(例 8.12)级联构成的，综合原理图如图 8.9 所示。

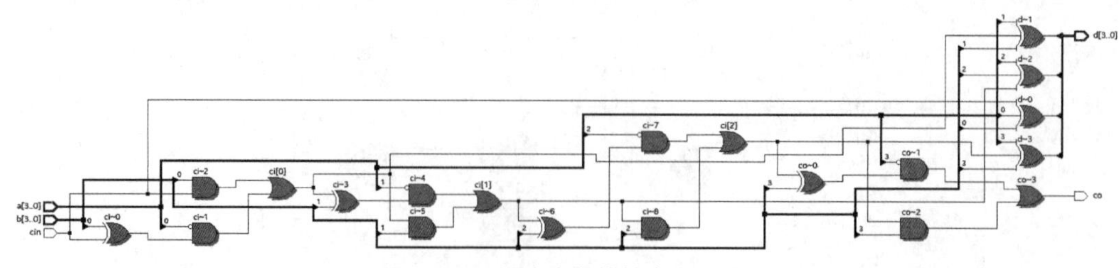

图 8.9　4 位减法器的综合原理图

例 8.13　4 位二进制减法器(无符号)

```
module sub4(
    input[3:0] a,b,                         //被减数和减数
    input cin,                              //低位的借位
    output[3:0] d,                          //差
    output co);                             //向高位的借位
    wire[2:0] ci;                           //用 ci 记录借位
assign d[0] = (a[0] ^ b[0]) ^ cin;          //产生第 0 位差和借位
assign ci[0] = (~a[0] & (b[0] ^ cin))|(b[0] & cin);
assign d[1] = (a[1] ^ b[1]) ^ ci[0];        //产生第 1 位差和借位
assign ci[1] = (~a[1] & (b[1] ^ ci[0]))|(b[1] & ci[0]);
assign d[2] = (a[2] ^ b[2]) ^ ci[1];        //产生第 2 位差和借位
assign ci[2] = (~a[2] & (b[2] ^ ci[1]))|(b[2] & ci[1]);
assign d[3] = (a[3] ^ b[3]) ^ ci[2];        //产生第 3 位差和借位
assign co = (~a[3] & (b[3] ^ ci[2]))|(b[3] & ci[2]);
endmodule
```

4 位二进制减法器的 Test Bench 测试代码如例 8.14 所示,用 ModelSim 运行后的测试波形图如图 8.10 所示,由波形图分析得知减法器功能正确。

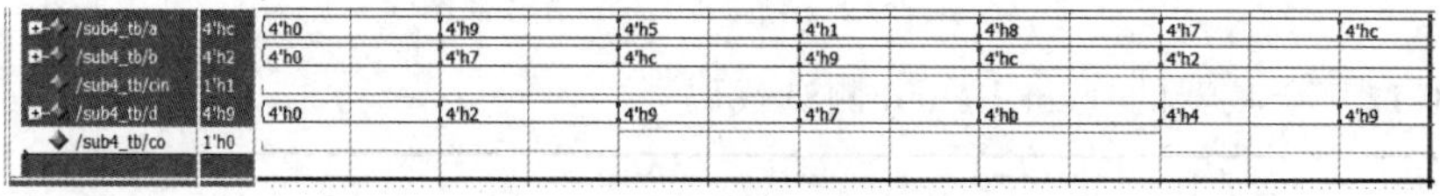

图 8.10　4 位二进制减法器的测试波形图

例 8.14　4 位二进制减法器的 Test Bench 测试代码

```
`timescale 1ns / 1ns
module sub4_tb;
reg[3:0] a,b;
reg cin;
wire[3:0] d;
wire co;
sub4 u1(.a(a), .b(b), .cin(cin), .d(d), .co(co));
initial begin a = 0; b = 0; cin = 0;
    # 20 a <= 4'b1001; b <= 4'b0111;
    # 20 a <= 4'b0101; b <= 4'b1100;
    # 20 a <= 4'b0001; b <= 4'b1001; cin <= 1;
    repeat(3) begin
    # 20 a <= { $random} % 15;              //a 为 0~15 之间的一个正的随机数
```

```
        b <= {$random} % 15; cin <= 1; end
    # 20 $stop;
end
endmodule
```

4. 8位补码减法器

本例实现两个8位二进制带符号数减法操作,被减数、减数和结果均采用补码的形式。

减法器可采用加法器实现,假设被减数、减数分别用 x 和 y 表示,结果用 d 表示,则:$d=x-y=x+(\sim y+1)$,故可用加法器实现减法操作。例8.15是两个8位带符号数减法运算的示例。

例 8.15 8位有符号数减法运算(被减数、减数和结果均用补码表示)

```
module sub8_sign
  #(parameter MSB = 8)
    (input signed[MSB-1:0] x,        //带符号被减数
     input signed[MSB-1:0] y,        //带符号减数
     output signed[MSB-1:0] d);      //结果
wire signed[MSB-1:0] temp_y;
assign temp_y = ~y + 1'b1;
assign d = x + temp_y;               //用加法器实现减法器
endmodule
```

注意: 上面的例子也可以直接用下面的减法操作符实现减法:

```
assign d = x - y;
```

减法操作符是可综合的,综合器可直接将上面的语句翻译成电路,其耗用的FPGA资源与上面的例子并无区别,所以加法和减法操作可直接用操作符描述。

编写测试代码对上面的减法器进行测试,如例8.16所示。

例 8.16 8位有符号数减法器的测试代码

```
`timescale 1ns/1ns
module sub8_sign_tb();
parameter DELY = 20;
parameter N = 8;
reg signed[N-1:0] x,y;
wire signed[N-1:0] d;
sub8_sign #(.MSB(N)) i1(.x(x), .y(y), .d(d));
initial begin
   x = -8'sd49; y = 8'sd55;
   #DELY x = 8'sd107;
   #DELY y = 8'sd112;
   #DELY x = -8'sd72;
   #DELY y = -8'sd99;
   repeat(4) begin
   #DELY x <= $random % 127;           //x为-127~127之间的一个随机数
         y <= $random % 127; end
   #DELY $stop;
   $display("Running testbench");
end
endmodule
```

上例的测试波形图如图 8.11 所示，可以发现减法结果正确，但有时会有溢出，能够检测溢出并给出溢出提示的 Verilog 代码，读者可自行完成。

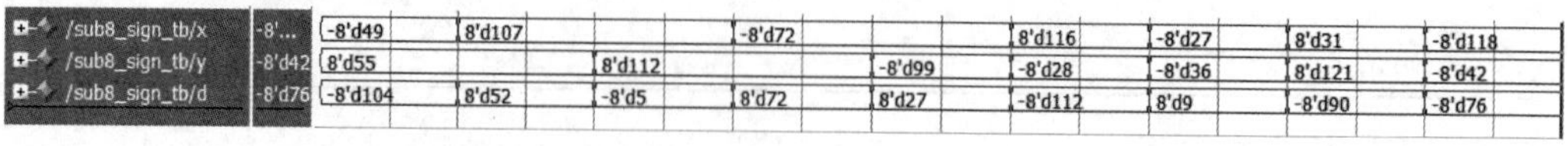

图 8.11　8 位有符号数减法器的测试波形图

8.4.5　数据流描述触发器

1. SR 锁存器

图 8.12 是 SR 锁存器的逻辑符号(图 8.12(a))和原理图(图 8.12(b))，采用数据流描述方式实现该原理图，代码如例 8.17 所示，图 8.12(c)是该例的综合结果。

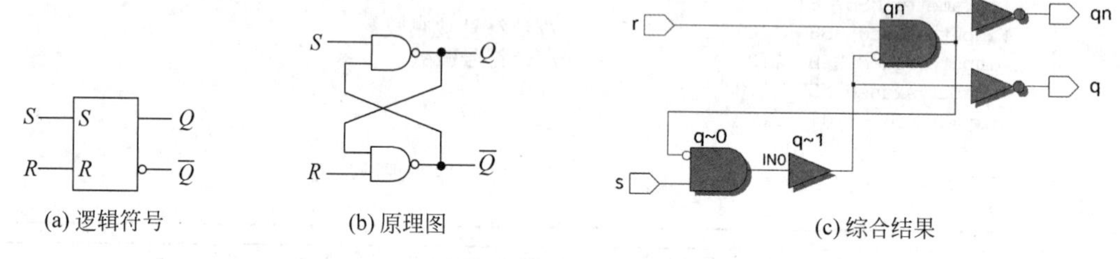

图 8.12　SR 锁存器

例 8.17　数据流描述 SR 锁存器

```
module sr_latch(
   input s,r,
   output q,qn);
assign q  = ~(s & qn), qn = ~(r & q);
endmodule
```

2. 电平触发的 D 触发器

图 8.13 是电平触发的 D 触发器(或称 D 锁存器)的逻辑符号(图 8.13(a))和原理图(图 8.13(b))，采用数据流描述方式描述该原理图，图 8.13(c)是其综合结果。

例 8.18　电平触发的 D 触发器

```
`timescale 1ns / 1ns
module d_latch(
   input d,cp,
   output q,qn);
wire y1,y2,y3,y4;
assign y1  =  ~(d & cp),
       y2  =  ~(cp & ~d),
       y3  =  ~(y1 & y4),
       y4  =  ~(y2 & y3);
assign #3 q  =  y3,  qn =  y4;                  //#3 表示与非门传输延时为 2 个单位时间(ns)
endmodule
```

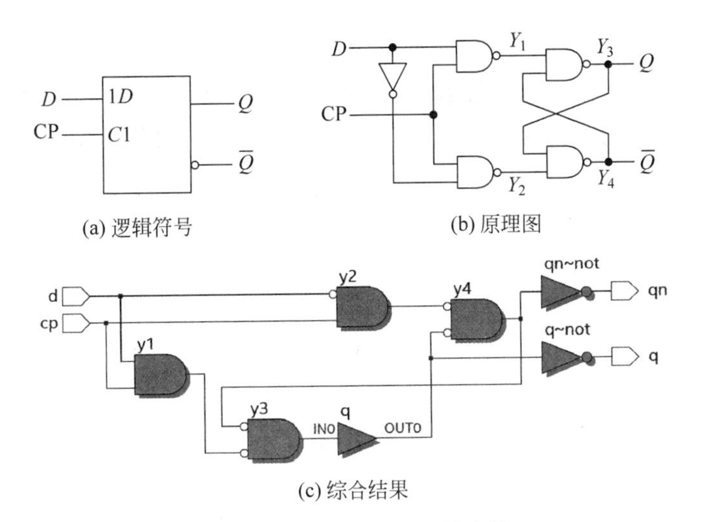

(a) 逻辑符号

(b) 原理图

(c) 综合结果

图 8.13 电平触发的 D 触发器

编写测试代码,对电平触发 D 触发器的逻辑功能进行测试。

例 8.19 电平触发的 D 触发器的测试代码

```
`timescale 1ns / 1ns
module d_latch_tb();
reg cp;
reg d;
wire q, qn;
initial begin cp = 1'b0; d = 1'b0; end
always #30 cp = ~cp;
always #12 d = ~d;
d_latch u1(.cp(cp), .d(d), .q(q), .qn(qn));
endmodule
```

用 ModelSim 运行上面的测试代码,得到的测试波形图如图 8.14 所示,由波形图可以看出,D 触发器的功能表如表 8.4 所示,当 CP 为低电平时,Q 输出端不会变化,只有当 CP 为高电平时,Q 输出端会变化,但存在空翻现象,即在 CP 为高电平期间,Q 输出端随 D 输入端的变化而发生多次状态变化。

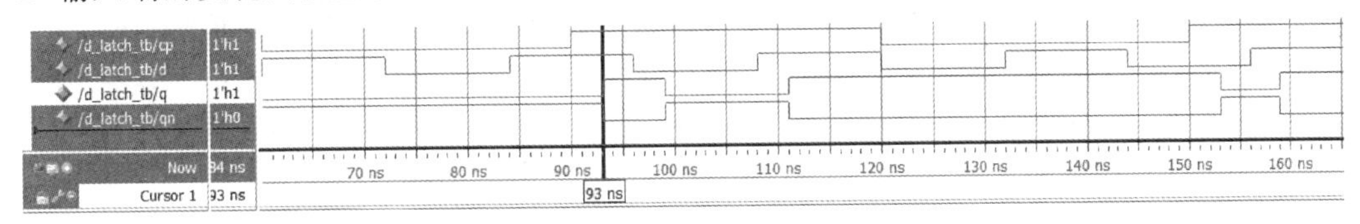

图 8.14 电平触发的 D 触发器的测试波形图

表 8.4 电平触发 D 触发器的功能表

CP	D^n	Q^{n+1}	功　能
0	Φ	Q^n	保持
1	0	0	清 0
	1	1	置 1

3. 边沿触发的D触发器

图8.15是边沿触发的D触发器，也称为维持阻塞D触发器，带有异步清0和异步置1端口，其中图8.15(a)是逻辑符号，图8.15(b)是原理图，用数据流方式对其进行描述，如例8.20所示。

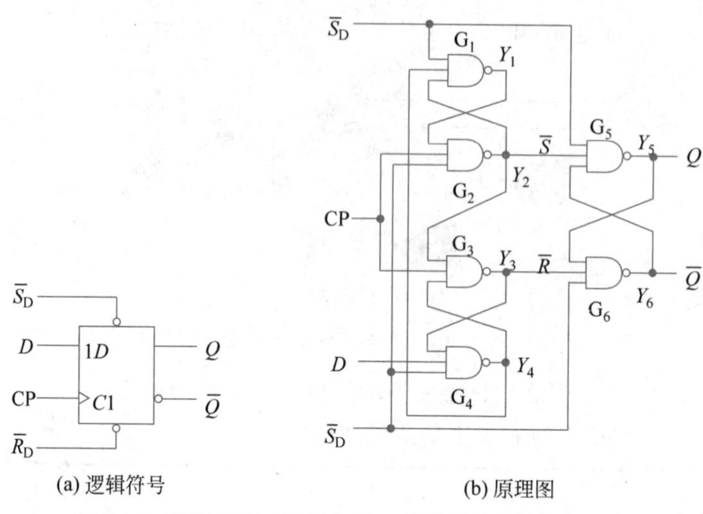

(a) 逻辑符号　　(b) 原理图

图8.15　带异步清0和异步置1的边沿触发的D触发器

例8.20　边沿触发的D触发器(带异步清0和异步置1端)

```
`timescale 1ns / 1ns
module dff_edge(
   input d,cp,sd,rd,
   output q,qn);
wire y1,y2,y3,y4,y5,y6;
assign y1 = ~(sd & y2 & y4),
       y2 = ~(rd & cp & y1),
       y3 = ~(cp & y2 & y4),
       y4 = ~(rd & y3 & d),
       y5 = ~(sd & y2 & y6),
       y6 = ~(rd & y3 & y5);
assign #3 q = y5;                    //#3 表示与非门传输延时为3个单位时间(ns)
assign #3 qn = y6;
endmodule
```

边沿触发D触发器的Test Bench测试代码如例8.21所示，用ModelSim运行后的仿真波形图如图8.16所示，由波形图可看出，边沿触发D触发器已经克服了电平触发D触发器的空翻现象。

例8.21　边沿触发的D触发器的Test Bench测试代码

```
`timescale 1ns / 1ns
module dff_edge_tb();
reg d,cp;
```

```
reg rd,sd;
wire q, qn;
initial begin
   cp = 1'b0; rd = 1'b0; sd= 1'b1; d = 1'b1;
   #35 rd = 1'b1;
   #25 sd = 1'b0;
   #40 sd = 1'b1;
end
always #30 cp = ~cp;
always #12 d = ~d;
dff_edge u1(.cp(cp), .rd(rd), .sd(sd),.d(d), .q(q), .qn(qn));
endmodule
```

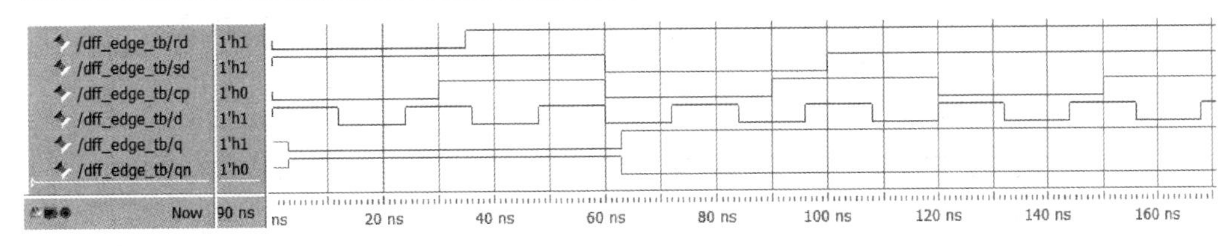

图 8.16　边沿触发的 D 触发器的测试波形图

8.4.6　格雷码与二进制码相互转换

格雷码是一种循环码，特点是相邻码字只有一个比特位发生变化，从而有效降低CDC(跨时钟域)情况下亚稳态问题发生的概率，格雷码常用于通信、FIFO 或 RAM 地址寻址计数器中。但格雷码是一种无权码，一般不能用于算术运算。

1. 二进制码转格雷码

二进制码转格雷码的方法如下：二进制码的最高位作为格雷码的最高位，格雷码的次高位由二进制码的高位和次高位异或得到，以此类推，转换过程如图 8.17 所示。

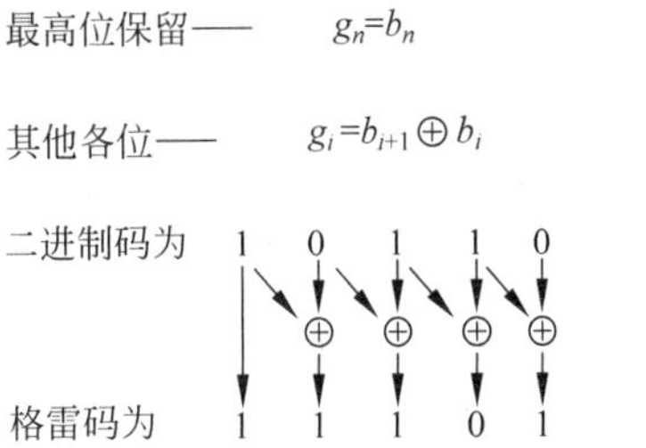

最高位保留——　$g_n=b_n$

其他各位——　$g_i=b_{i+1}\oplus b_i$

二进制码为　1　0　1　1　0

格雷码为　1　1　1　0　1

图 8.17　二进制码转格雷码的转换过程

可得二进制码转格雷码的一般公式：gray＝bin^(bin >> 1)，据此写出数据流描述的 Verilog 代码如例 8.22 所示。

例 8.22　二进制码转格雷码

```
module bin2gray
   #(parameter WIDTH = 8)              //数据位宽
   (input[WIDTH - 1 : 0] bin,          //二进制码
   output[WIDTH - 1 : 0] gray);        //格雷码
assign gray = bin^(bin >> 1);          //二进制码转格雷码
endmodule
```

2. 格雷码转二进制码

格雷码转二进制码原理如下：格雷码的最高位作为二进制码的最高位，二进制码的

次高位由二进制码的高位和格雷码次高位异或得到，以此类推，转换过程如图 8.18 所示。

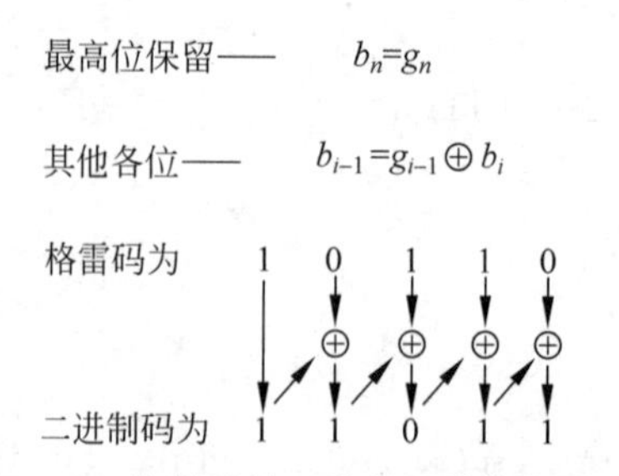

图 8.18 格雷码转二进制码的转换过程

最高位无须转换，从次高位开始使用二进制码的高位和格雷码的次高位相异或，可使用 generate、for 语句描述，代码如例 8.23 所示。

例 8.23 格雷码转二进制码

```
module gray2bin
    #(parameter WIDTH = 8)                    //数据位宽
    (input[WIDTH - 1 : 0] gray,               //格雷码
    output[WIDTH - 1 : 0] bin);               //二进制码
assign bin[WIDTH - 1] = gray[WIDTH - 1];      //最高位无须转换
genvar i;
generate                                 //次高位到 0,二进制码的高位和格雷码的次高位相异或
    for(i = 0; i <= WIDTH - 2; i = i + 1)
    begin: g2b                                //命名块
    assign bin[i] = bin[i + 1] ^ gray[i];
    end
endgenerate
endmodule
```

8.5 行为描述

行为描述是对设计实体的数学模型的描述，其抽象程度高于结构描述。行为描述类似于高级编程语言，当描述一个设计实体的行为时，无须知晓其内部电路构成，只需描述清楚输入与输出信号的行为特征。

Verilog HDL 行为描述是基于过程实现的，Verilog 的过程(procedure)包含以下 4 种结构。

- initial。
- always。
- task。
- function。

一个 Verilog 模块可以包含多个 initial 语句和 always 语句，但 initial 语句和 always 语句不能嵌套使用。initial 过程块中的语句只执行一次，always 过程则不断重复执行。

8.5.1 always 过程语句

always 过程使用模板如下。

```
always @(<敏感信号列表 sensitivity list>)
begin
    //过程赋值
    //if - else,case 选择语句
    //while,repeat,for 循环语句
    //task,function 调用
end
```

1. 过程的触发条件

always 过程语句通常带有触发条件,触发条件写在敏感信号表达式中,仅当满足触发条件时,其后的 begin-end 块语句才被执行。

在例 8.24 中,posedge clk 表示将时钟信号 clk 的上升沿作为触发条件,而 negedge clr 表示将 clr 信号的下降沿作为触发条件。

例 8.24 同步置数、异步清 0 的计数器

```
module count(
    input load,clk,clr,
    input[7:0] data,
    output reg[7:0] out);
always @(posedge clk or negedge clr)          //clk 上升沿或 clr 下降沿触发
begin
    if(!clr)   out <= 8'h00;                  //异步清 0,低电平有效
    else if(load)   out <= data;              //同步预置
    else   out <= out + 1;                    //计数
end
endmodule
```

注意: 在例 8.24 中,在 clr 信号下降沿到来时清 0,故低电平清 0 有效,如果需要高电平清 0 有效,则应把 clr 信号上升沿作为敏感信号。

```
always @(posedge clk or posedge clr)
                    //clr 信号上升沿到来时清 0,故高电平清 0 有效
```

故过程体内的描述应与敏感信号列表在逻辑上一致,比如下面的描述是错误的:

```
always @(posedge clk or negedge clr) begin
    if(clr) out <= 0; //与敏感信号列表中 clr 下降沿触发矛盾,应改为 if(!clr)
    else out <= out + 1;
end
```

2. 敏感信号列表

当多个事件或信号中任一个发生变化都能触发语句的执行时,Verilog HDL 用关键字 or 连接多个事件或信号,这些事件或信号组成的列表称为“敏感列表”,也可以用逗号“,”代替 or。

示例如下。

```
always @(a, b, c, d, e)                  //用逗号分隔敏感信号
always @(posedge clk, negedge rstn)      //用逗号分隔敏感信号
always @(a or b, c, d or e)              //or 和逗号混用,分隔敏感信号
```

在 RTL 级的设计中,有时需要在敏感信号列表中列出所有的输入信号,在 Verilog-2001 中,采用隐式事件表达式(implicit event_expression)解决此问题,采用隐式事件表达式后,综合器会自动从过程块中读取所有的 net 和 variable 型输入变量并添加到事件表达式中,以解决容易漏写输入变量的问题。隐式事件表达式可采用下面两种形式之一。

```
always @ *                               //形式 1
always @( * )                            //形式 2
```

比如:

```
always @( * )                            //等同于 @(opa or opb or c or d or f)
   y = (opa & opb) | (c & d) | myfunction(f);
```

例 8.25 实现了一个指令译码电路,通过指令判断对输入数据执行相应的操作,包括加、减、求与、求或、求反,如果用 assign 语句描述,表达起来较烦琐,而采用 always 过程和 case 语句进行判断,可使设计思路得到直观体现。

例 8.25 指令译码电路示例

```
`define add 3'd0
`define minus 3'd1
`define band 3'd2
`define bor 3'd3
`define bnot 3'd4
module alu(
   input[2:0] opcode,                    //操作码
   input[7:0] a,b,                       //操作数
   output reg[7:0] out);
always @ * begin                         //或写为 always@( * )
   case(opcode)
   `add: out = a + b;                    //加操作
   `minus: out = a - b;                  //减操作
   `band: out = a&b;                     //按位与
   `bor: out = a|b;                      //按位或
   `bnot: out = ~a;                      //按位取反
   default:out = 8'hx;                   //未收到指令时,输出不定态
   endcase end
endmodule
```

8.5.2 initial 过程

initial 过程的使用格式如下。

```
initial
  begin
```

```
   语句 1;
   语句 2;
   …
  end
```

initial 语句不带触发条件,其语句块沿时间轴只执行一次。

注意: initial 语句是可以综合的,只不过不能添加时序控制语句,因此作用有限,一般只用于变量的初始化。

8.5.3 过程赋值

过程赋值(procedural assignment)必须置于 always、initial、task 和 function 过程内,属于"激活"类型的赋值,用于为 reg、integer、time 和存储器等数据类型的对象赋值。过程赋值语句有以下两种。

- 阻塞过程赋值语句。
- 非阻塞过程赋值语句。

1. 阻塞过程赋值

阻塞过程赋值符号为"="(与连续赋值符号相同),其格式为

```
initial
  begin
   语句 1;
   语句 2;
   …
  end
```

```
b = a;
```

阻塞过程赋值在该语句结束时立即完成赋值操作,即 b 的值在该条语句结束后立刻更新。如果一个 begin-end 块中有多条阻塞过程赋值语句,那么在前面的赋值语句完成之前,后面的语句不能被执行,仿佛被阻塞了,因此称为阻塞过程赋值。

阻塞过程赋值的示例如下。

```
rega[3] = 1;                          //位选
rega[3:5] = 7;                        //段选
mema[address] = 8'hff;                //给存储器单元赋值
{carry, acc} = rega + regb;           //位拼接赋值
```

2. 非阻塞过程赋值

非阻塞过程赋值的符号为"<="(与关系操作符中的小于或等于号相同)。

```
b <= a;
```

非阻塞过程赋值可以在同一时间为多个变量赋值,而无须考虑语句顺序或相互依赖

性，非阻塞过程赋值语句是并发执行的（相互间无依赖关系），故其书写顺序对执行结果无影响。

例 8.26 非阻塞过程赋值的示例

```
`timescale 1ns/1ns
module evaluate;
reg a, b, c;
initial begin a = 0;b = 1;c = 0; end
always c = #5 ~c;
always @(posedge c) begin
   a <= b;
   b <= a;
#100 $finish; end
endmodule
```

上例的执行结果如图 8.19 所示。

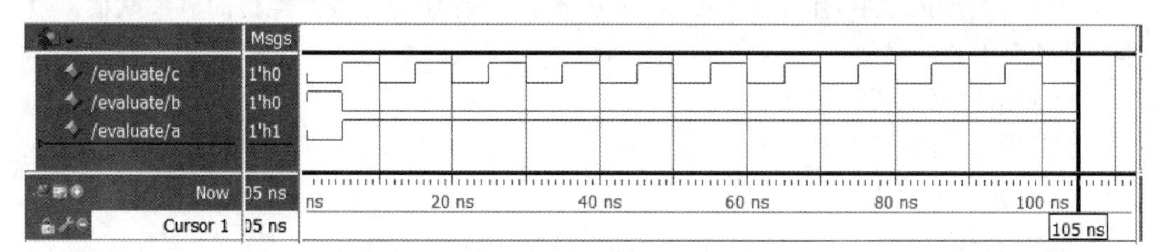

图 8.19 非阻塞过程赋值的执行结果

注意： 在 variable 型变量声明时可以为其赋初值，这可看作过程赋值的一种特殊情况，variable 型变量将会保持该值，直到遇到下一条对该变量的赋值语句。比如：

```
reg[3:0] a = 4'h4;
```

等同于：

```
reg[3:0] a;
initial a = 4'h4;
```

3. 阻塞赋值过程与非阻塞过程赋值的区别

阻塞过程赋值和非阻塞过程赋值的区别如例 8.27 所示。

例 8.27 非阻塞赋值与阻塞赋值的区别

```
//非阻塞过程赋值模块
module non_block2(
     input clk,a,
     output reg c,b);
always @(posedge clk)
     begin
     b<=a;
     c<=b;
     end
endmodule
```

```
//阻塞过程赋值模块
module block2(
     input clk,a,
     output reg c,b);
always @(posedge clk)
     begin
     b=a;
     c=b;
     end
endmodule
```

将上面两段代码综合，结果分别如图 8.20 和图 8.21 所示，可看出两种赋值的区别。

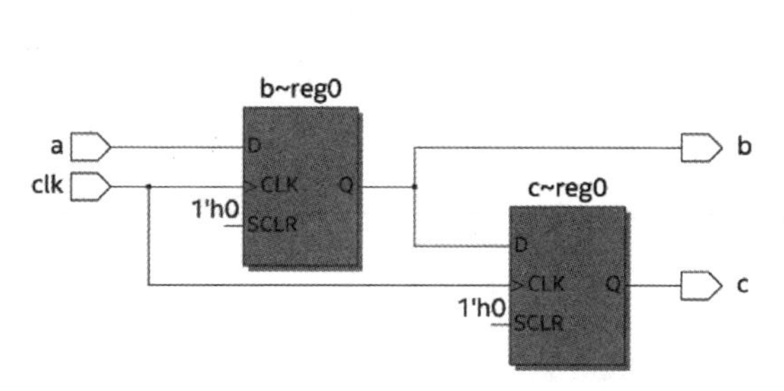

图 8.20 非阻塞过程赋值的综合结果

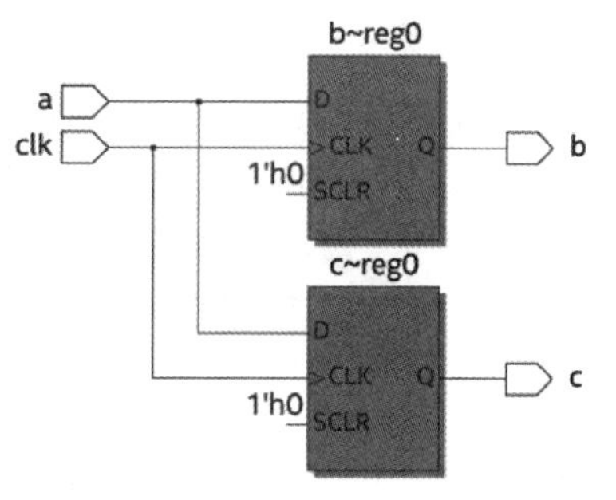

图 8.21 阻塞过程赋值的综合结果

8.6 行为语句

Verilog HDL 行为级建模有赖于行为语句，这些行为语句如表 8.5 所示。表中的过程语句、赋值语句前面已介绍，本节着重介绍条件语句(if-else、case 语句)和 for 循环语句。

表 8.5 Verilog HDL 的行为语句

类 别	语 句	可综合性
过程语句	initial	√
	always	√
	task,function	√
赋值语句	连续赋值 assign	√
	过程赋值=、<=	√
条件语句	if-else	√
	case	√
循环语句	for	√

8.6.1 if-else 语句

if 语句的格式与 C 语言中的 if-else 语句的格式类似，其使用方法有以下几种。

```
(1)if(表达式)            语句 1;          //非完整性 if 语句
(2)if(表达式)            语句 1;          //二重选择的 if 语句
   else                  语句 2;
(3)if(表达式 1)          语句 1;          //多重选择的 if 语句
   else if(表达式 2)     语句 2;
   …
   else if(表达式 n)     语句 n;
   else                  语句 n+1;
```

在上述方式中，表达式一般为逻辑表达式或关系表达式，也可能是 1 位的变量。系统对表达式的值进行判断，若为 0、x、z，则按“假”处理；若为 1，则按“真”处理，执行指定的语句。语句可以是单句，也可以是多句，多句时用 begin-end 块语句括起来。if 语句也可以多重嵌套,对于 if 语句的嵌套,若不清楚 if 和 else 的匹配,最好用 begin-end 块语句括起来。

1. 二重选择的 if 语句

首先判断条件是否成立,如果 if 语句中的条件成立,那么程序会执行语句 1,否则执行语句 2。例 8.28 用二重选择 if 语句描述了三态非门。

例 8.28 用二重选择 if 语句描述的三态非门

```
module tri_not(
    input x,oe,
    output reg y);
always @(x,oe) begin
    if(!oe) y<= ~x;
    else y<= 1'bZ; end
endmodule
```

2. 多重选择的 if 语句

例 8.29 是用多重选择 if 语句实现的 4 位同步置数/异步清 0 加法计数器 74161。

例 8.29 4 位二进制同步置数/异步清 0 加法计数器 74161

```
`timescale 1ns / 1ps
module ls161
#(parameter DELAY = 5)
    (input cp,
    input d,c,b,a,
    input p,t,ld,clr,
    output co,q0,q1,q2,q3);
reg [3:0] qo;
always @(posedge cp, negedge clr) begin
    if(!clr)        qo <=  4'b0;          //异步清 0
    else if(~ld)    qo <=  {d,c,b,a};     //同步置数
    else if(p & t)  qo <=  qo + 1'b1;     //加法计数
    else            qo <=  qo;
end
assign #DELAY co = (({q3,q2,q1,q0} == 4'b1111)&&(t == 1'b1))? 1 : 0;
assign #DELAY q0 = qo[0], q1 = qo[1], q2 = qo[2], q3 = qo[3];
endmodule
```

3. 多重嵌套的 if 语句

if 语句可以嵌套,多用于描述具有复杂控制功能的逻辑电路。

多重嵌套的 if 语句的格式如下。

```
if(条件 1) 语句 1;
if(条件 2) 语句 2;
    ...
```

8.6.2 case 语句

相比 if 语句只有两个分支,case 语句是一种多分支语句,故 case 语句多用于多条件

译码电路，如描述译码器、数据选择器、状态机及微处理器的指令译码等。

case 语句的格式如下。

```
case (敏感表达式)
   值 1:语句 1;                          //case 分支项
   值 2:语句 2;

   值 n:语句 n;
   default:语句 n+1;
endcase
```

当敏感表达式的值为 1 时，执行语句 1；值为 2 时，执行语句 2；以此类推。若敏感表达式的值与上面列出的值都不相符，则执行 default 后面的语句 n+1。若前面已列出了敏感表达式所有可能的取值，则 default 语句可省略。

例 8.30 是用 case 语句描述的 3 人表决电路。

例 8.30　用 case 语句描述的 3 人表决电路

```
module vote3(
   input a,b,c,
   output reg pass);
always @(a,b,c) begin
   case({a,b,c})
   3'b000,3'b001,3'b010,3'b100: pass = 1'b0;  //多个值间用逗号","连接
   3'b011,3'b101,3'b110,3'b111: pass = 1'b1;  //表决通过
   default: pass = 1'b0;
   endcase end
endmodule
```

8.6.3　for 语句

for 语句的格式如下(同 C 语言)。

```
for(循环变量赋初值;循环结束条件;循环变量增值)
执行语句;
```

例 8.31 是用 for 循环语句生成奇校验位的示例。

例 8.31　用 for 循环语句生成奇校验位

```
module parity_check #(parameter SIZE = 8)
   (input[SIZE - 1:0] a,
   output reg y);
integer i;
always @(a)
begin y = 1'b1;                          //注意此处不能采用非阻塞赋值<=
   for(i = 0;i <= SIZE - 1;i = i + 1)   //for 语句
   y = y ^ a[i]; end                     //此处不能采用非阻塞赋值<=
endmodule
```

在例 8.31 中，for 循环语句执行 1⊕a[0]⊕a[1]⊕a[2]⊕a[3]⊕a[4]⊕a[5]⊕a[6]⊕a[7]运算，奇校验电路 RTL 的综合结果如图 8.22 所示。如果将变量 y 的初值改为 0，则

上例变为偶校验电路。

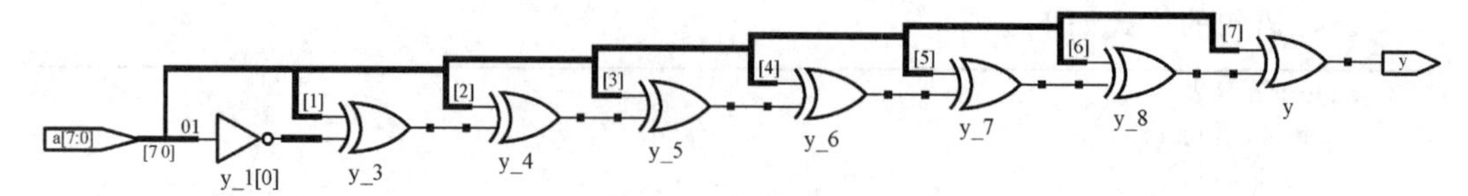

图 8.22 奇校验电路 RTL 的综合结果

8.6.4 generate、for 生成语句

generate 语句和 for 循环语句一起使用，generate 循环可以产生一个对象（如 module、primitive，或者 variable、net、task、function、assign、initial 和 always）的多个例化，为可变尺度的设计提供便利。

注意：

在使用 generate、for 生成语句时需注意以下几点。

(1) 关键字 genvar 用于定义 for 的索引变量，genvar 变量只作用于 generate 生成块内，在仿真输出中是看不到 genvar 变量的。

(2) for 循环的内容必须加 begin 和 end（即使只有一条语句），且必须为 begin-end 块命名，以便于循环例化的展开，也便于对生成语句中的变量进行层次化引用。

例 8.32 是用 generate 语句描述的 4 位行波进位加法器的示例，它采用 generate 语句和 for 循环产生元件的例化和元件间的连接关系。

例 8.32 用 generate 语句描述的 4 位行波进位加法器

```
module add_ripple #(parameter SIZE = 4)
    (input[SIZE - 1:0] a,b,
    input cin,
    output[SIZE - 1:0] sum,
    output cout);
wire[SIZE:0] c;
assign c[0] = cin;
generate
    genvar i;                    //声明循环变量,该变量只作用于 generate 生成块内
    for(i = 0;i < SIZE;i = i + 1)
    begin : add                  //generate 循环块命名
    wire n1,n2,n3;
    xor g1(n1,a[i],b[i]);
    xor g2(sum[i],n1,c[i]);
    and g3(n2,a[i],b[i]);
    and g4(n3,n1,c[i]);
    or g5(c[i + 1],n2,n3); end
endgenerate                      //generate 生成块结束
assign cout = c[SIZE];
endmodule
```

例 8.32 用 Quartus Prime 软件综合，其 RTL 综合原理图如图 8.23 所示，从图中可以看出，generate 执行过程中，每次循环中有唯一的名字，如 add[0]、add[1]等，这也是

begin-end 块语句需要起名字的原因之一。

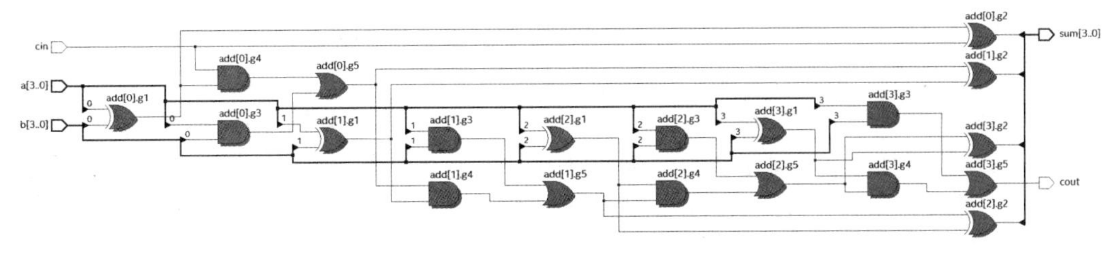

图 8.23　4 位行波进位加法器 RTL 综合原理图

例 8.33 是参数化的格雷码到二进制码的转换器模块，采用 generate 语句和 for 循环复制(生成)assign 连续赋值操作实现。

例 8.33　参数化的格雷码到二进制码转换器模块的实现方法一

```
module gray2bin1(
   input[SIZE - 1:0] gray,
   output[SIZE - 1:0] bin);
parameter SIZE = 8;
genvar i;                                //声明循环变量
generate
   for (i = 0; i < SIZE; i = i + 1)
   begin : bit
   assign bin[i] = ^ gray[SIZE - 1:i];   //复制 assign 赋值操作
   end
endgenerate
endmodule
```

例 8.34 也是实现格雷码到二进制码的转换，也采用 generate 语句和 for 循环语句实现，不同之处在于复制的是 always 过程块。

例 8.34　参数化的格雷码到二进制码转换器模块的实现方法二

```
module gray2bin2(bin, gray);
parameter SIZE = 8;
output [SIZE - 1:0] bin;
input [SIZE - 1:0] gray;
reg [SIZE - 1:0] bin;
genvar i;
generate for (i = 0; i < SIZE; i = i + 1)
   begin: bit
   always @(gray[SIZE - 1:i])            //复制 always 过程块
   bin[i] = ^gray[SIZE - 1:i]; end
endgenerate
endmodule
```

8.6.5　*m* 序列产生器

用行为描述方式可以很容易地实现 *m* 序列发生器。

1. m 序列的原理与性质

图 8.24 所示为由 n 级线性反馈移位寄存器(Linear Feedback Shift Register,LFSR)构成的序列发生器,可产生序列周期最长为 2^n-1。图中 $C_0,C_1,\cdots,C_n$ 均为反馈线,C_0 和 C_n 必为1(参与反馈),反馈系数 $C_1,C_2,\cdots,C_{n-1}$ 为1表示参与反馈,为0表示不参与反馈。线性反馈移位寄存器能否产生 m 序列,取决于它的反馈系数,表 8.6 中列出了部分 m 序列的反馈系数 C_i,按照表中的系数构造序列发生器,就能产生相应的 m 序列。

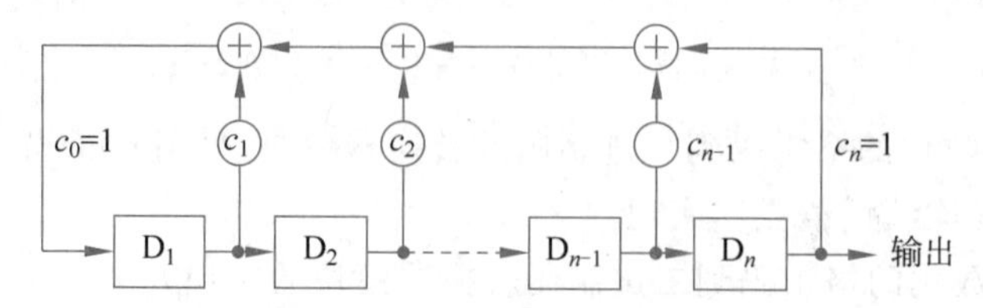

图 8.24 n 级线性反馈移位寄存器构成的序列发生器

表 8.6 部分 m 序列的反馈系数

级数 n	周期 P	反馈系数 C_i(八进制)
3	7	13
4	15	23
5	31	45,67,75
6	63	103,147,155
7	127	203,211,217,235,277,313,325,345,367
8	255	435,453,537,543,545,551,703,747
9	511	1021,1055,1131,1157,1167,1175
10	1023	2011,2033,2157,2443,2745,3471
11	2047	4005,4445,5023,5263,6211,7363
12	4095	10123,11417,12515,13505,14127,15053
13	8191	20033,23261,24633,30741,32535,37505
14	16383	42103,51761,55753,60153,71147,67401
15	32765	100003,110013,120265,133663,142305

以 7 级 m 序列反馈系数 $C_i=(211)_8$ 为例,$C_i=(211)_8=(10001001)_2$,可得各级反馈系数为 $C_0=1,C_1=C_2=C_3=0,C_4=1,C_5=C_6=0,C_7=1$,由此可构造出相应的 m 序列发生器,C_i 的取值可用其序列多项式(特征方程)表示为 $f(x)=c_0+c_1x+c_2x^2+\cdots+c_nx^n$,该式又称为序列生成多项式,反馈系数 $C_i=(211)_8$ 对应的 m 序列生成多项式为 $f(x)=1+x^4+x^7$。

反馈系数一旦确定,产生的序列就确定了,当移位寄存器的初始状态不同时,所产生周期序列的初始相位不同,也就是观察的初始值不同,但仍是同一序列。

注意:表 8.6 中列出的是部分 m 序列的反馈系数,将表中的反馈系数进行比特反转(镜像),也能得到相应的 m 序列。比如,取 $C_i=(23)_8=(10011)_2$,进行比特反转之后变为 $(11001)_2=(31)_8$,所以 4 级的 m 序列共有 2 个。

2. 用 Verilog 描述 m 序列发生器

此处以 $n=5$、周期为 $2^5-1=31$ 的 m 序列为例，介绍 m 序列的设计方法。查表 8.6 可得，$n=5$，反馈系数 $C_i=(45)_8=(100101)_2$，得到相应的反馈系数为 $C_0=1, C_1=C_2=0, C_3=1, C_4=0, C_5=1$。生成多项式为 $f(x)=1+x^3+x^5$，画出其对应的 m 序列发生器电路原理图如图 8.25 所示。另需注意，该电路的初始状态不能为 00000，因为一旦进入全零状态，系统就陷入死循环，故需要为电路设置一个非零初始态(如 00001)，用 Verilog 描述该电路如例 8.35 所示。

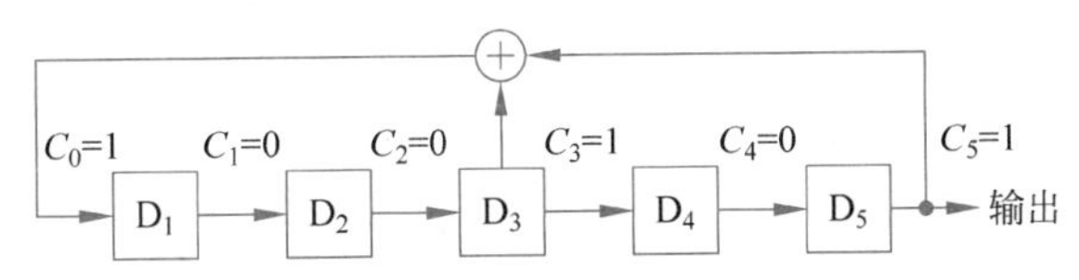

图 8.25　n 为 5 的 m 序列发生器电路原理图

例 8.35　n 为 5、反馈系数 $C_i=(45)_8$ 的 m 序列发生器

```
//the generation poly is 1 + x ** 3 + x ** 5
module m_sequence
   (input clr,clk,
   output reg m_out);
reg[4:0] shift_reg;
always @(posedge clk, negedge clr) begin
   if(~clr) begin shift_reg <= 5'b00001; end        //异步复位,设置非零初始态
   else begin
   shift_reg[0] <=  shift_reg[2] ^ shift_reg[4];
   shift_reg[4:1]<= shift_reg[3:0];
   m_out <=  shift_reg[4]; end
end
endmodule
```

如果电路反馈逻辑关系不变，换为另一个初始状态，则产生的序列仍为 m 序列，只是相位不同。例如，初始状态为“10000”的序列是初始状态为“00001”的输出序列循环右移一位而已。

查表 8.6 可得，级数为 5 的 m 序列，反馈系数还有 $(67)_8$、$(75)_8$，在例 8.36 中，通过 sel 端选择反馈系数，分别产生相应的 m 序列。

例 8.36　n 为 5、反馈系数 C_i 分别为 $(45)_8$、$(67)_8$、$(75)_8$ 的 m 序列发生器

```
module m_seq5
   (input clr,clk,
   input[1:0] sel;                          //选择端,用于选择反馈系数
   output reg m_out);
reg[4:0] shift_reg;
always @(posedge clk, negedge clr) begin
   if(~clr)
   begin shift_reg <= 5'b00001; end        //异步复位,设置非零初始态
   else begin
```

```
    case (sel)
    2'b00: begin                              //反馈系数 Ci 为(45)8
      shift_reg[0]<= shift_reg[2] ^ shift_reg[4];
      shift_reg[4:1]<= shift_reg[3:0]; end
    2'b01: begin                              //反馈系数 Ci 为(67)8
      shift_reg[0]<= shift_reg[0]^shift_reg[2]^shift_reg[3]^shift_reg[4];
      shift_reg[4:1]<= shift_reg[3:0]; end
    2'b10: begin                              //反馈系数 Ci 为(75)8
      shift_reg[0]<= shift_reg[0]^shift_reg[1]^shift_reg[2]^shift_reg[4];
      shift_reg[4:1]<= shift_reg[3:0]; end
    default: shift_reg <= 5'bX;
    endcase
m_out <= shift_reg[4];
end end
endmodule
```

8.7 任务和函数

8.7.1 任务

任务(task)的定义方式如下。

```
task <任务名>;                              //无端口列表
   端口及数据类型声明语句;
   其他语句;
endtask
```

任务调用的格式如下。

```
<任务名> (端口 1,端口 2,…);        //任务调用时的端口顺序应与定义时的端口顺序保持一致
```

定义任务可以写为如下两种形式：

```
task sum;          //任务定义形式 1
input[7:0] a, b;
output[7:0] s;
begin s = a + b; end
endtask
```

```
task sum(          //任务定义形式 2
   input[7:0] a, b,
   output[7:0] s);
begin s = a + b; end
endtask
```

调用任务时,可以这样使用。

```
module task_inst(
   input[7:0] x, y,
   output reg[7:0] z);
always@ * begin
   sum(x, y, z);              //任务调用,变量 x 和 y 的值赋给 a 和 b;任务完成后,s 的值赋给 z
end
endmodule
```

当用综合器综合上面的代码时,应将 task 任务源码置于模块内,不可放在模块外定义。

在例 8.37 中用任务实现异或功能。

例 8.37 用任务实现异或功能

```
module xor_oper
  #(parameter N = 4)
   (input clk, rstn,
   input[N-1:0] a, b,
   output [N-1:0] co);
reg[N-1:0] co_t;
always @(*) begin
   xor_tsk(a, b, co_t);           //任务例化
   end
reg[N-1:0] co_r;
always @(posedge clk or negedge rstn) begin
   if(!rstn) begin co_r <= 'b0; end
   else begin co_r <= co_t; end end
assign co = co_r;
/* ------------ task ---------- */
task xor_tsk;
input [N-1:0] numa;
input [N-1:0] numb;
output [N-1:0] numco;
   #3 numco = numa ^ numb;      //实现异或功能
endtask
endmodule
```

注意： 使用任务时，应注意以下几点。

(1) 任务的定义与调用必须在一个 module 模块内。

(2) 定义任务时，没有端口名列表，但需紧接着进行输入/输出端口和数据类型的说明；通过任务名实现任务调用，任务调用时端口名的排序和类型必须与任务定义一致。

(3) 任务可以调用别的任务和函数，且其调用个数不受限制。

8.7.2 函数

在 Verilog 模块中，如果多次用到重复的代码，可以把这部分代码摘取出来，定义为函数(function)。在综合时，每调用一次函数，则复制或平铺该电路一次，所以函数不宜过于复杂。

函数可以有一个或多个输入，但只能返回一个值，其定义格式如下。

```
function <返回值位宽或类型说明> 函数名;
   端口声明;
   局部变量定义;
   其他语句;
endfunction
```

<返回值位宽或类型说明>为可选项，如果缺省，则返回值为 1 位 reg 类型的数据。

函数的调用通常是在表达式中调用函数的返回值，并将函数作为表达式中的一个操作数来实现的，其调用格式如下。

```
<函数名> ( <表达式> <表达式> );
```

例 8.38 用函数实现输入向量从原码到补码的转换，使用 comp2(vect)形式进行调用，其中 vect 是输入的 8 位原码，位宽用参数 N 表示。

例 8.38 用函数实现输入向量从原码到补码的转换

```
`timescale 1ns/1ns
module comp2_fuct
   #(parameter N = 8)        //位宽用参数定义
   (input[N-1:0] vect,
   output[N-1:0] result);
assign result = comp2(vect);
//-------------------------------------------
function [N-1:0] comp2;    //函数定义
input[N-1:0] ain;
begin comp2 = ain[N-1]?{ain[N-1],~ain[N-2:0] + 1'b1} : ain; end
endfunction
endmodule
```

例 8.39 是对例 8.38 的 Test Bench 测试代码，图 8.26 是其测试波形图，说明运算功能正确。

/comp2_fuct_tb/ain	8'b...	8'b10101100	8'b10101101	8'b10101110	8'b10101111	8'b10110000
/comp2_fuct_tb/y_out	8'b...	8'b11010100	8'b11010011	8'b11010010	8'b11010001	8'b11010000

图 8.26 8 位原码转换为 8 位补码的测试波形图

例 8.39 8 位原码转换为 8 位补码的测试代码

```
`timescale 1ns/1ns
module comp2_fuct_tb;
parameter MSB = 8;
reg[MSB-1:0] ain;
wire[MSB-1:0] y_out;
comp2_fuct #(.N(MSB)) u1(.vect(ain),.result(y_out));
initial begin ain <= 0;
   # 3000 $ stop; end
always #10 ain <= ain + 1;  //让 ain 变化,遍历逻辑值
endmodule
```

与 C 语言相似，Verilog 使用函数以适应对不同操作数采取同一运算的操作。函数在综合时被转换为具有独立运算功能的电路，每调用一次函数相当于改变这部分电路的输入以得到相应的结果。

例 8.40 用函数实现带控制端的整数运算的电路，分别实现正整数的平方、立方和阶乘运算。

例 8.40 用函数实现正整数的平方、立方和阶乘运算

```
module calculate(
   input clk,clr,
   input[1:0] sel,
   input[3:0] n,
   output reg[31:0] result);
always @(posedge clk) begin
   if(!clr) result <= 0;
   else begin
   case(sel)
   2'd0: result <= square(n);
   2'd1: result <= cubic(n);
   2'd2: result <= factorial(n);           //调用 factorial 函数
   endcase
end end
//-----------------------------------------------
function [31:0] square;                    //平方运算函数定义
input[3:0] operand;
begin square = operand * operand; end
endfunction
//-----------------------------------------------
function [31:0] cubic;
input[3:0] operand;
begin cubic = operand * operand * operand; end
endfunction
//-----------------------------------------------
function [31:0] factorial;                 //阶乘运算函数定义
input[3:0] operand;
integer i;
begin
   factorial = 1;
   for(i = 2; i <= operand; i = i + 1)
   factorial = i * factorial;
end endfunction
endmodule
```

例 8.41 是例 8.40 的 Test Bench 测试代码，图 8.27 是其测试波形图，说明运算功能正确。

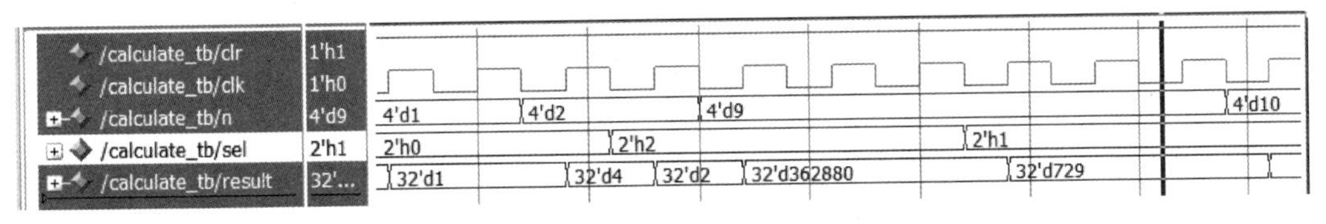

图 8.27 平方、立方和阶乘运算电路的测试波形图

例 8.41 平方、立方和阶乘运算电路的 Test Bench 代码

```
`timescale 1ns/100ps
module calculate_tb;
```

```
reg[3:0] n;
reg clr,clk;
reg[1:0] sel;
wire[31:0] result;
parameter CYCLE = 20;
calculate u1(.clk(clk),.n(n),.result(result),.clr(clr),.sel(sel));
initial begin clk = 0;
   forever # CYCLE clk = ~clk; end      //产生时钟信号
initial begin
   {n, clr, sel} <= 0;
   #40 clr = 1;
   repeat(10) begin
   @(negedge clk) begin
   n = { $random} % 11;
   @(negedge clk)
   sel = { $random} % 3;
   end end
   #1000 $stop; end
endmodule
```

注意：

使用函数时，应注意以下几点。

(1) 函数的定义与调用必须在一个 module 模块内。

(2) 函数只允许有输入变量且必须至少有一个输入变量，输出变量由函数名本身担任，函数名须定义其数据类型和位宽，调用函数时需列出端口，其排序和类型应与定义时一致，这一点与任务相同。

(3) 函数可以出现在持续赋值 assign 的右端表达式中。

表 8.7 对任务与函数进行了比较。

表 8.7　任务与函数的比较

比较项目	任　务	函　数
输入与输出	可有任意个各种类型的参数	至少有一个输入，不能将 inout 类型作为输出
调用	任务只可在过程语句中调用，不能在连续赋值语句 assign 中调用	函数可作为表达式中的一个操作数来调用，在过程赋值和连续赋值语句中均可以调用
定时事件控制(#、@和 wait)	任务可以包含定时和事件控制语句	函数不能包含这些语句
调用其他任务和函数	任务可调用其他任务和函数	函数可调用其他函数，但不可以调用其他任务
返回值	任务无返回值	函数向调用它的表达式返回一个值

合理使用任务和函数会使程序显得结构清晰，一般的综合器对任务和函数都是支持的，部分综合器不支持任务。

8.8 多层次结构电路设计

Verilog HDL 通过模块例化支持层次化的设计，高层模块可以例化下层模块，并通过输入、输出和双向端口互通信息。本节用 8 位累加器的示例介绍多层次结构电路设计中带参数模块的例化方法及参数传递的方式。

8.8.1 带参数模块例化

用 8 位累加器实现对输入的 8 位数据的累加功能，可分解为两个子模块实现：8 位加法器和 8 位寄存器。加法器负责对输入的数据、进位进行累加；寄存器负责暂存累加和，并把累加结果输出、反馈到累加器输入端，以进行下一次的累加。

例 8.42 和例 8.43 分别是 8 位加法器与 8 位寄存器的源代码。

例 8.42 8 位加法器的源代码

```
module add8
  #(parameter MSB = 8,LSB = 0)
    (input[MSB - 1:LSB] a,b, input cin,
     output[MSB - 1:LSB] sum,
     output cout);
assign {cout,sum} = a + b + cin;
endmodule
```

例 8.43 8 位寄存器的源代码

```
module reg8
  #(parameter SIZE = 8)
    (input clk,clear,
     input[SIZE - 1:0] in,
     output reg[SIZE - 1:0] qout);
always @(posedge clk, posedge clear)
begin if(clear) qout <= 0;                   //异步清 0
       else qout <= in; end
endmodule
```

对于顶层模块，可以像例 8.44 这样进行描述。

例 8.44 累加器顶层连接描述

```
module acc
  #(parameter WIDTH = 8)
    (input[WIDTH - 1:0] accin,
     input cin,clk,clear,
     output[WIDTH - 1:0] accout,
     output cout);
wire[WIDTH - 1:0] sum;
add8 u1(.cin(cin),.a(accin),.b(accout),.cout(cout),.sum(sum));
   //例化 add8 子模块，端口名关联
reg8 u2(.qout(accout),.clear(clear),.in(sum),.clk(clk));
   //例化 reg8 子模块，端口名关联
endmodule
```

在模块例化时需注意端口的对应关系。在例 8.45 中，采用的是**端口名关联方式**(对应方式)，此种方式在例化时可按任意顺序排列端口信号。

还可按照位置对应(或称位置关联)的方式进行模块例化，此时例化端口列表中端口的排列顺序应与模块定义时端口的排列顺序相同。如上面对 add8 和 reg8 的例化，采用位置关联方式应写为下面的形式。

```
add8 u3(accin, accout, cin, sum, cout);
   //例化 add8 子模块,端口位置关联
reg8 u4(clk, clear, sum, accout);
   //例化 reg8 子模块,端口位置关联
```

建议采用端口名关联方式进行模块例化，以免出错。

8.8.2 用 parameter 进行参数传递

在高层模块中例化下层模块时，下层模块内部定义的参数(parameter)值被高层模块覆盖(override)，称为**参数传递**或**参数重载**。下面介绍两种参数传递的方式。

1. 按列表顺序进行参数传递

按列表顺序进行参数传递时，参数的书写顺序必须与参数在原模块中声明的顺序相同，并且不能跳过任何参数。

例 8.45 按列表顺序进行参数传递

```
module acc16
   #(parameter WIDTH = 16)
    (input[WIDTH - 1:0] accin,
     input cin,clk,clear,
     output[WIDTH - 1:0] accout,
     output cout);
wire[WIDTH - 1:0] sum;
add8 #(WIDTH,0)         //按列表顺序重载参数,参数排列必须与被引用模块中的参数一一对应
u1 (.cin(cin),.a(accin),.b(accout),.cout(cout),.sum(sum));
                        //例化 add8 子模块
reg8 #(WIDTH)           //按列表顺序重载参数
u2 (.qout(accout),.clear(clear),.in(sum),.clk(clk));
                        //例化 reg8 子模块
endmodule
```

例 8.45 用 Quartus Prime 综合后的 RTL 视图如图 8.28 所示，可见，整个设计的尺度已由原来的 8 位变为 16 位，说明参数已经重载。

2. 用参数名进行参数传递

按列表顺序重载参数容易出错，Verilog-2001 标准中增加了用参数名进行参数传递的方式，这种方式允许参数按照任意顺序排列。例 8.45 采用参数名传递方式可写为例 8.46 所示的形式。

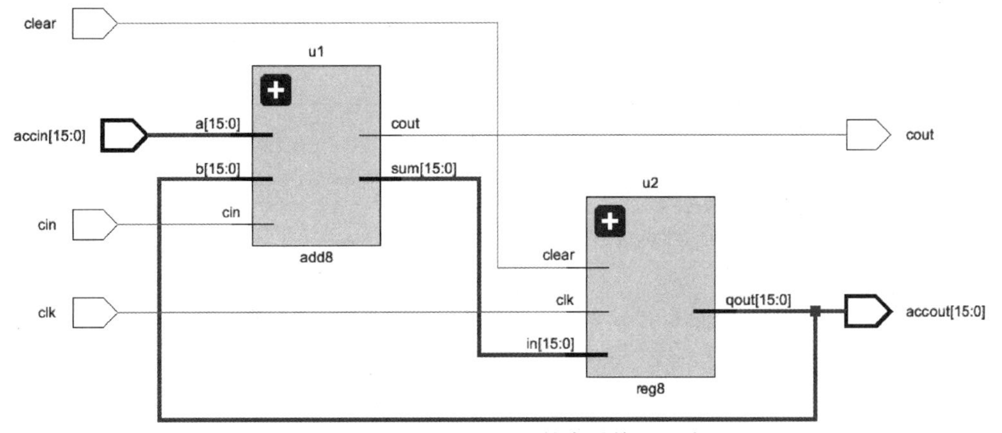

图 8.28 用 Quartus Prime 综合后的 RTL 视图

例 8.46 用参数名进行参数传递

```
module acc16w
  #(parameter WIDTH = 16)
   (input[WIDTH - 1:0] accin,
   input cin,clk,clear,
   output[WIDTH - 1:0] accout,
   output cout);
wire[WIDTH - 1:0] sum;
add8 #(.MSB(WIDTH),.LSB(0))    //用参数名进行参数传递
u1 (.cin(cin),.a(accin),.b(accout),.cout(cout),.sum(sum));
                               //例化 add8 子模块
reg8 #(.SIZE(WIDTH))           //用参数名进行参数传递
u2 (.qout(accout),.clear(clear),.in(sum),.clk(clk));
                               //例化 reg8 子模块
endmodule
```

例 8.46 用 Quartus Prime 综合后的 RTL 视图与例 8.45 相同。在该例中,用 add8 #(.MSB(WIDTH),.LSB(0))修改了 add8 模块中的两个参数。显然,此时原来模块中的参数已失效,被顶层例化语句中的参数值代替。

总结参数传递的两种形式如下。

```
模块名 # (.参数 1(参数 1 值),.参数 2(参数 2 值),…) 例化名 (端口列表);
                               //用参数名进行参数传递
模块名 # (参数 1 值,参数 2 值,…) 例化名 (端口列表);
                               //按列表顺序进行参数传递
```

8.8.3 用 defparam 语句进行参数重载

还可以用 defparam 语句更改(重载)下层模块的参数值,defparam 重载语句在例化之前就改变了原模块内的参数值,其使用格式如下。

```
defparam 例化模块名.参数 1 = 参数 1 值, 例化模块名.参数 2 = 参数 2 值,…;
模块名 例化模块名 (端口列表);
```

对于例 8.46，如果用 defparam 语句完成参数重载，可写为例 8.47 的形式。

例 8.47 用 defparam 语句进行参数重载

```
module acc16_def
  #(parameter WIDTH = 16)
    (input[WIDTH - 1:0] accin,
     input cin,clk,clear,
     output[WIDTH - 1:0] accout,
     output cout);
wire[WIDTH - 1:0] sum;
defparam u1.MSB = WIDTH, u1.LSB = 0;      //用 defparam 语句进行参数重载
add8 u1 (.cin(cin),.a(accin),.b(accout),.cout(cout),.sum(sum));
                                          //例化 add8 子模块
defparam u2.SIZE = WIDTH;                 //用 defparam 语句进行参数重载
reg8 u2 (.qout(accout),.clear(clear),.in(sum),.clk(clk));
                                          //例化 reg8 子模块
endmodule
```

defparam 语句是可综合的，例 8.47 的综合结果与例 8.45、例 8.46 相同。

8.9 三态逻辑设计

当需要信息双向传输时，三态门是必需的。例 8.48 中分别用例化门元件 bufif1 和用 assign 语句实现三态门。该三态门当 en 为 0 时，输出为高阻态；当 en 为 1 时，实现缓冲器功能。

例 8.48 实现三态门

```
//调用门元件 bufif1
module triz1(
    input a,en,
    output tri y);
bufif1 g1(y,a,en);
endmodule
```

```
//数据流描述
module triz2(
    input a,en,
    output y);
assign y = en ? a : 1'bz;
endmodule
```

FPGA 器件的 I/O 单元中有三态逻辑门，使 I/O 引脚既可作为输入，也可作为输出使用。图 8.29 是三态缓存 IO 单元的示意图，当 EN 为 0(三态门呈现高阻态)时，I/O 引脚作为输入端口，否则作为输出端口。

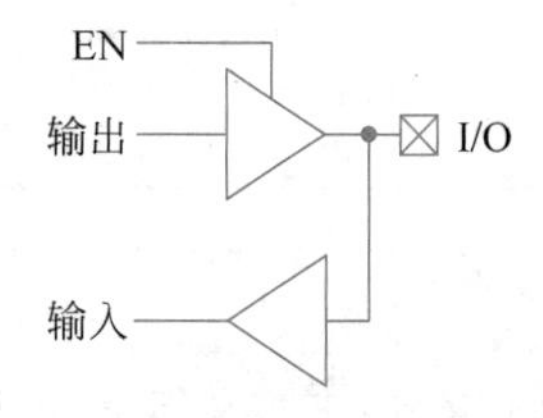

图 8.29 三态缓存 IO 单元的示意图

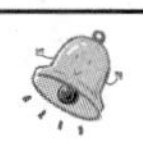

注意： 在可综合的设计中，凡赋值为 z 的变量应定义为端口，因为对于 FPGA 器件，三态逻辑仅在器件的 I/O 引脚中是物理存在的。

设计一个功能类似于 74LS245 的三态双向总线缓冲器，其功能如表 8.8 所示，两个 8 位数据端口(a 和 b)均为双向端口，oe 和 dir 分别为使能端和数据传输方向控制端。设计源码如例 8.49 所示，其 RTL 综合视图如图 8.30 所示。

表 8.8　三态双向总线缓冲器功能表

输　入		输　出
oe	**dir**	
0	0	b→a
0	1	a→b
1	x	隔开

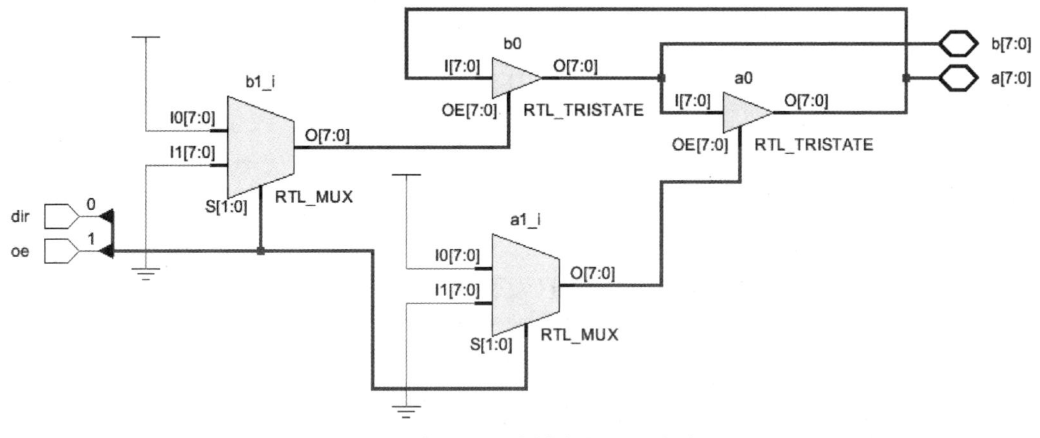

图 8.30　三态双向总线缓冲器 RTL 综合视图

例 8.49　三态双向总线缓冲器的 Verilog 描述

```
module ttl245(
   input oe,dir,                          //使能信号和方向控制
   inout[7:0] a,b);                       //双向数据线
assign a = ({oe,dir} == 2'b00) ? b : 8'bz,
       b = ({oe,dir} == 2'b01) ? a : 8'bz;
endmodule
```

习题 8

8-1　图题 8.1 所示是 2 选 1 数据选择器门级原理图，请用例化门元件的方式描述该电路。

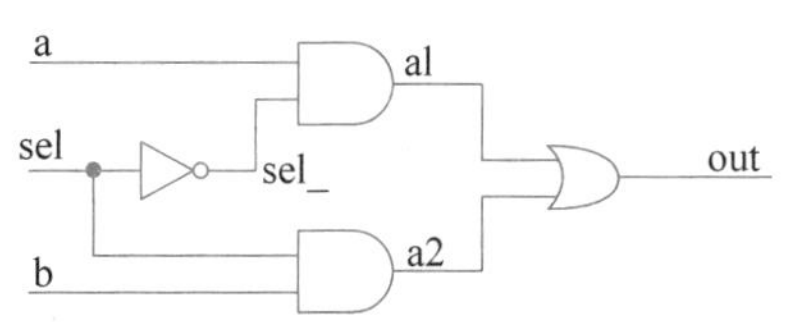

图题 8.1　2 选 1 MUX 门级原理图

8-2　采用数据流描述方式实现 8 位加法器并进行综合。

8-3　用条件语句(if 和 case 语句)描述实现 8 选 1 数据选择器。

8-4　在 Verilog 中,哪些操作是并发执行的? 哪些操作是顺序执行的?

8-5　74161 是异步复位/同步置数的 4 位二进制计数器,图题 8.2 是用 74161 构成的模 11 计数器,试完成下述任务。

(1) 用 Verilog 实现 74161 的功能。

(2) 用模块例化的方式实现图题 8.2 所示的模 11 计数器,并进行综合。

(3) 编写模 11 计数器的测试代码并给出测试波形。

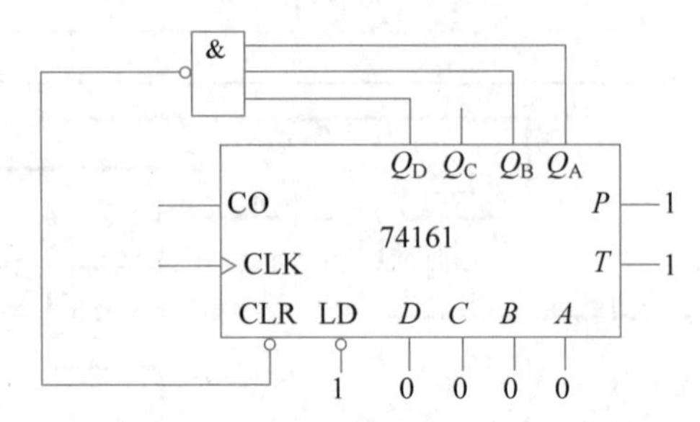

图题 8.2　用 74161 构成的模 11 计数器

8-6　generate 语句中的循环控制变量(索引变量)应该定义为什么数据类型?

8-7　带置数功能的 4 位循环移位寄存器电路如图题 8.3 所示,当 load 为 1 时,将 4 位数据 $d_0d_1d_2d_3$ 同步输入寄存器寄存;当 load 为 0 时,电路实现循环移位并输出 $q=q_0q_1q_2q_3$,试将 2 选 1MUX、D 触发器分别定义为子模块,并采用 generate 和 for 语句例化两种子模块,实现图题 8.3 所示电路功能。

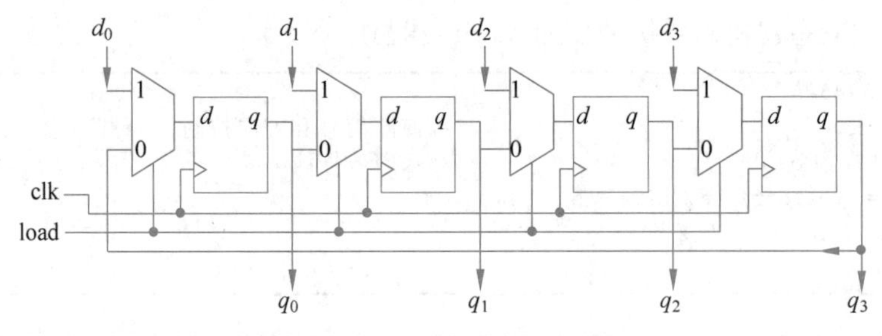

图题 8.3　4 位循环移位寄存器电路

8-8　分别用任务和函数描述一个 4 选 1 数据选择器。

8-9　试用 Verilog 编写将带符号二进制 8 位原码转换为 8 位补码的电路,并进行综合和仿真。

8-10　编写由补码求原码的 Verilog 程序,输入带符号的 8 位二进制补码数据。

8-11　实现四舍五入功能电路,当输入的一位无符号 8421 码大于 4 时,输出为 1,否则为 0,用 Verilog 实现此功能。

8-12　试编写实现两个 16 位二进制带符号数减法操作的 Verilog 程序,两个 16 位二进制带符号数和结果均采用补码的形式。

8-13 使用 for 循环语句对一个深度为 16(地址从 0～15)、位宽为 8 位的存储器(寄存器类型数组)进行初始化,为所有存储单元赋初始值 0,存储器命名为 cache。

8-14 用函数实现一个用 7 段数码管交替显示 26 个英文字母的程序,自定义字符的形状。

8-15 用函数实现一个 16 位数据的高低位转换,最高有效位转换为最低有效位,次高位转换为次低位,以此类推。

8-16 编写一个 Verilog 任务,生成偶校验位。输入一个 8 位数据,输出一个包含数据和偶校验位的码字。

8-17 用行为语句设计模 100 加法计数器,计数器带有同步复位端。

8-18 分别编写 4 位串并转换程序和 4 位并串转换程序。

实验与设计

8-1 设计 BCD 码-7 段数码管译码电路：图题 8.4 是 7 段数码管的结构与共阴极、共阳极两种连接方式的示意图,用 Verilog 描述译码电路,实现用 7 段数码管显示 0～9 十个数字。

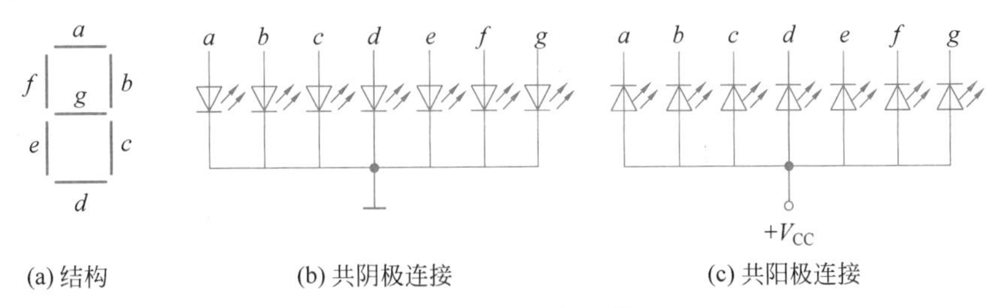

图题 8.4 7 段数码管

EGO1 开发板上的数码管采用时分复用的扫描显示方式,以减少对 FPGA 的 IO 口的占用。如图题 8.5 所示,4 个数码管并排在一起,用 4 个 IO 口分别控制每个数码管的位选端,加上 7 个段选、1 个小数点,只需 12 个 IO 口就可实现 4 个数码管的驱动。

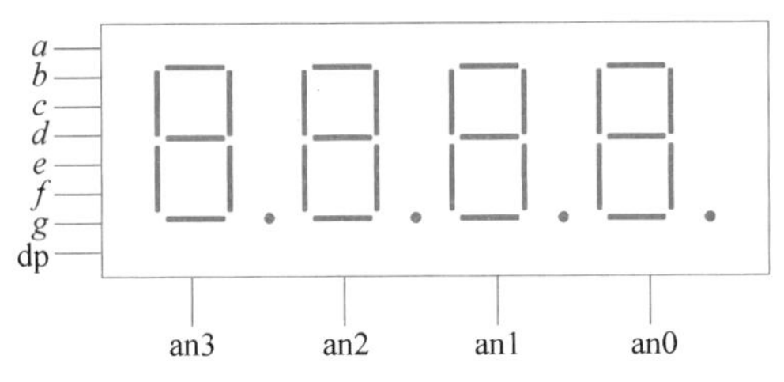

图题 8.5 采用扫描显示方式的数码管

数码管动态显示的原理是：每次选通其中一个,送出要显示的内容,然后选通下一个,送出显示数据,4 个数码管依次选通并送出显示数据,不断循环,只要位选频率合适,由于视觉暂留,数码管的显示看起来就是稳定的。

(1) 编写 4 位 8421 码到 7 段数码管(共阴极连接)显示译码电路的 Verilog 代码。

(2) 基于 EGO1 目标板对 4 位 8421 码到 7 段数码管译码电路进行下载验证,4 位

BCD码，用4个拨码开关输入，输出用单个数码管译码显示，本例的Verilog参考设计如例8.50所示，采用case语句描述。

例8.50 BCD码-7段数码管译码电路

```
module decode4_7(
    input D3,D2,D1,D0,                           //4 位 BCD 码,用 4 个拨码开关输入
    output an,                                   //数码管位选信号,本例只使能 1 位
    output reg a,b,c,d,e,f,g);
assign an = 1;
always @ * begin                                 //使用通配符
    case({D3,D2,D1,D0})                          //译码,共阴极连接
    4'd0:{a,b,c,d,e,f,g} = 7'b1111110;           //显示 0
    4'd1:{a,b,c,d,e,f,g} = 7'b0110000;           //显示 1
    4'd2:{a,b,c,d,e,f,g} = 7'b1101101;           //显示 2
    4'd3:{a,b,c,d,e,f,g} = 7'b1111001;           //显示 3
    4'd4:{a,b,c,d,e,f,g} = 7'b0110011;           //显示 4
    4'd5:{a,b,c,d,e,f,g} = 7'b1011011;           //显示 5
    4'd6:{a,b,c,d,e,f,g} = 7'b1011111;           //显示 6
    4'd7:{a,b,c,d,e,f,g} = 7'b1110000;           //显示 7
    4'd8:{a,b,c,d,e,f,g} = 7'b1111111;           //显示 8
    4'd9:{a,b,c,d,e,f,g} = 7'b1111011;           //显示 9
    default:{a,b,c,d,e,f,g} = 7'b1111110;        //其他均显示 0
    endcase end
endmodule
```

基于EGO1目标板的引脚约束文件.xdc的内容如下：

```
#////////////////////////////////数码管位选信号////////////////////////////
set_property -dict {PACKAGE_PIN G6 IOSTANDARD LVCMOS33} [get_ports an]
#////////////////////////////////数码管段选信号////////////////////////////
set_property -dict {PACKAGE_PIN D4 IOSTANDARD LVCMOS33} [get_ports a]
set_property -dict {PACKAGE_PIN E3 IOSTANDARD LVCMOS33} [get_ports b]
set_property -dict {PACKAGE_PIN D3 IOSTANDARD LVCMOS33} [get_ports c]
set_property -dict {PACKAGE_PIN F4 IOSTANDARD LVCMOS33} [get_ports d]
set_property -dict {PACKAGE_PIN F3 IOSTANDARD LVCMOS33} [get_ports e]
set_property -dict {PACKAGE_PIN E2 IOSTANDARD LVCMOS33} [get_ports f]
set_property -dict {PACKAGE_PIN D2 IOSTANDARD LVCMOS33} [get_ports g]
#///////////////////////////////4 个拨码开关输入///////////////////////////
set_property -dict {PACKAGE_PIN R2 IOSTANDARD LVCMOS33} [get_ports D3]
set_property -dict {PACKAGE_PIN M4 IOSTANDARD LVCMOS33} [get_ports D2]
set_property -dict {PACKAGE_PIN N4 IOSTANDARD LVCMOS33} [get_ports D1]
set_property -dict {PACKAGE_PIN R1 IOSTANDARD LVCMOS33} [get_ports D0]
```

(3) 在例8.50的基础上增加字符 $a \sim f$ 的译码，并基于目标板下载验证。

(4) 基于EGO1目标板，采用分时复用的扫描显示方式驱动2个数码管进行显示，用8个拨码开关输入。

8-2 设计实现投票表决器。

(1) 设计7人投票表决器，若超过半数(4人)投赞成票，则表决通过，用亮灯表示，给出Verilog源码并下载验证。

例8.51是7人投票表决器的参考设计源码，用for语句实现，输入变量vote[7:1]表

示7人的投票情况，1代表赞成(vote[i]为1代表第i个人赞成)，若至少4人赞成，则表决通过(pass=1)。

例8.51 7人投票表决器

```
module vote7(
   input[7:1] vote,
   output reg pass);
reg[2:0] sum;
integer i;
always @(vote) begin
   sum = 0;
   for(i = 1;i < = 7;i = i + 1)              //for 语句
      if(vote[i]) sum = sum + 1;
      if(sum[2]) pass = 1;                   //若至少 4 人赞成,则 pass = 1
      else pass = 0;
  end
endmodule
```

(2) 在7人表决器的基础上，实现11人表决器，若超过半数(6人)赞成，则表决通过，给出Verilog源码并下载验证。

(3) 给上面表决器电路增加赞成票的票数显示功能，用数码管显示票数(数码管译码电路可参考实验8-1)，编译Verilog源码并基于EGO1目标板下载验证。

8-3 设计实现模60的8421码加法计数器。

(1) 用Verilog实现模为60的8421码加法计数器，参考代码如例8.52所示，采用多重选择if语句描述实现。

例8.52 模为60的8421码加法计数器

```
module count60bcd(
   input load,clk,reset,
   input[7:0] data,
   output reg[7:0] qout,
   output cout);
always @(posedge clk) begin
   if(!reset) qout < = 0;                    //同步复位
   else if(load == 1'b0) qout < = data;      //同步置数
   else if((qout[7:4] == 5)&&(qout[3:0] == 9)) qout < = 0;
                                             //计数达到 59 时,输出清 0
   else if(qout[3:0] == 4'b1001)             //低位达到 9 时,低位清 0,高位加 1
     begin
     qout[3:0] < = 0;
     qout[7:4] < = qout[7:4] + 1; end
   else begin                                //否则高位不变,低位加 1
     qout[7:4] < = qout[7:4];
     qout[3:0] < = qout[3:0] + 1'b1; end
end
assign cout = (qout == 8'h59)?1:0;           //产生进位输出信号
endmodule
```

(2) 对模为 60 的计数器进行仿真和测试,编写 Test Bench 测试代码如例 8.53 所示。

例 8.53 模为 60 的 8421 码加法计数器的 Test Bench 测试代码

```
`timescale 1ns/1ns
module count60bcd_tb;
parameter PERIOD = 20;                    //定义时钟周期为 20ns
reg clk,rst,load;
reg[7:0] data = 8'b01010100;              //置数端为 54
wire[7:0] qout;
wire cout;
initial begin clk = 0;
   forever begin #(PERIOD/2) clk = ~clk; end
end
initial begin
   rst <= 0; load <= 1;                   //复位信号
   repeat(2) @(posedge clk);
   rst <= 1;
   repeat(5) @(negedge clk);
   load <= 0;                             //置数信号
   @(negedge clk);
   load <= 1;
   #(PERIOD * 100) $ stop; end
count60bcd i1(.reset(rst), .clk(clk), .load(load),
            .data(data), .qout(qout), .cout(cout));
endmodule
```

(3) 在 ModelSim 中运行测试代码,得到图题 8.6 所示的仿真波形图,检验计数器各项功能。

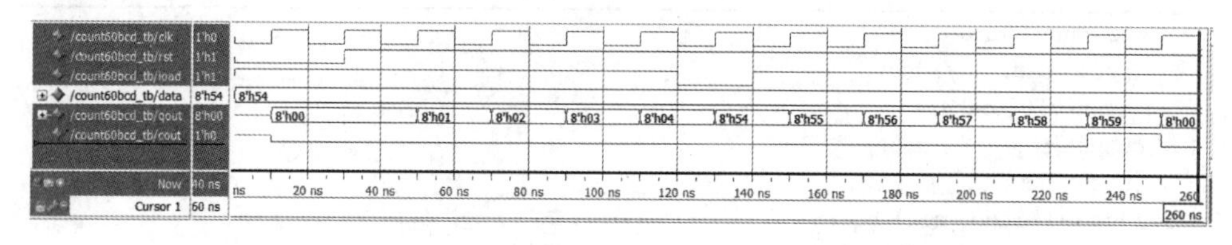

图题 8.6　模为 60 的 8421 码加法计数器的仿真波形图

(4) 将模为 60 的计数器源码进行编译、引脚锁定,输出用数码管显示,下载配置文件到 FPGA 目标板,观察计数器的实际效果。

第9章 Verilog数字逻辑设计进阶

本章以加法器、乘法器、存储器等模块的设计为例，介绍常用数字逻辑部件的实现方案并对比了多种实现方案；讨论了有限状态机(FSM)的设计方式，并用有限状态机实现流水灯、除法器和字符液晶的显示控制；以TFT-LCD液晶屏显示、音符和音乐演奏电路为例介绍了较为复杂数字逻辑电路的实现方法。

9.1 加法器设计

加法运算是最基本的算术运算，在多数情况下，乘法、除法、减法等运算，最终都可以分解为加法运算来实现。实现加法运算的常用方法包括行波进位加法器、超前进位加法器、流水线加法器等。

9.1.1 行波进位加法器

图9.1所示的加法器由多个1位全加器级联构成，其进位输出像波浪一样，依次从低位到高位传递，故得名行波进位加法器(Ripple-Carry Adder，RCA)，或称级联加法器。

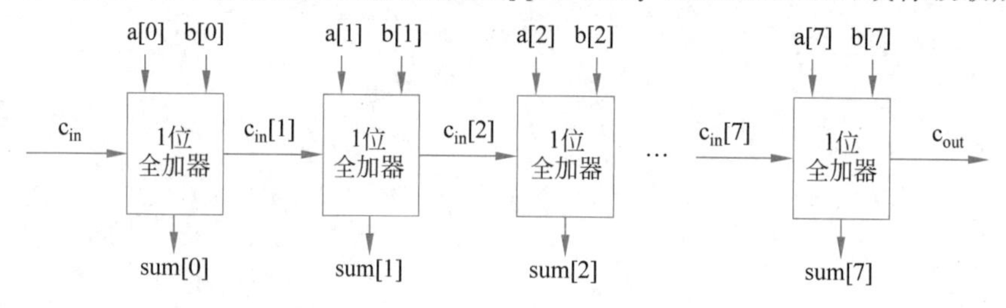

图9.1 8位行波进位加法器结构图

例9.1是8位行波进位加法器的代码，采用例化全加器级联实现。

例9.1 8位行波进位加法器的代码

```
module add_rca_jl(
   input[7:0] a,b, input cin,
   output[7:0] sum, output cout);
full_add u0(a[0],b[0],cin,sum[0],cin1);  //级联描述
full_add u1(a[1],b[1],cin1,sum[1],cin2); //full_add 源代码参见例 8.6
full_add u2(a[2],b[2],cin2,sum[2],cin3);
full_add u3(a[3],b[3],cin3,sum[3],cin4);
full_add u4(a[4],b[4],cin4,sum[4],cin5);
full_add u5(a[5],b[5],cin5,sum[5],cin6);
full_add u6(a[6],b[6],cin6,sum[6],cin7);
full_add u7(a[7],b[7],cin7,sum[7],cout);
endmodule
```

可采用generate简化上面的例化语句，用generate for循环产生元件的例化，如例9.2所示。

例9.2 采用generate for循环描述的8位行波进位加法器

```
module add_rca_gene #(parameter SIZE = 8)
   (input[SIZE - 1:0] a,b,
```

```
    input cin,
    output[SIZE - 1:0] sum,
    output cout);
wire[SIZE:0] c;
assign c[0] = cin;
generate
genvar i;
    for(i = 0;i < SIZE;i = i + 1)
    begin : add                          //命名块
    full_add fi(a[i],b[i],c[i],sum[i],c[i + 1]);
    //full_add 源码参见例 8.6
    end
endgenerate
assign cout = c[SIZE];
endmodule
```

行波进位加法器的结构简单,但 n 位级联加法运算的延时是 1 位全加器的 n 倍,延时主要是由进位信号级联造成的,因此影响了加法运算的速度。

9.1.2 超前进位加法器

行波进位加法器的延时主要是由进位的延时造成的,因此,要加快加法器的运算速度,就必须减少进位延时,超前进位链能有效减少进位的延时,由此产生了超前进位加法器(Carry-Lookahead Adder,CLA)。超前进位的推导在很多资料中可以找到,这里只以 4 位超前进位链的推导为例介绍超前进位的概念。

首先,1 位全加器的本位值和进位输出可表示如下。

$$\mathrm{sum} = a \oplus b \oplus C_{\mathrm{in}}$$

$$C_{\mathrm{out}} = (ab) + (aC_{\mathrm{in}}) + (bC_{\mathrm{in}}) = ab + (a + b)C_{\mathrm{in}}$$

从上面的式子可看出,如果 a 和 b 都为 1,则进位输出为 1;如果 a 和 b 有一个为 1,则进位输出等于 C_{in}。令 $G = ab$,$P = a+b$,则有 $C_{\mathrm{out}} = ab+(a+b)C_{\mathrm{in}} = G+PC_{\mathrm{in}}$。

由此可以用 G 和 P 写出 4 位超前进位链如下。(设定 4 位被加数和加数为 A 和 B,进位输入为 C_{in},进位输出为 C_{out},进位产生 $G_i = A_iB_i$,进位传输 $P_i = A_i+B_i$)

$$C_0 = C_{\mathrm{in}}$$

$$C_1 = G_0 + P_0C_0 = G_0 + P_0 C_{\mathrm{in}}$$

$$C_2 = G_1 + P_1C_1 = G_1 + P_1(G_0 + P_0 C_{\mathrm{in}}) = G_1 + P_1G_0 + P_1P_0 C_{\mathrm{in}}$$

$$C_3 = G_2 + P_2C_2 = G_2 + P_2(G_1 + P_1C_1) = G_2 + P_2G_1 + P_2P_1G_0 + P_2P_1P_0 C_{\mathrm{in}}$$

$$C_4 = G_3 + P_3C_3 = G_3 + P_3(G_2 + P_2C_2)$$

$$= G_3 + P_3G_2 + P_3P_2G_1 + P_3P_2P_1G_0 + P_3P_2P_1P_0 C_{\mathrm{in}}$$

$$C_{\mathrm{out}} = C_4$$

超前进位 C_4 产生的原理可以从图 9.2 中得到体现,无论加法器的位数有多宽,计算进位 C_i 的延时固定为 3 级门延时,各个进位彼此独立产生,去掉了进位级联传播,因此,缩短了进位产生的延迟时间。

同样可推出下面的式子：

$$\text{sum} = A \oplus B \oplus C_{in} = (AB) \oplus (A + B) \oplus C_{in} = G \oplus P \oplus C_{in}$$

例 9.3 是 8 位超前进位加法器的 Verilog 描述。

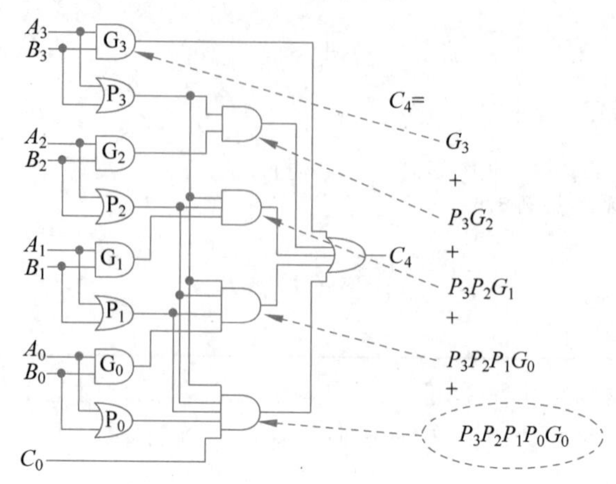

图 9.2　超前进位 C_4 产生的原理

例 9.3　8 位超前进位加法器的 Verilog 描述

```
module add8_ahead(
   input[7:0] a,b, input cin,
   output[7:0] sum, output cout);
wire[7:0] G, P, C;
assign G[0] = a[0]&b[0],                    //产生第 0 位本位值和进位值
       P[0] = a[0]|b[0],
       C[0] = cin,
       sum[0] = G[0]^P[0]^C[0];
assign G[1] = a[1]&b[1],                    //产生第 1 位本位值和进位值
       P[1] = a[1]|b[1],
       C[1] = G[0]|(P[0]&C[0]),
       sum[1] = G[1]^P[1]^C[1];
assign G[2] = a[2]&b[2],                    //产生第 2 位本位值和进位值
       P[2] = a[2]|b[2],
       C[2] = G[1]|(P[1]&C[1]),
       sum[2] = G[2]^P[2]^C[2];
assign G[3] = a[3]&b[3],                    //产生第 3 位本位值和进位值
       P[3] = a[3]|b[3],
       C[3] = G[2]|(P[2]&C[2]),
       sum[3] = G[3]^P[3]^C[3];
assign G[4] = a[4]&b[4],                    //产生第 4 位本位值和进位值
       P[4] = a[4]|b[4],
       C[4] = G[3]|(P[3]&C[3]),
       sum[4] = G[4]^P[4]^C[4];
assign G[5] = a[5]&b[5],                    //产生第 5 位本位值和进位值
       P[5] = a[5]|b[5],
```

```
        C[5] = G[4]|(P[4]&C[4]),
        sum[5] = G[5]^P[5]^C[5];
assign G[6] = a[6]&b[6],                    //产生第 6 位本位值和进位值
        P[6] = a[6]|b[6],
        C[6] = G[5]|(P[5]&C[5]),
        sum[6] = G[6]^P[6]^C[6];
assign G[7] = a[7]&b[7],                    //产生第 7 位本位值和进位值
        P[7] = a[7]|b[7],
        C[7] = G[6]|(P[6]&C[6]),
        sum[7] = G[7]^P[7]^C[7];
assign cout = C[7];                         //产生最高位进位输出
endmodule
```

可采用 generate 语句与 for 循环的结合简化上面的代码，如例 9.4 所示，在 generate 语句中，用一个 for 循环产生第 i 位本位值，用另一个 for 循环产生第 i 位进位值。

例 9.4 采用 generate for 循环描述的 8 位超前进位加法器

```
module add_ahead_gen #(parameter SIZE = 8)
   (input[SIZE - 1:0] a,b,
   input cin,
   output[SIZE - 1:0] sum,
   output cout);
wire[SIZE - 1:0] G,P,C;
assign C[0] = cin;
assign cout = C[SIZE - 1];
//----------------------------------------
generate
genvar i;
   for(i = 0;i < SIZE;i = i + 1)
   begin : adder_sum                          //begin end 块命名
   assign G[i] = a[i]& b[i];
   assign P[i] = a[i]|b[i];
   assign sum[i] = G[i]^P[i]^C[i];            //产生第 i 位本位值
   end
   for(i = 1;i < SIZE;i = i + 1)
   begin : adder_carry                        //begin end 块命名
   assign C[i] = G[i - 1]|(P[i - 1]&C[i - 1]);  //产生第 i 位进位值
   end
endgenerate
endmodule
```

注意： 上例中有两个 for 循环，每个 for 循环的 begin end 块都需要命名，否则综合器会报错。

编写 Test Bench 测试代码，如例 9.5 所示。

例 9.5 8 位超前进位加法器的 Test Bench 测试代码

```
`timescale 1 ns/ 1 ps
module add_ahead_gen_vt();
parameter DELY = 80;
reg [7:0] a, b;
reg cin;
wire cout;
wire [7:0] sum;
add_ahead_gen i1(.a(a),.b(b),.cin(cin),.cout(cout),.sum(sum));
initial
begin
   a = 8'd10; b = 8'd9; cin = 1'b0;
   #DELY  cin = 1'b1;
   #DELY  b = 8'd19;
   #DELY  a = 8'd200;
   #DELY  b = 8'd60;
   #DELY  cin = 1'b0;
   #DELY  b = 8'd45;
   #DELY  a = 8'd30;
   #DELY  $stop;
   $display("Running testbench");
end
endmodule
```

例 9.5 的门级测试波形图如图 9.3 所示，能看出延时 7～8ns 得到计算结果。

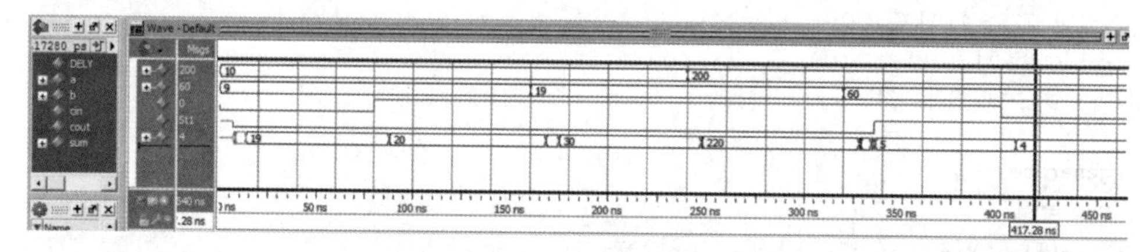

图 9.3　8 位超前进位加法器的测试波形图

9.2　乘法器设计

乘法器频繁应用于数字信号处理和数字通信的各种算法中，往往影响着整个系统的运行速度。本节用如下方法实现乘法运算：乘法操作符、布斯乘法器和查找表乘法器。

9.2.1　乘法操作符

借助于 Verilog 的乘法操作符，很容易实现乘法器，例 9.6 是有符号 8 位乘法器的示例，此乘法操作可借助 EDA 综合软件自动转化为电路网表实现。

例 9.6　有符号 8 位乘法器

```
(* use_dsp = "yes" *) module signed_mult
  //用属性语句指定乘法器的物理实现方式
  #(parameter MSB = 8)
```

```
    (input clk,
     input signed[MSB - 1:0] a,b,
     output reg signed[2 * MSB - 1:0] out
     );
reg signed[MSB - 1:0] a_reg,b_reg;
wire signed[2 * MSB - 1:0] mult_out;
assign mult_out = a_reg * b_reg;              //乘法操作符
always @(posedge clk) begin
   a_reg <= a; b_reg <= b;
   out <= mult_out; end
endmodule
```

例9.6中的use_dsp属性语句用于指导综合工具如何实现算术运算的物理实现方式。在Vivado软件中，在没有明确指定的情况下，乘法器、乘加、乘减、乘累加器等算术运算操作都会用FPGA芯片中的DSP结构实现；而加法器、减法器和累加器则会使用查找表、进位链等逻辑资源实现。如果要明确地指定上述算术运算的物理实现方式，可使用use_dsp属性语句指定。

use_dsp属性语句的值可指定为logic，simd，yes和no，其定义格式和含义如下。

```
(* use_dsp = "logic" *)        //用查找表、进位链等逻辑资源实现乘法等算术运算
(* use_dsp = "simd" *)         //用DSP单元实现4×12bit或2×24bit的加、减法操作
(* use_dsp = "yes" *)          //将算术运算用DSP单元实现
(* use_dsp = "no" *)           //算术运算不用DSP单元实现
```

其中simd(single instruction multiple data)是DSP单元的一种使用模式，它可以用1个DSP单元完成4×12bit或2×24bit的加法、减法操作，此时DSP单元中的乘法器是无法使用的。

use_dsp声明的位置有两种，一种是在模块前面声明，这样模块内部所有的算术运算均使用DSP资源实现；另一种是在端口或变量的声明前使用，这样只对相关算术运算使用DSP资源实现。上例如果在端口处声明use_dsp属性，其格式如下。

```
(* use_dsp = "yes" *) output reg signed[2 * MSB - 1:0] out;     //在端口处声明属性
```

注意： use_dsp属性最初的名称是use_dsp48，随着FPGA中DSP结构的变化，其名称已改为use_dsp，尽管use_dsp48仍然有效，但建议使用use_dsp命令指示综合工具使用DSP单元。用FPGA中的DSP单元实现乘法、乘累加等算术运算，其性能更优，用属性语句指定算术运算的实现方式，其优先级高于在综合软件中进行相关设置。

9.2.2 布斯乘法器

布斯(Booth)算法是一种实现带符号数乘法运算的常用方法，它采用相加和相减实现补码乘法，对于无符号数和有符号数可以统一运算。

对于布斯算法这里不做推导，仅给出其实现步骤。

(1) 乘数的最低位补0(初始时需要增加一个辅助位0)。

(2) 从乘数最低两位开始进行循环判断，如果是 00 或 11，则不进行加减运算，只要算术右移 1 位；如果是 01，则与被乘数进行加法运算；如果是 10，则与被乘数进行减法运算，相加和相减的结果均算术右移 1 位。

(3) 如此循环，一直运算到乘数最高两位，得到最终的补码乘积结果。

下面用 2×(−3)为例说明布斯算法运算过程。

$(2)_{补码}=0010$，$(-3)_{补码}=1101$，被乘数、乘数均用 4 位补码表示，乘积结果用 8 位补码表示。布斯算法实现 2×(−3)的过程如表 9.1 所示，设置 3 个寄存器 MA、MB 和 MR，分别寄存被乘数、乘数和乘积高 4 位，表 9.1 中右边一栏为 MR，MB，增加了一个辅助位 P，{MB，P}最低两个判断位加粗表示。

表 9.1 布斯乘法实现 2×(−3)的运算过程

步骤	操作	MR，MB，P
0	初始值	0000 110**1 0**
1	10：MR−MA(0010)	1110 1101 0
	右移 1 位	1111 011**0 1**
2	01：MR+MA(0010)	0001 0110 1
	右移 1 位	0000 101**1 0**
3	10：MR−MA(0010)	1110 1011 0
	右移 1 位	1111 0101 1
4	11：无操作	1111 0101 1
	右移 1 位	1111 1010 1

步骤 0：设置 3 个寄存器 MA、MB 和 MR(分别寄存被乘数、乘数和乘积高 4 位)的初始值为 0010、1101 和 0000，辅助位 P 置 0。

步骤 1：MB 的最低位为 1，辅助位 P 为 0，故 2 个判断位为 10，将 MR−MA 的结果 1110 存入 MR；再将{MR，MB，P}的值算术右移(>>>)一位，结果为 1111 0110 1。

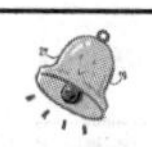

注意： 有符号数算术右移，左侧移出的空位全部用符号位填充。

步骤 2：{MB，P}的最低 2 位为 01，故将 MR＋MA，结果为 0001 存入 MR；再将{MR，MB，P}的值算术右移一位，结果为 0000 1011 0。

步骤 3：{MB，P}的最低 2 位为 10，故将 MR−MA，结果为 1110 存入 MR；再将{MR，MB，P}的值算术右移一位，结果为 1111 0101 1。

步骤 4：{MB，P}的最低 2 位为 11，所以不作加、减操作，只将{MR，MB，P}的值算术右移一位，{MR，MB}的值为 1111 1010，即为运算结果(−6 的补码)。

算法的实现过程可以用图 9.4 所示的流程图表示。3 个寄存器 MA、MB 和 MR 分别存储被乘数、乘数和乘积，对 MB 低位补 0 后进行循环判断，根据判断值进行加、减和移位运算。需注意的是，两个 n 位数相乘，乘积应该为 $2n$ 位(高 n 位存储在 MR 中，低 n 位通过移位移入 MB)。此外，进行加减运算时需进行相应的符号位扩展。

用 Verilog 实现上述布斯乘法器，如例 9.7 所示。

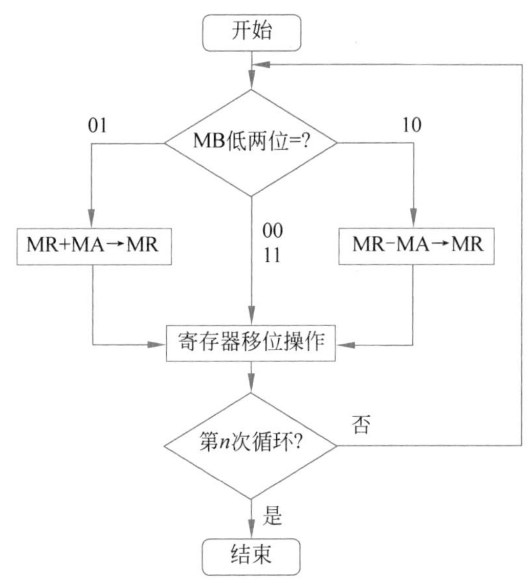

图 9.4 布斯算法流程图

例 9.7 布斯乘法器的 Verilog 实现

```
`timescale 1ns/1ns
module booth_mult
  #(parameter WIDTH = 8)
    (input  clr, clk,
     input  start,                                  //开始运算控制信号
     input signed[WIDTH-1:0] ma,mb,                 //被乘数、乘数
     output reg signed[2*WIDTH-1:0] result,         //乘积
     output reg  done);
parameter  IDLE   = 2'b00,
           ADD    = 2'b01,
           SHIFT  = 2'b11,
           OUTPUT = 2'b10;
reg[1:0]  state, next_state;                        //状态寄存器
reg[WIDTH-1:0]  i;                                  //迭代次数计数器
reg[WIDTH-1:0]  mr;
reg  p;                                             //辅助判断位
reg[2*WIDTH:0]  preg;
always @(posedge clk, negedge clr) begin
   if (!clr) state = IDLE;
   else state <= next_state;  end
always @(*) begin                                   //状态机
   case (state)
   IDLE  : if(start) next_state = ADD;
           else  next_state = IDLE;
   ADD   : next_state = SHIFT;
   SHIFT : if(i==WIDTH) next_state = OUTPUT;
          else  next_state = ADD;
   OUTPUT: next_state = IDLE;
```

```
      endcase
   end
   always @(posedge clk, negedge clr)  begin
      if(!clr) begin  {mr,i,done,result,preg,p} <= 0; end
      else begin
      case(state)
      IDLE : begin
      mr <= 0;  p <= 1'b0;  preg <= {mr,mb,p};
      i <= 0;  done <= 1'b0;  end
      ADD : begin
      case(preg[1:0])
      2'b01 : preg <= {preg[2 * WIDTH:WIDTH + 1] + ma,preg[WIDTH:0]}; //+被乘数 ma
      2'b10 : preg <= {preg[2 * WIDTH:WIDTH + 1] - ma,preg[WIDTH:0]}; //-被乘数 ma
      2'b00,2'b11 :  ;                                                 //无操作
      endcase
      i <= i + 1;  end
      SHIFT :
      preg <= {preg[2 * WIDTH],preg[2 * WIDTH:1]};                     //右移1位
      //上句也可以写为 preg <= $signed(preg) >>> 1;
      OUTPUT : begin
        result <= preg[2 * WIDTH:1];
        done <= 1'b1;  end
      endcase
   end  end
   endmodule
```

例 9.7 的 Test Bench 测试代码参见例 9.8。

例 9.8　布斯乘法器的 Test Bench 测试代码

```
`timescale 1ns/1ns
module booth_mult_tb;
reg clk;
reg clr, start;
parameter WIDTH = 8;
reg signed[WIDTH - 1:0] opa,opb;
wire  done;
wire signed[2 * WIDTH - 1:0] result;
//--------------------------------------
booth_mult #(.WIDTH(WIDTH))
   i1(.clk(clk), .clr(clr), .start(start), .mb(opb),
       .ma(opa), .done(done), .result(result));
//--------------------------------------
always #10 clk = ~clk;
integer i;
initial begin
   clk = 1;  start = 0;  clr = 1;
   #20 clr = 0;
   #20 clr = 1;  opa = 0;  opb = 0;
   #20  opa = 2;  opb = -3; start = 1;
```

```
    #40  start = 0;
    #360 $display("opa = %d opb = %d proudct = %d",opa,opb,result);
    #20  start = 1;
    opa = $random % 128;        //每次产生一个-127~127之间的随机数
    opb = $random % 128;        //每次产生一个-127~127之间的随机数
    #40  start = 0;
    #360 $display("opa = %d opb = %d proudct = %d",opa,opb,result);
    #20  start = 1;
    opa = $random % 59;         //每次产生一个-58~58之间的随机数
    opb = $random % 128;        //每次产生一个-127~127之间的随机数
    #40  start = 0;
    #360 $display("opa = %d opb = %d proudct = %d",opa,opb,result);
    #20  start = 1;
    opa = $random % 128;        //每次产生一个-127~127之间的随机数
    opb = $random % 128;        //每次产生一个-127~127之间的随机数
    #40  start = 0;
    #360 $display("opa = %d opb = %d proudct = %d",opa,opb,result);
    #40 $stop;
end
endmodule
```

例 9.8 的测试波形图如图 9.5 所示，可看出乘法运算功能正确。

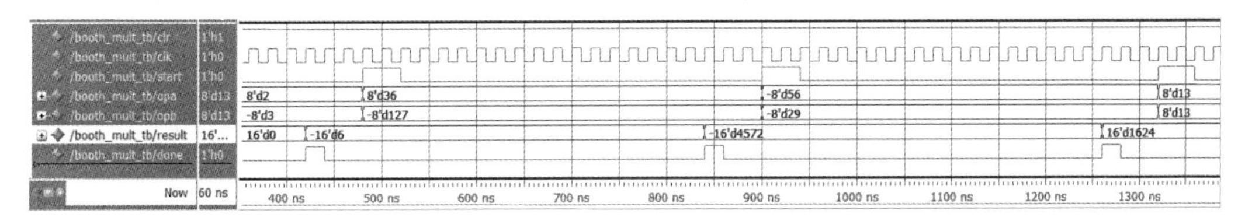

图 9.5　布斯乘法器的测试波形图

TCL 窗口输出如下，实现了预想的带符号数的乘法运算。

```
# opa =     2 opb =    -3  proudct =    -6
# opa =    36 opb =  -127 proudct =  -4572
# opa =   -56 opb =   -29 proudct =   1624
# opa =    13 opb =    13  proudct =   169
```

9.2.3　查找表乘法器

查找表乘法器将乘积结果直接存放在存储器中，将操作数(乘数和被乘数)作为地址访问存储器，得到的数值就是乘法运算的结果。查找表乘法器的运算速度只局限于所用存储器的存取速度。但查找表的规模随着操作数位数的增加而迅速增大，如要实现 4×4 乘法运算，要求存储器的地址位宽为 8 位，字长为 8 位；要实现 8×8 乘法运算，就要求存储器的地址位宽为 16 位，字长为 16 位，即存储器大小为 1Mb。

1. 用常数数组存储乘法结果

例 9.9 采用查找表实现 4×4 乘法运算。例中定义了尺寸为 8×256 的数组(存储器)，将 4×4 二进制乘法的结果存在 mult_lut.txt 文件中，在系统初始化时用系统任务

$ readmemh将其读入存储器result_lut中,然后用查表方式得到乘法操作的结果(乘数、被乘数作为存储器地址),并用两个数码管显示结果。

例 9.9 采用查找表实现4×4乘法运算

```
`timescale 1ns/1ns
module mult_lut(
   input  sys_clk,                         //100MHz 时钟信号
   input  sys_rst,                         //复位信号
   input[3:0]  op_a,                       //被乘数
   input[3:0]  op_b,                       //乘数
   output reg[1:0] seg_cs,                 //数码管位选信号,用两个数码管显示结果
   output wire[6:0] seg);                  //数码管段选信号
wire [7:0]  result;                        //乘操作结果
( * rom_style = "distributed" * ) reg[7:0] result_lut[0:255];
   //定义存储器,用属性语句指定用 LUT 搭建分布式 ROM 实现该存储器
initial
begin
   $ readmemh("mult_lut.txt",result_lut);
   /* 将 mult_lut.txt 中的数据装载到存储器 result_lut 中,
   默认起始地址从 0 开始,到存储器的结束地址结束   */
end
assign result = result_lut[({op_b, op_a})];    //查表得到结果
//----------- 产生时钟信号 ---------------------
wire clk_cs;                               //数码管位选时钟,本例采用 250Hz
clk_div #(250)                             //产生 250Hz 时钟信号
  i2(.clk(sys_clk),                        //clk_div 源码见例 9.10
     .clr(1'b1),
     .clk_out(clk_cs));
//----------- 数码管译码显示模块例化 -------------
seg4_7 i1(.hex(dec_tmp),                   //数码管译码显示,seg4_7 源码见例 9.11
          .a_to_g(seg));
reg[1:0] state;
reg[3:0] dec_tmp;
parameter  S0 = 2'b01,S1 = 2'b10;
always @(posedge clk_cs, negedge sys_rst)  begin
   if(!sys_rst)  begin  state<= S0; seg_cs <=  2'b00;  end
   else  case(state)                       //用两个数码管显示结果
   S0: begin  state<= S1;  seg_cs <= 2'b01;dec_tmp<= result[3:0];  end
   S1: begin  state<= S0;  seg_cs <= 2'b10;dec_tmp<= result[7:4];  end
   endcase
end
endmodule
```

2. 用.txt文件存储乘法结果

4×4乘法的结果存在.txt文件中,在系统初始化时用系统任务$ readmemh将该文件内容读入存储器result_lut,用于查表得到乘法结果。.txt文件的内容如下所示,数据采用十六进制格式,数据之间可以用空格、逗号分隔。

```
00, 00, 00, 00, 00, 00, 00, 00, 00, 00, 00, 00, 00, 00, 00, 00,
00, 01, 02, 03, 04, 05, 06, 07, 08, 09, 0A, 0B, 0C, 0D, 0E, 0F,
00, 02, 04, 06, 08, 0A, 0C, 0E, 10, 12, 14, 16, 18, 1A, 1C, 1E,
```

```
00, 03, 06, 09, 0C, 0F, 12, 15, 18, 1B, 1E, 21, 24, 27, 2A, 2D,
00, 04, 08, 0C, 10, 14, 18, 1C, 20, 24, 28, 2C, 30, 34, 38, 3C,
00, 05, 0A, 0F, 14, 19, 1E, 23, 28, 2D, 32, 37, 3C, 41, 46, 4B,
00, 06, 0C, 12, 18, 1E, 24, 2A, 30, 36, 3C, 42, 48, 4E, 54, 5A,
00, 07, 0E, 15, 1C, 23, 2A, 31, 38, 3F, 46, 4D, 54, 5B, 62, 69,
00, 08, 10, 18, 20, 28, 30, 38, 40, 48, 50, 58, 60, 68, 70, 78,
00, 09, 12, 1B, 24, 2D, 36, 3F, 48, 51, 5A, 63, 6C, 75, 7E, 87,
00, 0A, 14, 1E, 28, 32, 3C, 46, 50, 5A, 64, 6E, 78, 82, 8C, 96,
00, 0B, 16, 21, 2C, 37, 42, 4D, 58, 63, 6E, 79, 84, 8F, 9A, A5,
00, 0C, 18, 24, 30, 3C, 48, 54, 60, 6C, 78, 84, 90, 9C, A8, B4,
00, 0D, 1A, 27, 34, 41, 4E, 5B, 68, 75, 82, 8F, 9C, A9, B6, C3,
00, 0E, 1C, 2A, 38, 46, 54, 62, 70, 7E, 8C, 9A, A8, B6, C4, D2,
00, 0F, 1E, 2D, 3C, 4B, 5A, 69, 78, 87, 96, A5, B4, C3, D2, E1
```

mult_lut.txt 文件直接放置在和.v源文件同一目录下即可。

3. 分频子模块

例9.9中的分频子模块clk_div的源码如例9.10所示,此分频模块将需要产生的频率用参数parameter进行定义,而产生此频率所需要的分频比由参数NUM(默认由100MHz系统时钟分频得到)指定,NUM参数不需要跨模块传递,故用localparam语句进行定义。

例9.10 分频模块clk_div的源代码

```
module clk_div(
    input clk,
    input clr,
    output  reg clk_out);
parameter FREQ = 1000;                          //所需频率
localparam NUM = 'd100_000_000/(2 * FREQ);     //得出分频比
reg[29:0] count;
always @(posedge clk, negedge clr)
begin
    if(~clr)  begin clk_out <= 0;count <= 0;  end
    else if(count == NUM - 1)
    begin count <= 0;clk_out <= ~clk_out;  end
    else begin  count <= count + 1;  end
end
endmodule
```

4. 数码管显示子模块

乘法的结果采用两个数码管显示,图9.6是7段数码管显示译码的示意图,输入为0~F,共16个数字,通过数码管的a~g共7个发光二极管译码显示,EGO1目标板上的7段数码管属于共阴极连接,为1,则该段点亮。

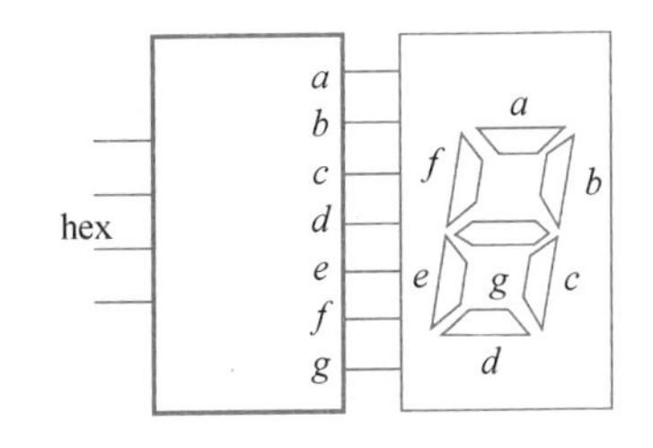

图9.6 7段数码管显示译码的示意图

例9.11是7段数码管显示译码电路的源代码,也可以将此程序封装为函数以供调用。

例 9.11 7段数码管显示译码电路的源代码

```
module seg4_7(
    input wire[3:0] hex,                           //输入的十六进制数
    output reg[6:0] a_to_g);                       //数码管 7 段
always@(*)  begin
    case(hex)
    4'd0:a_to_g <= 7'b1111_110;                    //0
    4'd1:a_to_g <= 7'b0110_000;                    //1
    4'd2:a_to_g <= 7'b1101_101;                    //2
    4'd3:a_to_g <= 7'b1111_001;                    //3
    4'd4:a_to_g <= 7'b0110_011;                    //4
    4'd5:a_to_g <= 7'b1011_011;                    //5
    4'd6:a_to_g <= 7'b1011_111;                    //6
    4'd7:a_to_g <= 7'b1110_000;                    //7
    4'd8:a_to_g <= 7'b1111_111;                    //8
    4'd9:a_to_g <= 7'b1111_011;                    //9
    4'ha:a_to_g <= 7'b1110_111;                    //a
    4'hb:a_to_g <= 7'b0011_111;                    //b
    4'hc:a_to_g <= 7'b1001_110;                    //c
    4'hd:a_to_g <= 7'b0111_101;                    //d
    4'he:a_to_g <= 7'b1001_111;                    //e
    4'hf:a_to_g <= 7'b1000_111;                    //f
    default:a_to_g <= 7'bx;
    endcase
end
endmodule
```

5. 下载验证

在 EGO1 目标板上下载和验证例 9.9，目标器件为 xc7a35tcsg324，进行引脚分配，重新编译后，生成配置文件.sof，连接目标板电源线和 JTAG 线，下载配置文件.sof 至 FPGA 目标板，用 SW7～SW0 拨动开关输入乘数和被乘数，结果用两个数码管显示（十六进制显示），查看实际效果，如图 9.7 所示。

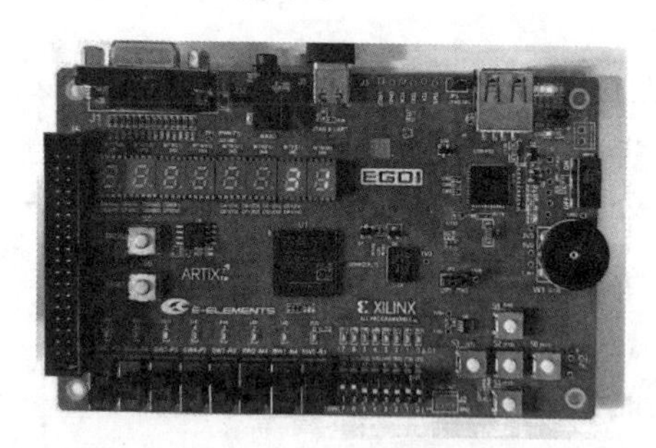

图 9.7　乘法器实际效果

9.3 有符号数的运算

本节对有符号数、无符号数之间的运算(包括加法、乘法、移位、绝对值、数值转换等)进行讨论。

9.3.1 有符号数的加法运算

两个操作数在进行算术运算时,只有两个操作数都定义为有符号数,结果才是有符号数。如下几种情况,均按照无符号数处理,其结果也是无符号数。

(1) 操作数均为无符号数,或者操作数中有无符号数。

(2) 操作数(包括有符号数和无符号数)使用了位选和段选。

(3) 操作数使用了并置操作符。

要实现有符号数运算,要么在定义 wire 或 reg 型变量时加上 signed 关键字,将其定义为有符号数;要么使用 $signed 系统函数将无符号数转换为有符号数,再进行运算。

例 9.12 是 4 位有符号数与 4 位无符号数加法运算的示例。

例 9.12 有符号数与无符号数加法运算示例

```
module add_sign_unsign(
    input signed[3:0] a,                    //有符号数
    input[3:0] b,                           //无符号数
    output signed[4:0] sum);
wire signed[4:0] signed_b;
assign signed_b = b;                        //无符号数 b 转换为有符号数
assign sum = a + signed_b;                  //结果为有符号数
endmodule
```

signed_b 比 b 位宽多一位,用于扩展符号位 0,将无符号数转换为有符号数。

也可以采用下面这样的方法,用 $signed({1'b0,b})将无符号数 b 转换为有符号数。

例 9.13 有符号数与无符号数加法运算示例

```
module add_sign_unsign(
    input signed[3:0] a,                    //有符号数
    input[3:0] b,                           //无符号数
    output signed[4:0] sum);
assign sum = a + $signed({1'b0,b});         //无符号数转换为有符号数
endmodule
```

编写测试代码对上面两例进行仿真,如例 9.14 所示。

例 9.14 有符号数与无符号数加法运算的测试代码

```
`timescale 1ns/1ps
module add_sign_unsign_tb();
parameter DELY = 20;
reg signed[3:0] a;
reg[3:0]  b;
wire[4:0]  sum;
```

```
add_sign_unsign  i1(.a(a), .b(b), .sum(sum));
initial
begin
   a = -4'sd5; b = 4'd5;
    # DELY       a = 4'sd7;
    # DELY       b = 4'd1;
    # DELY       a = 4'sd12;
    # DELY       a = -4'sd12;
    # DELY       a = 4'sd9;
    # DELY       $ stop;
    $ display("Running testbench");
end
endmodule
```

4 位有符号数与 4 位无符号数加法运算(例 9.12 和例 9.13)的测试波形图均如图 9.8 所示。

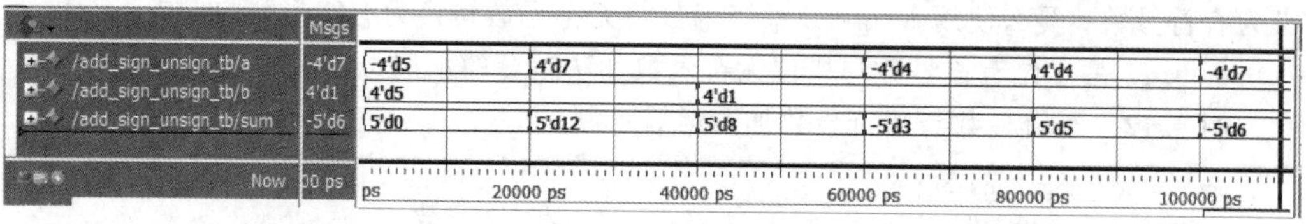

图 9.8　4 位有符号数与 4 位无符号数加法运算的测试波形图

注意：

(1) 如果将例 9.13 中的"assign sum = a + $signed({1'b0,b});"语句写为下面的形式，在某些情况下会出错。

```
assign sum = a + $ signed(b);
   //如果 b 只有 1 位，当 b = 1 时，将其拓展为 4'b1111，本来是 + 1，却变成了 - 1
```

(2) 如果将例 9.13 中的"assign sum = a + $signed({1'b0,b});"语句写为"sum=a+b;"，也会出错。

```
assign sum = a + b;                    //会转换为无符号数计算，sum 也是无符号数
```

9.3.2　有符号数的乘法运算

同样，在乘法运算中，如果操作数中既有有符号数，也有无符号数，那么可先将无符号数转换为有符号数，再进行运算。

例 9.15 给出的是一个 3 位有符号数与 3 位无符号数乘法运算示例。

例 9.15　3 位有符号数与 3 位无符号数乘法运算示例

```
module mult_signed_unsigned(
   input signed[2:0] a,                    //有符号数
   input[2:0] b,                           //无符号数
   output signed[5:0] result);
assign result = a * $ signed({1'b0,b});
endmodule
```

例 9.16 是对例 9.15 的测试代码。

例 9.16 3 位有符号数与 3 位无符号数乘法运算的测试代码

```
`timescale 1ns/1ps
module mult_signed_unsigned_tb();
parameter DELY = 20;
reg signed[2:0] a;
reg[2:0] b;
wire[5:0]  result;
mult_signed_unsigned i1(.a(a),.b(b),.result(result));
initial
begin
   a = 3'sb101; b = 3'b010;
    #DELY       b = 3'b110;
    #DELY       a = 3'sb011;
    #DELY       a = 3'sb111;
    #DELY       b = 3'b111;
    #DELY        $stop;
end
endmodule
```

例 9.16 的测试输出波形图如图 9.9 所示。

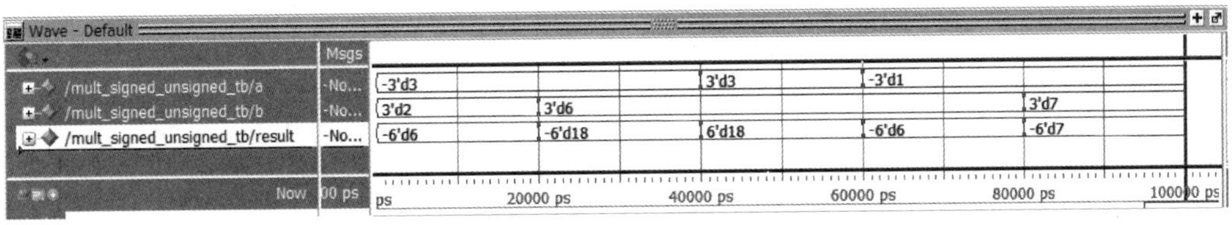

图 9.9　3 位有符号数与 3 位无符号数乘法运算的测试波形图

注意：

例 9.15 中的“assign result = a * $signed({1'b0,b});”不能写为下面的形式。

```
result = a * b;                        //整个变成无符号数乘法运算
result = a * $signed(b);               //当 b 的最高位为 1 时结果会出错
```

9.3.3 绝对值运算

例 9.17 和例 9.18 展示了一个有符号数的绝对值运算与测试的示例，dbin 是宽度为 W 的二进制补码格式的有符号数，正数的绝对值与其补码相同，负数的绝对值为其补码取反加 1。

例 9.17 有符号数的绝对值运算

```
module abs_signed
   #(parameter W = 8)
   (input signed[W-1:0]  dbin,                //有符号数
   output [W-1:0] dbin_abs);
assign dbin_abs = dbin[W-1] ? (~dbin + 1'b1) : dbin;
endmodule
```

例 9.18 有符号数的绝对值运算的测试代码

```
`timescale 1ns/1ps
module abs_signed_tb();
parameter W = 8;
parameter DELY = 20;
reg signed[W - 1:0] dbin;
reg[2:0] b;
wire[W - 1:0] dbin_abs;
abs_signed  #(.W(8)) i1(.dbin(dbin),.dbin_abs(dbin_abs));
initial
   begin
   dbin = 8'sb11111010;
    #DELY       dbin = 8'sb00000010;
    #DELY       dbin = 8'sb10100110;
    #DELY       dbin = 8'sb11111111;
    #DELY       dbin = 8'sb00000000;
    #DELY        $stop;
   end
initial $monitor($time,,,"dbin = %b dbin_abs = %b",dbin,dbin_abs);
endmodule
```

用 ModelSim 运行例 9.18，TCL 窗口输出如下。

```
0    dbin = 11111010   dbin_abs = 00000110
20   dbin = 00000010   dbin_abs = 00000010
40   dbin = 10100110   dbin_abs = 01011010
60   dbin = 11111111   dbin_abs = 00000001
80   dbin = 00000000   dbin_abs = 00000000
```

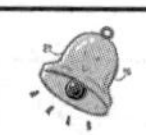

分析： 以第一行为例，−6 的 8 位补码为 8'sb11111010，取反加 1 后的值为 8'b00000110，即−6 的绝对值是 6，可见输出结果正确。

9.4 ROM 存储器

存储器是数字设计中的常用部件。典型的存储器是 ROM 和 RAM。ROM 有多种类型，图 9.10 所示为其中常用的两种。

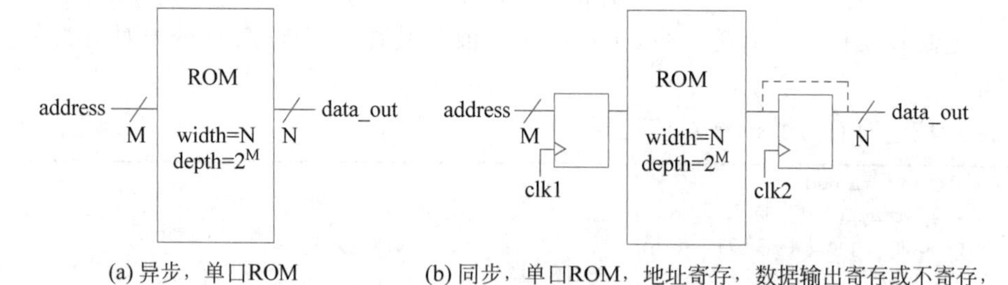

图 9.10 ROM 常用的两种类型

1. 用数组例化存储器

例 9.19 中定义了尺寸为 10×20 的数组，并将数据以常数的形式存储在数组中，以此方式实现 ROM 模块；从 ROM 中读出数据时，数据未寄存，地址寄存，故实现的是图 9.10(b)所示类型的 ROM。为便于下载验证，ROM 中读出的数据用 LED 灯显示，故需要产生 10Hz 时钟信号，用于控制数据的读取速度，以适应 LED 灯显示。

例 9.19 用常数数组实现数据存储，读出的数据用 LED 灯显示

```
module lut_led
   (input   sys_clk,
   output[9:0]  data);
   reg [4:0]  address;
   (* rom_style = "distributed" *)  reg[9:0] myrom[19:0];
initial begin
   myrom[0] = 10'b0000000001;
   myrom[1] = 10'b0000000011;
   myrom[2] = 10'b0000000111;
   myrom[3] = 10'b0000001111;
   myrom[4] = 10'b0000011111;
   myrom[5] = 10'b0000111111;
   myrom[6] = 10'b0001111111;
   myrom[7] = 10'b0011111111;
   myrom[8] = 10'b0111111111;
   myrom[9] = 10'b1111111111;
   myrom[10] = 10'b0111111111;
   myrom[11] = 10'b0011111111;
   myrom[12] = 10'b0001111111;
   myrom[13] = 10'b0000111111;
   myrom[14] = 10'b0000011111;
   myrom[15] = 10'b0000001111;
   myrom[16] = 10'b0000000111;
   myrom[17] = 10'b0000000011;
   myrom[18] = 10'b0000000001;
   myrom[19] = 10'b0000000000;
end
assign data  =  myrom[address];                       //从 ROM 中读出数据,未寄存
always @(posedge clk10hz)                             //地址寄存
   begin
   if(address  ==  19)   address <=  0;
   else   address <=  address  +  1;
   end
wire   clk10hz;
clk_div #(10) i1(                                     //产生 10Hz 时钟信号
   .clk(sys_clk),                                     //clk_div 源码见例 9.10
   .clr(1'b1),
   .clk_out(clk10hz));
endmodule
```

2. 用属性语句指定 ROM 存储器的物理实现方式

在 Vivado 软件中用 rom_style 属性语句指定 ROM 存储器的物理实现方式，如果指

定为"block",则综合器用 FPGA 中的 BRAM(块 RAM)实现 ROM; 如果指定为"distributed",则指定用 FPGA 的查找表结构搭建分布式 ROM。可以在 RTL 源文件或 XDC 文件中进行指定。如果没有指定,综合工具会自动选择合适的实现方式。

rom_style 可选值有两个: block 和 distributed,其定义格式如下。

```
(* rom_style = "block" *)          //表示用 BRAM 实现 ROM
(* rom_style = "distributed" *)    //表示用 LUT 搭建分布式 ROM
```

分析: 属性语句指定 ROM 的实现方式受到一些因素的限制,在有些情况下,比如受 ROM 尺寸太小、分频系数太大等因素影响,并不会按照用户指定的方式实现 ROM,具体应查看软件的 LOG 信息栏。

3. 下载验证

针对本例完成指定目标器件、引脚分配和锁定,并在 EGO1 目标板上下载和验证,引脚分配和锁定如下。

```
#//////////////////////////////系统时钟/////////////////////////////////////////
set_property -dict {PACKAGE_PIN P17 IOSTANDARD LVCMOS33} [get_ports sys_clk ]
#//////////////////////////////LED0~LED9//////////////////////////////////////
set_property -dict {PACKAGE_PIN J2 IOSTANDARD LVCMOS33} [get_ports {data[9]}]
set_property -dict {PACKAGE_PIN K2 IOSTANDARD LVCMOS33} [get_ports {data[8]}]
set_property -dict {PACKAGE_PIN K1 IOSTANDARD LVCMOS33} [get_ports {data[7]}]
set_property -dict {PACKAGE_PIN H6 IOSTANDARD LVCMOS33} [get_ports {data[6]}]
set_property -dict {PACKAGE_PIN H5 IOSTANDARD LVCMOS33} [get_ports {data[5]}]
set_property -dict {PACKAGE_PIN J5 IOSTANDARD LVCMOS33} [get_ports {data[4]}]
set_property -dict {PACKAGE_PIN K6 IOSTANDARD LVCMOS33} [get_ports {data[3]}]
set_property -dict {PACKAGE_PIN L1 IOSTANDARD LVCMOS33} [get_ports {data[2]}]
set_property -dict {PACKAGE_PIN M1 IOSTANDARD LVCMOS33} [get_ports {data[1]}]
set_property -dict {PACKAGE_PIN K3 IOSTANDARD LVCMOS33} [get_ports {data[0]}]
```

下载配置文件.sof 至 FPGA 目标板,观察 LED 灯的显示效果,以验证 ROM 数据读取是否正确。

9.5 RAM 存储器

RAM 可分为单口 RAM 和双口 RAM,两者的区别如下。

(1) 单口 RAM 只有一组数据线和地址线,读/写不能同时进行。

(2) 双口 RAM 有两组地址线和数据线,读/写可同时进行。

双口 RAM 又可分为简单双口 RAM 和真双口 RAM。

- 简单双口 RAM 有两组地址线和数据线,一组只能读取,一组只能写入,写入和读取的时钟可以不同。
- 真双口 RAM 有两组地址线和数据线,两组都可以进行读/写,彼此互不干扰。

FIFO 也属于双口 RAM,但 FIFO 无须对地址进行控制,是最方便的。图 9.11 是单口 RAM 和简单双口 RAM 的区别示意图。

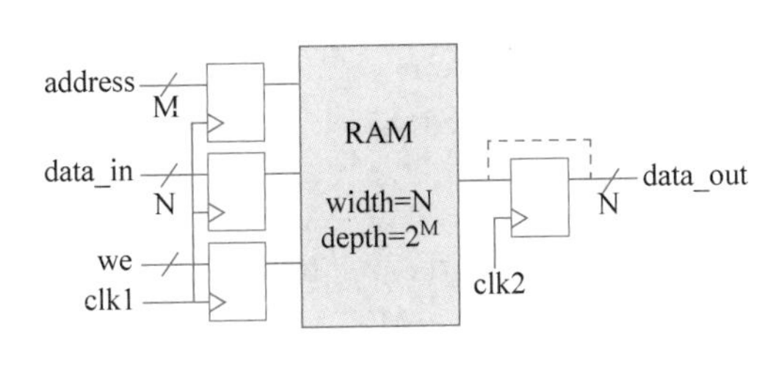

(a) 同步，单口ROM

输入数据寄存，输出数据可寄存或不寄存
时钟：单时钟，clk1=clk2；双时钟：clk1≠clk2

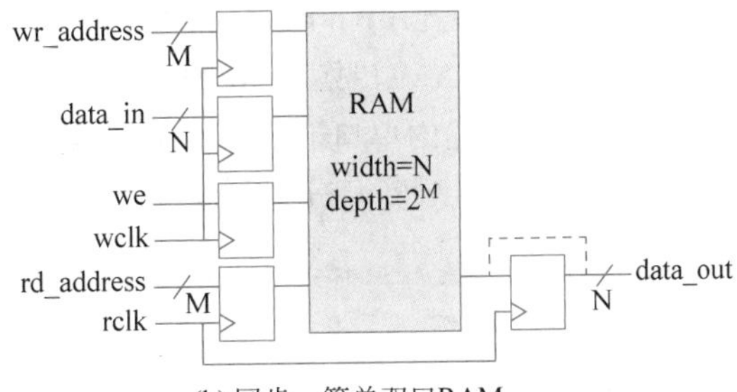

(b) 同步，简单双口RAM

输入数据寄存，输出数据可寄存或不寄存
时钟：单时钟，wclk=rclk；双时钟：wclk≠rclk

图 9.11 单口 RAM 和简单双口 RAM 的区别示意图

9.5.1 单口 RAM

用 Verilog 实现一个深度为 16、位宽为 8bit 的单口 RAM，如例 9.20 所示。

例 9.20 单口 RAM 存储器模块

```
module spram
  #(parameter  ADDR_WIDTH  = 9,
    parameter  DATA_WIDTH  = 8,
    parameter  DEPTH = 512)
   (input  clk,
    input  wr_en,                //写使能
    input  rd_en,                //读使能
    input  [ADDR_WIDTH - 1:0] addr,
    input  [DATA_WIDTH - 1:0] din,
    output reg[DATA_WIDTH - 1:0] dout);
(* ram_style = "block" *)  reg[DATA_WIDTH - 1:0] mem [DEPTH - 1:0];
   integer i;
initial begin
   for(i = 0; i < DEPTH;i = i + 1)
   begin  mem[i]  = 8'h00; end  end
always@(posedge clk) begin
   if(rd_en)  begin  dout <= mem[addr]; end
   else  begin  if(wr_en)  begin  mem[addr] <= din; end
end  end
endmodule
```

Vivado 软件中用 ram_style 属性语句指定 RAM 存储器的物理实现方式，ram_style 的可选值为 block、distributed、registers、ultra、mixed、auto，其定义格式和含义分别如下。

```
(* ram_style = "block" *)        //指定用块状 RAM 实现 RAM
(* ram_style = "distributed" *)  //指定用 LUT 搭建分布式 RAM
(* ram_style = "registers" *)    //指定用寄存器实现 RAM
(* ram_style = "ultra" *)        //只对 ultrascale 系列器件有效,用该器件中的 URAM 实现
(* ram_style = "mixed" *)        //根据面积最小原则确定 RAM 的实现方式
(* ram_style = "auto" *)         //综合工具决定实现方式指定用 URAM 实现 RAM
```

当 RAM 小于 10Kb 时,分布式 RAM 在功耗和速度上更有优势;当 RAM 较大时,可以将分布式 RAM 转换为 Block RAM,从而释放出 LUT 资源。

例 9.20 描述的单口 RAM,分别指定其实现方式为 distributed、block、registers,综合后其耗用的 FPGA 资源分别如图 9.12(a)～图 9.12(c)所示。

LUT	FF	BRAMs	URAM
70	8	0.00	0

(a) "distributed"实现方式

LUT	FF	BRAMs	URAM
1	0	0.50	0

(b) "block"实现方式

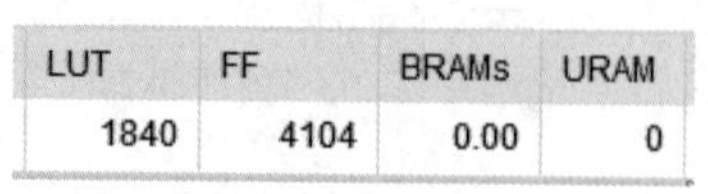

LUT	FF	BRAMs	URAM
1840	4104	0.00	0

(c) "registers"实现方式

图 9.12　单口 RAM 耗用的 FPGA 资源

9.5.2　异步 FIFO

1. FIFO 缓存器

FIFO(First In First Out)是一种按照先进先出原则存储数据的缓存器,与普通存储器的区别在于 FIFO 不需要地址线,只能顺序写入数据、顺序读出数据,其地址由内部读写指针自动加 1 完成(不能读写某个指定的地址)。一般用于不同时钟、不同数据宽度数据之间的交换,以达到数据匹配的目的。

FIFO 的数据读写通过满/空标志协调,当向 FIFO 写数据时,如果 FIFO 已满,则 FIFO 应给出一个满标识信号,以阻止继续向 FIFO 写数据,避免引起数据溢出;当从 FIFO 读数据时,如果 FIFO 中存储的数据已读空,则 FIFO 应给出一个空标识信号,以阻止继续从 FIFO 读数据。

FIFO 分为同步 FIFO 和异步 FIFO:同步 FIFO 读和写用同一时钟;异步 FIFO 的读和写独立,分别用不同的时钟。

注意:

FIFO 常用端口及参数如下。

(1) FIFO 宽度:FIFO 一次读写操作的数据位数。

(2) FIFO 深度:FIFO 存储数据的个数。

(3) 满标志:FIFO 已满或将满时,FIFO 应给出满标志信号,以避免继续向 FIFO 写数据而造成溢出。

(4) 空标志:FIFO 已空或者将空时,FIFO 应给出空标志信号,以避免继续从 FIFO 读数据而造成无效数据的读出。

(5) 读时钟、写时钟;读使能、写使能。

(6) 写地址指针:总是指向下一个将要被写入的单元;复位时,指向 0 地址单元。

(7) 读地址指针:总是指向当前要被读出的数据单元;复位时,指向 0 地址单元。

图 9.13 是 FIFO 的实现结构图,用两个指针(写指针和读指针)来跟踪 FIFO 的顶部和底部。写指针指向下一个要写数据的位置,指向 FIFO 的顶部;读指针指向下一个要读取的数据,指向 FIFO 的底部。当读指针与写指针相同时,可判断 FIFO 被读空;当写

指针超过读指针一圈时,可判断 FIFO 被写满。

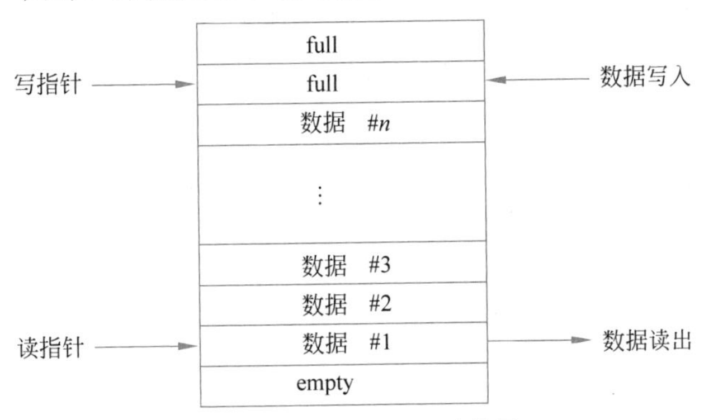

图 9.13 FIFO 的实现结构图

2. 异步 FIFO 缓存器的设计

例 9.21 描述了宽度为 8 位、深度为 16 的异步 FIFO 缓存器,地址指针采用格雷码。

例 9.21 异步 FIFO 缓存器源代码

```
//----------------- 异步 FIFO ----------------------
module fifo_asy  #(
   parameter WIDTH = 'd8,                         //FIFO 位宽
   parameter DEPTH = 'd16)                        //FIFO 深度
   (input  wr_clk,                                //写时钟
   input  wr_clr,                                 //写复位,低电平有效
   input  wr_en,                                  //写使能,高电平有效
   input[WIDTH-1:0]  data_in,                     //写入的数据
   input  rd_clr,                                 //读复位,低电平有效
   input  rd_clk,                                 //读时钟
   input  rd_en,                                  //读使能,高电平有效
   output reg[WIDTH-1:0] data_out,                //数据输出
   output  empty,                                 //空标志,高电平表示当前 FIFO 已被写满
   output  full);                                 //满标志,高电平表示当前 FIFO 已被读空
//----------------- 用二维数组实现 RAM ------------------
reg[WIDTH-1 : 0] fifo_buf[DEPTH - 1 : 0];
reg [ $clog2(DEPTH) : 0]  wr_pt;                  //写地址指针,二进制
reg [ $clog2(DEPTH) : 0]  rd_pt;                  //读地址指针,二进制
wire[ $clog2(DEPTH) : 0] wr_pt_g;                 //写地址指针,格雷码
wire[ $clog2(DEPTH) : 0] rd_pt_g;                 //读地址指针,格雷码
//-------------- 地址指针由二进制转换为格雷码 -------------
assign wr_pt_g = wr_pt ^(wr_pt >> 1);
assign rd_pt_g = rd_pt ^(rd_pt >> 1);
reg[ $clog2(DEPTH):0] rd_pt_d1;                   //读指针同步 1 拍
reg[ $clog2(DEPTH):0] rd_pt_d2;                   //读指针同步 2 拍
reg[ $clog2(DEPTH):0] wr_pt_d1;                   //写指针同步 1 拍
reg[ $clog2(DEPTH):0] wr_pt_d2;                   //写指针同步 2 拍
wire[ $clog2(DEPTH) - 1:0] wr_pt_t;               //写 RAM 的地址
wire[ $clog2(DEPTH) - 1:0] rd_pt_t;               //读 RAM 的地址
assign wr_pt_t = wr_pt[ $clog2(DEPTH) - 1 : 0];//读写 RAM 地址赋值
```

```
    //写 RAM 地址等于写指针的低 DATA_DEPTH 位(去除最高位)
assign rd_pt_t = rd_pt[ $clog2(DEPTH) - 1 : 0];
    //读 RAM 地址等于读指针的低 DATA_DEPTH 位(去除最高位)
//------------------写操作,更新写地址------------------
always @(posedge wr_clk,negedge wr_clr) begin
    if (!wr_clr)  wr_pt <= 0;
    else if(!full && wr_en) begin                   //写使能有效且非满
          wr_pt <= wr_pt + 1'd1;
          fifo_buf[wr_pt_t] <= data_in; end
end
//------------------读操作,更新读地址------------------
always @(posedge rd_clk, negedge rd_clr) begin
    if(!rd_clr)  rd_pt <= 'd0;
    else if(rd_en && !empty) begin                  //读使能有效且非空
          data_out <= fifo_buf[rd_pt_t];
          rd_pt <= rd_pt + 1'd1;  end
end
//------将读指针的格雷码同步到写时钟域,判断是否写满-------
always @(posedge wr_clk,negedge wr_clr) begin
    if(!wr_clr) begin
       rd_pt_d1 <= 0; rd_pt_d2 <= 0; end
    else begin
       rd_pt_d1 <= rd_pt_g;                         //寄存 1 拍
       rd_pt_d2 <= rd_pt_d1; end                    //寄存 2 拍
end
//------将写指针的格雷码同步到读时钟域,判断是否读空-------
always @ (posedge rd_clk,negedge rd_clr) begin
    if (!rd_clr) begin
       wr_pt_d1 <= 0; wr_pt_d2 <= 0;  end
    else begin
       wr_pt_d1 <= wr_pt_g;                         //寄存 1 拍
       wr_pt_d2 <= wr_pt_d1; end                    //寄存 2 拍
end
assign full = (wr_pt_g == {~(rd_pt_d2[ $clog2(DEPTH) : $clog2(DEPTH) - 1]),
       rd_pt_d2[ $clog2(DEPTH) - 2:0]})? 1'b1:1'b0;
    //同步后的读指针格雷码高两位取反,再拼接余下的位
    //当高位相反且其他位相等时,写指针超过读指针一圈,FIFO 被写满
assign empty = (wr_pt_d2 == rd_pt_g) ? 1'b1 : 1'b0;
    //当读指针与写指针相同时,FIFO 被读空
endmodule
```

9.6 有限状态机设计

有限状态机(Finite State Machine,FSM)是按照设定好的顺序实现状态转移并产生相应输出的特定机制,是组合逻辑和寄存器逻辑的一种特殊组合:寄存器用于存储状态,包括现态(Current State,CS)和次态(Next State,NS),组合逻辑用于状态译码并产生输出逻辑(Output Logic,OL)。

根据输出信号产生方式的不同,状态机可分为两类:摩尔型和米里型。摩尔型状态

机的输出只与当前状态有关，如图 9.14 所示；米里型状态机的输出不仅与当前状态相关，还与当前输入直接相关，如图 9.15 所示。米里型状态机的输出在输入变化后立即变化，不依赖时钟信号；摩尔型状态机的输入发生变化后还需等待时钟的到来，状态发生变化时输出才会变化，因此其输出比米里型状态机滞后 1 个时钟周期。

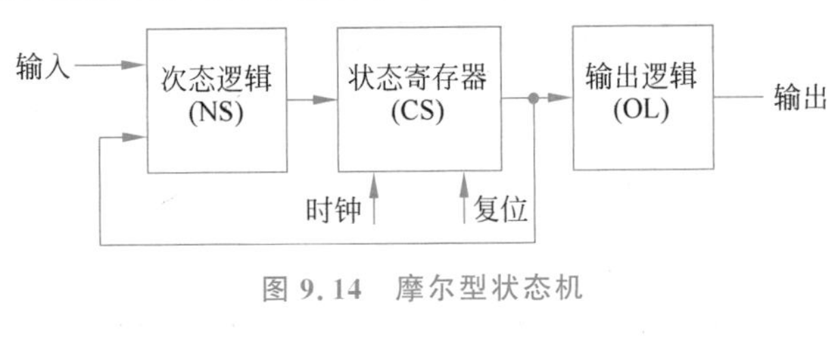

图 9.14　摩尔型状态机

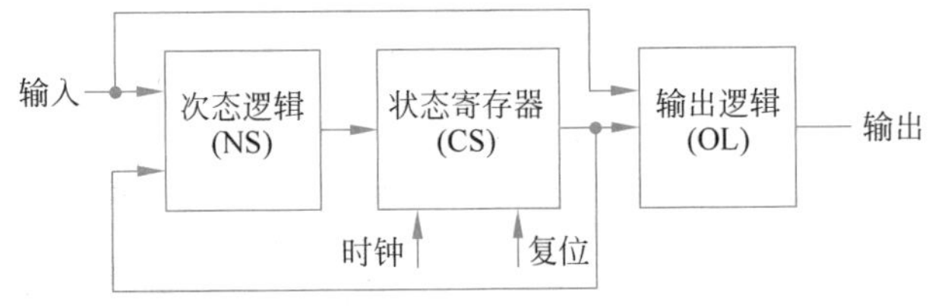

图 9.15　米里型状态机

实用的状态机一般设计为同步方式，在时钟信号的协调下完成各状态之间的转移，并产生相应的输出。

9.6.1　有限状态机的 Verilog 描述

状态机包含以下三个要素。

- 当前状态，即现态。
- 下一个状态，即次态。
- 输出逻辑。

相应地，用 Verilog 描述有限状态机时，有如下几种方式。

- 三段式描述：现态、次态、输出逻辑各用一个 always 过程描述。
- 两段式描述(CS+NS、OL)：用一个 always 过程描述现态和次态时序逻辑，另一个 always 过程描述输出逻辑。
- 单段式描述(CS+NS+OL)：将现态、次态和输出逻辑放在同一过程中描述。

对于两段式描述，相当于一个过程是由时钟信号触发的时序过程(一般用 case 语句检查状态机的当前状态，然后用 if 语句决定下一状态)；另一个过程是组合过程，在组合过程中根据当前状态为输出信号赋值。对于摩尔型状态机，其输出只与当前状态有关，因此只需用 case 语句描述即可；对于米里型状态机，其输出与当前状态和当前输入都有关，故可组合使用 case、if 语句进行描述。双过程的描述方式结构清晰，并能将时序逻辑和组合逻辑分开描述，便于修改。

在单过程描述方式中，将有限状态机的现态、次态和输出逻辑放在同一过程中描述，这样做的好处是：相当于用时钟信号来同步输出信号，可以解决输出逻辑信号出现毛刺的问题，适用于将输出信号作为控制逻辑的场合，有效避免输出信号带有毛刺从而产生错误的控制逻辑问题。

以101序列检测器的设计为例，介绍状态图的几种描述方式。图9.16是101序列检测器的状态转换图。

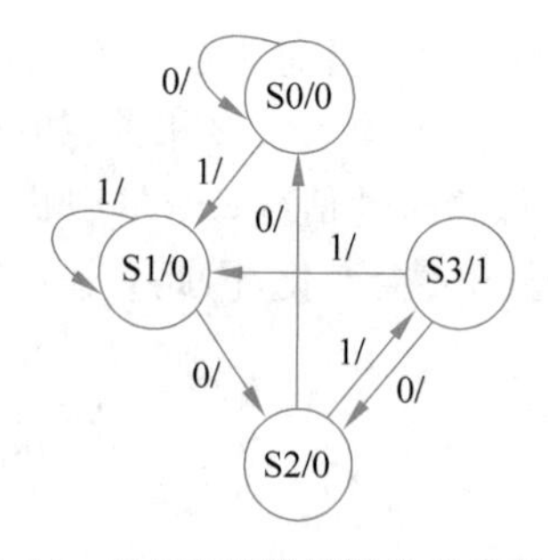

图9.16　101序列检测器的状态转换图

1. 两段式描述

例9.22采用了两段式描述方式。

例9.22　101序列检测器(CS+NS、OL双段式描述)

```
module fsm1_seq101(
   input clk,clr,x,
   output reg z);
reg[1:0] state;
parameter S0 = 2'b00,S1 = 2'b01,S2 = 2'b11,S3 = 2'b10;
   /* 状态编码,采用格雷码编码方式 */
always @(posedge clk, posedge clr)                /* 此过程定义起始状态 */
begin  if(clr) state <= S0;                        //异步复位,S0 为起始状态
   else case(state)
   S0:begin if(x) state <= S1; else state <= S0; end
   S1:begin if(x) state <= S1; else state <= S2; end
   S2:begin if(x) state <= S3; else state <= S0; end
   S3:begin if(x) state <= S1; else state <= S2; end
   default:state <= S0;
   endcase
end
always @(state)                                    //产生输出逻辑
begin  case (state)
   S3: z = 1'b1;
   default:z = 1'b0;
endcase
end
endmodule
```

2. 单段式描述

将有限状态机的现态、次态和输出逻辑放在一个过程中进行描述(单过程描述，单段式描述)，如例9.23所示。

例9.23　101序列检测器(CS+NS+OL单段式描述)

```
module fsm2_seq101(
   input clk,clr,x,
   output reg z);
reg[1:0] state;
localparam S0 = 'd0,S1 = 'd1,S2 = 'd2,S3 = 'd3;
   //用 localparam 进行状态定义
always @(posedge clk, posedge clr)
```

```
begin  if(clr) state<=S0;
  else case(state)
  S0:begin if(x) begin state<=S1; z=1'b0;end
     else begin state<=S0; z=1'b0;end  end
  S1:begin if(x) begin state<=S1; z=1'b0;end
     else begin state<=S2; z=1'b0;end  end
  S2:begin if(x) begin state<=S3; z=1'b0;end
     else begin state<=S0; z=1'b0;end  end
  S3:begin if(x) begin state<=S1; z=1'b1;end
     else begin state<=S2; z=1'b1;end  end
  default:begin state<=S0; z=1'b0;end        /* default 语句 */
endcase  end
endmodule
```

例 9.23 的 RTL 综合视图如图 9.17 所示，可看出，输出逻辑 z 也通过 D 触发器输出，这样做的好处是：相当于用时钟信号来同步输出信号，能克服输出逻辑出现毛刺的问题，适用于将输出信号作为控制逻辑的场合，有效避免产生错误控制动作的可能。

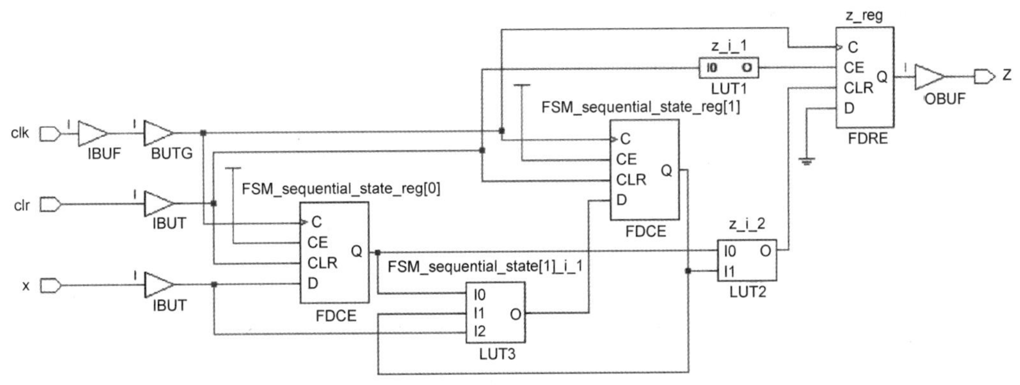

图 9.17 单段式描述的 101 序列检测器的 RTL 综合视图

例 9.24 是 101 序列检测器的 Test Bench 代码。

例 9.24 101 序列检测器的 Test Bench 代码

```
`timescale 1ns / 1ns
module seq_detec_tb;
parameter PERIOD = 20;
reg clk, clr, x;
wire z;
fsm2_seq101 i1(.clk(clk), .clr(clr), .x(x), .z(z));  //待测模块
//-------------------------------------------
reg[7:0] buffer;
integer i;
task seq_gen(input[7:0] seq);                //将输入序列封装为 task 任务
  buffer = seq;
  for(i = 7; i >= 0; i = i-1) begin
  @(negedge clk)
  x = buffer[i];
  end
```

```
endtask
initial begin
    clk = 0;  clr = 0;
    @(negedge clk)
    clr = 1;
    seq_gen(8'b10101101);                          //task 任务例化
    seq_gen(8'b01011101);                          //task 任务例化
end
always begin                                       //生成时钟信号
    #(PERIOD/2) clk = ~clk;  end
endmodule
```

将例 9.24 在 ModelSim 中运行，得到图 9.18 所示的测试波形图，验证其功能正确。

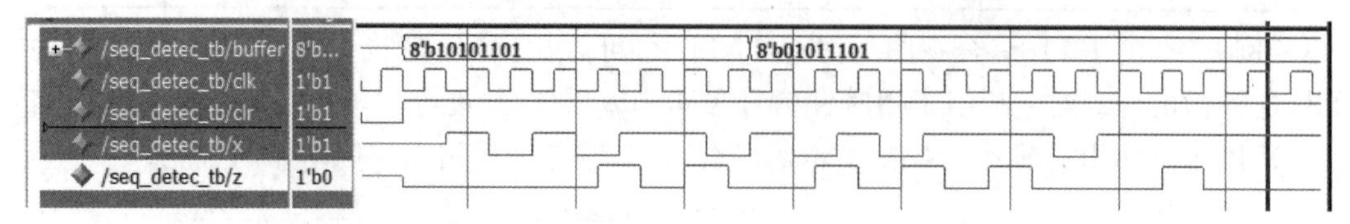

图 9.18　101 序列检测器的测试波形图

9.6.2　状态编码

1. 编码方式

在状态机设计中，常用的编码方式有顺序编码、格雷编码、Johnson 编码和**独热码**编码等。

(1) **顺序编码**：采用顺序的二进制数对每个状态进行编码。

(2) **格雷编码**：在状态的顺序转换中，相邻状态每次只有一个比特位产生变化，这样既减少了瞬变的次数，也减少了产生毛刺或一些暂态的可能性。

(3) **Johnson 编码**：在 Johnson 计数器的基础上引出 Johnson 编码。Johnson 计数器是一种移位计数器，采用对输出的最高位取反，反馈送到最低位触发器的输入端。Johnson 编码每相邻两个码字间也是只有 1 个比特位是不同的。

(4) **独热码编码**：**独热码**(one-hot)采用 n 位(或 n 个触发器)编码具有 n 个状态的状态机。

表 9.2 是对 16 个状态分别用上述 4 种编码方式编码的对比。可以看出，为 16 个状态编码，顺序编码和格雷编码均需要 4 位，Johnson 编码需要 8 位，**独热码**则需要 16 位。

表 9.2　4 种编码方式编码的对比

状　　态	顺序编码	格雷编码	Johnson 编码	独　热　码
state0	0000	0000	00000000	0000000000000001
state1	0001	0001	00000001	0000000000000010
state2	0010	0011	00000011	0000000000000100
state3	0011	0010	00000111	0000000000001000
state4	0100	0110	00001111	0000000000010000
state5	0101	0111	00011111	0000000000100000

续表

状　态	顺序编码	格雷编码	Johnson 编码	独　热　码
state6	0110	0101	00111111	0000000001000000
state7	0111	0100	01111111	0000000010000000
state8	1000	1100	11111111	0000000100000000
state9	1001	1101	11111110	0000001000000000
state10	1010	1111	11111100	0000010000000000
state11	1011	1110	11111000	0000100000000000
state12	1100	1010	11110000	0001000000000000
state13	1101	1011	11100000	0010000000000000
state14	1110	1001	11000000	0100000000000000
state15	1111	1000	10000000	1000000000000000

注意： 采用**独热码**，虽然多使用了触发器，但可以有效节省和简化译码电路，FPGA 器件中存在大量触发器，采用**独热码**可提高电路的速度、可靠性及器件资源的利用率，故在 FPGA 设计中可采用该编码方式。

2. 状态编码的定义

在 Verilog 中，用于定义状态编码的关键字有 parameter、`define 和 localparam。例如，要为 ST1、ST2、ST3 和 ST4 这 4 个状态进行状态编码，可用如下几种方式。

（1）用 parameter 定义。

```
parameter ST1 = 2'b00, ST2 = 2'b01, ST3 = 2'b11, ST4 = 2'b10;
```

（2）用`define 定义。

```
`define ST1   2'b00                        //不要加分号";"
`define ST2   2'b01
`define ST3   2'b11
`define ST4   2'b10
     …
   case(state)
     `ST1:…;                               //调用,不要漏掉符号"`"
     `ST2:…;
```

（3）用 localparam 定义。

localparam 是局部参数，其作用范围仅限于本模块内，不可用于参数传递。由于状态编码一般只作用于本模块，故 localparam 适合用于状态机定义，其定义格式如下。

```
localparam  ST1 = 2'b00, ST2 = 2'b01, ST3 = 2'b11, ST4 = 2'b10;
case(state)
     ST1:…;                                //调用
     ST2:…;
```

一般用 case 语句描述状态之间的转换，用 case 语句表述比用 if-else 语句更清晰明了。

注意：

关键字`define，parameter 和 localparam 都可用于定义参数和常量，三者用法及作用范围的区别如下。

(1) `define：其作用范围是整个工程，能够跨模块，直到遇到`undef 时失效，所以用`define 定义常量和参数时，一般将定义语句放在模块外。

(2) parameter：作用于本模块内，可通过参数传递改变下层模块的参数值。

(3) localparam：局部参数，不能用于参数传递，适用于状态机参数的定义。

3. 用属性指定状态编码方式

可用属性指定状态编码方式。属性的格式没有统一的标准，在各个综合工具中是不同的。在 Vivado 软件中用 fsm_encoding 语句控制状态机的编码方式，将属性置于状态寄存器的前面，可设置的值有 auto，one_hot，sequential，gray，johnson，user_encoding，none，compact。

(1) "auto"—Vivado 自动选择最佳编码方式，一般根据状态的数量选择编码方式：状态数少于 5 个时，选择顺序编码；状态数为 5～50 个时，选择**独热码**编码方式；状态数超过 50 个时，选择格雷编码方式。

(2) "one_hot"—**独热码**。

(3) "sequential"—顺序编码。

(4) "gray"—格雷编码。

(5) "johnson"—Johnson 编码。

(6) "user_encoding"—用户自定义方式，用户可在代码中用参数定义状态编码。

fsm_encoding 语句可以在 RTL 代码或 XDC 文件中声明。

例 9.25 是无重叠型 1101 序列检测器，采用属性语句指定为**独热码**方式。

例 9.25 1101 序列检测器(无重叠型)

```
module seq_1101(
   input clk, clr,
   input din,
   output reg z);
localparam[4:0] S0 = 'd0,S1 = 'd1,S2 = 'd2,S3 = 'd3,S4 = 'd4;//用 localparam 将状态定义为整数
( * fsm_encoding = "one_hot" * ) reg[4:0] cs_state,ns_state;
always @(posedge clk, posedge clr)  begin
   if(clr)  cs_state <= S0;
   else  cs_state <= ns_state;  end
always @ *  begin
   case(cs_state)
   S0: if(din == 1'b1) ns_state = S1;  else ns_state = S0;
   S1: if(din == 1'b1) ns_state = S2;  else ns_state = S0;
   S2: if(din == 1'b0) ns_state = S3;  else ns_state = S2;
   S3: if(din == 1'b1) ns_state = S4;  else ns_state = S0;
   S4: if(din == 1'b1) ns_state = S1;  else ns_state = S0;
   default: ns_state = S0;
```

```
    endcase
    end
  always @ *   begin
    if(cs_state == S4) z = 1;
    else z = 0;   end
  endmodule
```

综合工具会按照属性语句指定的方式进行状态编码，上例在综合后查看 LOG 信息栏，发现其编码如下，可见是按照**独热码**编码的。

```
        State |          New Encoding |        Previous Encoding
    ---------------------------------------------------------------
           S0 |                 00001 |                 00000
           S1 |                 00010 |                 00001
           S2 |                 00100 |                 00010
           S3 |                 01000 |                 00011
           S4 |                 10000 |                 00100
```

注意： 也可以在 Vivado 软件的综合设置中，指定状态机的编码方式为-fsm_extraction，其默认值为 auto，其他选项包括 one_hot，sequential，gray，johnson，off。

在 HDL 代码中用综合属性 fsm_coding 指定编码方式，其优先级高于-fsm_extraction 设置。

在状态机设计中，还应注意多余状态的处理，尤其是**独热码**编码，会出现大量多余状态（或称无效状态、非法状态），多余状态可进行如下处理。

(1) 在 case 语句中，用 default 分支决定一旦进入无效状态时采取的措施，但并非所有综合器都能按照 default 语句的指示，综合出有效避免无效死循环的电路，所以此方法的有效性视所用综合软件的性能而定。

(2) 编写必要的 Verilog 源代码，以明确定义进入无效状态时采取的措施。

9.7 用有限状态机实现除法器

Verilog HDL 中虽有除法运算符，但其可综合性受到诸多限制，本节采用状态机实现除法器设计。

例 9.26 采用模拟手算除法的方法实现除法操作，其运算过程如下。

假如被除数 a、除数 b 均为位宽为 W 位的无符号整数，则其商和余数的位宽不会超过 W 位。

步骤 1：当输入使能信号(en)为 1 时，将被除数 a 高位补 W 个 0，位宽变为 $2W$(a_tmp)；除数 b 低位补 W 个 0，位宽也变为 $2W$(b_tmp)；初始化迭代次数 $i=0$，到步骤 2。

步骤 2：如迭代次数 $i<W$，将 a_tmp 左移一位（末尾补 0），$i<=i+1$，到步骤 3；否则，结束迭代运算，到步骤 4。

步骤 3：比较 a_tmp 与 b_tmp，如 a_tmp > b_tmp 成立，则 a_tmp=a_tmp−b_tmp+1，

回到步骤 2 继续迭代；如 a_tmp > b_tmp 不成立，则不做减法回到步骤 2。

步骤 4：将输出使能信号(done)置 1，商为 a_tmp 的低 W 位，余数为 a_tmp 的高 W 位。

下面通过 13÷2=6 余 1 为例来理解上面的步骤，其实现过程如图 9.19 所示。

w=4, i=0		
a:1101→a_tmp:	0 0 0 0 1 1 0 1	
b:0010→b_tmp:	0 0 1 0 0 0 0 0	
i=1, a_tmp<<1	0 0 0 1 1 0 1 0	不够减
b_tmp	0 0 1 0 0 0 0 0	
i=2, a_tmp<<1	0 0 1 1 0 1 0 0	
b_tmp	0 0 1 0 0 0 0 0	
a_tmp=a_tmp−b_tmp+1	0 0 0 1 0 1 0 1	减
i=3, a_tmp<<1	0 0 1 0 1 0 1 0	
b_tmp	0 0 1 0 0 0 0 0	
a_tmp=a_tmp−b_tmp+1	0 0 0 0 1 0 1 1	减
i=4	0 0 0 1（余） 0 1 1 0（商）	
不满足i<w，结束		

图 9.19 除法操作实现过程(以 13÷2=6 余 1 为例)

例 9.26 用有限状态机实现除法器

```
module divider_fsm
  #(parameter WIDTH = 8)
   (input     clk,  rstn,
    input     en,                          //输入使能,为 1 时开始计算
    input [WIDTH - 1:0]  a,                //被除数
    input [WIDTH - 1:0]  b,                //除数
    output reg[WIDTH - 1:0]  qout,         //商
    output reg[WIDTH - 1:0]  remain,       //余数
    output  done);                         //输出使能,为 1 时可取走结果
reg [WIDTH * 2 - 1:0]  a_tmp,  b_tmp;
reg [5:0]  i;
localparam  ST = 4'b0001,    SUB = 4'b0010,
            SHIFT = 4'b0100,  DO = 4'b1000;
reg [3:0]  state;
always @(posedge clk, negedge rstn) begin
   if(!rstn)  begin i <= 0;
   a_tmp <= 0; b_tmp <= 0;  state <= ST;  end
   else begin
   case(state)
   ST :  begin
   if(en)  begin
```

```
        a_tmp <= {{WIDTH{1'b0}},a};                        //高位补 0
        b_tmp <= {b,{WIDTH{1'b0}}};                        //低位补 0
        state <= SHIFT;   end
        else  state <= ST; end
    SHIFT : begin
        if(i < WIDTH)  begin
        i <= i + 1;
        a_tmp <= {a_tmp[WIDTH * 2 - 2 : 0], 1'b0};         //左移 1 位
        state <= SUB;  end
        else  state <= DO;  end
    SUB :  begin
        if(a_tmp >= b_tmp)  begin
        a_tmp <= a_tmp - b_tmp + 1'b1;  state <= SHIFT; end
        else  state <= SHIFT;  end
    DO :  begin
        state <= ST;  i <= 0;
        qout <= a_tmp[WIDTH - 1:0];                        //商
        remain <= a_tmp[WIDTH * 2 - 1:WIDTH]; end          //余数
    endcase
end  end
assign  done = (state == DO) ?  1'b1 :  1'b0;
endmodule
```

编写 Test Bench 测试代码，如例 9.27 所示。

例 9.27　有限状态机除法器的 Test Bench 测试代码

```
`timescale 1ns/1ns
module divider_fsm_tb();
parameter WIDTH = 16;
reg  clk, rstn, en;
wire  done;
reg[WIDTH - 1:0]  a, b;
wire[WIDTH - 1:0] qout, remain;
always #10 clk = ~clk;
integer i;
initial begin
    rstn = 0; clk = 1; en = 0;
    #30 rstn = 1;
    repeat(2) @(posedge clk);
    en <= 1;
    a <=  $urandom() % 2000;
    b <=  $urandom() % 200;
    wait(done == 1);  en <= 0;
    repeat(3) @(posedge clk);
    en <= 1;
    a <= {$random()} % 1000;
    b <= {$random()} % 100;
    wait(done == 1);  en <= 0;
    repeat(3) @(posedge clk);
```

```
    a <= {$random()} % 500;
    b <= {$random()} % 500;
    wait(done == 1);  en <= 0;  end
divider_fsm #(.WIDTH(WIDTH))
u1(.clk(clk), .rstn(rstn), .en(en),
    .a(a), .b(b), .qout(qout), .remain(remain), .done(done));
initial begin
    $fsdbDumpvars();
    $fsdbDumpMDA();
    $dumpvars();
    #3200 $stop; end
endmodule
```

例 9.27 的测试波形图如图 9.20 所示,可看出除法功能正确。

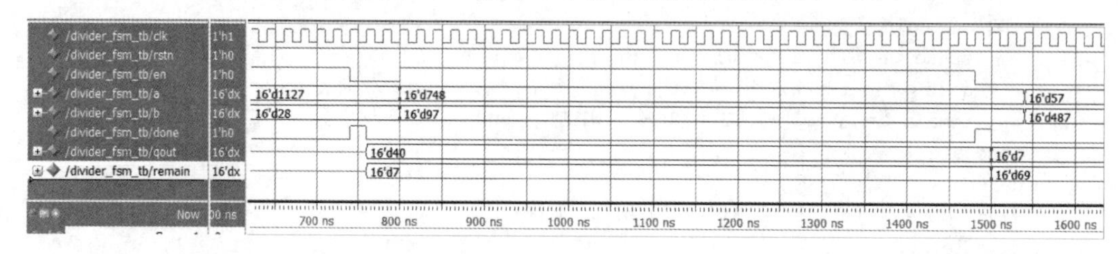

图 9.20 除法运算电路的测试波形图

9.8 用有限状态机控制流水灯

采用有限状态机实现流水灯控制器,控制 16 个 LED 灯实现如下演示花型。

(1) 从两边向中间逐个亮,全灭。

(2) 从中间向两边逐个亮,全灭。

(3) 循环执行上述过程。

1. 流水灯控制器

流水灯控制器如例 9.28 所示,采用了双段式描述方式。

例 9.28 用有限状态机控制 16 路 LED 灯实现花形演示

```
`timescale 1 ns/1 ps
module ripple_led(
    input sys_clk,                              //时钟信号
    input sys_rst,                              //复位信号
    output reg[15:0] led);
reg[4:0] state;
parameter S0 = 'd0,S1 = 'd1,S2 = 'd2,S3 = 'd3,S4 = 'd4,S5 = 'd5,S6 = 'd6,S7 = 'd7,
S8 = 'd8,S9 = 'd9,S10 = 'd10,S11 = 'd11,S12 = 'd12,S13 = 'd13,S14 = 'd14,
S15 = 'd15,S16 = 'd16,S17 = 'd17;
//-----------------------------------------
wire clk10hz;
clk_div  #(10) u1(                              //产生 10Hz 时钟信号
```

```
    .clk(sys_clk),                              //clk_div 源代码见例 9.10
    .clr(sys_rst),
    .clk_out(clk10hz));
always @(posedge clk10hz) begin                 //状态转移
    if(!sys_rst) state <= S0;                   //同步复位
     else   case(state)
    S0: state <= S1;      S1: state <= S2;
    S2: state <= S3;      S3: state <= S4;
    S4: state <= S5;      S5: state <= S6;
    S6: state <= S7;      S7: state <= S8;
    S8: state <= S9;      S9: state <= S10;
    S10: state <= S11;    S11: state <= S12;
    S12: state <= S13;    S13: state <= S14;
    S14: state <= S15;    S15: state <= S16;
    S16: state <= S17;    S17: state <= S0;
    default: state <= S0;
    endcase
end
always @(state)  begin                          //产生输出逻辑
    case(state)
    S0 :led <= 16'b0000000000000000;            //全灭
    S1 :led <= 16'b1000000000000001;            //从两边向中间逐个亮
    S2 :led <= 16'b1100000000000011;
    S3 :led <= 16'b1110000000000111;
    S4 :led <= 16'b1111000000001111;
    S5 :led <= 16'b1111100000011111;
    S6 :led <= 16'b1111110000111111;
    S7 :led <= 16'b1111111001111111;
    S8 :led <= 16'b1111111111111111;
    S9 :led <= 16'b0000000000000000;            //全灭
    S10:led <= 16'b0000000110000000;            //从中间向两头逐个亮
    S11:led <= 16'b0000001111000000;
    S12:led <= 16'b0000011111100000;
    S13:led <= 16'b0000111111110000;
    S14:led <= 16'b0001111111111000;
    S15:led <= 16'b0011111111111100;
    S16:led <= 16'b0111111111111110;
    S17:led <= 16'b1111111111111111;
    default:led <= 16'b0000000000000000;
    endcase;
end
endmodule
```

2. 引脚分配与锁定

引脚约束文件.xdc 的内容如下所示。

```
set_property -dict {PACKAGE_PIN P17 IOSTANDARD LVCMOS33} [get_ports sys_clk]
set_property -dict {PACKAGE_PIN P15 IOSTANDARD LVCMOS33} [get_ports sys_rst]
set_property -dict {PACKAGE_PIN F6 IOSTANDARD LVCMOS33} [get_ports {led[15]}]
```

```
set_property -dict {PACKAGE_PIN G4 IOSTANDARD LVCMOS33} [get_ports {led[14]}]
set_property -dict {PACKAGE_PIN G3 IOSTANDARD LVCMOS33} [get_ports {led[13]}]
set_property -dict {PACKAGE_PIN J4 IOSTANDARD LVCMOS33} [get_ports {led[12]}]
set_property -dict {PACKAGE_PIN H4 IOSTANDARD LVCMOS33} [get_ports {led[11]}]
set_property -dict {PACKAGE_PIN J3 IOSTANDARD LVCMOS33} [get_ports {led[10]}]
set_property -dict {PACKAGE_PIN J2 IOSTANDARD LVCMOS33} [get_ports {led[9]}]
set_property -dict {PACKAGE_PIN K2 IOSTANDARD LVCMOS33} [get_ports {led[8]}]
set_property -dict {PACKAGE_PIN K1 IOSTANDARD LVCMOS33} [get_ports {led[7]}]
set_property -dict {PACKAGE_PIN H6 IOSTANDARD LVCMOS33} [get_ports {led[6]}]
set_property -dict {PACKAGE_PIN H5 IOSTANDARD LVCMOS33} [get_ports {led[5]}]
set_property -dict {PACKAGE_PIN J5 IOSTANDARD LVCMOS33} [get_ports {led[4]}]
set_property -dict {PACKAGE_PIN K6 IOSTANDARD LVCMOS33} [get_ports {led[3]}]
set_property -dict {PACKAGE_PIN L1 IOSTANDARD LVCMOS33} [get_ports {led[2]}]
set_property -dict {PACKAGE_PIN M1 IOSTANDARD LVCMOS33} [get_ports {led[1]}]
set_property -dict {PACKAGE_PIN K3 IOSTANDARD LVCMOS33} [get_ports {led[0]}]
```

用 Vivado 软件进行综合，然后在 EGO1 平台上下载，实际观察 16 个 LED 灯的演示花型。采用有限状态机控制彩灯，结构清晰，便于修改，可在本设计的基础上编程实现更多演示花型。

9.9 用状态机控制字符液晶

常用的字符液晶是 LCD1602，可以显示 16×2 个 5×7 大小的点阵字符。字符液晶属于慢设备，平时多用单片机对其进行控制和读/写。用 FPGA 驱动 LCD1602，最好的方法是采用状态机，通过同步状态机模拟单步执行驱动 LCD1602，可很好地实现对 LCD1602 的读/写，也体现了用状态机逻辑可很好地模拟和实现单步执行。

1. 字符液晶 LCD1602 及接口

市面上的 LCD1602 基本上是兼容的，区别仅在于是否带有背光，其驱动芯片都是 HD44780 及其兼容芯片，在驱动芯片的字符发生存储器(CGROM)中固化了 192 个常用字符的字模。

LCD1602 的接口基本一致，为 16 引脚的单排插针接口，其排列如图 9.21 所示，各引脚的功能见表 9.3。

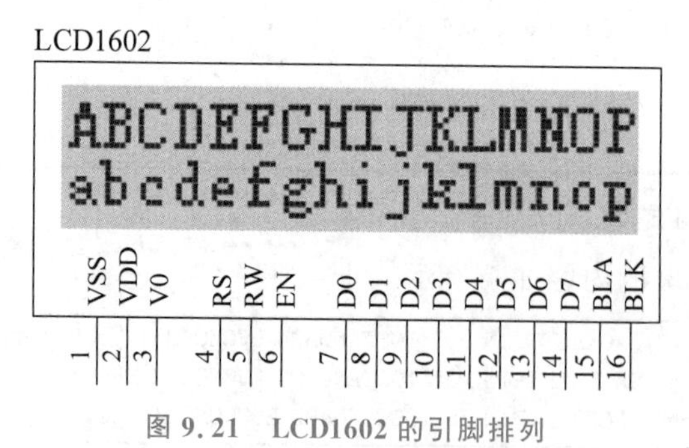

图 9.21 LCD1602 的引脚排列

表 9.3 LCD1602 的引脚功能

引 脚 号	引 脚 名 称	引 脚 功 能
1	VSS	接地
2	VDD	电源正极
3	V0	背光偏压,液晶对比度调整端
4	RS	数据/命令,0 为指令,1 为数据
5	RW	读/写选择,0 为写,1 为读
6	EN	使能信号
7～14	D[0]～D[7]	8 位数据
15	BLA	背光阳极
16	BLK	背光阴极

LCD1602 控制线主要分为 4 类。

(1) RS：数据/指令选择端,当 RS=0 时,写指令；当 RS=1 时,写数据。

(2) RW：读/写选择端,当 RW=0 时,写指令/数据；当 RW=1 时,读状态/数据。

(3) EN：使能端,下降沿使指令/数据生效。

(4) D[0]～D[7]：8 位双向数据线。

2. LCD1602 的数据读/写时序

LCD1602 的数据读/写时序如图 9.22 所示,其读/写时序由使能信号 EN 完成；对读/写操作的识别是判断 RW 信号上的电平状态,当 RW 为 0 时向显示数据存储器写数据,数据在使能信号 EN 的上升沿被写入,当 RW 为 1 时将液晶模块的数据读出；RS 信号用于识别数据总线 DB0～DB7 上的数据是指令还是显示数据。

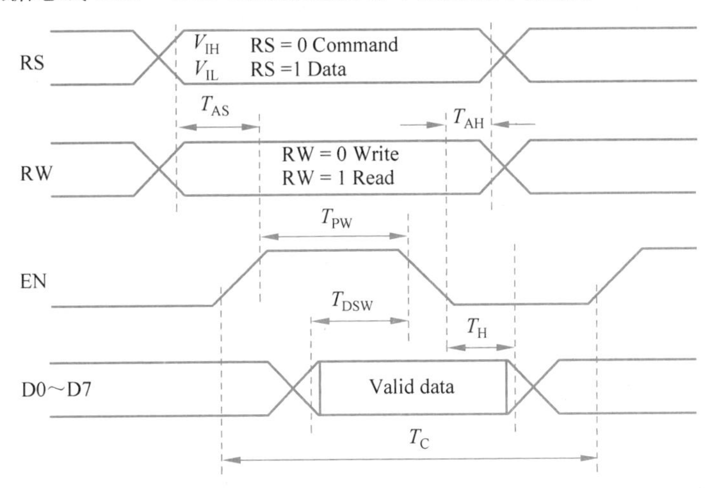

图 9.22 LCD1602 的数据读/写时序

3. LCD1602 的指令集与字符集

LCD1602 的读/写操作、屏幕和光标的设置都是通过指令实现的,共支持 11 条控制指令,这些指令可查阅相关资料。需要注意的是,液晶模块属于慢显示设备,因此,在执行每条指令之前,一定要确认模块的忙标志为低电平(表示不忙),否则此指令失效。显示字符时要先输入显示字符地址，也就是告诉模块在哪里显示字符，表 9.4 是 LCD1602 的内部显示地址。

表 9.4　LCD1602 的内部显示地址

显示位置	1	2	3	4	5	6	7	8	9	10	11	12	13	14	15	16
第 1 行	80	81	82	83	84	85	86	87	88	89	8A	8B	8C	8D	8E	8F
第 2 行	C0	C1	C2	C3	C4	C5	C6	C7	C8	C9	CA	CB	CC	CD	CE	CF

LCD1602 模块内部的字符发生存储器中固化了 192 个常用字符的字模，比如，大写英文字母 A 的代码是 41H，将 41H 写给 LCD，就能在屏幕上显示字母 A。

4. LCD1602 的初始化

LCD1602 开始显示前需进行必要的初始化设置，包括设置显示模式、显示地址等，LCD1602 的初始化指令及其功能如表 9.5 所示。

表 9.5　LCD1602 的初始化指令及其功能

初始化过程	初始化指令	功　能
1	8 'h38，8 'h30	设置显示模式：16×2 显示，5×8 点阵，8 位数据接口
2	8 'h0c	开显示，光标不显示（如要显示光标，可改为 8 'h0e）
3	8 'h06	光标设置：光标右移，字符不移
4	8 'h01	清屏，将以前的显示内容清除
行地址	1 行：'h80	第 1 行地址
	2 行：'hc0	第 2 行地址

5. 用状态机驱动 LCD1602 实现字符的显示

FPGA 驱动 LCD1602，其实就是用同步状态机模拟单步执行驱动 LCD1602，其过程是先初始化 LCD1602，然后写地址，最后写入显示数据。

注意：

使用 LCD1602 时应注意如下几点。

（1）LCD1602 的初始化过程主要由以下 4 条写指令配置。

- 工作方式设置 MODE_SET：8'h38 或 8'h30，分别表示 2 行显示或 1 行显示。
- 显示开/关及光标设置 CURSOR_SET：8'h0c。
- 显示模式设置 ENTRY_SET：8'h06。
- 清屏设置 CLEAR_SET：8'h01。

由于是写指令，所以 RS=0；写完指令后，EN 下降沿使能。

（2）初始化完成后，需写入地址，第一行初始地址是 8'h80；第二行初始地址是 8'hc0。写入地址时 RS=0，写完地址后，EN 下降沿使能。

（3）写入地址后，开始写入显示数据。需注意，地址指针每写入一个数据后会自动加 1。写入数据时 RS=1，写完数据后，EN 下降沿使能。

（4）动态显示中数据要刷新，由于采用了同步状态机模拟 LCD1602 的控制时序，所以在显示完最后的数据后，状态要跳回写入地址状态，便于进行动态刷新。

用状态机驱动LCD1602实现字符显示的程序见例9.29。此外,由于LCD1602是慢速器件,所以应合理设置其工作时钟频率。本例采用的是计数延时使能驱动,代码中通过计数器定时得出lcd_clk_en信号驱动,其间隔为500ns,延时长一些会更可靠。

例9.29 控制字符液晶LCD1602,实现字符和数字的显示

```
module lcd1602
   (input sys_clk,                              //100MHz 时钟
   input sys_rst,                               //系统复位
   output bla,                                  //背光阳极 +
   output blk,                                  //背光阴极 -
   output reg lcd_rs,
   output lcd_rw,
   output reg lcd_en,
   output reg [7:0] lcd_data);
parameter MODE_SET = 8'h30,                     //用于液晶初始化的参数
   //工作方式设置:D4 = 1,8 位数据接口,D3 = 0,1 行显示,D2 = 0,5x8 点阵显示
         CURSOR_SET = 8'h0c,
   //显示开关设置:D2 = 1,显示开,D1 = 0,光标不显示,D0 = 0,光标不闪烁
         ENTRY_SET = 8'h06,
   //进入模式设置:D1 = 1,写入新数据光标右移,D0 = 0,显示不移动
         CLEAR_SET = 8'h01;                     //清屏
//---------产生 1Hz 秒表时钟信号----------------
wire clk_1hz;
clk_div  #(1)  u1(                              //产生 1Hz 秒表时钟信号
   .clk(sys_clk),                               //clk_div 源代码见例 9.10
   .clr(1),
   .clk_out(clk_1hz));
//---------秒表计时,每 10 分钟重新循环----------------
reg[7:0] sec;
reg[3:0] min;
always @(posedge clk_1hz, negedge sys_rst) begin
   if(!sys_rst)  begin sec <= 0;min <= 0; end
   else  begin
       if(min == 9&&sec == 8'h59)
       begin min <= 0;sec <= 0; end
       else if(sec == 8'h59)
         begin min <= min + 1; sec <= 0;end
       else if(sec[3:0] == 9)
         begin sec[7:4]<= sec[7:4] + 1;   sec[3:0]<= 0; end
       else sec[3:0]<= sec[3:0] + 1;
end  end
//-----------产生 lcd1602 使能驱动 lcd_clk_en-------------
reg [31:0] cnt;
reg lcd_clk_en;
always @(posedge sys_clk, negedge sys_rst) begin
   if(!sys_rst)
   begin  cnt <= 1'b0;  lcd_clk_en <= 1'b0;  end
   else if(cnt == 32'h49999)                    //500us
     begin  cnt <= 1'b0;  lcd_clk_en <= 1'b1;  end
```

```
        else  begin  cnt <= cnt + 1'b1;  lcd_clk_en <= 1'b0;  end
end
//---------------- lcd1602 显示状态机 -----------------------
wire[7:0] sec0,sec1,min0;                    //秒表的秒、分钟数据(ASCII 码)
wire[7:0] addr;                              //写地址
reg[4:0] state;
assign min0 = 8'h30 + min;
assign sec0 = 8'h30 + sec[3:0];
assign sec1 = 8'h30 + sec[7:4];
assign addr = 8'h80;                         //赋初始地址
always@(posedge sys_clk, negedge sys_rst) begin
   if(!sys_rst)  begin
        state <= 1'b0;       lcd_rs <= 1'b0;
        lcd_en <= 1'b0;      lcd_data <= 1'b0;   end
   else if(lcd_clk_en) begin
   case(state)                               //初始化
   5'd0: begin
        lcd_rs <= 1'b0;  lcd_en <= 1'b1;
        lcd_data <= MODE_SET;                //显示格式设置:8 位格式,2 行,5*7
        state <= state + 1'd1;  end
   5'd1: begin  lcd_en <= 1'b0;  state <= state + 1'd1;  end
   5'd2: begin  lcd_rs <= 1'b0;  lcd_en <= 1'b1;
        lcd_data <= CURSOR_SET;  state <= state + 1'd1;  end
   5'd3: begin  lcd_en <= 1'b0;  state <= state + 1'd1;  end
   5'd4: begin  lcd_rs <= 1'b0;  lcd_en <= 1'b1;
        lcd_data <= ENTRY_SET;  state <= state + 1'd1;  end
   5'd5: begin  lcd_en <= 1'b0; state <= state + 1'd1;  end
   5'd6: begin  lcd_rs <= 1'b0;  lcd_en <= 1'b1;
        lcd_data <= CLEAR_SET;
        state <= state + 1'd1;  end
   5'd7: begin  lcd_en <= 1'b0;  state <= state + 1'd1;  end
   5'd8: begin                               //显示
        lcd_rs <= 1'b0;  lcd_en <= 1'b1;
        lcd_data <= addr;                    //写地址
        state <= state + 1'd1;  end
   5'd9: begin  lcd_en <= 1'b0;  state <= state + 1'd1;  end
   5'd10: begin
        lcd_rs <= 1'b1;  lcd_en <= 1'b1;
        lcd_data <= min0;                    //写数据
        state <= state + 1'd1;  end
   5'd11: begin  lcd_en <= 1'b0;  state <= state + 1'd1;  end
   5'd12: begin  lcd_rs <= 1'b1;  lcd_en <= 1'b1;
        lcd_data <= "m";                     //写数据
        state <= state + 1'd1;  end
   5'd13: begin  lcd_en <= 1'b0; state <= state + 1'd1;  end
   5'd14: begin  lcd_rs <= 1'b1;  lcd_en <= 1'b1;
        lcd_data <= "i";                     //写数据
        state <= state + 1'd1;  end
   5'd15: begin  lcd_en <= 1'b0;  state <= state + 1'd1;  end
```

```
        5'd16: begin  lcd_rs <= 1'b1;  lcd_en <= 1'b1;
            lcd_data <= "n";                          //写数据
            state <= state + 1'd1;  end
        5'd17: begin  lcd_en <= 1'b0;  state <= state + 1'd1;  end
        5'd18: begin  lcd_rs <= 1'b1;  lcd_en <= 1'b1;
            lcd_data <= " ";                          //显示空格
            state <= state + 1'd1;  end
        5'd19: begin  lcd_en <= 1'b0;  state <= state + 1'd1;  end
        5'd20: begin  lcd_rs <= 1'b1;  lcd_en <= 1'b1;
            lcd_data <= sec1;                         //显示秒数据,十位
            state <= state + 1'd1;  end
        5'd21: begin  lcd_en <= 1'b0;  state <= state + 1'd1;  end
        5'd22: begin  lcd_rs <= 1'b1;  lcd_en <= 1'b1;
            lcd_data <= sec0;                         //显示秒数据,个位
            state <= state + 1'd1;  end
        5'd23: begin  lcd_en <= 1'b0; state <= state + 1'd1;  end
        5'd24: begin  lcd_rs <= 1'b1;  lcd_en <= 1'b1;
            lcd_data <= "s";                          //写数据
            state <= state + 1'd1;  end
        5'd25: begin  lcd_en <= 1'b0;  state <= state + 1'd1;  end
        5'd26: begin  lcd_rs <= 1'b1;  lcd_en <= 1'b1;
            lcd_data <= "e";                          //写数据
            state <= state + 1'd1;  end
        5'd27: begin  lcd_en <= 1'b0;  state <= state + 1'd1;  end
        5'd28: begin  lcd_rs <= 1'b1;  lcd_en <= 1'b1;
            lcd_data <= "c";                          //写数据
            state <= state + 1'd1;  end
        5'd29: begin  lcd_en <= 1'b0; state <= 5'd8;  end
        default: state <= 5'bxxxxx;
        endcase
    end  end
    assign lcd_rw = 1'b0;                             //只写
    assign blk = 1'b0, bla = 1'b1;                    //背光驱动
    endmodule
```

将LCD1602液晶连接至目标板的扩展接口上,液晶电源接3.3V,背光偏压V0接地(V0是液晶屏对比度调整端,接地时对比度达到最大)。对程序进行综合,然后在目标板上下载,当复位键(SW0)为高时,可观察到液晶屏上的分秒计时显示效果如图9.23所示。

图9.23 LCD1602字符液晶显示效果

9.10 TFT液晶屏

本节用FPGA控制TFT-LCD液晶屏,实现彩色圆环形状的静态显示。

9.10.1 TFT-LCD液晶屏

1. TFT-LCD液晶屏

TFT-LCD全称为薄膜晶体管型液晶显示屏,属于平板显示器(Flat Panel Display,

FPD)的一种。TFT(Thin Film Transistor)一般是指薄膜液晶显示器，其原意是指薄膜晶体管，这种晶体管矩阵可以“主动地”对屏幕上各个独立的像素进行控制，即所谓的主动矩阵 TFT。

TFT 图像显示的原理并不复杂，显示屏由许多可发出任意颜色的像素组成，只要控制各个像素显示相应的颜色就能达到目的。在 TFT-LCD 中一般采用“背透式”照射方式，为精确控制每个像素的颜色和亮度，需在每个像素之后安装一个类似百叶窗的开关，百叶窗打开时光线可以透过，百叶窗关上后光线就无法透过。

如图 9.24 所示，TFT 液晶为每个像素都设有一个半导体开关，每个像素都可以通过点脉冲直接控制，每个点都相对独立，并可以连续控制，不仅提高了显示屏的反应速度，还可以精确控制显示色阶。TFT 液晶的背部设置有特殊光管，光源照射时通过偏光板透出，由于上下夹层的电极改成 FET 电极，在 FET 电极导通时，液晶分子的表现也会发生改变，可以通过遮光和透光来达到显示的目的，响应时间大大提高，因其具有比普通 LCD 更高的对比度和更丰富的色彩，屏幕刷新频率也更快，故 TFT 俗称“真彩(色)”。

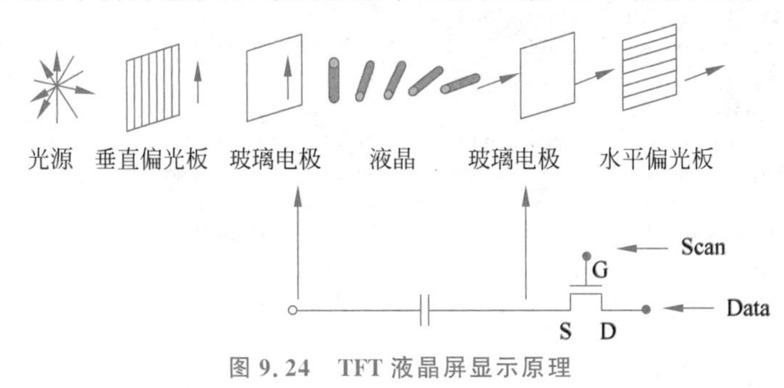

图 9.24　TFT 液晶屏显示原理

市面上的 TFT-LCD 屏一般做成独立模块，并通过标准接口与其他模块连接，使用较多的接口类型包括 RGB 并行接口、SPI 串行接口、HDMI 接口、LVDS 接口等。

本例采用的 TFT-LCD 模块，型号为 AN430，配备的是 4.3 英寸的天马 TFT 液晶屏，显示像素为 480×272，采用真彩 24 位(RGB888)的并行 RGB 接口。

2. TFT-LCD 液晶屏显示的时序

并行 RGB 接口的 TFT-LCD，信号线主要包括 RGB 数据信号、像素时钟信号 DCLK、行同步信号 HS、场同步信号 VS、有效显示数据使能信号 DE。TFT 屏的驱动有如下两种模式：

1) 仅使用 DE 信号同步液晶模块(DE 模式)

此时液晶模块只需要使用 DE 作为同步信号就能正常工作，而不需使用行同步信号 HS 和场同步信号 VS(此时 HS 信号和 VS 信号一般接低电平)。

2) 同时使用 DE、HS、VS 信号同步液晶模块(SYNC 模式)

此时液晶模块需要有效显示数据使能信号 DE、行同步信号 HS、场同步信号 VS 满足一定的时序关系相互配合才能正常工作，图 9.25 是 SYNC 模式下的显示时序示意图，该时序与 VGA 显示时序几乎一致。以帧同步信号(VS)的下降沿作为一帧图像的起始时刻，以行同步信号(HS)的下降沿作为一行图像的起始时刻，一个行周期的过程如下：

图 9.25 SYNC 同步模式的 TFT-LCD 液晶显示时序示意图

(1) 在计数 0 时刻,拉低行同步信号 HS,产生行同步头,表示要开启新的一行扫描。

(2) 拉高行同步信号 HS 进入行后沿(Back Porch)阶段,此阶段为行回扫段(行同步后发出后,显示数据不能立即使能,要留出电子回扫的时间),此时显示数据应为全 0 状态。

(3) 进入图像数据有效段,此时 DE 信号变为高电平,在每个像素时钟上升沿读取一个 RGB 数据。

(4) 当一行显示数据读取完成后,进入行前沿(Front Porch)段,此段为行消隐段,扫描点快速从右侧返回左侧,准备开启下一行的扫描。

场(帧)扫描时序的实现和行扫描时序的实现方案完全一致,区别在于,场扫描时序中的时序参数是以行扫描周期为计量单位的。

图 9.26 是 DE 信号、像素时钟(DCLK)信号和 RGB 数据信号三者的时序关系图,图中的数据是以 800×480 像素分辨率为例的。当 DE 变为高电平时,表示可以读取有效显示数据了,DE 信号高电平持续 800 个像素时钟周期,在每个 DCLK 时钟的上升沿读取一次 RGB 信号;DE 变为低电平,表示有效数据读取结束,此时为回扫和消隐时间。DE 一个周期(Th),扫描完成一行,扫描 480 行后,从第一行重新开始。

如表 9.6 所示是 TFT-LCD 在几种显示模式下的时序参数值,可根据表 9.6 的参数来编写 TFT 屏的时序驱动代码。

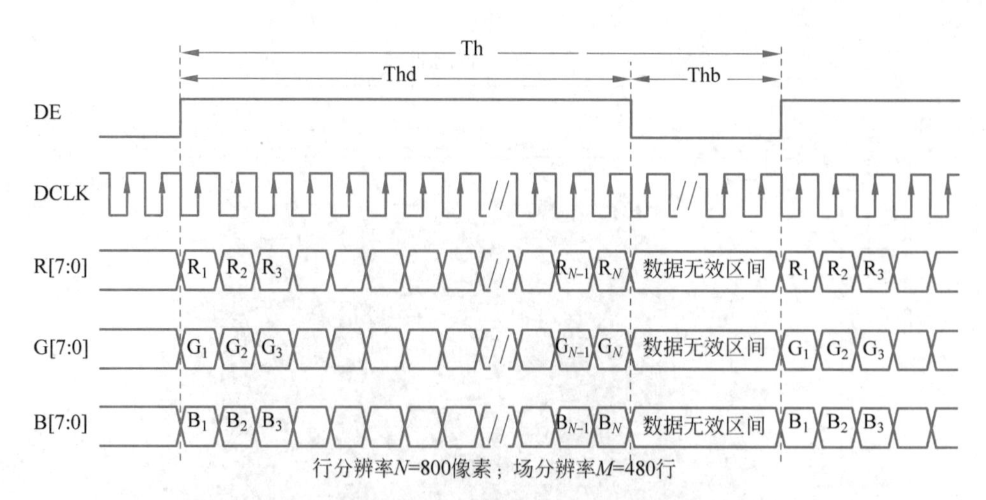

图 9.26　800×480 像素分辨率 TFT-LCD 液晶屏显示时序

表 9.6　TFT-LCD 屏的时序参数值

显示模式	像素时钟/MHz	行参数/像素					场(帧)参数/行				
		同步	后沿	有效区间	前沿	行周期	同步	后沿	有效区间	前沿	场周期
480×272@60Hz	9	41	2	480	2	525	10	2	272	2	286
800×480@60Hz	33.3	128	88	800	40	1056	2	33	480	10	525
800×600@60Hz	40	128	88	800	40	1056	4	23	600	1	628

表中行的参数的单位是像素(pixel)，而场(帧)的时间单位是行(line)。

从表 9.6 可看出，TFT-LCD 屏如果采用 800×480 像素分辨率(resolution)，其总的像素为 1056×525，对应 60Hz 的刷新率(refresh rate)，其像素时钟频率为 1056×525×60Hz≈33.3MHz；TFT 屏采用 480×272@60Hz 显示模式，其像素时钟频率应为 525×286×60Hz≈9MHz。

9.10.2　TFT-LCD 液晶屏显示彩色圆环

本例实现彩色圆环形状的显示。

1. TFT-LCD 彩色圆环显示的原理

在平面直角坐标系中，以点 $O(a,b)$ 为圆心，以 r 为半径的圆的方程可表示为

$$(x-a)^2+(y-b)^2=r^2 \tag{9-1}$$

本例在液晶屏中央显示圆环形状，如图 9.27 所示，假设圆的直径为 80($r=40$)个像素，圆内的颜色为蓝色，圆外的颜色是白色，如何区分各像素是圆内还是圆外呢？如果像素的坐标位置表示为(x,y)，则有

$$(x-a)^2+(y-b)^2<r^2 \tag{9-2}$$

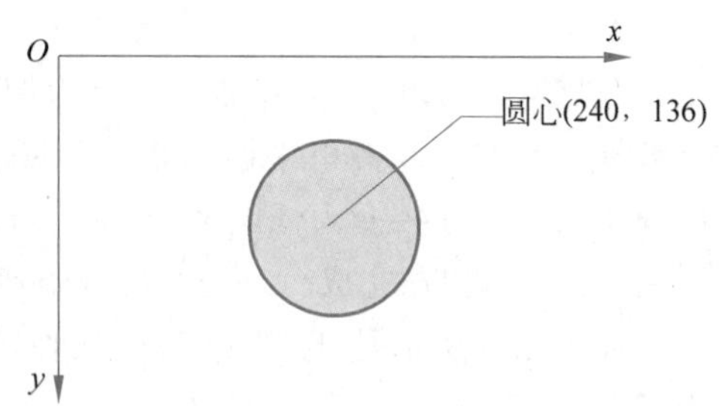

图 9.27　圆内像素和圆外像素的判断

显然，满足式(9-2)的像素在圆内，而不满

足上式(即满足$(x-a)^2+(y-b)^2 \geqslant r^2$)的像素在圆外。

本例TFT液晶屏采用480×272显示模式,液晶屏的分辨率为480×272,故在图9.27中,将最左上角像素作为原点,其坐标为(0,0),则最右下角像素的坐标为(480,272);圆心在屏幕的中心,故圆心的坐标为(a,b),a的值为240,b的值为136。

2. TFT彩色圆环显示源代码

例9.30是TFT圆环显示源代码,其中用行时钟计数器h_cnt和场时钟计数器v_cnt来表示x和y,即x=h_cnt－Hb,y=v_cnt－Vb;用dist表示距离的平方,则有dist=(x－a)*(x－a)+(y－b)*(y－b)=(h_cnt－Hb－240)*(h_cnt－Hb－240)+(v_cnt－Vb－136)*(v_cnt－Vb－136)。

例9.30中显示3层圆环,分别如下。

- 蓝色圆环:dist≤1600(单位为像素)。
- 绿色圆环:dist≤4900。
- 红色圆环:dist≤10000。
- 白色区域:在显示区域中,除了以上区域,就是白色区域。
- 非显示区域:显示区域之外的区域是非显示区域。

例9.30 TFT-LCD屏显示圆环源代码

```
/*  TFT屏采用480×272@60Hz显示模式,像素时钟频率为9MHz,本例中没有驱动TFT背光控制
    信号,一般不影响TFT屏的显示  */
module tft_cir_disp(
    input  sys_clk,
    input  sys_rst,
    output reg  lcd_hs,
    output reg  lcd_vs,
    output lcd_de,     //为1,显示输入有效,可读入数据;为0,显示数据无效,禁止读入数据
    output reg[7:0] lcd_r, lcd_g, lcd_b,   //分别是红、绿、蓝色数据,均为8位宽度
    output lcd_dclk,                       //像素时钟信号,本例中为9MHz
    output locked);                        //锁相环锁定信号,为1时锁定
//---- 480×272@60Hz显示模式参数 ---------------
parameter  Ha = 41,                        //行同步头
           Hb = 43,                        //行同步头+行后沿
           Hc = 523,                       //行同步头+行后沿+行有效显示区间
           Hd = 525,                       //行同步头+行后沿+行有效显示区间+行前沿
           Va = 10,                        //场同步头
           Vb = 12,                        //场同步头+场后沿
           Vc = 284,                       //场同步头+场后沿+场有效显示区间
           Vd = 286;                       //场同步头+场后沿+场有效显示区间+场前沿
reg[19:0]  dist;
reg[9:0]  h_cnt, v_cnt;
reg h_active,v_active;
//---- 例化锁相环产生像素时钟频率9MHz -------------
tft_clk  u1(
    .clk_out1(lcd_dclk),
    .locked(locked),
```

```
    .clk_in1(sys_clk));
//---- 行同步信号 ------------------------
always @(posedge lcd_dclk)  begin
    h_cnt <= h_cnt + 1;
    if (h_cnt == Ha)  lcd_hs <= 1'b1;
    else if (h_cnt == Hb)  h_active <= 1'b1;
    else if (h_cnt == Hc)  h_active <= 1'b0;
    else if (h_cnt == Hd - 1)
    begin  lcd_hs <= 1'b0;  h_cnt <= 0;  end
end
//---- 场同步信号 ---------------------
always @(negedge lcd_hs)  begin
    v_cnt <= v_cnt + 1;
    if (v_cnt == Va)  lcd_vs <= 1'b1;
    else if (v_cnt == Vb)  v_active <= 1'b1;
    else if (v_cnt == Vc)  v_active <= 1'b0;
    else if (v_cnt == Vd - 1)
    begin  lcd_vs <= 1'b0;  v_cnt <= 0;  end
end
//---- 显示数据使能信号 --------------------
assign lcd_de = h_active && v_active;
//---- 圆环显示 ---------------------------
always @( * )  begin
    dist = (h_cnt - Hb - 240) * (h_cnt - Hb - 240) + (v_cnt - Vb - 136) * (v_cnt - Vb - 136); end
always @(posedge lcd_dclk, negedge sys_rst)  begin
    if(!sys_rst)begin  {lcd_r,lcd_g,lcd_b}<= 0;  end
    else if(lcd_de)  begin
    if(dist <= 1600) begin lcd_b <= 8'hff; {lcd_r,lcd_g}<= 0;  end
    else if(dist <= 4900) begin lcd_g <= 8'hff;{lcd_r,lcd_b}<= 0;  end
    else if(dist <= 10000) begin lcd_r <= 8'hff; {lcd_g,lcd_b}<= 0;  end
    else begin {lcd_r,lcd_g,lcd_b}<= 24'hffffff;  end
    end
    else begin {lcd_r,lcd_g,lcd_b}<= 0;  end
end
endmodule
```

TFT-LCD液晶屏显示模式为480×272@60Hz,像素时钟为9MHz,该时钟用Vivado自带的IP核Clocking Wizard来产生,Clocking Wizard核的定制过程如下。

3. 用IP核产生像素时钟

Xilinx的FPGA内集成有延时锁相环(Delay-Locked Loop,DLL),采用数字电路实现,可完成时钟的高精度、低抖动的倍频、分频、占空比调整、移相等,其精度一般在ps的数量级。用Vivado的IP核Clocking Wizard可应用锁相环产生所需时钟,其定制过程如下。

(1) 在Vivado主界面,单击Flow Navigator中的IP Catalog,在出现的IP Catalog标签页的Search处输入想要的IP核的名字,本例中输入clock,可以搜索到Clocking Wizard核,如图9.28所示,选中Clocking Wizard核。

(2) 双击Clocking Wizard核,弹出配置窗口,图9.29所示是配置窗口中的Clocking Options标签页,在该标签页中将Component Name(部件名字)修改为tft_clk。

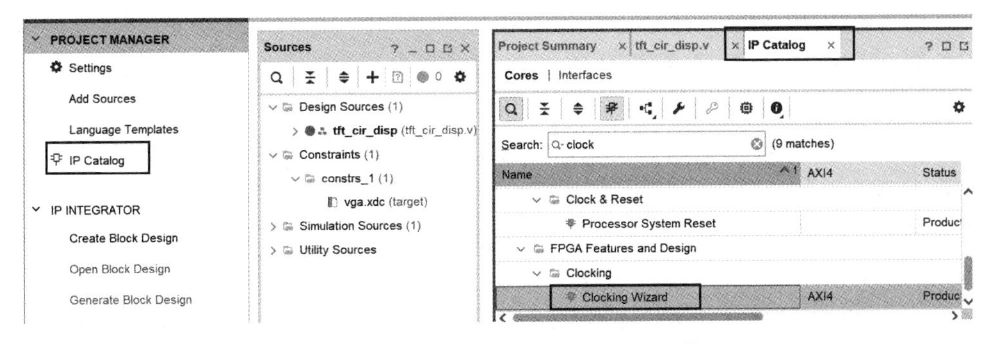

图 9.28　搜索并选中 Clocking Wizard 核

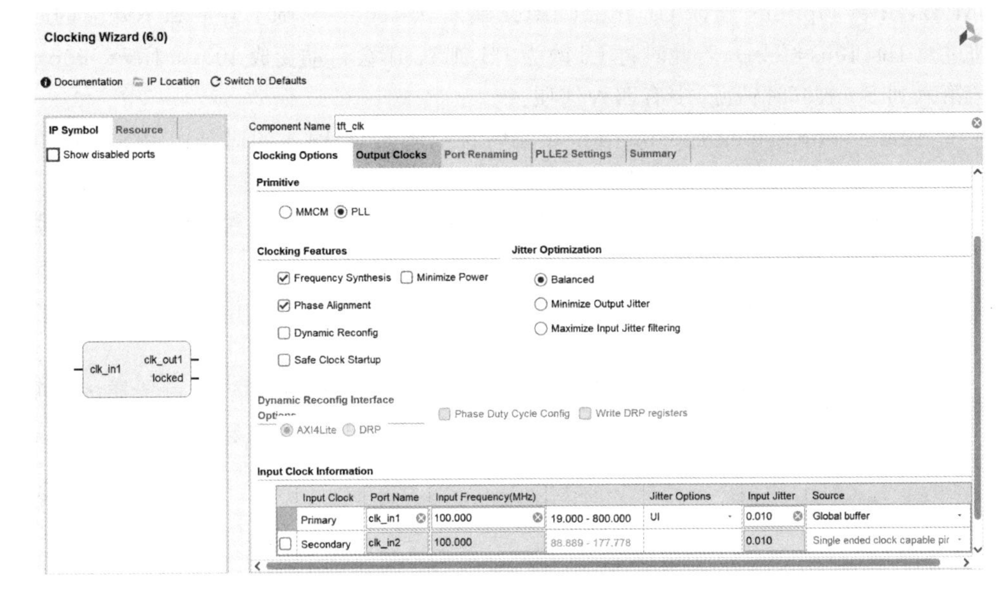

图 9.29　设置 Clocking Options 标签页

① Primitive 选项用于选择使用 MMCM 或 PLL 模式来实现时钟。

- PLL(Phase Locked Loop)：锁相环模式。
- MMCM(Mixed-Mode Clock Manager，混合模式时钟管理器)：在 PLL 模式基础上，增加了相位动态调整、抖动滤波等数字功能。

在大部分的设计中对系统时钟进行分频、倍频和相位偏移，使用 MMCM 或 PLL 都是可以胜任的，此处选择 PLL 模式来实现。

② Clocking Features 用来设置时钟的特征，包括 Frequency Synthesis(频率合成)、Minimize Power(最小化功率)、Phase Alignment(相位校准)、Dynamic Reconfig(动态重配置)、Safe Clock Startup(安全时钟启动)等，此处保持默认的设置即可。

③ Jitter Optimization 是抖动优化选项，可选 Balanced：均衡方式；Minimize Output Jitter：最小化输出抖动(代价是增加功耗和资源耗用)；Maximize Input Jitter Filtering：输入时钟抖动滤波最大化。这里选择默认的平衡抖动优化方式即可。

④ Input Clock Information 下的表格用于设置输入时钟的信息，其中：第一列 Input

Clock(输入时钟)中 Primary(主时钟)是必需的,Secondary(副时钟)是可选的,若使用了副时钟则会引入一个时钟选择信号(clk_in_sel),需注意的是主副时钟不可同时生效,可通过控制 clk_in_sel 的高低电平来选择使用哪个时钟。本例只使能主时钟。

第二列 Port Name(端口名称)可以对输入时钟的端口进行命名,保持默认即可。

第三列 Input Frequency(输入频率)设置输入信号的时钟频率,单位为 MHz,主时钟可配置的输入时钟范围(19~800MHz);因本例目标板上的晶振频率为 100MHz,故此处设置输入时钟的频率为 100.000MHz。

第四列 Jitter Options(抖动选项)有 UI(百分比)和 PS(皮秒)两种单位可选。

第五列 Input Jitter(输入抖动)为设置时钟上升沿和下降沿的时间,例如输入时钟为 100MHz,Jitter Options 选择 UI,Input Jitter 输入 0.01(1%),则上升沿和下降沿的时间不超过 0.1ns(10ns * 1%),若此时将 UI 改为 PS,则 0.01 会自动变成 100(0.1ns=100ps)。

第六列 Source(时钟源)中有四种选项:

- Single ended clock capable pin(单端时钟引脚):当输入的时钟由晶振产生并通过单端时钟引脚接入时,选择该选项。
- Differential clock capable pin(差分时钟引脚):当输入的时钟来自差分时钟引脚时,选择该选项。
- Global buffer(全局缓冲器):输入时钟只要连接在 FPGA 芯片的全局时钟网络上,选择该选项。本例选择 Global buffer 选项。
- No buffer(无缓冲器):如果输入时钟无须挂在全局时钟网络上,可选择该选项。

(3) 单击 Output Clocks 标签页,在该页面设置输出时钟的路数及参数,如图 9.30 所示。

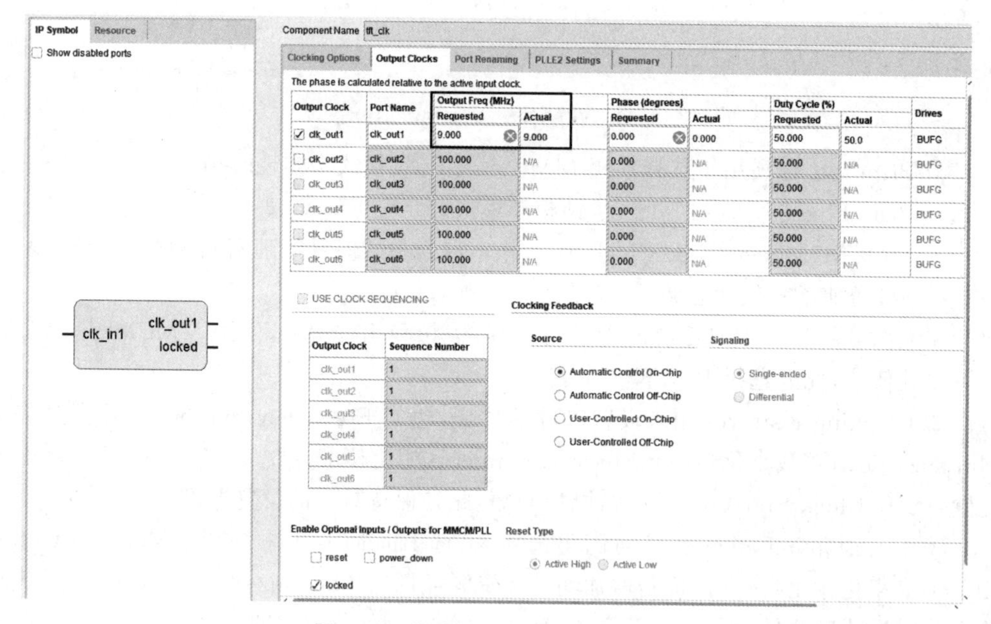

图 9.30 设置 Output Clocks 标签页

第一列 Output Clock 为设置输出时钟的路数(一个 PLL 核最多可输出六路不同频率的时钟信号),本例只勾选 1 个时钟。

第二列 Port Name 为设置输出时钟端口的名字,此处保持默认的命名即可。

第三列 Output Freq(MHz)设置输出频率,Requested 为需求频率,本例设置为 9MHz,Actual 为实际输出频率(本例显示为 9.000 MHz)。需要注意的是 PLL IP 核的时钟输出范围为 6.25～800MHz,但这个范围会根据驱动器类型的选择不同而有所不同。

第四列 Phase(degrees)为时钟的相位偏移,同样的只需要设置理想值,本例没有相位偏移需求,故设置为 0 即可。

第五列 Duty cycle 为占空比设置,一般情况下占空比都设置为 50%,此处保持默认设置即可。

第六列 Drives 为驱动器类型,有五种驱动器类型可选:BUFG 是全局缓冲器,如果时钟信号走全局时钟网络,必须通过 BUFG 来驱动,BUFG 可以连接并驱动所有的 CLB、RAM、IOB 单元,时钟延迟和抖动最小。本例选择 BUFG 选项。

BUFGCE 是带有时钟使能端的全局缓冲器,当 BUFGCE 的使能端 CE 有效(高电平)时,BUFGCE 才有输出。

BUFH 是区域缓冲器,BUFHCE 是带有时钟使能端的区域缓冲器。

No buffer 无缓冲器选项,当输出时钟无须挂在全局时钟网络上时,可选择该选项。

最后 1 列 Max Freq of buffer 为缓冲器输出最大频率,这里显示 BUFG 缓冲器支持的最大输出频率为 464.037MHz。

本页面还包括端口设置,本例只勾选 locked 端口,不勾选 reset 等其他端口,locked 端口是时钟锁定端口,当该端口为高电平时,表示时钟已锁定,会输出稳定的时钟信号。

最终定制好的 IP 核有一个输入频率端口(clk_in1)、一个输出频率端口(clk_out1)和一个 locked 端口。

(4) 其他标签页各选项按默认设置。设置完成后,单击 OK 按钮,弹出 Generate Output Products 窗口,如图 9.31 所示,选择 Out for context per IP,然后单击 Generate 按钮,完成后再单击 OK 按钮。

(5) 在定制生成 IP 核后,在 Sources 窗口的下方出现一个 IP Sources 的标签,如图 9.32 所示,单击该标签,会发现刚生成的名为 tft_clk 的 IP 核,展开 Instantiation Template,发现 *.veo 文件(本例为 tft_clk.veo),该文件

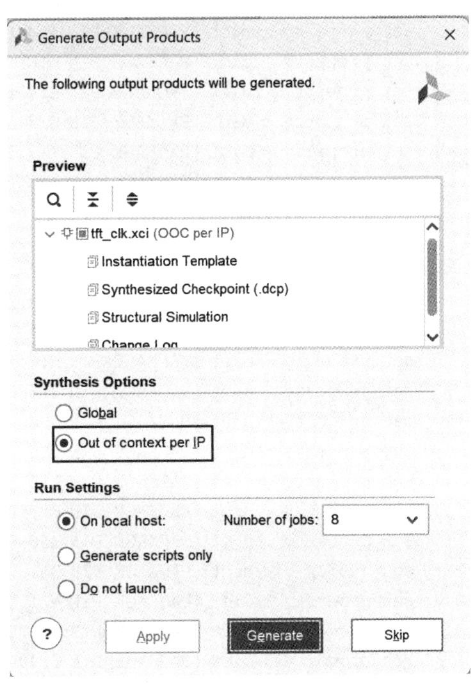

图 9.31 Generate Output Products 窗口

是实例化模板文件，双击打开该文件，将有关实例化的代码复制到顶层文件中并加以修改，以调用该 IP 核。

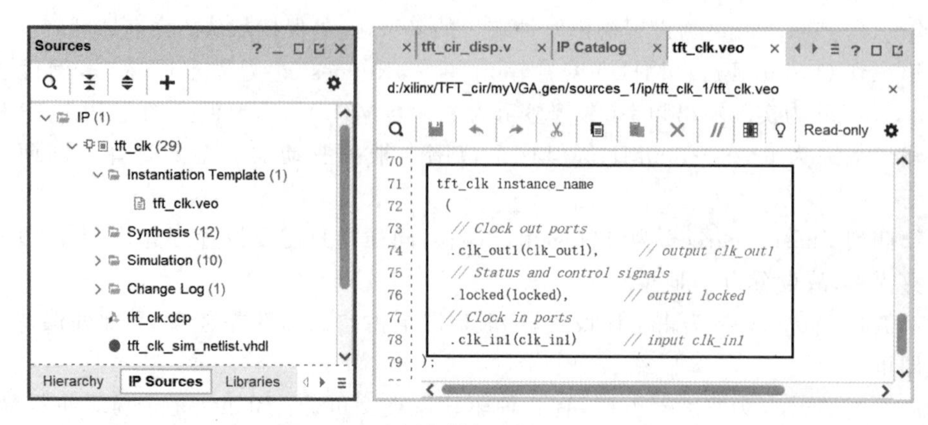

图 9.32　实例化模板文件 *.veo 文件

4. 下载与验证

引脚约束文件内容如下：

```
#/////////////////////////////系统时钟和复位////////////////////////////////////
set_property -dict {PACKAGE_PIN P17 IOSTANDARD LVCMOS33} [get_ports sys_clk]
set_property -dict {PACKAGE_PIN P15 IOSTANDARD LVCMOS33} [get_ports sys_rst]
#//////////////////////////////TFT 信号//////////////////////////////////////
set_property -dict {PACKAGE_PIN A18 IOSTANDARD LVCMOS33} [get_ports lcd_hs]
set_property -dict {PACKAGE_PIN A13 IOSTANDARD LVCMOS33} [get_ports lcd_vs]
set_property -dict {PACKAGE_PIN A14 IOSTANDARD LVCMOS33} [get_ports lcd_de]
set_property -dict {PACKAGE_PIN B18 IOSTANDARD LVCMOS33} [get_ports lcd_dclk]
set_property -dict {PACKAGE_PIN H17 IOSTANDARD LVCMOS33} [get_ports {lcd_r[0]}]
set_property -dict {PACKAGE_PIN G17 IOSTANDARD LVCMOS33} [get_ports {lcd_r[1]}]
set_property -dict {PACKAGE_PIN K13 IOSTANDARD LVCMOS33} [get_ports {lcd_r[2]}]
set_property -dict {PACKAGE_PIN J13 IOSTANDARD LVCMOS33} [get_ports {lcd_r[3]}]
set_property -dict {PACKAGE_PIN E17 IOSTANDARD LVCMOS33} [get_ports {lcd_r[4]}]
set_property -dict {PACKAGE_PIN D17 IOSTANDARD LVCMOS33} [get_ports {lcd_r[5]}]
set_property -dict {PACKAGE_PIN H14 IOSTANDARD LVCMOS33} [get_ports {lcd_r[6]}]
set_property -dict {PACKAGE_PIN G14 IOSTANDARD LVCMOS33} [get_ports {lcd_r[7]}]
set_property -dict {PACKAGE_PIN F15 IOSTANDARD LVCMOS33} [get_ports {lcd_g[0]}]
set_property -dict {PACKAGE_PIN F16 IOSTANDARD LVCMOS33} [get_ports {lcd_g[1]}]
set_property -dict {PACKAGE_PIN H16 IOSTANDARD LVCMOS33} [get_ports {lcd_g[2]}]
set_property -dict {PACKAGE_PIN G16 IOSTANDARD LVCMOS33} [get_ports {lcd_g[3]}]
set_property -dict {PACKAGE_PIN D15 IOSTANDARD LVCMOS33} [get_ports {lcd_g[4]}]
set_property -dict {PACKAGE_PIN C15 IOSTANDARD LVCMOS33} [get_ports {lcd_g[5]}]
set_property -dict {PACKAGE_PIN E15 IOSTANDARD LVCMOS33} [get_ports {lcd_g[6]}]
set_property -dict {PACKAGE_PIN E16 IOSTANDARD LVCMOS33} [get_ports {lcd_g[7]}]
set_property -dict {PACKAGE_PIN B11 IOSTANDARD LVCMOS33} [get_ports {lcd_b[0]}]
set_property -dict {PACKAGE_PIN A11 IOSTANDARD LVCMOS33} [get_ports {lcd_b[1]}]
set_property -dict {PACKAGE_PIN D14 IOSTANDARD LVCMOS33} [get_ports {lcd_b[2]}]
set_property -dict {PACKAGE_PIN C14 IOSTANDARD LVCMOS33} [get_ports {lcd_b[3]}]
```

```
set_property -dict {PACKAGE_PIN B13 IOSTANDARD LVCMOS33} [get_ports {lcd_b[4]}]
set_property -dict {PACKAGE_PIN B14 IOSTANDARD LVCMOS33} [get_ports {lcd_b[5]}]
set_property -dict {PACKAGE_PIN F13 IOSTANDARD LVCMOS33} [get_ports {lcd_b[6]}]
set_property -dict {PACKAGE_PIN F14 IOSTANDARD LVCMOS33} [get_ports {lcd_b[7]}]
#//////////////////////////////锁定指示//////////////////////////////////
set_property -dict {PACKAGE_PIN K2 IOSTANDARD LVCMOS33} [get_ports locked]
```

将 TFT-LCD 模块与目标板上的扩展口相连，给其提供+5V 电源，锁定引脚后编译，生成.sof 配置文件，下载配置文件到 EGO1 目标板，圆环显示效果如图 9.33 所示。

图 9.33　4.3 英寸 TFT-LCD 屏（480×272）圆环显示效果

9.11　音乐演奏电路 

在本节中，用 FPGA 器件驱动扬声器实现音符和音乐的演奏。

9.11.1　音符演奏

1. 音符和音名

以钢琴为例介绍音符和音名等音乐要素，钢琴素有“乐器之王”的美称，由 88 个琴键（52 个白键，36 个黑键）组成，相邻两个按键音构成半音，从左至右又可根据音调大致分为低音区、中音区和高音区，如图 9.34 所示。

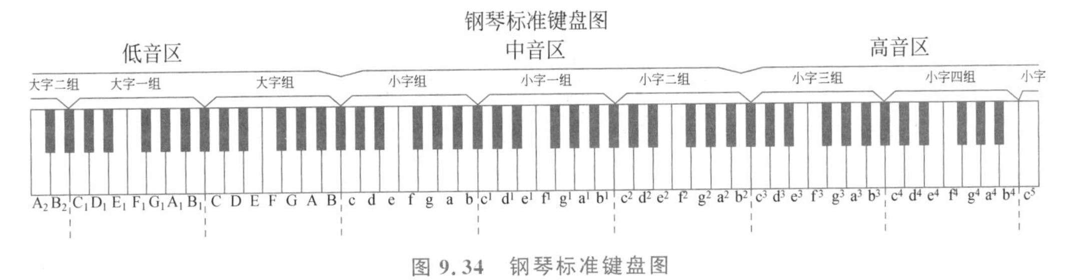

图 9.34　钢琴标准键盘图

图 9.32 中每个虚线隔档内有 12 个按键（7 个白键，5 个黑键），若定义键盘中最中间虚线隔档内最左侧的白键发 Do 音，则该隔挡内其他 6 个白键即依次为 Re、Mi、Fa、Sol、La、Si。从这里可以看出发音的规律，即 Do、Re、Mi 或者 Sol、La、Si 相邻之间距离两个半音，而 Mi、Fa 或者 Si、高音 Do 之间只隔了一个半音。当需要定义其他按键发 Do 音时，只需根据此规律即可找到其他音对应的按键。

钢琴的每个按键都能发出一种固定频率的声音，声音的频率范围从最低的 27.500Hz 到最高的 4186.009Hz。表 9.7 为钢琴 88 个键对应声音的频率，表中的符号 #（如 C#）表示升半个音阶，b（如 Db）表示降半个音阶。当需要播放某个音符时，只需要产生该频率即可。

表 9.7　钢琴 88 个键对应声音的频率

音名	键号	频率	键号	频率	键号	频率	键号	频率	键号	频率	键号	频率	键号	频率	键号	频率
A	1	27.500	13	55.000	25	110.000	37	220.000	49	440.000	61	880.000	73	1760.000	85	3520.000
A#(Bb)	2	29.135	14	58.270	26	116.541	38	233.082	50	466.164	62	932.328	74	1864.655	86	3729.310
B	3	30.868	15	61.735	27	123.471	39	246.942	51	493.883	63	987.767	75	1975.533	87	3951.066
C	4	32.703	16	65.406	28	130.813	40	261.626	52	523.251	64	1046.502	76	2093.005	88	4186.009
C#(Db)	5	34.648	17	69.296	29	138.591	41	277.183	53	554.365	65	1108.731	77	2217.461		
D	6	36.708	18	73.416	30	146.832	42	293.665	54	587.330	66	1174.659	78	2349.318		
D#(Eb)	7	38.891	19	77.782	31	155.563	43	311.127	55	622.254	67	1244.508	79	2489.016		
E	8	41.203	20	82.407	32	164.814	44	329.628	56	659.255	68	1318.510	80	2637.020		
F	9	43.654	21	87.307	33	174.614	45	349.228	57	698.456	69	1396.913	81	2793.826		
F#(Gb)	10	46.249	22	92.499	34	184.997	46	369.994	58	739.989	70	1479.978	82	2959.955		
G	11	48.999	23	97.999	35	195.998	47	391.995	59	783.991	71	1567.982	83	3135.963		
G#(Ab)	12	51.913	24	103.826	36	207.652	48	415.305	60	830.609	72	1661.219	84	3322.438		

图 9.35 所示是一个八度音程的音名，唱名，频域和音域范围的示意图，两个八度音 1(Do) 与 i(高音 Do) 之间的频率相差 1 倍($f \rightarrow 2f$)，并可分为 12 个半音，每两个半音的频率比为 $\sqrt[12]{2}$（约为 1.059 倍），此即音乐的十二平均率。

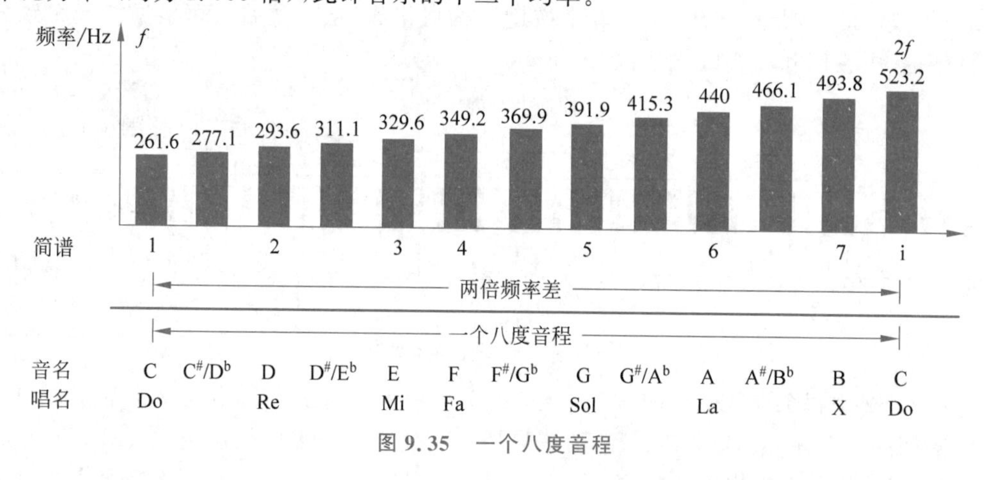

图 9.35　一个八度音程

2. 救护车警报声

救护车的警报声通过切换两种不同的音调即可实现，可用音符 3 和音符 6 来模拟，其频率分别为 659Hz 和 880Hz。采用 2Hz 信号控制两个音调的切换，每个音调持续时间为0.5s,2Hz信号输出用LED灯显示,本例的Verilog代码如例9.31所示。

例9.31 救护车警报声发生器的Verilog代码

```
module ambulance(
   input  sys_clk, sys_rst,
   output  reg sign = 0,                    //指示音调持续时间
   output  reg spk);
parameter NOTE3 = 100_000_000 /659 /2;      //659Hz 对应的分频系数
parameter NOTE6 = 100_000_000 /880 /2;      //880Hz 对应的分频系数
parameter CLK2HZ = 100_000_000 /2 /2;       //2Hz 对应的分频系数
reg[24:0] tone2 = 0;
always@(posedge sys_clk)  begin
   if(tone2 == 0) begin  tone2 <= CLK2HZ;  sign <= ~ sign;  end
   else begin  tone2 <= tone2 - 1;  end
end
reg[16:0] count = 0;
always@(posedge sys_clk,negedge sys_rst) begin
   if(!sys_rst)  spk <= 0;                   //异步复位
   else  if(count == 0) begin
   count <= (sign ? NOTE3 - 1 : NOTE6 - 1);  spk <= ~ spk;  end
   else begin  count <= count - 1;  end
end
endmodule
```

在EGO1平台上下载,将spk锁定至FPGA扩展口I/O引脚并接蜂鸣器,引脚约束文件.xdc的内容如下:

```
set_property -dict {PACKAGE_PIN P17 IOSTANDARD LVCMOS33} [get_ports sys_clk]
set_property -dict {PACKAGE_PIN P15 IOSTANDARD LVCMOS33} [get_ports sys_rst]
set_property -dict {PACKAGE_PIN K3 IOSTANDARD LVCMOS33} [get_ports sign]
set_property -dict {PACKAGE_PIN G17 IOSTANDARD LVCMOS33} [get_ports spk]
```

引脚锁定后重新编译,下载至目标板验证救护车警报声效果。

3. 警车警报声

简单警车的声音是从低到高,再从高到低的循环的声音,因此需产生从低到高,再从高到低一组频率值。

在例9.32中,tone计数器的16~22位(tone[22:16]),其值在0~127之间(7b'0000000~7b'1111111)递增,其按位取反的值(~tone[22:16])在127~0之间递减,此变化规律正好与警车警笛声的音调变化吻合;用tone[23]位来控制tone[22:16]和~tone[22:16]的切换,可计算得出tone[23]为1和为0的时间均为0.17s。

"高速追击"警笛声时快时慢,为模拟追击警笛声,使用tone[22:16]得到快速变化的音调(fastbeep);使用tone[25:19]得到慢速变化的音调(slowbeep)。在fastbeep前面补两位数据"01",其尾部补7个0,即"0000000",这样变量div的值在16'b0100000000000000~16'b0111111110000000(十进制数16384~32640)之间来回变化。当输入时钟为100MHz时,将产生频率在765~1525Hz范围内变化的音调,从而产生类似于"高速追击"警笛声。

例 9.32 "高速追击"警笛声发生器的 Verilog 代码

```
module beep(
   input sys_clk,
   output  sign,
   output reg spk);
reg[28:0] tone;
always @(posedge sys_clk)  begin  tone <= tone + 1;  end
wire[6:0] fastbeep = (tone[23] ? tone[22:16] : ~tone[21:15]);
wire[6:0] slowbeep = (tone[26] ? tone[25:19] : ~tone[24:18]);
wire[15:0] div = {2'b01,(tone[28] ? slowbeep : fastbeep),7'b0000000};
reg[16:0] count;
always @(posedge sys_clk)
begin
   if(count == 0)  begin count <= div; spk <= ~spk; end     //两分频
   else  count <= count - 1; end
assign sign = tone[28];          //sign 为 0/1,分别表示快速/慢速音调
endmodule
```

引脚锁定后编译,基于目标板进行下载验证,外接蜂鸣器,实际验证警笛声效果。

9.11.2 音乐演奏

演奏的音乐选择《梁祝》片段,其曲谱如图 9.36 所示。

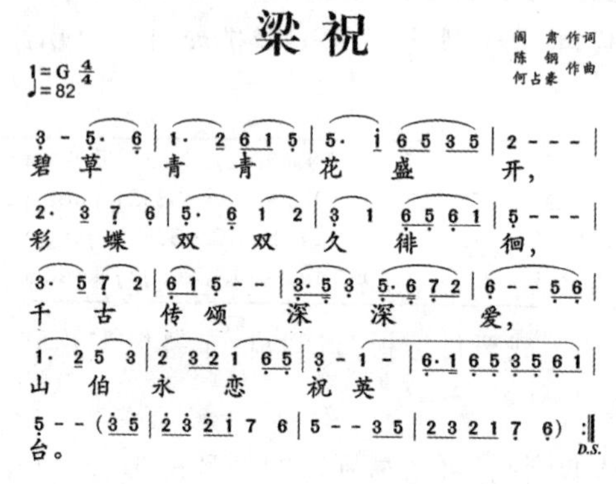

图 9.36 《梁祝》乐曲曲谱

注意:

对曲谱的乐理分析。

(1) 该谱左上角 1=G 表示调号,调号决定了整首乐曲的音高。

(2) $\frac{4}{4}$表示乐曲以四分音符为 1 拍,每小节 4 拍(简谱中两个竖线间为一小节)。

(3) 单个音符播放的时长由时值符号标记,包含增时线、附点音符、减时线。

- 增时线:在音符的右边,每多一条增时线,表示增加 1 拍。如"5-",表示四分音符 5 增加 1 拍,即持续 2 拍。
- 附点音符:在音符的右边加"ξ",表示增加当前音符时长的一半,如"5g",表示四分音符 5 增加一半时值,即持续 1.5 拍。

- 减时线：写在音符的下边，每多增一条减时线，表示缩短为原音符时长的一半，如音符“$\underline{5}$”和“$\underline{\underline{5}}$”分别表示时长为 0.5 拍和 0.25 拍。

各种音符及其时值的表示如表 9.8 所示，以四分音符为 1 拍，则全音符持续 4 拍，二分音符持续 2 拍，八分音符时值为 0.5 拍，十六分音符时值为 0.25 拍。

(4) 曲谱左上角的“♩=82”为速度标记，表示以这个时值(♩)为基本拍，每分钟演奏多少基本拍，♩=82 即每分钟演奏 82 个四分音符(每个四分音符大约持续 0.73s)。

表 9.8 音符时值的表示

音　符	简谱表示(以 5 为例)	拍　数
全音符	5----	4
二分音符	5--	2
四分音符	5	1
八分音符	$\underline{5}$	1/2
十六分音符	$\underline{\underline{5}}$	1/4

上面分析了音乐播放的乐理因素，具体实现时则不必过于拘泥，实际上只要各个音名间的相对频率关系不变，C 作 1 与 G 作 1 演奏出的音乐听起来都不会“走调”；演奏速度快一点或慢一点也无妨。

1. 音符的产生

选取 6MHz 为基准频率，所有音符均从该基准频率分频得到；为了减小输出的偶次谐波分量，最后输出到扬声器的波形设定为方波，故在输出端增加一个二分频器，因此基准频率为 3MHz。由于音符频率多为非整数，故将计算得到的分频数四舍五入取整。该乐曲各音符频率及相应的分频比如表 9.9 所示，表中的分频比是在 3MHz 频率基础上计算并经四舍五入取整得到的。

表 9.9 各音符频率对应的分频比及预置数

音符	频率/Hz	分频系数	预置数	音符	频率/Hz	分频系数	预置数
$\underset{\cdot}{3}$	329.6	9102	7281	5	784	3827	12556
$\underset{\cdot}{5}$	392	7653	8730	6	880	3409	12974
$\underset{\cdot}{6}$	440	6818	9565	7	987.8	3037	13346
$\underset{\cdot}{7}$	493.9	6073	10310	$\dot{1}$	1046.5	2867	13516
1	523.3	5736	10647	$\dot{2}$	1174.7	2554	13829
2	587.3	5111	11272	$\dot{3}$	1319.5	2274	14109
3	659.3	4552	11831	$\dot{5}$	1568	1913	14470

从表 9.9 中可以看出，最大的分频系数为 9102，故采用 14 位二进制计数器分频可满足需要，计数器预置数的计算方法是：16383-分频系数($2^{14}-1=16383$)，加载不同的预置数即可实现不同的分频。采用预置分频方法，比使用反馈复零法节省资源，实现起来也容易一些。

如果乐曲中有休止符，只要将分频系数设为0，即预置数设为16383即可，此时扬声器不会发声。

2. 音长的控制

本例演奏的梁祝片段，如果将二分音符的持续时间设为1s，则4Hz的时钟信号可产生八分音符的时长(0.25s)，四分音符的演奏时间为两个0.25s，为简化程序，本例中对十六分音符做了近似处理，将其视为八分音符。

控制音调通过设置计数器的预置数来实现，预置不同的数值就可使计数器产生不同频率的信号，从而产生不同的音调。音长通过控制计数器预置数的停留时间来实现，预置数停留的时间越长，则该音符演奏的时间越长。每个音符的演奏时间都是0.25s的整数倍，对于节拍较长的音符，如全音符，在记谱时将该音符重复记录8次即可。

用三个数码管分别显示高音、中音和低音音符；为使演奏能循环进行，设置一个时长计数器，当乐曲演奏完，能自动从头开始循环演奏。

例9.33 “梁祝”乐曲演奏电路

```
`timescale 1ns / 1ps
module song(
    input sys_clk,                          //输入时钟 100MHz
    output reg spk,                         //激励扬声器的输出信号
    output reg[2:0] seg_cs,                 //数码管片选信号
    output[6:0] seg);                       //用数码管显示音符
wire clk_6mhz;                              //产生各种音阶频率的基准频率
clk_div  #(6250000)  u1(                    //得到 6.25MHz 时钟
    .clk(sys_clk),
    .clr(1),
    .clk_out(clk_6mhz));
wire clk_4hz;                               //用于控制音长(节拍)的时钟频率
clk_div  #(4)  u2(                          //得到 4Hz 时钟信号,clk_div 源码见例 9.10
    .clk(sys_clk),
    .clr(1),
    .clk_out(clk_4hz));
reg[13:0] divider,origin;
always @(posedge clk_6mhz)                  //通过置数,改变分频比
begin  if(divider == 16383)
    begin divider <= origin; spk <= ~spk; end    //置数,两分频
    else  begin divider <= divider + 1; end
end
always @(posedge clk_4hz) begin
case({high,med,low})                        //根据不同的音符,预置分频比
'h001:  origin <= 4915;          'h002:  origin <= 6168;
'h003:  origin <= 7281;          'h004:  origin <= 7792;
'h005:  origin <= 8730;          'h006:  origin <= 9565;
'h007:  origin <= 10310;         'h010:  origin <= 10647;
'h020:  origin <= 11272;         'h030:  origin <= 11831;
'h040:  origin <= 12094;         'h050:  origin <= 12556;
'h060:  origin <= 12974;         'h070:  origin <= 13346;
```

```
'h100:  origin <= 13516;          'h200:  origin <= 13829;
'h300:  origin <= 14109;          'h400:  origin <= 14235;
'h500:  origin <= 14470;          'h600:  origin <= 14678;
'h700:  origin <= 14864;          'h000:  origin <= 16383;
endcase  end
//---------------------------------
reg[7:0] count;
reg[3:0] high,med,low,num;
always @(posedge clk_4hz) begin
   if(count == 158)  count <= 0;                    //计时,以实现循环演奏
   else  count <= count + 1;
case(count)
0,1,2,3: begin {high,med,low}<= 'h003; seg_cs <= 3'b001; end  //低音 3,重复 4 次记谱
4,5,6: begin {high,med,low}<= 'h005; seg_cs <= 3'b001; end    //低音 5,重复 3 次记谱
7: begin {high,med,low}<= 'h006; seg_cs <= 3'b001; end        //低音 6
8,9,10,13: begin {high,med,low}<= 'h010; seg_cs <= 3'b010;  end
11: begin {high,med,low}<= 'h020; seg_cs <= 3'b010; end       //中音 2
12: begin {high,med,low}<= 'h006; seg_cs <= 3'b001; end
14,15: begin {high,med,low}<= 'h005; seg_cs <= 3'b001; end    //低音 5,四分音符
16,17,18: begin {high,med,low}<= 'h050; seg_cs <= 3'b010; end
19: begin {high,med,low}<= 'h100; seg_cs <= 3'b100; end       //高音 1
20: begin {high,med,low}<= 'h060; seg_cs <= 3'b010; end
21,23: begin {high,med,low}<= 'h050; seg_cs <= 3'b010; end
22: begin {high,med,low}<= 'h030; seg_cs <= 3'b010; end
24,25,26,27,28,29,30,31: begin {high,med,low}<= 'h020;seg_cs <= 3'b010; end  //全音符
32,33,34: begin {high,med,low}<= 'h020;  seg_cs <= 3'b010; end
35: begin {high,med,low}<= 'h030; seg_cs <= 3'b010; end
36,37: begin {high,med,low}<= 'h007; seg_cs <= 3'b001; end
38,39,43: begin {high,med,low}<= 'h006; seg_cs <= 3'b001; end
40,41,42,53: begin {high,med,low}<= 'h005; seg_cs <= 3'b001; end
44,45,50,51,55: begin {high,med,low}<= 'h010; seg_cs <= 3'b010; end
46,47: begin {high,med,low}<= 'h020; seg_cs <= 3'b010; end
48,49: begin {high,med,low}<= 'h003; seg_cs <= 3'b001; end
52,54: begin {high,med,low}<= 'h006; seg_cs <= 3'b001; end
56,57,58,59,60,61,62,63: begin {high,med,low}<= 'h005; seg_cs <= 3'b001; end  //全音符
64,65,66: begin {high,med,low}<= 'h030;  seg_cs <= 3'b010; end
67: begin {high,med,low}<= 'h050; seg_cs <= 3'b010; end
68,69: begin {high,med,low}<= 'h007; seg_cs <= 3'b001; end
70,71,87,99: begin {high,med,low}<= 'h020; seg_cs <= 3'b010; end
72,85: begin {high,med,low}<= 'h006; seg_cs <= 3'b001; end
73: begin {high,med,low}<= 'h010; seg_cs <= 3'b010; end
74,75,76,77,78,79: begin {high,med,low}<= 'h005; seg_cs <= 3'b001; end  //重复 6 次记谱
80,82,83: begin {high,med,low}<= 'h003; seg_cs <= 3'b001; end
81,84,94: begin {high,med,low}<= 'h005; seg_cs <= 3'b001; end
86: begin {high,med,low}<= 'h007; seg_cs <= 3'b001; end
88,89,90,91,92,93,95: begin {high,med,low}<= 'h006; seg_cs <= 3'b001; end
96,97,98: begin {high,med,low}<= 'h010; seg_cs <= 3'b010; end
100,101: begin {high,med,low}<= 'h050; seg_cs <= 3'b010; end
102,103,106: begin {high,med,low}<= 'h030; seg_cs <= 3'b010; end
104,105,107: begin {high,med,low}<= 'h020; seg_cs <= 3'b010; end
```

```
108,109,116,117,118,119,121,127: begin {high,med,low}<= 'h010; seg_cs <= 3'b010; end
110,120,122,126: begin {high,med,low}<= 'h006; seg_cs <= 3'b001; end
111: begin {high,med,low}<= 'h005; seg_cs <= 3'b001; end
112,113,114,115,124: begin {high,med,low}<= 'h003; seg_cs <= 3'b001; end
123,125,127,128,129,130,131,132: begin {high,med,low}<= 'h005; seg_cs <= 3'b001; end
133,136: begin {high,med,low}<= 'h300; seg_cs <= 3'b100; end
134: begin {high,med,low}<= 'h500; seg_cs <= 3'b100; end
135,137: begin {high,med,low}<= 'h200; seg_cs <= 3'b100; end
138: begin {high,med,low} <= 'h100; seg_cs <= 3'b100; end
139,140: begin {high,med,low}<= 'h070; seg_cs <= 3'b010; end
141,142: begin {high,med,low}<= 'h060; seg_cs <= 3'b010; end
143,144,145,146,147,148,150: begin {high,med,low}<= 'h050; seg_cs <= 3'b010; end
149,152: begin {high,med,low}<= 'h030; seg_cs <= 3'b010; end
151,153: begin {high,med,low}<= 'h020; seg_cs <= 3'b010; end
154: begin {high,med,low}<= 'h010; seg_cs <= 3'b010; end
155,156: begin {high,med,low}<= 'h007; seg_cs <= 3'b001; end
157,158: begin {high,med,low}<= 'h006; seg_cs <= 3'b001; end
default: begin {high,med,low}<= 'h000; seg_cs <= 3'b000; end
endcase
end
always @(*)  begin
   case(seg_cs)                    //数码管位选
   'b001:num <= low;
   'b010:num <= med;
   'b100:num <= high;
   default:num <= 4'b0000;
   endcase  end
seg4_7 u3(                         //音符显示,seg4_7 源码见例 9.11
   .hex(num),
   .a_to_g(seg));
endmodule
```

引脚约束文件内容如下。

```
#////////////////////////////////时钟与扬声器////////////////////////////////
set_property -dict {PACKAGE_PIN P17 IOSTANDARD LVCMOS33} [get_ports sys_clk]
set_property -dict {PACKAGE_PIN G17 IOSTANDARD LVCMOS33} [get_ports spk]
#////////////////////////////////3个数码管位选信号////////////////////////////
set_property -dict {PACKAGE_PIN F1 IOSTANDARD LVCMOS33} [get_ports {seg_cs[2]}]
set_property -dict {PACKAGE_PIN E1 IOSTANDARD LVCMOS33} [get_ports {seg_cs[1]}]
set_property -dict {PACKAGE_PIN G6 IOSTANDARD LVCMOS33} [get_ports {seg_cs[0]}]
#////////////////////////////////数码管段选信号////////////////////////////////
set_property -dict {PACKAGE_PIN D4 IOSTANDARD LVCMOS33} [get_ports {seg[6]}]
set_property -dict {PACKAGE_PIN E3 IOSTANDARD LVCMOS33} [get_ports {seg[5]}]
set_property -dict {PACKAGE_PIN D3 IOSTANDARD LVCMOS33} [get_ports {seg[4]}]
set_property -dict {PACKAGE_PIN F4 IOSTANDARD LVCMOS33} [get_ports {seg[3]}]
set_property -dict {PACKAGE_PIN F3 IOSTANDARD LVCMOS33} [get_ports {seg[2]}]
set_property -dict {PACKAGE_PIN E2 IOSTANDARD LVCMOS33} [get_ports {seg[1]}]
set_property -dict {PACKAGE_PIN D2 IOSTANDARD LVCMOS33} [get_ports {seg[0]}]
```

上面的程序编译后，基于 EGO1 开发板进行验证，spk 接到扩展端口的 G17 引脚，此引脚上外接蜂鸣器，如图 9.37 所示，蜂鸣器为有源驱动，还需接 3.3V 电源和地，下载后可听到乐曲演奏的声音，同时将高、中、低音音符通过 3 个数码管显示出来，实现动态演奏，可在此实验的基础上进一步增加声、光、电效果。

图 9.37　EGO1 开发板外接蜂鸣器

习题 9

9-1　分别用数据流描述和行为描述方式实现 JK 触发器，并进行综合。

9-2　描述图题 9.1 所示的 8 位并行/串行转换电路。当 load 信号为 1 时，将并行输入的 8 位数据 d(7)～d(0)同步存储进入 8 位寄存器；当 load 信号变为 0 时，将 8 位寄存器的数据从 dout 端口同步串行(在 clk 的上升沿)输出，输出结束后，dout 端保持低电平直至下一次输出。

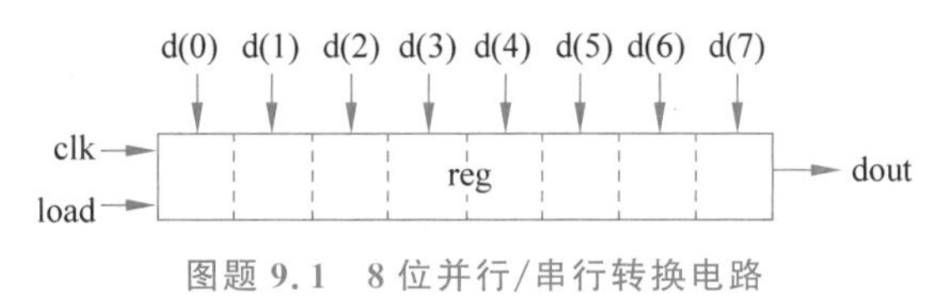

图题 9.1　8 位并行/串行转换电路

9-3　由 8 个触发器构成的 m 序列产生器，如图题 9.2 所示。

(1) 写出该电路的生成多项式。

(2) 用 Verilog 描述 m 序列产生器，写出源代码。

(3) 编写仿真程序对其仿真，查看输出波形图。

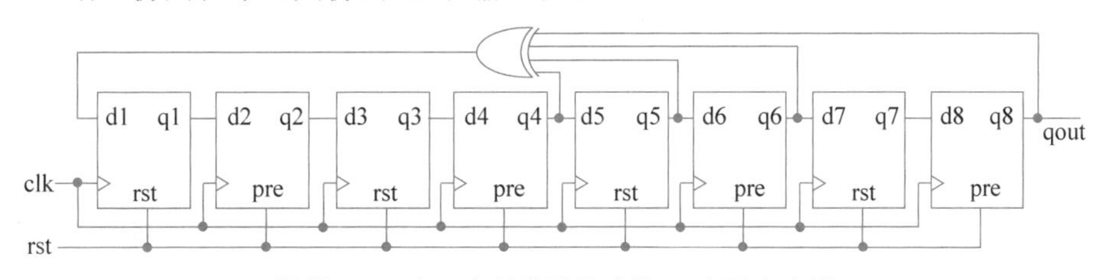

图题 9.2　由 8 个触发器构成的 m 序列产生器

9-4　设计一个 1111 串行数据检测器。要求：当检测到连续 4 个或 4 个以上的 1 时，输出为 1，其他情况下输出为 0。

9-5　用状态机设计一个交通灯控制器，设计要求：A 路和 B 路的每路都有红、黄、绿三种灯，持续时间为：红灯 45s，黄灯 5s，绿灯 40s。A 路和 B 路灯的状态转换如下：

(1) A 红，B 绿(持续时间 40s)。

(2) A 红，B 黄(持续时间 5s)。

(3) A 绿，B 红(持续时间 40s)。

(4) A 黄，B 红(持续时间 5s)。

9-6　已知某同步时序电路状态机图如图题 9.3 所示，试设计满足上述状态图的时序电路，用 Verilog 描述实现该电路并进行综合，电路要求有时钟信号和同步复位信号。

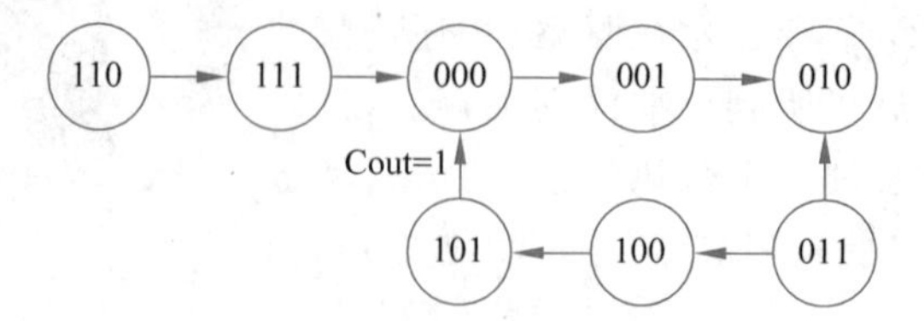

图题 9.3　状态机图

9-7　用 Verilog 设计数字跑表，计时精度为 10ms，最大计时为 59 分 59.99 秒，跑表具有复位、暂停、百分秒计时等功能；当启动/暂停键为低电平时开始计时，为高电平时暂停，变低电平后在原来的数值基础上继续计数。

9-8　用状态机实现 32 位无符号整数除法电路，并进行仿真。

9-9　循环冗余校验码（Cyclic Redundancy Checksum，CRC）是常用的信道编码方式，广泛应用于帧校验。国际上通行的 CRC 码生成多项式有 CRC-ITU-T：$g(x)=x^{16}+x^{12}+x^{5}+1$；试用 Verilog 描述该多项式对应的 CRC 编码器。

9-10　设计一个 8 位频率计，所测信号频率的范围为 1～99999999Hz，并将被测信号的频率在 8 个数码管上显示出来（或者用字符型液晶进行显示）。

9-11　设计乐曲演奏电路，乐曲选择《我的祖国》片段，其曲谱如图题 9.4 所示。

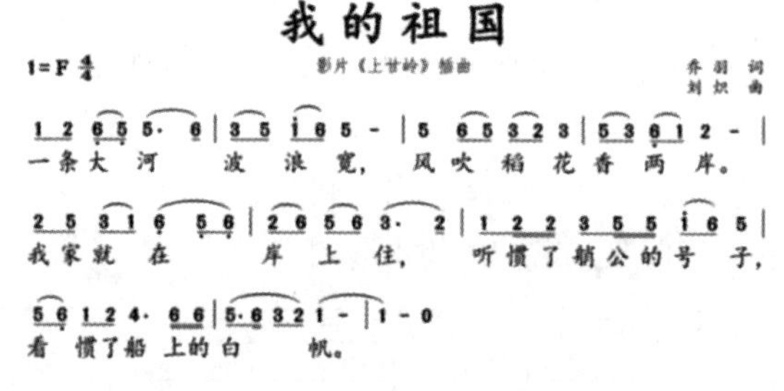

图题 9.4　《我的祖国》曲谱片段

实验与设计 

9-1　数字钟电路：设计实现数字钟电路，用字符液晶 LCD1602 显示小时、分钟和秒，用冒号分隔，并具有 4 个调整按键，提供以下调整功能。

- 复位：按下该键，小时、分钟和秒全部清 0，优先级最高。
- 秒调整：按下该键，调整秒数值，秒数值快速变化。
- 分钟调整：按下该键，调整分钟数值，分钟数值快速变化。
- 小时调整：按下该键，调整小时数值，小时数值快速变化。

（1）数字钟的参考设计如例 9.34 所示，其输入时钟为 100MHz，分频得到 1Hz 秒信号，对秒信号进行计数得到分钟和小时。

例 9.34　数字钟源代码

```
module clock_lcd(
   input   sys_clk,                    //100 MHz 输入时钟
   input   sys_rst,
   input   sec_adj,                    //秒调整
   input   min_adj,                    //分钟调整
   input   hour_adj,                   //小时调整
   output  reg  lcd_rs, lcd_en,
   output  lcd_rw, bla, blk,
   output reg[7:0]  lcd_data);
parameter  fclk = 100_000_000;
function [7:0]  bcd_to_lcd;            //LCD1602 液晶显示译码函数
input [3:0]   bcd_in;
begin
   case (bcd_in)                       //用字符液晶 LCD1602 显示 0~9 十个数字
   0 :  bcd_to_lcd = 8'b00110000;
   1 :  bcd_to_lcd = 8'b00110001;
   2 :  bcd_to_lcd = 8'b00110010;
   3 :  bcd_to_lcd = 8'b00110011;
   4 :  bcd_to_lcd = 8'b00110100;
   5 :  bcd_to_lcd = 8'b00110101;
   6 :  bcd_to_lcd = 8'b00110110;
   7 :  bcd_to_lcd = 8'b00110111;
   8 :  bcd_to_lcd = 8'b00111000;
   9 :  bcd_to_lcd = 8'b00111001;
   default :  bcd_to_lcd = 8'b00111111;
   endcase
end
endfunction
parameter  set = 0,
           clear = 1,
           contrl = 2,
           mode = 3,
           wrhourT = 4,
           wrhourU = 5,
           wrcolon1 = 6,
           wrminT = 7,
           wrminU = 8,
           wrcolon2 = 9,
           wrsecT = 10,
           wrsecU = 11,
           rehome = 12;
reg[3:0]  pr_state, nx_state;
reg[3:0]  secU, secT, minU, minT, hourU, hourT;
   //秒(个位),秒(十位),分钟(个位),分钟(十位),小时(个位),小时(十位)
wire [27:0]  limit;
assign limit = (hour_adj == 1'b0) ? fclk/8192 : (min_adj == 1'b0) ?
   fclk/256 : (sec_adj == 1'b0) ? fclk/16 : fclk;
reg [27:0]  coun1;
always @(posedge sys_clk, negedge sys_rst)  begin
   if (!sys_rst)  begin  coun1 = 0;  secU = 0;  secT = 0;  minU = 0;
```

```
      minT = 0;  hourU = 0;  hourT = 0;  end
    else  begin  coun1 <= coun1 + 1;
    if (coun1 == limit)  begin  coun1 <= 0;  secU <= secU + 1;end
    if (secU == 10)  begin  secU <= 0;  secT <= secT + 1; end
    if (secT == 6)  begin  secT <= 0;  minU <= minU + 1; end
    if (minU == 10)  begin  minU <= 0;  minT <= minT + 1; end
    if (minT == 6)  begin  minT <= 0;  hourU <= hourU + 1; end
    if ((hourT != 2 & hourU == 10) | (hourT == 2 & hourU == 4))
    begin  hourU <= 0; hourT <= hourT + 1; end
    if (hourT == 3) hourT <= 0;
 end  end
 assign lcd_rw = 1'b0,  blk = 1'b0,  bla = 1'b1;
 reg [16:0]  coun2;
 always @(posedge sys_clk)  begin
    coun2 = coun2 + 1;
    if(coun2 == fclk/1000) begin coun2 <= 0; lcd_en <= ~lcd_en; end
 end
 always @(posedge lcd_en, negedge sys_rst)  begin
    if(!sys_rst)  pr_state <= set;
    else  pr_state <= nx_state;  end
 always @( * )  begin                    //LCD1602 液晶显示
    case (pr_state)
    set : begin  lcd_rs <= 1'b0;
         lcd_data <= 8'h38;  nx_state <= clear;  end
    clear : begin lcd_rs <= 1'b0;
         lcd_data <= 8'h01; nx_state <= contrl;  end
    contrl : begin lcd_rs <= 1'b0;
         lcd_data <= 8'h0c; nx_state <= mode;  end
    mode : begin lcd_rs <= 1'b0;
         lcd_data <= 8'h06; nx_state <= wrhourT;  end
    wrhourT : begin lcd_rs <= 1'b1;
         lcd_data <= bcd_to_lcd(hourT); nx_state <= wrhourU; end
    wrhourU : begin lcd_rs <= 1'b1;
         lcd_data <= bcd_to_lcd(hourU); nx_state <= wrcolon1; end
    wrcolon1 : begin lcd_rs <= 1'b1;
         lcd_data <= 8'h3A; nx_state <= wrminT;  end
    wrminT : begin lcd_rs <= 1'b1;
         lcd_data <= bcd_to_lcd(minT); nx_state <= wrminU; end
    wrminU : begin lcd_rs <= 1'b1;
         lcd_data <= bcd_to_lcd(minU); nx_state <= wrcolon2; end
    wrcolon2 : begin  lcd_rs <= 1'b1;
         lcd_data <= 8'h3A; nx_state <= wrsecT; end
    wrsecT : begin lcd_rs <= 1'b1;
         lcd_data <= bcd_to_lcd(secT); nx_state <= wrsecU; end
    wrsecU : begin lcd_rs <= 1'b1;
         lcd_data <= bcd_to_lcd(secU); nx_state <= rehome; end
    rehome : begin lcd_rs <= 1'b0;
         lcd_data <= 8'h80; nx_state <= wrhourT;  end
    endcase
 end
 endmodule
```

（2）将本例完成指定目标器件、引脚分配和锁定，并在 EGO1 目标板上下载和验证，引脚约束文件.xdc 内容如下。

```
#/////////////////////////////////时钟与复位/////////////////////////////////
set_property -dict {PACKAGE_PIN P17 IOSTANDARD LVCMOS33} [get_ports sys_clk]
set_property -dict {PACKAGE_PIN P15 IOSTANDARD LVCMOS33} [get_ports sys_rst]
#/////////////////////////////////LCD1602 液晶接口///////////////////////////
set_property -dict {PACKAGE_PIN D17 IOSTANDARD LVCMOS33} [get_ports lcd_en]
set_property -dict {PACKAGE_PIN J13 IOSTANDARD LVCMOS33} [get_ports lcd_rw]
set_property -dict {PACKAGE_PIN G17 IOSTANDARD LVCMOS33} [get_ports lcd_rs]
set_property -dict {PACKAGE_PIN B14 IOSTANDARD LVCMOS33} [get_ports {lcd_data[7]}]
set_property -dict {PACKAGE_PIN C14 IOSTANDARD LVCMOS33} [get_ports {lcd_data[6]}]
set_property -dict {PACKAGE_PIN A11 IOSTANDARD LVCMOS33} [get_ports {lcd_data[5]}]
set_property -dict {PACKAGE_PIN E16 IOSTANDARD LVCMOS33} [get_ports {lcd_data[4]}]
set_property -dict {PACKAGE_PIN C15 IOSTANDARD LVCMOS33} [get_ports {lcd_data[3]}]
set_property -dict {PACKAGE_PIN G16 IOSTANDARD LVCMOS33} [get_ports {lcd_data[2]}]
set_property -dict {PACKAGE_PIN F16 IOSTANDARD LVCMOS33} [get_ports {lcd_data[1]}]
set_property -dict {PACKAGE_PIN G14 IOSTANDARD LVCMOS33} [get_ports {lcd_data[0]}]
set_property -dict {PACKAGE_PIN F14 IOSTANDARD LVCMOS33} [get_ports bla]
set_property -dict {PACKAGE_PIN A18 IOSTANDARD LVCMOS33} [get_ports blk]
#/////////////////////////////////小时、分钟、秒调整///////////////////////////
set_property -dict {PACKAGE_PIN M4 IOSTANDARD LVCMOS33} [get_ports hour_adj]
set_property -dict {PACKAGE_PIN N4 IOSTANDARD LVCMOS33} [get_ports min_adj]
set_property -dict {PACKAGE_PIN R1 IOSTANDARD LVCMOS33} [get_ports sec_adj]
```

（3）将编译后生成的配置文件下载到 FPGA 目标板，观察数字钟的实际效果，如图题 9.5 所示。

（4）为数字钟增加闹钟功能，能设置闹铃时间，给出源码并基于目标板下载验证。

图题 9.5　数字钟显示效果

9-2　设计一个汽车尾灯控制电路：已知汽车左右两侧各有 3 个尾灯，如图题 9.6 所示，要求控制尾灯按如下规则亮/灭。

- 汽车沿直线行驶时，两侧的指示灯全灭。
- 汽车右转弯时，左侧的指示灯全灭，右侧的指示灯按 000、100、010、001、000 循环顺序点亮。
- 汽车左转弯时，右侧的指示灯全灭，左侧的指示灯按与右侧同样的循环顺序点亮。
- 在直行时刹车，两侧的指示灯全亮；在转弯时刹车，转弯这一侧的指示灯按上述循环顺序点亮，另一侧的指示灯全亮。
- 汽车临时故障或紧急状态时，两侧的指示灯闪烁。

图题 9.6　汽车尾灯示意图

(1) 尾灯控制器的参考设计如例 9.35 所示。

例 9.35　汽车尾灯控制器

```
module backlight(
    input sys_clk,                       //时钟
    input turnl,                         //左转信号
    input turnr,                         //右转信号
    input brake,                         //刹车信号
    input fault,                         //故障信号
    output[2:0] ledl,                    //左侧灯
    output[2:0] ledr);                   //右侧灯
reg[24:0] count;
wire clock;
reg[2:0] shift = 3'b001;
reg flash = 1'b0;
always@(posedge sys_clk)
    begin if(count == 25000000) count <= 0; else count <= count + 1; end
assign clock = count[24];                //分频
always@(posedge clock)
    begin shift = {shift[1:0],shift[2]};flash = ~flash; end
assign ledl = turnl?shift:brake?3'b111:fault?{3{flash}}:3'b000,
       ledr = turnr?shift:brake?3'b111:fault?{3{flash}}:3'b000;
endmodule
```

(2) 下载与验证：用 Vivado 综合上面的代码，然后在目标板上下载。

9-3　设计 8 路彩灯控制电路，要求彩灯实现如下 3 种演示花型：

- 8 路彩灯同时亮灭。
- 从左至右逐个亮(每次只有 1 路亮)。
- 8 路彩灯每次 4 路灯亮，4 路灯灭，且亮灭相间，交替亮灭。

(1) 8 路彩灯控制电路的参考设计如例 9.36 所示。

例 9.36　用状态机控制 8 路 LED 灯实现花形演示

```
`timescale 1 ns/1 ps
module ripple_led8(
    input sys_clk,                              //100MHz 时钟信号
    input sys_rst,                              //复位信号
    output reg[7:0] led);
reg[3:0] state;
wire clk5hz;
parameter S0 = 'd0,S1 = 'd1,S2 = 'd2,S3 = 'd3,S4 = 'd4,S5 = 'd5,S6 = 'd6,
S7 = 'd7,S8 = 'd8,S9 = 'd9,S10 = 'd10,S11 = 'd11,S12 = 'd12;
//-----------------------------------------
clk_div  #(5) u1(                               //产生 5Hz 时钟信号
    .clk(sys_clk),                              //clk_div 源代码见例 9.10
    .clr(sys_rst),
    .clk_out(clk5hz));
always @(posedge clk5hz,negedge sys_rst)        //状态转移
```

```
    begin if(!sys_rst) state <= S0;
       else  case(state)
       S0 : state <= S1;      S1 : state <= S2;
       S2 : state <= S3;      S3 : state <= S4;
       S4 : state <= S5;      S5 : state <= S6;
       S6 : state <= S7;      S7 : state <= S8;
       S8 : state <= S9;      S9 : state <= S10;
       S10: state <= S11;    S11: state <= S12;
       S12: state <= S0;
       default: state <= S0;
       endcase  end
    always @(state)  begin                          //产生输出逻辑(OL)
       case(state)
       S0: led <= 8'b11111111;                      //全灭
       S1: led <= 8'b00000000;                      //全亮
       S2: led <= 8'b10000000;
       S3: led <= 8'b11000000;
       S4: led <= 8'b11100000;
       S5: led <= 8'b11110000;
       S6: led <= 8'b11110000;
       S7: led <= 8'b11111000;                      //从左至右逐个亮
       S8: led <= 8'b11111100;
       S9: led <= 8'b11111110;
       S10:led <= 8'b11111111;
       S11:led <= 8'b10101010;                      //亮灭相间
       S12:led <= 8'b01010101;
       default:led <= 8'b00000000;
       endcase;  end
    endmodule
```

(2) 编辑.xdc文件进行引脚分配，引脚锁定后重新编译，然后在目标板上下载，观察8个LED灯(LED7～LED0)的实际演示效果。

(3) 增加演示花型，修改源码实现设计并实际下载验证。

第10章 数/模、模/数转换和脉冲电路

本章主要介绍数/模(D/A)和模/数(A/D)转换的基本原理、常用电路结构和主要技术指标,以及脉冲产生电路。数/模转换电路常用结构包括权电阻网络和R/2R倒T形电路;模/数转换电路则主要包括并行比较型、逐次逼近型和双积分型电路。脉冲产生电路主要包括多谐振荡器、单稳态触发器和555定时器。

10.1 概述

自然界中存在的物理量多数都是模拟量,所以电子系统中相应的输入、输出信号也多数是模拟信号。与模拟信号相比,数字信号具有抗干扰能力强、便于存储和处理等许多优点,因此,随着计算机技术和数字信号处理技术的飞速发展,在通信、信号处理及其他很多领域,都先将需要处理的模拟信号转换为数字信号,再进行处理,图10.1所示是一个典型的数字信号处理系统框图,输入的模拟信号通过A/D转换器被转换为数字信号,通过数字信号处理器(DSP)处理完毕后,再经D/A转换器,数字信号被转换为模拟信号传给用户。

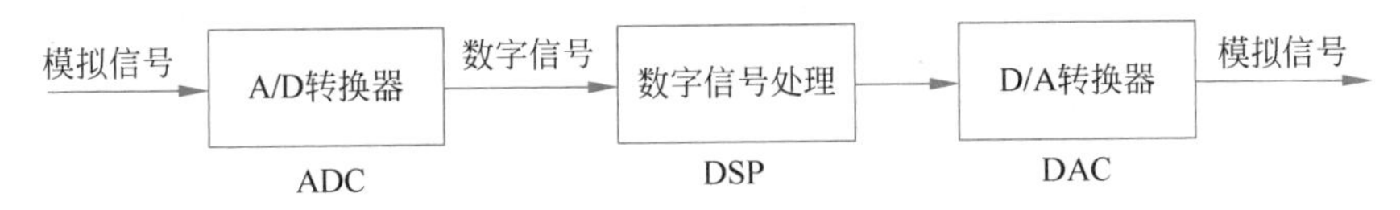

图10.1 典型的数字信号处理系统框图

A/D转换器是指能够实现A/D(模/数)转换的电路,简称ADC(Analog to Digital Converter);D/A转换器是指能够实现D/A(数/模)转换的电路,简称DAC(Digital to Analog Converter)。随着集成电路技术的发展,市面上集成的DAC和ADC芯片有上百种之多,其性能指标也越来越先进,可以满足不同应用场合的需要。

10.2 D/A转换器

10.2.1 D/A转换的原理

DAC输出的模拟量与输入的数字量在幅度上成正比,DAC的传输特性可用下式表示

$$v_O = kD \tag{10-1}$$

其中,k为比例常数,由转换电路决定,D是输入的n位数字量($D_{n-1}D_{n-2}\cdots D_1D_0$),$v_O$为输出的模拟量,式(10-1)也可写为

$$v_O = k\sum_{i=0}^{n-1} D_i \times 2^i \tag{10-2}$$

用于实现D/A转换的电路有多种,其结构大体相似,主要由输入寄存器、数控开关、解码网络、参考电压和求和电路构成,如图10.2所示。数字信号有串行和并行两种输入方式;输入寄存器用于存储输入的数字信号;寄存器并行输出的每一位数字量控制一个模拟开关,使解码网络将每一位数码对应为相应大小的模拟量,并送给求和电路;求和电路将每一位数码代表的模拟量相加,便得到与数字量对应的模拟量。

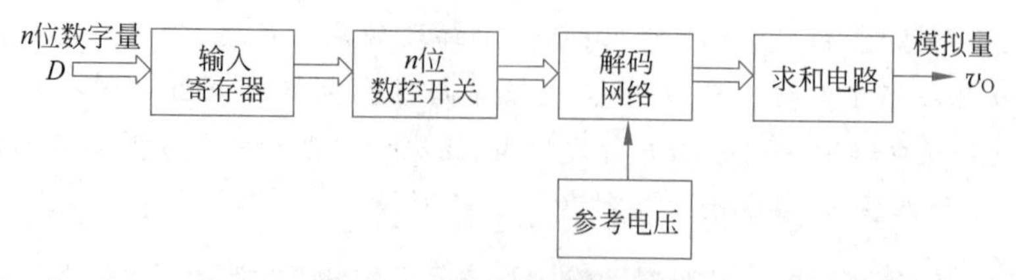

图 10.2 D/A 转换器框图

例 10.1 已知某 8 位二进制 DAC，输入的数字量 D 为无符号二进制数。当 $D=(10000000)_2$ 时，输出模拟电压 $v_O=2.4\text{V}$。求 $D=(11100000)_2$ 时的输出模拟电压 v_O。

解：由式(10-2)可知，该 8 位 DAC 的输出模拟电压与输入数字量成正比。由于 $(10000000)_2=128$，$(11100000)_2=224$，因此，$2.4:128=v_O:224$，解得 $v_O=(2.4/128)\times 224=4.2\text{V}$。

10.2.2 权电阻 D/A 转换器

图 10.3 所示是一个 4 位权电阻网络 DAC 电路，该电路由以下 4 部分构成。

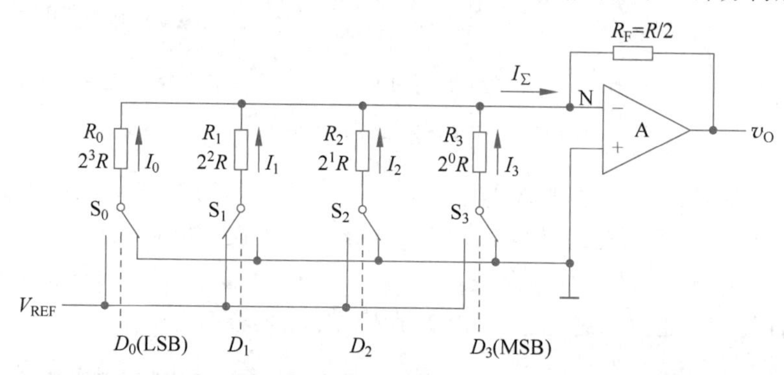

图 10.3 权电阻网络 DAC 电路原理图

(1) 权电阻解码网络。该电阻解码网络由 4 个电阻构成，其阻值分别与输入的四位二进制数一一对应，满足以下关系：

$$R_i=2^{n-1-i}R \tag{10-3}$$

式中，n 为输入二进制数的位数，R_i 是与二进制数 D_i 位对应的电阻值，而 2^i 则是 D_i 位的权值。可见，二进制数的每一位对应的电阻大小都与该位的权值成反比，这也是权电阻网络名称的由来。

(2) 模拟开关。每个电阻都有一个单刀双掷的模拟开关与其串联，4 个模拟开关的状态分别由 4 位二进制数码控制。当 $D_i=0$ 时，开关 S_i 打到右边，使电阻 R_i 接地；当 $D_i=1$ 时，开关 S_i 打到左边，使电阻 R_i 接基准电压 V_{REF}。

(3) 基准电压源 V_{REF}。作为 A/D 转换的参考值，要求其精度高、稳定性好。

(4) 求和放大器。通常由运算放大器构成，并接成反相放大器的形式。

为简化分析，将运算放大器看作理想的，即满足开环放大倍数为无穷大，输入电流为零(输入电阻无穷大)，输出电阻为零。由于 N 点为虚地，当 $D_i=0$ 时，相应的电阻 R_i 上没有电流；当 $D_i=1$ 时，电阻 R_i 上有电流流过，大小为 $I_i=V_{REF}/R_i$。根据叠加原理，对于输入的任意二进制数 $(D_3D_2D_1D_0)_2$，有

$$\begin{aligned}I_\Sigma &= D_3I_3+D_2I_2+D_1I_1+D_0I_0\\ &= D_3\frac{V_{REF}}{R_3}+D_2\frac{V_{REF}}{R_2}+D_1\frac{V_{REF}}{R_1}+D_0\frac{V_{REF}}{R_0}\\ &= D_3\frac{V_{REF}}{2^{3-3}R}+D_2\frac{V_{REF}}{2^{3-2}R}+D_1\frac{V_{REF}}{2^{3-1}R}+D_0\frac{V_{REF}}{2^{3-0}R}\\ &= \frac{V_{REF}}{2^3R}\sum_{i=0}^{3}D_i\times 2^i \end{aligned} \tag{10-4}$$

求和放大器的反馈电阻 $R_F=R/2$，则输出电压 v_O 为

$$v_O=-I_\Sigma R_F=-\frac{V_{REF}}{2^4}\sum_{i=0}^{3}D_i\times 2^i \tag{10-5}$$

推广到 n 位权电阻网络 DAC 电路，可得

$$v_O=-\frac{V_{REF}}{2^n}\sum_{i=0}^{n-1}D_i\times 2^i \tag{10-6}$$

比较式(10-6)与式(10-2)，可看出该电路的比例常数 $k=-V_{REF}/2^n$。

权电阻网络 DAC 电路的优点是结构简单，所用解码电阻的个数等于 DA 转换器输入数字量的位数，相对比较少；缺点是解码电阻的取值范围太大，这个问题在输入数字量的位数较多时尤其突出，比如当输入数字量的位数为 12 位时，最大电阻与最小电阻之间的比值达到 2048∶1，要在如此大的范围内保证电阻的精度，对于集成 DA 转换器的制造提出了很高的要求。

10.2.3 倒 T 形 D/A 转换器

图 10.4 所示是 4 位倒 T 形电阻网络 DAC 电路，它也包括 4 个部分：R-$2R$ 电阻解码网络、单刀双掷模拟开关(S_0、S_1、S_2 和 S_3)、基准电压 V_{REF} 和求和放大器。

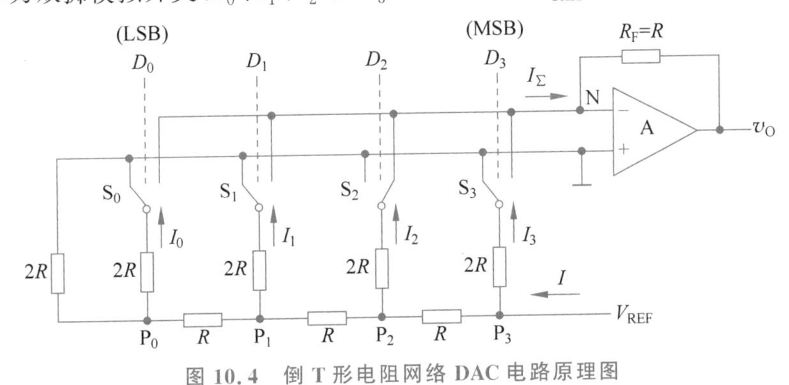

图 10.4 倒 T 形电阻网络 DAC 电路原理图

4 个模拟开关由 4 位二进制数码分别控制，当 $D_i=0$ 时，开关 S_i 打到左边，使与之串联的 $2R$ 电阻接地；当 $D_i=1$ 时，开关 S_i 打到右边，使 $2R$ 电阻接虚地。

R-$2R$ 电阻解码网络中只有 R 和 $2R$ 两种阻值的电阻，呈倒 T 形分布。不难看出，无论模拟开关的状态如何，从任何一个节点（P_0、P_1、P_2、P_3）向上或向左看去的等效电阻均为 $2R$。由此可以计算出基准电压源 V_{REF} 的输出电流 $I=V_{REF}/R$，并且该电流每流到一个节点时就向上和向左产生 1/2 分流，则各支路的电流分别为 $I_3=I/2^1$，$I_2=I/2^2$，$I_1=I/2^3$，$I_0=I/2^4$。

根据叠加原理，对于输入的任意二进制数 $(D_3D_2D_1D_0)_2$，流向求和放大器的电流 I_Σ 应为

$$\begin{aligned} I_\Sigma &= I_0+I_1+I_2+I_3 \\ &= \frac{1}{2^4}\frac{V_{REF}}{R}(D_0\times 2^0+D_1\times 2^1+D_2\times 2^2+D_3\times 2^3) \\ &= \frac{1}{2^4}\frac{V_{REF}}{R}\sum_{i=0}^{3}D_i\times 2^i \end{aligned} \tag{10-7}$$

求和放大器的反馈电阻 $R_F=R$，则输出电压 v_O 为

$$v_O=-I_\Sigma R_F=-\frac{V_{REF}}{2^4}\sum_{i=0}^{3}D_i\times 2^i \tag{10-8}$$

推广到 n 位倒 T 形电阻网络 DAC 电路，可得

$$v_O=-\frac{V_{REF}}{2^n}\sum_{i=0}^{n-1}D_i\times 2^i \tag{10-9}$$

倒 T 形电阻网络 DAC 电路的优点：无论输入信号如何变化，流过基准电压源、模拟开关及各电阻支路的电流均保持恒定，电路中各节点的电压也基本保持不变，这有利于提高 DAC 的转换速度；另外，在倒 T 形电阻解码网络中，虽然电阻的数量比权电阻解码网络增加了一倍，但其阻值只有两种，降低了对电阻精度的要求，因此倒 T 形电阻网络 D/A 转换电路是集成 DAC 中应用最多的电路。

10.3 D/A 转换器的精度和速度

市面上的集成 DAC 产品众多，要选择一款合适的 DAC 芯片，就必须对集成 DAC 的性能指标有所了解。

1. 最小输出值 LSB、输出量程 FSR

最小输出值 LSB（Least Significant Bit）是指输入数字量只有最低有效位为 1 时，DAC 输出的模拟电压（电流）的幅度，或者说，就是当输入数字量的最低有效位的状态发生变化时（由 0 变为 1，或由 1 变为 0），所引起的模拟输出电压（电流）的变化量。最小输出值 LSB 又分为最小输出电压 V_{LSB} 和最小输出电流 I_{LSB}，对于 n 位 DAC 电路，最小输出电压 V_{LSB} 为

$$V_{LSB}=\frac{|V_{REF}|}{2^n} \tag{10-10}$$

输出量程 FSR（Full Scale Range）的定义是：DAC 输出模拟电压（电流）的最大变化

范围，可分别表示为电压输出量程 V_{FSR} 和电流输出量程 I_{FSR}。对于 n 位电压输出的 DAC

$$V_{FSR}=\frac{2^n-1}{2^n}|V_{REF}| \tag{10-11}$$

2. 转换精度

集成 DAC 的转换精度可以用分辨率和转换误差两个指标描述。

(1) **分辨率**：分辨率是指 DAC 能够分辨最小电压(电流)的能力，它是 DAC 理论上所能达到的精度，一般将其定义为 DAC 的最小输出电压(电流)与电压(电流)输出量程之比，对于 n 位二进制 DAC，其分辨率 D_R 为

$$D_R=\frac{V_{LSB}}{V_{FSR}}=\frac{1}{2^n-1} \tag{10-12}$$

显然，DAC 的分辨率只与其位数 n 有关，n 越大，分辨率越高。因此，有时直接将 2^n 或 n 作为 DAC 的分辨率。例如，8 位 DAC 的分辨率为 2^8 或 8 位。

(2) **转换误差**：DAC 的各环节在参数上与理论值之间不可避免地存在着差异，由于参考电压 V_{REF} 的波动、运算放大器的零点漂移、模拟开关的导通内阻和导通压降、电阻解码网络中电阻阻值的偏差等，造成实际工作中并不能达到理论精度。转换误差就是用于描述 DAC 输出模拟信号的理论值和实际值之间差别的一个指标。

DAC 的转换误差一般有两种表示方式：绝对误差和相对误差。绝对误差是指实际值与理论值之间的最大差值，通常用最小输出值 LSB 的倍数表示。例如，转换误差为 0.5LSB，表明输出信号的实际值与理论值之间的最大差值不超过最小输出值的一半。相对误差是指绝对误差与 DAC 输出量程 FSR 的比值，以 FSR 的百分比表示。例如，转换误差为 0.2%FSR，表示输出信号的实际值与理论值之间的最大差值是输出量程的 0.2%。

3. 转换速度

集成 DAC 的转换速度通常用建立时间或转换速率(转换频率)衡量。

当 DAC 输入的数字量发生变化以后，输出的模拟量需经过一段时间才能达到其对应的数值，一般将这段时间称为**建立时间**(setting time)。由于数字量的变化越大，DAC 需要的建立时间越长，所以在集成 DAC 产品的性能表中，建立时间通常是指从输入数字量由全 0 变为全 1 或由全 1 变为全 0 开始，到输出模拟量进入规定的误差范围所用的时间，误差范围一般取 ±LSB/2。建立时间的倒数即为转换速率(转换频率)，也就是每秒钟 DAC 至少可以完成的转换次数。

除以上主要性能指标外，在选择 DAC 芯片时，还应注意以下方面。

(1) 输入数字量的特征。包括数字量的编码方式(自然二进制码、补码、BCD 码等)、数字量的输入方式(串行或并行输入)，以及逻辑电平的类型(TTL 电平、CMOS 电平等)。

(2) 工作环境要求。主要包括 DAC 的工作电压、参考电源、工作温度、功耗及可靠性等。

10.4 A/D 转换器

模数转换器 ADC 用于将时间和幅度都连续的模拟信号转换为时间和幅度都离散的数字信号，ADC 的传输特性可以用下式表示

$$D = kv_A \tag{10-13}$$

式中，v_A 为输入模拟电压信号，D 为输出的 n 位数字量（$D_{n-1}\cdots D_1 D_0$），k 为比例常数，不同的 ADC 芯片有不同的 k 值。

10.4.1　A/D 转换的原理

将模拟量转换为数字量，通常要经过采样、保持、量化和编码 4 个过程。

1. 采样与保持

采样是指周期性地每隔一段固定的时间读取一次模拟信号的值，从而可以将在时间和取值上都连续的模拟信号在时间上离散化。所谓保持，就是在连续两次采样之间，将上一次采样结束时得到的采样值用保持电路保持住，以便在这段时间内完成对采样值的量化和编码。采样与保持通常是一起实现的，其电路图如图 10.5(a)所示。

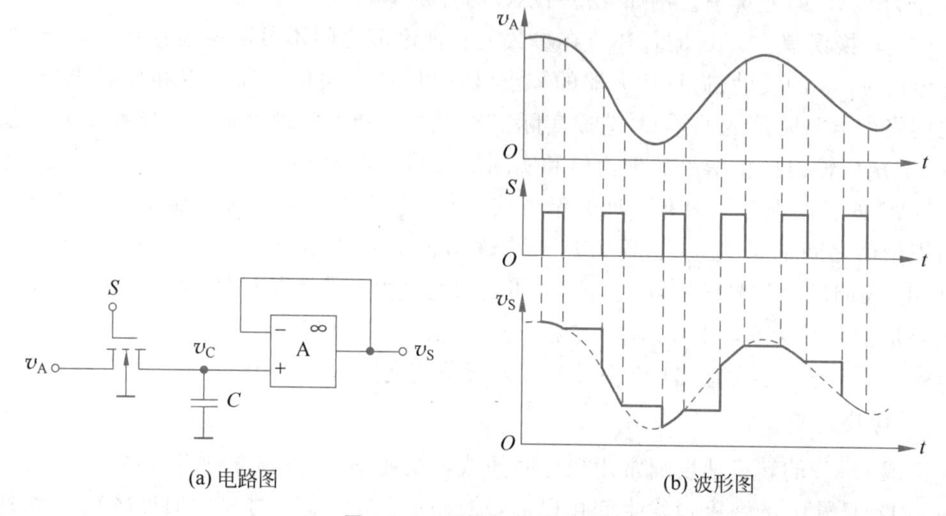

图 10.5　采样与保持过程

图 10.5(a)所示的采样/保持电路是由一个 N 沟道增强型 MOS 管、一个用于保持采样值的电容 C 和一个运算放大器 A 组成的。图 10.5 中的 v_A 为输入的模拟电压；v_C 是电容 C 上的电压；v_S 为采样/保持电路的输出信号；S 为采样脉冲信号，其周期为 T_S，脉冲宽度为 τ。

MOS 管相当于一个受采样脉冲信号 S 控制的双向模拟开关。在脉冲存在的 τ 时间内，MOS 管导通（开关闭合），电容 C 通过模拟开关放电或被 v_A 充电，假定充/放电的时间常数远小于 τ，则可以认为电容 C 上的电压 v_C 在时间 τ 内完全能够跟得上输入模拟电压 v_A 的变化，即 $v_C = v_A$；在采样脉冲的休止期（$T_S - \tau$）内，MOS 管截止（开关断开），如果电容 C 的漏电电阻、MOS 管的截止阻抗和运算放大器的输入阻抗都很大，则电容的漏电可以忽略不计，这样电容 C 上的电压将保持采样脉冲结束前一瞬间 v_A 的电压值，一直到下一个采样脉冲到来为止。因此，通常把采样脉冲的周期 T_S 称为采样周期，把采样脉冲的宽度 τ 称为采样时间。

运算放大器 A 接成电压跟随器，即 $v_S=v_C$，在采样/保持电路和后续电路之间起缓冲作用。

由图 10.5 可看出，采样后的信号与输入的模拟信号相比，波形发生了变化。根据采样定理，为了保证能由采样后的信号不失真地恢复出原来的模拟信号，采样频率 f_s 至少为输入模拟信号中最大有效频率 f_{max} 的 2 倍，即

$$f_s=1/T_S \geqslant 2f_{max} \tag{10-14}$$

2. 量化和编码

数字信号不仅在时间上是离散的，其取值也要离散化，即其取值应是某个最小计量单位(Δ)的整数倍，因此还需对采样后的信号值进行离散化，进行量化和编码。

所谓**量化**，是指先确定一组离散的电平值，然后按照某种近似方式将采样/保持电路输出的模拟电压采样值归并到其中的一个离散电平，也就是将模拟信号在取值上离散化。在量化过程中确定的一组离散电平称为量化电平，量化所取的最小计量单位称为量化单位，记作 Δ；而其他量化电平都是量化单位的整数倍，可表示为 $N\Delta$(N 为整数)。

编码是指将量化电平 $N\Delta$ 中的 N 用二进制代码表示，n 位编码可以表示 2^n 个量化电平。经过编码后得到的二进制代码就是 A/D 转换器输出的数字量。

量化电平与模拟电压采样值 v_S 之间差值的绝对值称为量化误差，记作 ε，其大小与量化方式有关。量化方式有两种：只舍不入量化方式和有舍有入(四舍五入)量化方式。

以 3 位 A/D 转换器为例说明这两种量化方式，假设采样值的最大变化范围是 0～8V，8 个量化电平为 0V、1V、2V、3V、4V、5V、6V、7V，量化单位 Δ =1V。只舍不入量化方式如图 10.6 所示，当采样值 v_S 介于两个量化电平之间时，采用取整的方法将其归并为较低的量化电平。例如，无论 v_S 是 5.9V 还是 5.1V，都将其归并为 5(5Δ)，编码都为 101。可见，采用只舍不入量化方式，最大量化误差 ε_{max} 近似为一个量化单位 Δ。

四舍五入量化方式如图 10.7 所示，它采用四舍五入的方式将其归并为最相近的那个量化电平。例如，若 $v_S=5.49\text{V}=5.49\Delta$，就将其归并为 5Δ，输出的编码为 101；若 $v_S=5.5\text{V}=5.5\Delta$，就将其归并为 6Δ，输出的编码为 110。可见，采用四舍五入量化方式，最大量化误差 ε_{max} 不会大于 Δ/2，比只舍不入量化方式的最大量化误差小。多数 A/D 转换器都采用四舍五入量化方式。

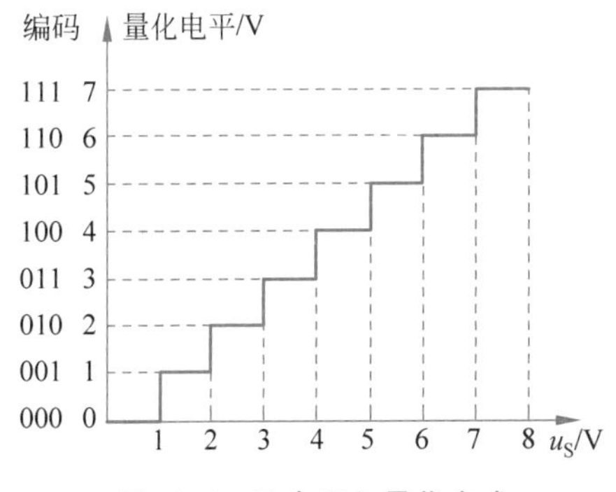

图 10.6 只舍不入量化方式

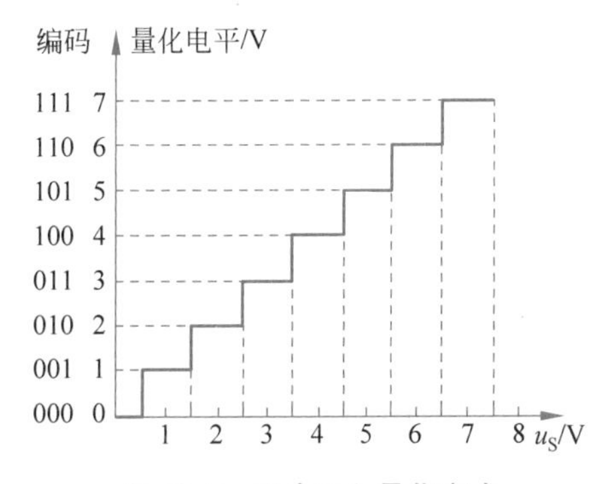

图 10.7 四舍五入量化方式

量化误差是 A/D 转换的固有误差，只能减小，不可能完全消除。减小量化误差的主要措施是减小量化单位，但量化单位越小意味着量化电平的个数越多，编码的位数越大，电路也就越复杂。

实现 A/D 转换的方法很多，按照工作原理可以分为直接 A/D 转换和间接 A/D 转换两类。直接 A/D 转换是将模拟信号直接转换为数字信号，比较典型的有并行比较型 A/D 转换和逐次逼近型 A/D 转换。间接 A/D 转换是先将模拟信号转换为某一中间量（如时间、频率），再将这一中间量转换为数字量。比较典型的间接 A/D 转换有双积分型 A/D 转换和电压-频率转换型 A/D 转换。

10.4.2 并行比较型 A/D 转换器

图 10.8 是 3 位并行比较型 ADC 电路。它由电阻分压器、电压比较器 $A_1 \sim A_7$、寄存器和编码电路 4 部分构成。假定基准电压 $V_{REF}>0$。

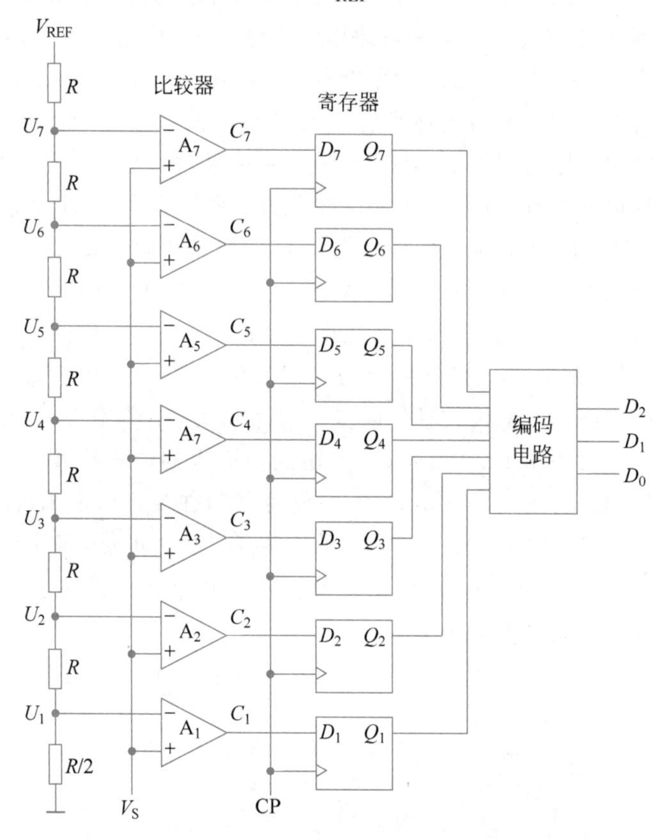

图 10.8 3 位并行比较型 ADC 电路

输入模拟电压最大变化范围是 $0 \sim V_{REF}$，基准电压 V_{REF} 经电阻分压器分压，产生 7 个离散的电压值，分别作为 7 个电压比较器的参考电压：$V_1=V_{REF}/15$，$V_2=3V_{REF}/15$，$V_3=5V_{REF}/15$，$V_4=7V_{REF}/15$，$V_5=9V_{REF}/15$，$V_6=11V_{REF}/15$，$V_7=13V_{REF}/15$。量化单位 $\Delta=2V_{REF}/15$。

各电压比较器的参考电压由反相输入端输入，正相输入端为 ADC 输入模拟电压 v_S。当 v_S 大于某电压比较器的参考电压时，该电压比较器输出高电平，反之输出低电平。输入模拟电压比较器输出与编码输出之间的关系列在表 10.1 中。

表 10.1 3 位并行 ADC 输入模拟电压比较器输出与编码输出之间的关系

输入模拟电压	比较器输出							编码输出		
v_S	C_7	C_6	C_5	C_4	C_3	C_2	C_1	D_2	D_1	D_0
$(0\sim1/15)V_{REF}$	0	0	0	0	0	0	0	0	0	0
$(1/15\sim3/15)V_{REF}$	0	0	0	0	0	0	1	0	0	1
$(3/15\sim5/15)V_{REF}$	0	0	0	0	0	1	1	0	1	0
$(5/15\sim7/15)V_{REF}$	0	0	0	0	1	1	1	0	1	1
$(7/15\sim9/15)V_{REF}$	0	0	0	1	1	1	1	1	0	0
$(9/15\sim11/15)V_{REF}$	0	0	1	1	1	1	1	1	0	1
$(11/15\sim13/15)V_{REF}$	0	1	1	1	1	1	1	1	1	0
$(13/15\sim1)V_{REF}$	1	1	1	1	1	1	1	1	1	1

在时钟脉冲 CP 的上升沿，将电压比较器的比较结果存入相应的 D 触发器中，供编码电路编码。编码电路是一个组合逻辑电路，根据表 10.1 可写出编码电路的逻辑表达式

$$D_2 = Q_4$$

$$D_1 = Q_6 + \bar{Q}_4 Q_2$$

$$D_0 = Q_7 + \bar{Q}_6 Q_5 + \bar{Q}_4 Q_3 + \bar{Q}_2 Q_1$$

在并行比较型 A/D 转换电路中，由于将模拟电压 v_S 同时送到各电压比较器与相应的参考电压进行比较，所以其转换速度仅受限于比较器、D 触发器和编码电路延迟时间，转换时间一般为 ns 级，是目前最快的一种 A/D 转换电路，被高速集成 ADC 广泛采用。另外，由于比较器和 D 触发器同时兼有采样和保持功能，所以采用这种 A/D 转换技术的集成 ADC 可以省掉采样/保持电路，这是并行比较型 A/D 转换的另一个优点。并行比较型 ADC 的缺点是 ADC 的位数每增加一位，分压电阻、比较器和触发器的数量都要成倍地增长，编码电路也会变得更加复杂，例如，对于 n 位并行比较型 ADC，它需要 2^n 个分压电阻、2^n-1 个比较器和 2^n-1 个 D 触发器，这种呈几何级数增加的器件数量不仅会增加集成 ADC 实现的难度，而且会急剧增加各种误差因素，对集成电路工艺指标提出了很高的要求。

10.4.3 逐次逼近型 A/D 转换器

逐次逼近型 ADC 又称逐位比较型 ADC，电路如图 10.9 所示。它主要由采样/保持电路、电压比较器、逻辑控制电路、逐次逼近寄存器(Successive Approximation Register，SAR)、D/A 转换器和数字输出电路 6 部分构成。

在时钟脉冲 CP 的作用下，逻辑控制电路产生转换控制信号 C_1，其作用是：当 $C_1=1$ 时，采样/保持电路采样，采样值 v_S 随输入模拟电压 v_I 变化；A/D 转换电路停止转换，将上一次的转换结果经输出电路输出；当 $C_1=0$ 时，采样/保持电路停止采样，输出电路禁止输出，A/D 转换电路开始工作，将采样值 v_S 转换为数字信号。

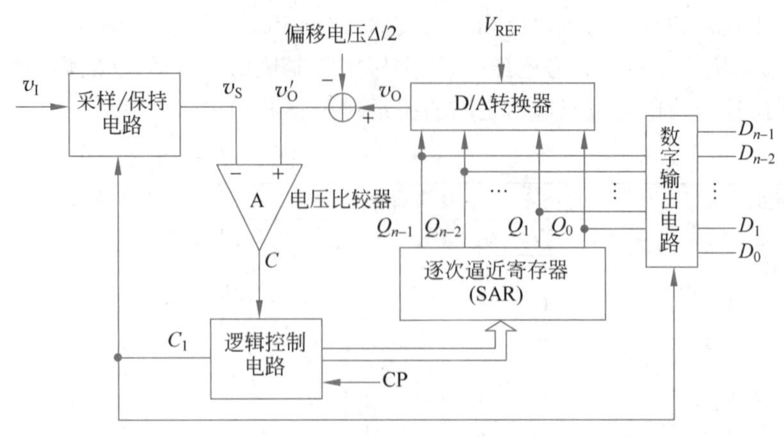

图 10.9 逐次逼近型 ADC 电路

逐次逼近型 ADC 电路实现 A/D 转换的基本思想是逐次逼近(或称逐位比较),也就是从转换结果的最高位开始,由高位到低位依次确定每位的数码是 0 还是 1。转换过程如下。

(1) 转换开始前,先将 n 位逐次逼近寄存器 SAR 清零。

(2) 在第一个 CP 作用下,将 SAR 的最高位置 1,SAR 寄存器输出为 100…00,该数字量被 D/A 转换器转换为相应的模拟电压 v_O,再经偏移 $\Delta/2$ 后得到 $v'_O=v_O-\Delta/2$,将其送至比较器的正相输入端,与 ADC 输入模拟电压的采样值 v_S 进行比较。如果 $v'_O>v_S$,则比较器的输出 $C=1$,说明该数字量过大了,逻辑控制电路将 SAR 的最高位复 0;如果 $v'_O<v_S$,则比较器的输出 $C=0$,说明数字量小了,SAR 的最高位将保持 1 不变。这样就确定了转换结果的最高位是 0 还是 1。

(3) 在第二个 CP 作用下,逻辑控制电路在前一次比较结果的基础上先将 SAR 的次高位置 1,然后根据 v'_O 和 v_S 的比较结果确定 SAR 次高位的 1 是保留还是清除。

(4) 在 CP 的作用下,按照同样的方式一直比较下去,直到确定完最低位是 0 还是 1 为止。此时 SAR 中的内容就是本次 A/D 转换的最终结果。

例 10.2 在图 10.9 所示电路中,若基准电压 $V_{REF}=-8V$,$n=3$。当采样/保持电路的输出电压 $v_S=4.9V$ 时,列表说明逐次逼近型 ADC 电路的 A/D 转换过程。

解:由 $V_{REF}=-8V$、$n=3$ 可求得量化单位 $\Delta=\frac{|V_{REF}|}{2^n}=1V$,偏移电压为 $\Delta/2=0.5V$。

当 $v_S=4.9V$ 时,逐次逼近型 ADC 电路的 A/D 转换过程表如表 10.2 所示。

表 10.2 逐次逼近型 ADC 电路的 A/D 转换过程表

CP 节拍	SAR 的内容			DAC 输出	比较器输入		比较结果	比较器输出	逻辑操作
	Q_2	Q_1	Q_0	v_O	v_S	$v'_O=v_O-\Delta/2$		C	
1	1	0	0	4V	4.9V	3.5V	$v'_O<v_S$	0	保留
2	1	1	0	6V	4.9V	5.5V	$v'_O>v_S$	1	清除
3	1	0	1	5V	4.9V	4.5V	$v'_O<v_S$	0	保留
4	1	0	1	5V	采样				输出

转化的结果 $D_2D_1D_0=101$，其对应的量化电平为5V，量化误差 $\varepsilon=0.1$V。如果不引入偏移电压，按照上述过程得到的A/D转换结果 $D_2D_1D_0=100$，对应的量化电平为4V，量化误差 $\varepsilon=0.9$V。可见，偏移电压的引入将只舍不入的量化方式变为了有舍有入的量化方式。

与并行比较型ADC电路相比，逐次逼近型ADC电路的转换速度慢很多，n 位逐次逼近型ADC电路完成一次转换必须经过 $n+1$ 个时钟周期。当时钟脉冲的频率一定时，ADC的位数越多，完成一次转换所需的时间越长，而时钟最高频率受到比较器、逐次逼近型寄存器和D/A转换器延迟时间的限制。但是，逐次逼近型ADC电路结构相对简单，无论位数如何增加，都只用一个比较器，仅需增加逼近型寄存器和D/A转换器的位数，所以容易达到较高的精度。逐次逼近型A/D转换技术在高精度、中速以下的集成ADC中应用较多。

10.5 A/D转换的精度和速度

集成ADC芯片的主要性能指标主要包括转换精度和转换速度等。

1. 转换精度

集成ADC的转换精度也采用分辨率和转换误差两个指标衡量。

(1) **分辨率**：ADC的分辨率是指A/D转换器对输入模拟信号的分辨能力，一般用输出数字量的位数 n 表示。例如，n 位二进制ADC可以分辨 2^n 个不同等级的模拟电压值，这些模拟电压值之间的最小差别为一个量化单位 Δ；在不同的量化方式下，最大量化误差 $\varepsilon_{max}\approx\Delta$ 或 $\Delta/2$；当输入模拟电压的变化范围一定时，数字量的位数 n 越大，最大量化误差越小，分辨率就越高。由此可见，分辨率描述的就是ADC理论上所能达到的最大精度。

(2) **转换误差**：转换误差是指ADC实际输出的数字量与理论上应该输出的数字量之间的最大差值，一般通过最低有效位LSB的倍数给出。

2. 转换速度

ADC的**转换速度**用完成一次转换所用的时间表示。它是指从接收到转换控制信号起，到输出端得到稳定有效的数字信号为止所经历的时间。转换时间越短，说明ADC的转换速度越快。有时也用每秒钟能完成的最大转换次数——转换速率来描述ADC的转换速度。A/D转换器的转换速度主要取决于转换电路的类型，不同类型转换电路的转换速度相差甚远。

除了上述性能指标外，在选择集成ADC时还应考虑如下因素：输入电压范围，即集成ADC允许的输入模拟电压的变化范围；模拟信号的输入方式(单端输入或差分输入)；模拟输入通道的数量；输出数字量的编码方式(自然二进制码、补码、BCD码等)、数字量的输出方式(串行输出或并行输出，三态输出、缓冲输出或锁存输出)及逻辑电平的类型(TTL电平、CMOS电平)；工作环境要求，包括ADC的工作电压、参考电压、工作温度、功耗及可靠性等。

10.6 多谐振荡器

脉冲电路也是数字电路的一种，是用于产生脉冲、对脉冲信号进行变换和整形的电路。很多定时器、报警器、电子开关、电子钟表、电子玩具中都用到了脉冲电路。

脉冲信号有矩形、三角形、锯齿形等方式，最具有代表性的是矩形脉冲，数字电路中的时钟信号通常就是矩形脉冲。获得矩形脉冲信号的方法有两种：一种是利用各种形式的多谐振荡器直接产生；另一种利用整形电路(如单稳态触发器)将已有的脉冲信号变换为符合要求的矩形脉冲波形。

10.6.1 门电路多谐振荡器

由于矩形脉冲信号中含有丰富的谐波分量，所以习惯上将产生矩形脉冲的振荡电路称为**多谐振荡器**，它是一种自激振荡器，加电后会自动产生矩形脉冲。

最简单的多谐振荡器可以使用普通非门实现，其电路图如图 10.10(a)所示，称为环形振荡器，由三个(或奇数个)非门首尾相连构成，不难看出，这种电路是一种无稳态电路，使用奇数个非门使整个环路在两个暂稳态之间变化，从而在 f 处产生矩形脉冲，如图 10.10(b)所示。如果每个非门的传输延时为 t_{pd}，则输出脉冲的周期为 $6t_{pd}$，输出脉冲的频率为

$$f = 1/6t_{pd} \tag{10-15}$$

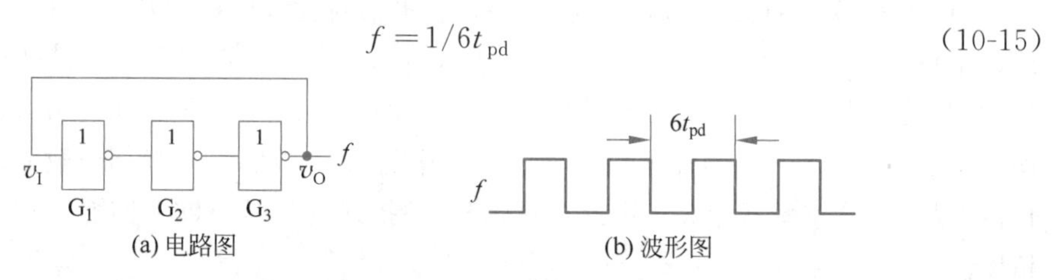

(a) 电路图　　(b) 波形图

图 10.10　环形振荡器

门电路多谐振荡器还包括对称式多谐振荡器等类型，用门电路和 RC 元件构成多谐振荡器。门电路多谐振荡器输出脉冲的频率取决于门电路的延时参数及 RC 时间常数，这些参数本身不够稳定，很容易受到环境温度、电源波动和干扰的影响，所以门电路多谐振荡器的频率稳定性较差，实用性不强。

10.6.2 石英晶体振荡器

实际中普遍采用在门电路多谐振荡器中加入石英晶体，构成石英晶体振荡器，以获得频率稳定性很高的矩形脉冲。石英晶体的符号如图 10.11(a)所示，其阻抗频率特性如图 10.11(b)所示，石英晶体的选频特性非常好，它有一个极为稳定的串联谐振频率 f_0(当频率为 f_0 时石英晶体的阻抗最小，频率为 f_0 的信号最容易通过)，f_0 的大小由石英晶体的切割方向和外形尺寸决定，其稳定度($\Delta f_0/f_0$)可达到 10^{-10} 以上，足以满足绝大多数数字系统的时钟要求。

用石英晶体振荡器加上分频器芯片，可以产生多个时钟频率，图 10.11(c)所示是石

英晶体和 CD4060 构成的时钟分频典型电路，CD4060 芯片内部带有匹配石英晶体振荡器的电路，外加一个 14 级的分频电路，分频电路可将石英晶体振荡器的频率进行 2^4～2^{14} 的分频，分别从图 10.11(c)的 Q_4～Q_{14} 端口输出，Q_4 端口输出的是石英晶体振荡器频率的 2^4 分频，以此类推。

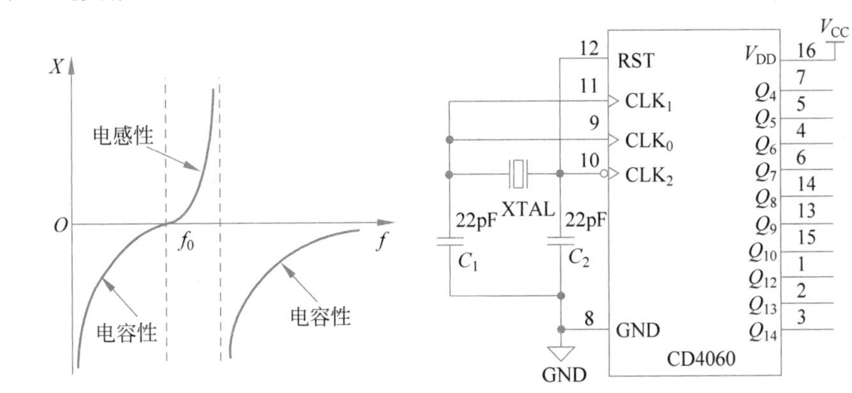

(a) 石英晶体符号　(b) 石英晶体的阻抗频率特性　(c) 石英晶体和CD4060构成的时钟分频典型电路

图 10.11　石英晶体的符号、阻抗频率特性和构成电路

10.7　单稳态触发器 

多谐振荡器是在两个暂稳态间反复切换，从而形成振荡。本节介绍的单稳态触发器，其工作状态由一个稳态和一个暂稳态构成，稳态时可以在外来脉冲的触发下，转换到暂稳态，经过一定的时间间隔后，再自动恢复到稳态。单稳态触发器属于模数混合电路。

10.7.1　门电路构成单稳态触发器

图 10.12 所示电路是由与非门、非门和 RC 积分电路组成的积分型单稳态触发器。

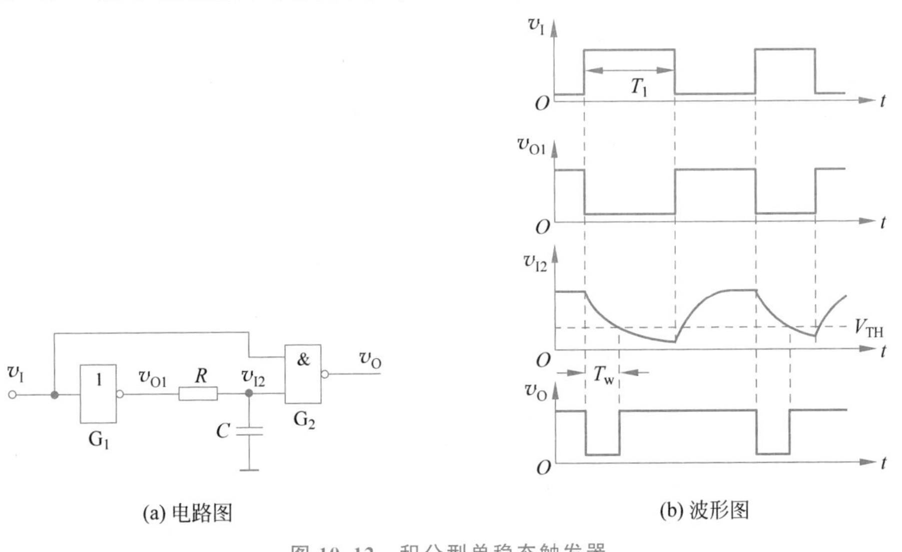

(a) 电路图　(b) 波形图

图 10.12　积分型单稳态触发器

在没有外来触发脉冲时(v_I 为低电平)电路处于稳定状态：$v_{O1}=v_O=V_{OH}$，电容 C 上充有电压，即 $v_{I2}=V_{OH}$。

当有一个正向脉冲加到电路输入端时，G_1 门的输出 v_{O1} 从高电平下跳到低电平 V_{OL}，由于电容上的电压不能突变，v_{I2} 仍为高电平，从而使 v_O 变为低电平，电路进入暂稳态。在暂稳态期间，电容 C 将通过 R 放电(如图 10.12(b)所示)，随着放电过程的进行，v_{I2} 的电压逐渐下降，当下降到阈值电平 V_{TH} 时，v_O 跳回到高电平；等到触发脉冲消失后(v_I 变为低电平)，v_{O1} 也恢复为高电平，v_O 保持高电平不变，同时 v_{O1} 开始通过电阻 R 对电容 C 充电，一直到 v_{I2} 的电压升高到高电平为止，电路又恢复到初始的稳定状态。图 10.12(b)是根据以上分析得到的电路中各点的电压波形图。

数字电路中的干扰多为尖峰脉冲的形式(幅度较大而宽度极窄)，当触发脉冲的宽度小于输出脉冲的宽度时，电路不会产生足够宽度的输出脉冲，故积分型单稳态触发器的抗干扰能力较强。从另一个角度而言，为了使积分型单稳态触发器正常工作，必须保证触发脉冲的宽度大于输出脉冲的宽度。

10.7.2 集成单稳态触发器

集成单稳态触发器有**可重触发**单稳态触发器和**不可重触发**单稳态触发器两种，其区别如下：可重触发单稳态触发器在暂稳态期间，只要有新的触发脉冲作用，电路就会被重新触发，使电路的暂稳态过程延长；而不可重触发单稳态触发器在暂稳态期间，不接受新的触发脉冲的作用，只有当其返回稳态后，才会被触发脉冲重新触发。图 10.13 是两种单稳态触发器的工作波形，其中最上面是输入触发脉冲波形，最下面是可重触发单稳态触发器输出波形，可以看到，该波形在第 2 个触发脉冲的触发下重新开始了周期为 T_w 的脉冲输出。

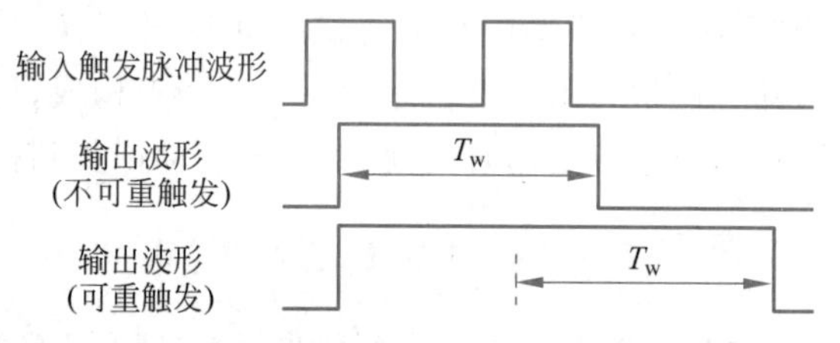

图 10.13 两种单稳态触发器的工作波形

集成不可重触发单稳态触发器有 74121、74221 等；集成可重触发单稳态触发器有 74122、74123 等。这里以 74121 为例介绍集成单稳态触发器的用法。74121 是一种典型的 TTL 集成单稳态触发器，其功能表如表 10.3 所示，图 10.14 是其引脚图。在稳定状态下，单稳态触发器的输出 $Q=0,\bar{Q}=1$；当有触发脉冲作用时，电路进入暂稳态 $Q=1$，$\bar{Q}=0$。74121 芯片内部还有一个 2kΩ 的内部定时电阻可供使用。

表 10.3 74121 的功能表

输入			输出	
A_1	A_2	B	Q	$\bar{Q}$
0	×	1	0	1
×	0	1	0	1
×	×	0	0	1
1	1	×	0	1

续表

输入			输出	
A_1	A_2	B	Q	$\bar{Q}$
1	↓	1	⊓	⊔
↓	1	1	⊓	⊔
↓	↓	1	⊓	⊔
0	×	↑	⊓	⊔
×	0	↑	⊓	⊔

在使用 74121 时，需要注意如下两点。

(1) 触发方式：由 74121 的功能表可知，触发信号可以加在 A_1、A_2 或 B 的任意一端。其中 A_1、A_2 端是下降沿触发，B 端是上升沿触发。触发方式可概括为三种：在 A_1 或 A_2 端用下降沿触发，此时要求另外两个输入端必须为高电平；在 A_1 和 A_2 端同时用下降沿触发，此时要求 B 端为高电平；在 B 端用上升沿触发，此时要求 A_1 和 A_2 中至少有一个是低电平。图 10.15 表示了以上三种触发方式下 74121 的工作波形。

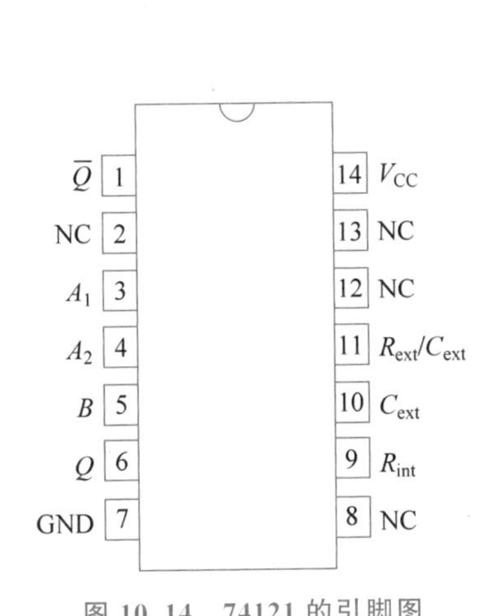

图 10.14　74121 的引脚图

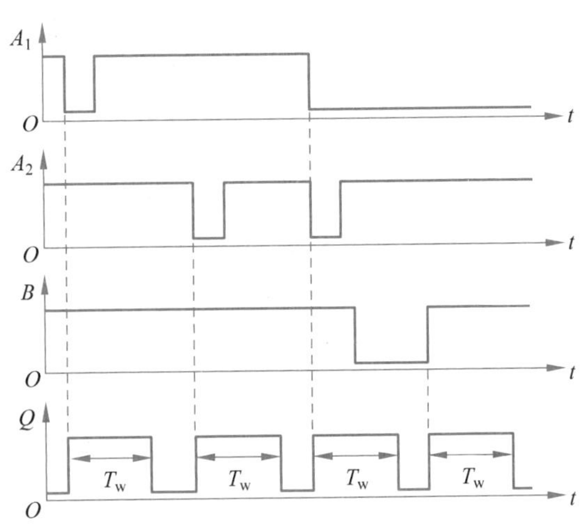

图 10.15　集成单稳态触发器 74121 的工作波形

(2) 定时：74121 输出端 Q 输出脉冲的宽度取决于定时电阻和定时电容的大小。定时电容接在 74121 的 10、11 脚之间，如果使用的是电解电容，10 脚 C_{ext} 接电容的正极。对于定时电阻，可有两种选择：一种是使用芯片内部 2kΩ 的定时电阻，此时要将 9 脚 R_{int} 接到电源 V_{CC}，如图 10.16(a)所示；如果要获得较宽的输出脉冲，可采用外部定时电阻，将电阻接在 11 脚 R_{ext}/C_{ext} 和 14 脚 V_{CC} 之间，如图 10.16(b)所示。

74121 输出脉冲宽度可以用下式进行估算：$T_w \approx 0.7RC$。

其中定时电阻 R 的取值范围可以为 1.4～40kΩ，定时电容 C 的取值为 0～1000μF。通过选取适当的电阻、电容值，输出脉冲的宽度可以在 30ns～28s 范围内变动。

由于单稳态触发器能够产生一定宽度(T_w)的矩形脉冲，故可用作定时器，还可用于脉冲延时和脉冲整形等。

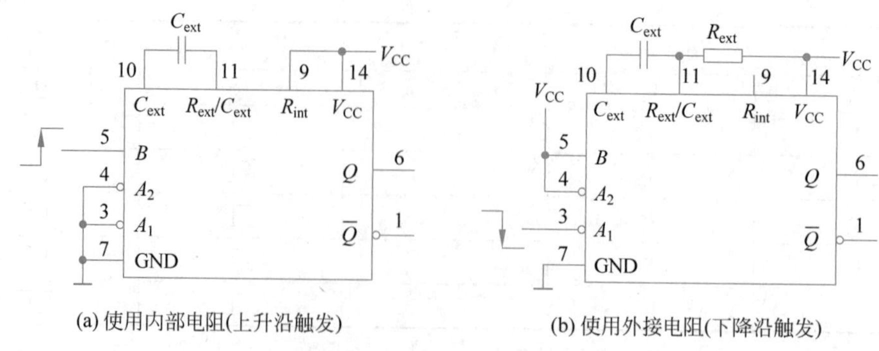

(a) 使用内部电阻(上升沿触发)　　(b) 使用外接电阻(下降沿触发)

图 10.16　74121 的外部连接方法

10.8　555 定时器

555 定时器是一种灵活且应用广泛的数字模拟混合集成电路，只需要外接少量的阻容元件就可构成多种不同用途的电路，如多谐振荡器、单稳态触发器等。

555 定时器常见的型号有 TTL 工艺的 NE555、CMOS 工艺的 ICM7555，还有一种将两个 555 定时器集成到一个芯片上的双定时器产品 556(TTL 型)和 7556(CMOS 型)。

10.8.1　555 定时器的功能与结构

图 10.17 是 555 定时器的引脚图(图 10.17(a))和内部结构图(图 10.17(b))，它主要包括一个由三个阻值为 5kΩ 的电阻组成的分压器、两个高精度的电压比较器 C_1 和 C_2、基本 RS 触发器和一个作为放电通路的晶体三极管 T。为了提高电路的驱动能力，在输出级又增加了一个非门 G。

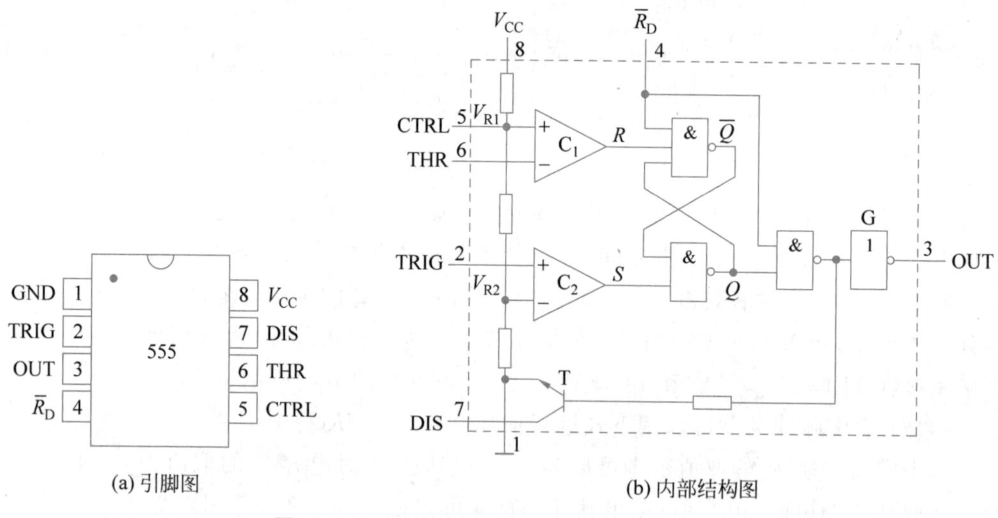

(a) 引脚图　　(b) 内部结构图

图 10.17　555 定时器的引脚图和内部结构图

1. 555 定时器的引脚功能

V_{CC},GND：分别为电源和地。

OUT：输出端。

$\overline{R}_D$：复位端，为低电平时，芯片复位，输出端为低电平；电路正常工作时应将其接高电平。

CTRL：控制电压输入端，该引脚悬空时默认两阈值电压为 $V_{CC}/3$ 与 $2V_{CC}/3$。

THR、TRIG：阈值输入端和触发输入端，分别进入电压比较器 C_1 和 C_2。

DIS：放电端，内接 OC 门，用于给电容放电。

2. 555 定时器的工作原理

电路中 3 个相同阻值(5kΩ)的电阻组成分压器，以形成比较器 C_1 和 C_2 的参考电压 V_{R1} 和 V_{R2}。当控制电压输入端 CTRL 悬空时，$V_{R1}=2V_{CC}/3$，$V_{R2}=V_{CC}/3$；如果 CTRL 端外接固定电压 V_{CT}，则 $V_{R1}=V_{CT}$，$V_{R2}=V_{CT}/2$。当不需要外接控制电压时，一般是在 V_{CT} 端和地之间接一个 0.01μF 的滤波电容，以提高参考电压的稳定性。

THR(阈值输入端)和 TRIG(触发输入端)电压分别用 v_1 和 v_2 表示，电路正常工作时，电路的状态取决于这两个输入端的电平。

当 $v_1>V_{R1}$、$v_2>V_{R2}$ 时，比较器 C_1 的输出 $R=0$，比较器 C_2 的输出 $S=1$，基本 RS 触发器被置 0，放电三极管 T 导通，OUT(输出端)为低电平。

当 $v_1>V_{R1}$、$v_2>V_{R2}$ 时，比较器 C_1 的输出 $R=1$，比较器 C_2 的输出 $S=0$，基本 RS 触发器被置 1，放电三极管 T 截止，OUT(输出端)为高电平。

当 $v_1>V_{R1}$、$v_2<V_{R2}$ 时，比较器 C_1 的输出 $R=0$，比较器 C_2 的输出 $S=0$，基本 RS 触发器的 $Q=1$，放电三极管 T 截止，OUT(输出端)为高电平。

当 $v_1<V_{R1}$、$v_2>V_{R2}$ 时，比较器 C_1 的输出 R 为高电平，比较器 C_2 的输出 S 为高电平，基本 RS 触发器的状态保持不变，放电三极管 T 的状态和输出也保持不变。

根据以上分析，可以得到 555 定时器的功能表如表 10.4 所示，通过功能表可发现，TRIG(触发输入端)的优先级比 THR(阈值输入端)高，当 TRIG 端电压小于 V_{R2} 时，无论 THR 端电压高与低，OUT(输出端)都为高电平。

表 10.4　555 定时器的功能表

输入			输出	
$\overline{R}_D$	THR(阈值输入端)v_1	TRIG(触发输入端)v_2	OUT(输出端)	DIS(放电端)
0	×	×	0	导通
1	×	$<V_{R2}$	1	截止
1	$>V_{R1}$	$>V_{R2}$	0	导通
1	$<V_{R1}$	$>V_{R2}$	保持	保持

10.8.2　555 构成的多谐振荡器

图 10.18(a)是用 555 定时器构成的多谐振荡器电路图，图 10.18(b)是其波形图。

根据图 10.18(a)所示电路，参考电压 $V_{R1}=2V_{CC}/3$，$V_{R2}=V_{CC}/3$，THR(阈值输入

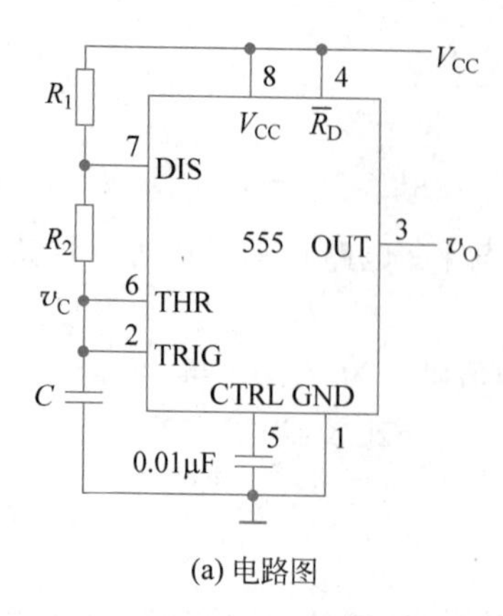

(a) 电路图

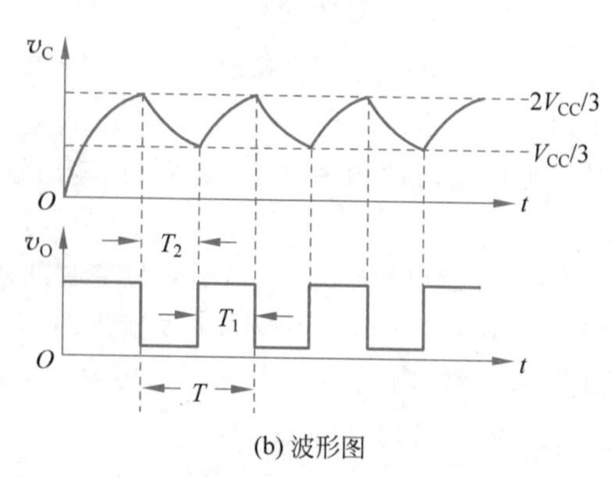

(b) 波形图

图 10.18 用 555 定时器构成的多谐振荡器

端)和 TRIG(触发输入端)电压分别用 v_1 和 v_2 表示,OUT(输出端)用 v_O 表示。

上电后,开始通过电阻 R_1 和 R_2 对电容 C 进行充电,使 v_C 的电压逐渐升高,此时满足 $v_1<V_{R1}$,$v_2<V_{R2}$,所以 OUT 输出 v_O 为高电平,晶体管 T 截止;当 $2V_{CC}/3>v_C>V_{CC}/3$ 时,满足 $v_1<V_{R1}$、$v_2>V_{R2}$,电路保持原状态不变,输出 v_O 仍为高电平,晶体管 T 仍然截止;当 v_C 的电压升高到略微超过 $2V_{CC}/3$ 时,满足 $v_1>V_{R1}$,$v_2>V_{R2}$,所以输出 v_O 变为低电平,晶体管 T 饱和导通,电路进入另一个状态,同时电容 C 开始通过晶体管 T 放电。

随着电容放电的进行,v_C 的电压逐渐下降,只要 v_C 未下降到 $V_{CC}/3$,OUT 输出就一直保持低电平,晶体管 T 一直饱和导通;当 v_C 下降到略低于 $V_{CC}/3$ 时,满足 $v_1<V_{R1}$,$v_2<V_{R2}$,电路状态发生翻转,输出 v_O 跳到高电平,晶体管 T 截止,同时电容开始充电。如此周而复始,便形成了多谐振荡。

从电路的工作波形可知,输出脉冲的周期 T 等于电容的充电时间 T_1 和放电时间 T_2 之和,即

$$T_1=(R_1+R_2)C\ln\frac{V_{CC}-V_{R2}}{V_{CC}-V_{R1}}=(R_1+R_2)C\ln 2 \tag{10-16}$$

$$T_2=R_2C\ln\frac{0-V_{R2}}{0-V_{R1}}=R_2C\ln 2 \tag{10-17}$$

$$T=T_1+T_2=(R_1+2R_2)C\ln 2 \tag{10-18}$$

还可得到输出脉冲的占空比:

$$q=\frac{T_1}{T}=\frac{R_1+R_2}{R_1+2R_2} \tag{10-19}$$

可见,通过改变电阻 R_1、R_2 和电容 C 的参数,可以调整输出脉冲的频率和占空比。另外,如果参考电压由外接电压 V_{CT} 控制,通过改变 V_{CT} 的数值也可以调整输出脉冲的频率。

10.8.3 555 构成的单稳态触发器

由 555 构成的单稳态触发器电路图及其波形图如图 10.19 所示。参考电压 $V_{R1}=$

$2V_{CC}/3$，$V_{R2}=V_{CC}/3$，THR(阈值输入端)和 TRIG(触发输入端)电压分别用 v_1 和 v_2 表示，OUT(输出端)用 v_O 表示。

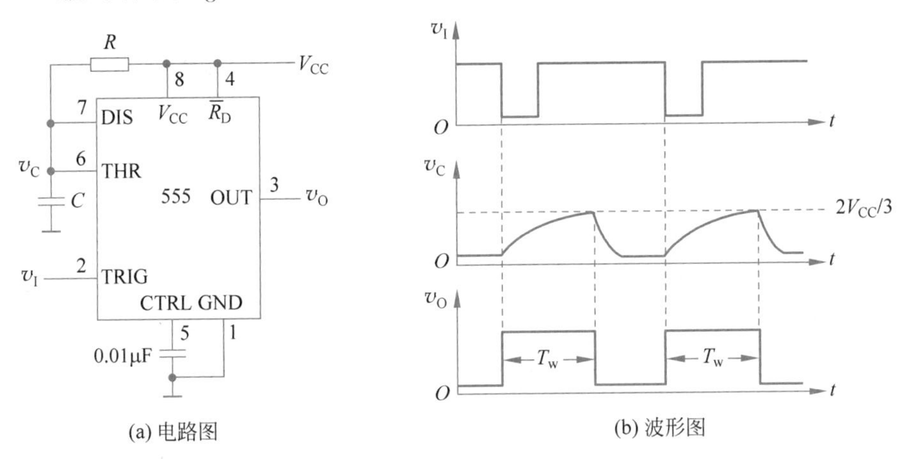

(a) 电路图　　(b) 波形图

图 10.19　用 555 定时器构成的单稳态触发器

图 10.19 所示电路中，外加信号 v_I 从 TRIG(触发输入端)输入，所以是在输入脉冲的下降沿触发。当没有触发信号时 v_2 处于高电平，电路的稳定状态为：电路输出 v_O 为低电平，晶体管 T 饱和导通。

当触发脉冲的下降沿到来时，满足 $v_1<V_{R1}$，$v_2<V_{R2}$，所以输出 v_O 迅速变为高电平，晶体管 T 截止，同时电源开始通过电阻 R 对电容 C 充电，即电路进入了暂稳态；随着充电的进行，当 v_C 上升到略大于 $2V_{CC}/3$ 时，如果此时触发脉冲已经消失，则满足 $v_1>V_{R1}$，$v_2>V_{R2}$，所以输出 v_O 迅速回到低电平，晶体管 T 饱和导通，电路又回到稳定状态；同时电容 C 经晶体管 T 迅速放电至 $v_C\approx 0$，此时满足 $v_1>V_{R1}$，$v_2<V_{R2}$，所以电路维持稳定状态不变。

电路输出脉冲的宽度 T_w 等于暂稳态持续的时间，如果不考虑晶体管的饱和压降，也就是在电容充电过程中电容电压 v_C 从 0 上升到 $2V_{CC}/3$ 所用的时间，输出脉冲的宽度为

$$T_w=RC\ln\frac{V_{CC}-0}{V_{CC}-2V_{CC}/3}=RC\ln 3 \tag{10-20}$$

555 定时器接成单稳态触发器时，一般外接电阻 R 的取值范围为 2kΩ～20MΩ，外接电容 C 的取值范围为 100pF～1000μF，这样 T_w 的值可以从几微秒到几小时，但随着 T_w 值的增大，其精度和稳定度也将下降。

习题 10

10-1　填空。

(1) A/D 转换的 4 个过程是(　　)、(　　)、(　　)和(　　)，采样脉冲的频率至少是模拟信号最高有效频率的(　　)倍。

(2) 量化有(　　)和(　　)两种量化方式。若量化单位为 Δ，前者的最大量化

误差 ε_{max1}=(　　),后者的最大量化误差 ε_{max2}=(　　)。

(3) 集成 DAC 和 ADC 的转换精度通常用(　　　　)和(　　　　)来描述。

(4) A/D 转换电路可以分为(　　　　　　)和(　　　　　　)两大类。

(5) 欲对 40Hz～20kHz 的音频信号进行 A/D 变换,在选择和设计 A/D 转换器时,其转换周期应小于(　　　)μs。

(6) 多谐振荡器的工作特点是(　　　　　　　　　　　　　　)。

(7) 按照触发特性,集成单稳态触发器可以分为(　　　　　　)和(　　　　　　)。

10-2　简答题。

(1) 在 4 位权电阻 DAC 电路中,设最高有效位的权电阻为 2kΩ,则从高到低其他各位的权电阻值各为多少?

(2) 已知某 DAC 电路输入数字量的位数 $n=8$,参考电压 $V_{REF}=5V$,求该电路的最大和最小输出电压和分辨率的数值。

(3) 在图 10.8 所示的 3 位并行比较型 ADC 电路中,参考电压 $V_{REF}=24V$,若有一采样值 $v_S=3.6V$,则该采样值被量化后产生的量化误差为多少?

10-3　在图 10.3 所示的 4 位权电阻网络 DAC 电路中,若 $V_{REF}=-5V$,则当输入数字量各位分别为 1 及全为 1 时,输出的模拟电压分别为多少?

10-4　将图 10.4 所示的倒 T 形电阻网络 DAC 电路扩展为 10 位,$V_{REF}=-10V$。为了保证由 V_{REF} 偏离标准值引起的输出模拟电压误差小于 $0.5V_{LSB}$,试计算 V_{REF} 允许的最大变化量。

10-5　在图 10.9 所示的逐次逼近型 ADC 中,若 $n=4$,参考电压 $V_{REF}=-16V$,输入的模拟电压采样值为+9.8V。

(1) 求量化单位 Δ。

(2) 仿照表 10.2,列表说明逐次逼近的转换过程。

(3) 若时钟频率为 10kHz,这次 A/D 转换用了多长时间?

(4) 如果电路中不引入偏移电压,最后的结果是多少?

10-6　由 555 定时器构成的多谐振荡器电路如图 10.18(a)所示,若 $V_{CC}=12V$,$C=0.01\mu F$,$R_1=R_2=5.1k\Omega$,求电路输出端脉冲的振荡周期和占空比。

10-7　由 555 构成的单稳态触发器如图 10.19(a)所示,若 $V_{CC}=10V$,$C=300pF$,$R=10k\Omega$,求输出脉冲宽度 T_w 的值。

附录A Verilog HDL语言要素

介绍 Verilog 的文字规则、数据类型、向量、数组、参数和操作符等语言要素。

A.1 词法

Verilog 源代码由各种符号流构成，这些符号包括：

- 空白符(white space)
- 注释(comment)
- 操作符(operator)
- 数字(number)
- 字符串(string)
- 标识符(identifier)
- 关键字(keywords)

1. 空白符

在 Verilog 代码中，空白符包括空格(spaces)、制表符(tabs)、换行(newlines)和换页(formfeeds)。空白符使程序中的代码错落有致，阅读起来更方便。在综合时空白符均被忽略。

Verilog 程序可以不分行，也可以加入空白符采用多行书写。例如：

```
initial begin ina = 3'b001; inb = 3'b011; end
```

这段程序等同于下面的书写格式：

```
initial
begin           //加入空格、换行等，使代码错落有致，提高可读性
   ina = 3'b001;
   inb = 3'b011;
end
```

2. 注释

在 Verilog 程序中有两种形式的注释。

- 行注释(one-line comment)：从“//”开始，到本行结束，不允许续行。
- 块注释(block comment)：从“/ * ”开始，到“ * /”结束，块注释不得嵌套。

3. 字符串

字符串是由双引号标识的字符序列，字符串只能写在一行内，不能分成多行书写。

1) 字符串变量声明

字符串变量应定义为 reg 类型，其大小等于字符串的字符数乘以 8。例如：

```
reg[8 * 12:1] stringvar;
initial
   begin
   stringvar = "Hello world!";
   end
```

在上例中，存储12个字符的字符串"Hello world!"需要定义一个尺寸为8×12(96位)的reg型变量。字符和字符串可用于仿真激励代码中，作为一种使仿真结果更直观的辅助手段，比如用于显示系统任务$display中。

2）字符串用于表达式

当字符串用作Verilog表达式或赋值语句中的操作数，EDA工具会将其视作无符号整数，一个字符对应一个8位的ASCII码，字符串对应ASCII码序列。

由于字符串的本质是无符号整数，因此Verilog的各种操作符对字符串也适用，比如用==和!=进行字符串的比较、用{ }完成字符串的拼接。在操作过程中，如果声明的reg型变量位数大于字符串实际长度，则字符串变量的左端(高位)补0，这一点与非字符串操作数并无区别；如果声明的reg型变量位数小于字符串实际长度，那么字符串的左端被截断。

3）字符串中的特殊字符

\n、\t、\\和\"等常用的转义字符Verilog HDL也同样支持，这些特殊的转义字符用符号"\"开头，其对应的按键和符号如表A.1所示。

表A.1 常用转义字符对应的按键和符号

转义字符	说明	转义字符	说明
\n	换行符	\"	符号"
\t	制表符(Tab)	\ddd	八进制数ddd对应的ASCII字符
\\	反斜杠符号\	%%	符号%

4. 标识符

标识符是用户编程时为Verilog对象起的名字，模块、端口和实例的名字都是标识符。标识符可以是任意一组字母、数字、符号"$"和"_"(下画线)的组合，但标识符的第一个字符不能是数字或$，只能是字母(a～z、A～Z)或者是下画线"_"；标识符是区分大小写的。标识符最长可以包含1024个字符。

以下是标识符的例子：

```
shiftreg_a
merge_ab
_bus3                //以下画线开头
n$657
```

下面2个例子是非法的标识符：

```
30count              //非法:标识符不允许以数字开头
out*                 //非法:标识符中不允许包含字符*
```

还有一类标识符称为转义标识符(escaped identifiers)。转义标识符以符号"\"开头，以空白符(空格、Tab、换行符)结尾，可以包含任何字符。

反斜线和结束空白符并不是转义标识符的一部分，因此，标识符"\cpu3"被视为与非转义标识符cpu3相同，所以如果转义标识符中没有用到其他特殊字符，则其本质上与一般的标识符并无区别。以下是定义转义标识符的例子：

```
\-clock
\***error-condition***
\{a,b}
\30count
\always              //直接使用 Verilog 关键字,此时符号"\"不能省略
```

5. 关键字

Verilog 语言内部已经使用的词称为关键字或保留字，用户不能随便使用这些保留字。附录 B 中列出了 Verilog HDL 中所有的保留字。注意，所有关键字都是小写的，例如，ALWAYS(标识符)不是关键字，它与 always(关键字)是不同的。

A.2 整数和实数

数字分为整数和实数。

1. 整数

整数有两种书写方式。

方式 1：简单的十进制数格式，可以带负号，比如：

```
659                  //十进制数 659
-59                  //十进制数 -59
```

方式 2：按基数格式书写，其格式为

```
<+/-><size>'<s>base value
<+/-><位宽>'<s>基数 数字
```

(1) size 为对应的二进制数的宽度，可缺省。

(2) base 为基数，或称进制，可在前面加上 s(或 S)，以表示有符号数，进制可指定为如下 4 种。

- 二进制(b 或 B)。
- 十进制(d 或 D，或缺省)。
- 十六进制(h 或 H)。
- 八进制(o 或 O)。

(3) value 是基于进制的数字序列，在书写时应注意下面几点。

- 十六进制中的 a～f，不区分大小写。
- x 表示未定值，z 表示高阻态；x 和 z 不区分大小写。
- 1 个 x(或 z)在二进制中代表 1 位 x 或 z，在八进制中代表 3 位 x(或 z)，在十六进制中代表 4 位 x(或 z)，其代表的宽度取决于所用的进制。
- “?”是高阻态 z 的另一种表示符号，字符“?”和 Z(或 z)完全等价，可互相替代，只用于增强代码的可读性。

以下是未定义位宽的例子：

```
'h837FF              //十六进制数
'o7460               //八进制数
4af                  //非法(十六进制格式需要'h)
```

定义了位宽的例子：

```
4'b1001              //4位二进制数
5'D3                 //5位十进制数,也可写为5'd3
3'b01x               //3位二进制数,最低位为x
16'hz                //16位高阻抗数
```

(4) 负数是以补码形式表示的。

以下是带符号整数的例子：

```
8'd -6               //非法:数值不能为负,有负号应放最左边
-8'd6                //8位补码,等同于-(8'd6)
4'shf                //4位带符号数1111,被解释为补码,其原值为'-1'(-4'h1)
-4'sd15              //相当于-(-4'd1)或者'0001'
16'sd?               //等同于16'sbz
```

(5) 关于位宽还需要注意下面几点。

- 未定义位宽的整数(unsized number),默认位宽为32位。
- 如果无符号数小于定义的位宽,应在其左边填0补位,如果其最左边一位为x或z,则应用x或z在左边补位。
- 如果无符号数大于定义的位宽,那么其左边的位被截掉。

例如：

```
reg[11:0] a, b, c;
initial begin
a = 'hx;             //等同于xxx
b = 'h3x;            //等同于十六进制数03x
c = 'hz3;            //c = 'hzz3
end
reg[84:0] e, f;
e = 'h5;             //等同于{82{1'b0},3'b101}
f = 'hz;             //等同于{85{1'hz}}
```

(6) 较长的整数可用下画线"_"将其分开,以提高可读性；但数字的第一个字符不能是下画线,下画线也不可用在位宽和进制处,以下是下画线的书写例子：

```
27_195_000
16'b0011_0101_0001_1111
32'h12ab_f001
```

(7) 在位宽和'之间及进制和数值之间允许出现空格,但'和进制之间及数值之间不允许出现空格。例如：

```
8□'h□2A              //合法
3'□b001              //非法:'和基数b之间不允许出现空格
```

2. 实数

实数有两种表示方法。

(1) 十进制表示法(decimal notation),如14.72。

(2) 科学记数法(scientific notation),如39e8(等同于3910^8)。

以下是合法的实数表示示例:

```
24.263
1.2E12              //指数符号可以是e或E
1.30e-2             //其值为0.0130
0.1e-0              //0.1
29E-2               //0.29
236.123_763_e-12    //带下画线
```

小数点两边至少要有1位数字,所以以下是不合法的实数表示:

```
.12                 //非法:小数点两侧都必须有数字
9.                  //非法:小数点两侧都必须有数字
4.E3                //非法:小数点两侧都必须有数字
.2e-7               //非法:小数点两侧都必须有数字
```

3. 数的转换

可以在Verilog代码中使用小数或科学记数法,当赋值给wire型或reg型变量时,会发生隐式转换,通过四舍五入转换为最接近的整数。比如:

```
wire[7:0] a = 9.1;          //转换后,a = 8'b00001001
wire[7:0] b = 1e3;          //转换后,b = 8'b00001000
reg[7:0]  c = 11.5;         //转换后,c = 8'd12
reg[7:0]  d = -11.5;        //转换后,b = -8'd12
```

4. 整数用于表达式

整数可作为操作数用于表达式中,表达式中的整数通常有如下书写形式。

(1) 无位宽(size)、无基数(base)形式(如12,EDA工具会默认其位宽为32位)。

(2) 无位宽,有基数形式(例如'd12、'sd12)。

(3) 有位宽、有基数形式(例如16'd12、16'sd12)。

对于负整数,有基数(base)的和无基数的明显不同。无基数的整数(如-12)被视为有符号数(2的补码形式);有基数但不加s符号的负整数(如-'d12),虽然EDA综合器和仿真器会将其用二进制补码表示,但仍被视为无符号数。

比如,下面的示例显示了表达式"-12除以3"的4种表达形式及其结果。

```
integer intA;
intA = -12 / 3;      //结果为-4,-12为32位有符号负数,3为32位有符号正数
intA = -'d12 / 3;    //结果为1431655761,-'d12为32位无符号数,3为32位有符号正数
intA = -'sd12 / 3;   //结果为-4,-'sd12为32位有符号负数,3为32位有符号正数
intA = -4'sd12 / 3;  //结果为1,4'sd12为1100,即-4,-(-4)=4
```

注意：

—12 和—'d12 虽然都是以相同的二进制补码的形式表示的，但对于Verilog 综合器和仿真器，—'d12 被解释为无符号数(1111_1111_1111_1111_1111_1111_1111_0100=4294967284)，而—12 被认为是有符号数。

A.3 数据类型

Verilog HDL 的数据类型主要用于表示数字电路中的物理连线、数据存储和传输线等物理量。Verilog 共有 19 种数据类型，这些数据类型可分为两大类：物理数据类型(包括 wire 型、reg 型等)和抽象数据类型(包括 time、integer、real 型等)。

Verilog HDL 的数据类型在下面的值集合(value set)中取值(4 值逻辑)。

(1) 0：低电平、逻辑 0 或逻辑“假”。

(2) 1：高电平、逻辑 1 或逻辑“真”。

(3) x 或 X：不确定或未知的逻辑状态。

(4) z 或 Z：高阻态。

Verilog HDL 的所有数据类型都在上述 4 种逻辑状态中取值，其中 0、1、z 可综合；x 表示不定值，通常只用于仿真。

注意：

x 和 z 是不区分大小写的，也就是说，值 0x1z 与值 0X1Z 是等同的。

此外，在可综合的设计中，只有输入输出端口可赋值为 z，因为三态逻辑仅在 FPGA 器件的 I/O 引脚中是物理存在的，可物理实现高阻态，故三态逻辑一般只在顶层模块中定义。

1. wire 型

Verilog HDL 主要有两大类数据类型。

(1) net 数据类型。

(2) variable 数据类型。

variable 数据类型原来称为 register 型；在 Verilog-2001 标准中将 register 改为了 variable，以避免将 register 和寄存器概念混淆。

net 型数据多表示硬件电路中的物理连接，net 型数据的值取决于驱动器的值。对 net 型变量有两种驱动方式，一种是用连续赋值语句 assign 对其进行赋值，另一种是将其连接至门元件。如果 net 型变量没有连接到驱动源，则其值为高阻态 z(trireg 除外，在此情况下，它应该保持以前的值)。

wire 型是最常用的 net 数据类型，Verilog 模块中的输入/输出信号在没有明确指定数据类型时均默认为 wire 型。wire 型变量的驱动方式包括连续赋值或者门元件驱动。

tri 型和 wire 型在功能及使用方法上是完全一样的，对于 Verilog 综合器来说，对 tri 型数据和 wire 型数据的处理是完全相同的。将数据定义为 tri 型，能够更清楚地指示对该数据建模的目的，tri 型可用于描述由多个信号源驱动的线网。

以下是 wire 型和 tri 型变量定义的示例。

```
wire w1, w2;              //声明 2 个 wire 型变量 w1,w2
wire[7:0] databus;        //databus 的宽度是 8 位
tri [15:0] busa;          //三态 16 位总线 busa
```

2. reg 型

variable 型变量必须放在过程语句(initial、always)中,通过过程赋值语句赋值;在 always、initial 过程块内赋值的信号也必须定义为 variable 型。需要注意的是,variable 型变量(在 Verilog-1995 标准中称为 register 型)并不意味着一定对应硬件上的一个触发器或寄存器等存储元件,在综合器进行综合时,variable 型变量根据其被赋值的具体情况确定是映射成连线还是存储元件(触发器或寄存器)。

variable 数据类型如表 A.2 所示,表中符号"√"表示可综合。reg、integer、time 型数据的初始值默认为 x(未知或不定态)。

表 A.2 variable 数据类型

类 型	功 能	可 综 合
reg	常用的 variable 型变量,无符号	√
integer	整型变量,32 位有符号数	√
time	时间变量,64 位无符号数	√

reg 是最常用的 variable 数据类型,reg 型变量通过过程赋值语句赋值,用于建模寄存器,也可用于建模边沿敏感(触发器)和电平敏感(锁存器)的存储单元;同时,它还可用于表示组合逻辑。

将 reg 型变量按无符号数处理,可使用关键字 signed 将其变为有符号数,并被 EDA 综合器和仿真器以 2 的补码的形式进行解释。

示例如下。

```
reg a,b;                  //声明 reg 型变量 a,b
reg[7:0] qout;            //声明 8 位宽的 reg 型变量,无符号
reg signed[8:1] opd1;     //8 位宽有符号 reg 型变量,以 2 的补码形式存在
```

reg 型变量并不意味着一定对应硬件上的寄存器或触发器,在综合时,综合器会根据具体情况确定将其映射为寄存器或连线。

3. integer 型

integer 型变量相当于 32 位有符号的 reg 型变量,且最低有效位为 0。对 integer 型变量执行算术运算,其结果为 2 的补码的形式。

A.4 向量

宽度为 1 位的变量(net 型或 reg 型)称为标量(scalar),如果在变量声明中没有指定位宽,则默认为标量(1 位)。

宽度大于 1 位的变量(net 型或 reg 型)称为向量(vector)。向量的宽度用下面的形式定义。

```
[MSB : LSB]
```

方括号内左边的数字表示向量的最高有效位,右边的数字表示最低有效位,MSB 和 LSB 都应该是整数(可为正、负或 0)。

例如:

```
wire[3:0] bus;          //4 位的总线
reg[7:0] ra;            //8 位寄存器,其中 ra[7]为最高有效位
reg[0:7] rb;            //rb[0]为最高有效位,rb[7]为最低有效位
reg a;                  //reg 标量
reg[4:0] x, y, z;       //3 个 5 位 reg 向量
reg signed [3:0] signed_reg;
                        //4 位带符号向量,2 的补码的形式,表示数的范围为 -8~7
reg[-1:4] b;            //6 位 reg 向量,reg[-1]为最高有效位
```

向量可以位选(bit-selects)和段选(part-selects)。

1. 位选

向量中的任意位都可以被单独选择,并且可对其单独赋值。如:

```
reg[7:0]  addr;         //reg 型变量,8 位[7, 6, 5, 4, 3, 2, 1, 0]
addr[0] = 1;            //最低位赋 1
addr[3] = 0;            //第 3 位赋 0
```

如果位选超出地址范围或者值为 x 或 z,则返回值为 x。

2. 常数段选

可选择单个比特位,也可选择相邻的多位进行赋值或其他操作,称为段选。

例如:

```
wire[15:0]  busa;                //wire 型向量
assign busa[7:0] = 8'h23;        //常数段选
```

上面的多位选择,用常数作为地址范围,称为常数段选。

以下是位选和常数段选的例子:

```
reg[7:0]  acc = 5;               //acc 为 00000101
wire  a,b;
wire[3:0]  c;
assign a = acc[0];               //位选, a = 1'b1
assign b = acc[7];               //位选, b = 1'b0;
assign c = acc[3:0];             //常数段选, c = 4'b0101
```

3. 索引段选

Verilog-2001 中新增了一种段选方式:索引段选(indexed part-select),其形式如下。

```
[base_expr      +:     width_expr]
//起始表达式   正偏移     位宽
[base_expr      -:     width_expr]
//起始表达式   负偏移     位宽
```

其中,位宽(width_expr)必须为常数,而起始表达式(base_expr)可以是变量;偏移方向表示选择区间是起始表达式加上位宽(正偏移),或者起始表达式减去位宽(负偏移)。例如:

```
reg[63:0] word;
reg[3:0] byte_num;              //取值范围:0~7
wire[7:0] byteN = word [byte_num * 8 + : 8];
```

上例中,如果变量 byte_num 当前的值是 4,则 byteN=word[39:32],起始位为 32(byte_num * 8),终止位 39 由起始位加上正偏移 8 确定。

索引段选的地址是从基地址开始选择一个范围。

例 A.1 是一个索引段选的示例,通过图中索引段选的赋值结果,可对索引段选的寻址区间有更清楚的认识。

例 A.1 索引段选示例

```
module index_sel(
   input clk,
   output  reg[7:0] a,b,c,d,
   output  reg[3:0] e);
wire[31:0] busa = 32'h76543210;
wire[0:31] busb = 32'h89abcdef;
integer sel = 2;
always @ (posedge clk) begin
   a <= busa[0  + : 8];         //a = busa[7:0] = 8'h10
   b <= busa[15 - : 8];         //b = busa[15:8] = 8'h32
   c <= busb[24 + : 8];         //c = busb[24:31] = 8'hef
   d <= busb[23 - : 8];         //d = busb[16:23] = 8'hcd
   e <= busa[8 * sel  + : 4];   //e = busa[19:16] = 4'h4
end
endmodule
```

在定义向量时可选用 vectored 和 scalared 关键字,如果使用关键字 vectored,则表示该向量不允许进行位选和段选,只能作为一个统一的整体进行操作;如果使用关键字 scalared,则允许对该向量位选和段选。比如:

```
tri1 scalared [63:0] bus64;     //scalared 向量
tri vectored [31:0] data;       //vectored 向量
```

凡没有注明 vectored 关键字的向量,都默认为是 scalared 向量,可对其进行位选和段选。

A.5 数组

数组(arrays)由元素构成,元素可以是标量,也可以是向量。例如:

```
reg x[11:0];                    //x 是数组,其元素为 reg 标量,共 12 个元素
wire [0:7] y[5:0];              //y 是数组,其元素为 8 位宽 wire 型向量
reg [31:0] v [127:0];           //v 是数组,其元素为 32 位宽 reg 型向量
```

1. 数组

数组的元素可以是 net 数据类型，也可以是 variables 数据类型（包括 reg、integer、time、real、realtime）。

数组可以是多维的，每个维度用地址范围表示，地址范围用整数常量（正整数、负整数或者 0）表示，也可以用变量表示。

以下是数组定义的例子。

```
reg arrayb[7:0][0:255];          //2 维(8×256)数组,其元素为 1 位 reg 标量
wire w_array[7:0][5:0];          //2 维(8×6)数组,其元素为 1 位 wire 标量
integer inta[1:64];              //由 64 个 integer 型变量构成的数组
```

2. 存储器

元素为 reg 类型的一维数组也称为存储器。存储器可用于建模只读存储器（ROM）、随机存取存储器（RAM）。例如：

```
reg[7:0] mema[0:255];            //256×8 位的存储器,地址索引从 0 到 255
```

3. 数组的赋值

数组不能整体赋值，每次只能对数组的一个元素进行赋值，每个元素都用一个索引号寻址，对元素进行位选和段选及赋值操作也是允许的。

以下是数组赋值的例子（数组在前面已做了定义）。

```
mema[1] = 0;                     //合法,mema 的第 2 个元素赋值为 0
arrayb[1][0] = 0;                //合法,元素 arrayb[1][0]赋值为 0
inta[4] = 33559;                 //合法赋值
mema = 0;                        //非法,数组不能整体赋值
arrayb[1] = 0;                   //非法,arrayb[1]包含 256 个元素[1][0]~[1][255]
arrayb[1][12:31] = 0;
                                 //非法,arrayb[1][12:31]包含 20 个元素[1][12]~[1][31]
```

注意：

需注意定义向量（寄存器）和存储器的区别。比如：

```
reg[1:8] regb;          //定义了一个 8 位的向量(寄存器)
reg memb[1:8];          //定义了一个含 8 个元素、每个元素字长为 1 的存储器
```

在赋值时，两者也有区别：

```
regb[2] = 1'b1;         //对寄存器 regb 的第 2 位赋值 1,合法
memb[2] = 1'b1;         //对存储器 memb 的第 2 个元素赋值 1,合法
regb = 8'b01011000;     //对寄存器 regb 整体赋值,合法
memb = 8'b01011000;     //非法,不允许对存储器的多个元素一次性赋值
```

A.6 参数

参数属于常量，它只能被声明（赋值）一次。通过使用参数可以提高 Verilog 代码的可读性、可复用性和可维护性。

1. parameter 参数

parameter 参数声明的格式如下。

```
parameter [signed] [range] 参数名 1 = 表达式 1,参数名 2 = 表达式 2, … ;
```

参数可以有符号,可指定范围(位宽),还可指定其数据类型。

注意： 建议编写代码时参数名用大写字母表示,而标识符、变量等一律用小写字母表示。

parameter 参数的典型用途是指定变量的延时和宽度。参数值在模块运行时不可以修改,但在编译时可以修改,可以用 defparam 语句或模块例化语句修改参数值。

以下是 parameter 参数声明的示例。

```
parameter msb = 7;
parameter e = 25, f = 9;              //定义 2 个参数
parameter r = 5.7;                    //r 为实数型参数
parameter real r1 = 3.5e17;           //r1 为实数型参数
parameter newconst = 3'h4;            //隐含的范围为[2:0]
parameter newconst = 4;               //隐含的范围为[31:0]
parameter signed[3:0] mux_sel = 0;    //有符号参数
parameter average_delay = (r + f)/2;
parameter byte_size = 8, byte_mask = byte_size - 1;
```

Verilog-2001 改进了端口的声明语句,采用#(参数声明语句 1,参数声明语句 2,…)的形式定义参数;同时允许将端口声明和数据类型声明放在同一语句中。Verilog-2001 标准的模块声明语句如下。

```
module 模块名
   #(参数名 1, 参数名 2, …)
   (端口声明 端口名 1, 端口名 2, …);
```

例 A.2 采用参数定义加法操作数的位宽,使用 Verilog-2001 的声明格式。

例 A.2 采用参数定义的加法器操作数的位宽

```
module add_w                         //模块声明使用 Verilog - 2001 格式
  #(parameter MSB = 15,LSB = 0)      //参数声明,注意句末没有分号
    (input[MSB:LSB] a,b,
     output[MSB + 1:LSB] sum);
assign sum = a + b;
endmodule
```

2. localparam 局部参数

localparam 用于定义局部参数。局部参数与参数有如下两点不同。

(1) 用 localparam 定义的参数不能通过 defparam 语句修改参数值。

(2) 用 localparam 定义的参数不能通过模块实例化(参数传递)改变参数值。

可以将一个包含 parameter 参数的常量表达式赋值给局部参数,这样就可以用 defparam 语句或模块例化来修改局部参数的赋值了。比如:

```
parameter WIDTH = 8;                    //parameter 参数定义
localparam MSB = 2 * WIDTH + 1;         //localparam 参数定义
```

在下例中，采用 localparam 语句定义一个局部参数 HSB＝MSB＋1。

例 A.3 采用局部参数 localparam 的加法器

```
module add_local
  #(parameter MSB = 15,LSB = 0)        //parameter 参数定义
    (input[MSB:LSB] a,b,
     output[HSB:LSB] sum);
localparam HSB = MSB + 1;              //localparam 参数定义
assign sum = a + b;
endmodule
```

3. 参数值修改

1) 通过 defparam 语句修改

通过 defparam 语句进行修改，但通过该语句仅能修改 parameter 参数值。

2) 通过模块例化修改(参数传递)

通过模块例化修改参数值，或称之为参数传递，此种方法仅适用于 parameter 参数，localparam 参数只能通过 parameter 参数间接地修改。

在多层次结构的设计中，通过高层模块对下层模块进行例化，用 parameter 的参数传递功能可更改下层模块的规模(尺寸)。参数的传递有三种实现方式。

(1) 按列表顺序进行参数传递：按列表顺序进行参数传递，参数重载的顺序必须与参数在原定义模块中声明的顺序相同，并且不能跳过任何参数。

(2) 用参数名进行参数传递：这种方式允许在线参数值按照任意顺序排列。

(3) 模块例化时用 defparam 语句显式重载。

A.7 操作符

Verilog HDL 的操作符与 C 语言的操作符相似，按功能划分，可分为以下 10 类。

- 算术操作符(arithmetic operators)
- 逻辑操作符(logical operators)
- 关系操作符(relational operators)
- 相等操作符(equality operators)
- 缩减操作符(reduction operators)
- 条件操作符(conditional operators)
- 位操作符(bitwise operators)
- 移位操作符(shift operators)
- 指数操作符(power operators)
- 拼接操作符(concatenations)

按操作符所带操作数的个数划分,可分为 3 类。

- 单目操作符(unary operator):操作符只带一个操作数。
- 双目操作符(binary operator):操作符可带两个操作数。
- 三目操作符(ternary operator):操作符可带三个操作数。

1. 算术操作符

算术操作符属于双目操作符(有时也可用作单目操作符),包括:

```
a + b                          //a 加 b
a - b                          //a 减 b
a * b                          //a 乘 b
a / b                          //a 除 b
a % b                          //取模(求余)
a ** b                         //a 的 b 次幂
```

整数的除法运算是将结果的小数部分丢弃,只保留整数部分。比如:

```
integer inta;
inta =  - 12 / 3;              //结果为 - 4
inta =  - 'd 12 / 3;           //结果为 1431655761
inta =  - 'sd 12 / 3;          //结果为 - 4
inta =  - 4'sd 12 / 3;         //结果为 1,4'sd12 = - 4, - ( - 4) = 4
```

除法和取模操作符,如果第二个操作数为 0,则结果为 x;取模操作的结果是采用第 1 个操作数的符号。

如果算术操作符的操作数中的任意位值为 x 或 z,则整个结果为 x。

以下是一些取模和幂运算的例子。

```
10   % 3                       //结果为 1
12   % 3                       //结果为 0
- 10 % 3                       //结果为 - 1(结果的符号与第 1 个操作数相同)
11 % - 3                       //结果为 2(结果的符号与第 1 个操作数相同)
- 4'd12 % 3                    //结果为 1
3 ** 2                         //结果为 9
2 ** 3                         //结果为 8
2 ** 0                         //结果为 1
0 ** 0                         //结果为 1
2.0 **  - 3'sb1                //结果为 0.5
2 **  - 3 'sb1                 //结果为 0,2 ** - 1 = 1/2,整数除法结果保留整数为 0
0 **  - 1                      //结果为'bx,0 ** - 1 = 1/0,结果为'bx
9 ** 0.5                       //结果为 3.0,实数平方根运算
9.0 ** (1/2)                   //结果为 1.0,1/2 整数除法结果为 0,9.0 ** 0 = 1.0
- 3.0 ** 2.0                   //结果为 9.0
```

算术操作符对 integer、time、reg、net 等数据类型变量的处理方式如表 A.3 所示,对于 reg、net 型变量,均视为无符号数,如果 reg、net 变量已显式声明为有符号数(signed),则按有符号数处理,并以补码形式表示。

表 A.3 算术操作符对各种数据类型的处理方式

数据类型	说明	数据类型	说明
net 型变量	无符号数	signed reg	有符号,补码形式
signed net	有符号,补码形式	integer	有符号,补码形式
reg 型变量	无符号数	time	无符号数

比如,下面的例子显示了不同数据类型的变量除以 3 的结果。

```
integer intA;
reg [15:0] regA;
reg signed [15:0] regS;
intA = -4'd12;
regA = intA / 3;          //表达式值为-4,intA 为 integer 型,regA = 65532
regA = -4'd12;            //regA = 16'b1111_1111_1111_0100 = 65524
intA = regA / 3;          //intA = 21841
intA = -4'd12 / 3;        //intA = 1431655761,是一个 32 位的 reg 型数据
regA = -12 / 3;           //表达式值为-4,regA = 65532
regS = -12 / 3;           //表达式值为-4,regS 是有符号 reg 型
regS = -4'sd12 / 3;       //结果为 1,-4'sd12 实际为 4,4/3 == 1
```

2. 关系操作符

关系操作符包含如下 4 种。

```
a < b        //a 小于 b
a > b        //a 大于 b
a <= b       //a 小于等于 b
a >= b       //a 大于等于 b
```

使用关系操作符的表达式,若声明的关系为假,则生成逻辑值 0;若声明的关系为真,则生成逻辑值 1;如果关系操作符的任一操作数包含不定值(x)或高阻值(z),则结果为不定值(x)。

当关系表达式的操作数(两个或其中之一)是无符号数时,该表达式应按无符号数进行比较;如果两个操作数位宽不等,则较短的操作数高位应补 0;当两个操作数都有符号时,表达式应按有符号数进行比较,如果操作数的位宽不等,则较短的操作数应用符号位扩展。

关系操作符的优先级低于算术操作符,以下示例说明了此优先级的不同。

```
a <  foo - 1
a < (foo - 1)      //上面两个表达式的结果相同
foo - (1 < a)      //先计算关系表达式,然后从 foo 中减去 0 或 1
foo - 1  < a       //foo 减 1 后与 a 进行比较,与上面表达式不同
```

3. 相等操作符

相等操作符有 4 种:

```
a === b      //a 与 b 全等(须各位相同,包括为 x 和 z 的位)
a !== b      //a 与 b 不全等
a == b       //a 等于 b(结果可以是 x)
a != b       //a 不等于 b(结果可以是 x)
```

这4种操作符都是双目操作符，得到的结果是1位的逻辑值，得到1，说明声明的关系为真；得到0，说明声明的关系为假。

相等操作符(==)和全等操作符(===)的区别如下：参与比较的两个操作数必须逐位相等，其相等比较的结果才为1，如果某些位是不定态或高阻值，则相等比较得到的结果为不定值x；而全等比较(===)则对这些不定态或高阻值的位也进行比较，两个操作数必须完全一致，其结果才为1。

比如寄存器变量a=5'b11x01，b=5'b11x01，则"a==b"得到的结果为不定值x，而"a===b"得到的结果为逻辑1。

4. 逻辑操作符

```
&&      逻辑与
||      逻辑或
!       逻辑非
```

逻辑操作符的操作结果是1位的：逻辑1、逻辑0或不定值x。

逻辑操作符的操作数可以是1位的，也可以不止1位；若操作数不止1位，则应将其作为一个整体对待，为全0，则相当于逻辑0，不是全0，则应视为逻辑1。

假如reg型变量alpha值为237，beta值为零，则有：

```
regA = alpha && beta;                   //regA的值为0
regB = alpha || beta;                   //regB的值为1
```

逻辑操作符的优先级是!最高，&&次之，||最低；逻辑操作符的优先级低于关系和等式操作符，比如，下面两个表达式的结果是一样的，但推荐使用带括号的表达式形式。

```
a < size - 1 && b != c && index != lastone
(a < size - 1) && (b != c) && (index != lastone)
```

下面两个表达式是等效的，但推荐使用第一个表达形式。

```
if (!inword)                            //推荐使用
if (inword == 0)
```

5. 位操作符

位操作符包括：

- ~　　按位取反
- &　　按位与
- |　　按位或
- ^　　按位异或
- ^~,~^　　按位同或(符号^~与~^是等价的)

若A=5'b11001，B=5'b10101，则有：

```
~A = 5'b00110; A&B = 5'b10001; A|B = 5'b11101; A^B = 5'b01100;
```

注意，两个不同长度的数据进行位运算时，会自动将两个操作数按右端对齐，位数少的操作数会在高位用0补齐。

6. 缩减操作符

缩减操作符是单目操作符，包括：

- &　　与
- ~&　　与非
- |　　或
- ~|　　或非
- ^　　异或
- ^~,~^　　同或

缩减操作符与位操作符的逻辑运算法则一样，但缩减运算是对单个操作数进行与、或、非递推运算，它放在操作数的前面。缩减操作符可将一个向量缩减为一个标量。例如：

```
reg[3:0] a;
b = &a;                              //等效于 b = ((a[0]&a[1])&a[2])&a[3];
```

表A.4是缩减操作符运算举例，用4个操作数的缩减运算结果说明缩减操作符的用法。

表A.4　缩减操作符运算举例

操作数	&	~&	|	~|	^	~^	说　明
4'b0000	0	1	0	1	0	1	操作数为全0
4'b1111	1	0	1	0	0	1	操作数为全1
4'b0110	0	1	1	0	0	1	操作数中有偶数个1
4'b1000	0	1	1	0	1	0	操作数中有奇数个1

7. 移位操作符

- >>　　逻辑右移
- <<　　逻辑左移
- >>>　　算术右移
- <<<　　算术左移

移位操作符包括逻辑移位操作符(>>和<<)和算术移位操作符(<<<和>>>)。

其用法为

```
A >> n  或  A << n
```

表示把操作数A(左侧的操作数)右移或左移n位，其中n只能为无符号数，如果n的值为x或z，则移位操作的结果只能为x。

对于逻辑移位(>>和<<)，均用0填充移出的位。

对于算术移位，算术左移(<<<)也是用0填充移出的位；算术右移(>>>)，如果左侧的操作数(A)为无符号数，则用0填充移出的位，如果左侧的操作数为有符号数，则移出的空位全部用符号位填充。

在下例中,变量 result 最终变为 0100,即由 0001 左移 2 位,空位补 0。

```
module shift;
reg [3:0] start, result;
initial begin
   start = 1;
   result = (start << 2);                //result = 0100
end
endmodule
```

在下例中,变量 result 最终变为 1110,即由 1000 右移 2 位,移出的空位填充符号位 1。

```
module ashift;
reg signed [3:0] start, result;          //start, result 为有符号数
initial begin
   start = 4'b1000;
   result = (start >>> 2);               //result = 1110
end
endmodule
```

假如变量 a= 8'sb10100011,那么执行逻辑右移和算术右移后的结果如下。

```
a >> 3;                                  //逻辑右移后 a 变为 8'b00010100
a >>> 3;                                 //算术右移后 a 变为 8'b11110100
```

移位操作可用于实现指数操作。若 A=8'b0000_0100,则 A * 2^3 可用移位操作实现。

```
A << 3                                   //执行后,A 的值变为 8'b0010_0000
```

下例对有符号数的逻辑移位和算术移位进行仿真。

例 A.4 有符号数的逻辑移位和算术移位示例

```
module shift_tb / ** /;
reg signed[7:0]a,b;
initial  begin
   a = 8'b1000_0010;
   b = 8'b1000_0010;
   $ display("a              = 1000_0010 = % d",a);
   $ display("b              = 1000_0010 = % d",b);
#10
   a = a >> 3;
   b = b >>> 3;
   $ display("a = a >> 3     = % b = % d",a,a);
   $ display("b = b >>> 3    = % b = % d",b,b);
#10
   a = a << 3;
   b = b <<< 3;
   $ display("a = a << 3     = % b = % d",a,a);
   $ display("b = b <<< 3    = % b = % d",b,b);  end
endmodule
```

上例用 ModelSim 运行，TCL 打印窗口输出如下，对照上面的代码，可对有符号数的逻辑移位和算术移位有更清晰的认识。

```
#   a           = 1000_0010  =  -126
#   b           = 1000_0010  =  -126
#   a = a >> 3  = 00010000   =   16
#   b = b >>> 3 = 11110000   =  -16
#   a = a << 3  = 10000000   =  -128
#   b = b <<< 3 = 10000000   =  -128
```

8. 指数操作符

**

执行指数运算，一般使用较多的是底数为 2 的指数运算，如 2^n。例如：

```
parameter WIDTH = 16;
parameter DEPTH = 8;
reg[WIDTH - 1:0] mem [0:(2 ** DEPTH) - 1];
//存储器的深度用指数运算定义,该存储器位宽为 16,容量(深度)为 2^8(256)个单元
```

9. 条件操作符

? :

这是一个三目操作符，对 3 个操作数进行判断和处理，其用法如下。

```
信号 = 条件 ? 表达式 1 : 表达式 2;
```

当条件成立(为 1)时，信号取表达式 1 的值；条件不成立(为 0)时，取表达式 2 的值。以下用三态输出总线的例子说明条件操作符的用法。

```
wire [7:0] busa = drive ? data : 8'bz;
   //当 drive 为 1 时,data 数据被驱动到总线 busa 上;当 drive 为 0 时,busa 为高阻态(z)
```

10. 拼接操作符

{ }

该操作符将两个或多个信号的某些位拼接起来。比如：

```
{a, b[3:0], w, 3'b101}
{4{w}}            //等同于{w, w, w, w}
{b, {3{a, b}}}  //等同于{b, a, b, a, b, a, b}
res = {b, b[2:0], 2'b01, b[3], 2{a}};
```

再比如：

```
parameter P = 32;
assign b[31:0] = { {32 - P{1'b1}}, a[P - 1:0] };
```

拼接可用于移位操作，例如：

```
f = a * 4 + a/8;
```

假如 a 的宽度是 8 位，则可以用拼接操作符通过移位操作实现上面的运算。

```
f = {a[5:0],2b'00} + {3b'000,a[7:3]};
```

11. 操作符的优先级

操作符有优先级(precedence),但不同的综合开发工具在执行这些优先级时可能有差别,因此在书写程序时建议用括号控制运算的优先级,这样能有效避免错误,同时增加程序的可读性。

A.8 语句

1. casez 与 casex 语句

在 case 语句中,敏感表达式与值 1～n 的比较是一种全等比较,必须保证两者的对应位全等。casez 与 casex 语句是 case 语句的两种变体,在 casez 语句中,如果分支表达式某些位的值为高阻态 z,那么对这些位的比较就不予考虑,只需关注其他位的比较结果。而在 casex 语句中,则将这种处理方式进一步扩展到对 x 的处理,即如果比较的双方有一方某些位的值是 x 或 z,这些位的比较就都不予考虑。

此外,还有一种标识 x 或 z 的方式,即用表示无关值的符号"?"标识,比如:

```
case(a)
2'b1x:out = 1;          //只有 a = 1x,才有 out = 1
casez(a)
2'b1x:out = 1;          //如果 a = 1x、1z,则 out = 1
casex(a)
2'b1x:out = 1;          //如果 a = 10、11、1x、1z 等,则 out = 1
casez(a)
3'b1??:out = 1;         //如果 a = 100、101、110、111 或 1xx、1zz 等,则 out = 1
3'b01?:out = 1;         //如果 a = 010、011、01x、01z,则 out = 1
```

例 A.5 用 casez 语句及符号"?"描述的数据选择器

```
module mux_casez(
   input a,b,c,d, input[3:0] select,
   output reg out);
always @ *  begin
   casez(select)
   4'b???1:out = a;
   4'b??1?:out = b;
   4'b?1??:out = c;
   4'b1???:out = d;         //无须再加 default 语句
   endcase  end
endmodule
```

2. repeat 语句

Verilog HDL 有 4 种类型的循环语句,用于控制语句的执行次数。

(1) for:有条件的循环语句。

(2) repeat:连续执行一条语句 n 次。

(3) while:执行一条语句直到某个条件不满足。

(4) forever:连续地执行语句;多用在 initial 块中,用于生成时钟等周期性波形。

repeat 语句的使用格式如下。

```
repeat(循环次数表达式) begin
                       语句或语句块
                       end
```

例 A.6 利用 repeat 循环语句和移位操作符实现两个 8 位二进制数的乘法

```
module mult_repeat
  #(parameter SIZE = 8)
   (input[SIZE:1] a,b,
   output reg[2 * SIZE:1] result);
reg[2 * SIZE:1] temp_a;
reg[SIZE:1] temp_b;
always @(a or b)  begin
   result = 0; temp_a = a; temp_b = b;
   repeat(SIZE)         //repeat 语句,SIZE 为循环次数
   begin
   if(temp_b[1])        //如果 temp_b 的最低位为 1,就执行下面的加法
   result = result + temp_a;
   temp_a = temp_a << 1; //操作数 a 左移 1 位
   temp_b = temp_b >> 1; //操作数 b 右移 1 位
   end  end
endmodule
```

3. \`timescale

编译指令(compiler directive)语句以符号“\`”(该符号 ASCII 码为 0x60)开头,在编译时,编译器通常先对这些指令语句进行预处理,然后将预处理的结果和源程序一起编译。Verilog HDL 提供了十余条编译指令,常用的如下。

(1) \`timescale。

(2) \`define,\`undef。

(3) \`include。

\`timescale 用于定义时延、仿真的时间单位和时间精度,其使用方式如下。

```
`timescale <time_unit>/<time_precision>
`timescale   <时间单位> / <时间精度>
```

用于表示时间单位的符号有 s、ms、μs、ns、ps 和 fs,分别表示秒、10^{-3}s、10^{-6}s、10^{-9}s、10^{-12}s 和 10^{-15}s。时间精度可以和时间单位一样,但是时间精度大小不能超过时间单位大小。

例 A.7 \`timescale 的定义示例

```
`timescale 1ns/100ps
module andgate(
   output out,
   input a,b);
and  #(4.34,5.86)  a1(out,a,b);        //门延时定义
endmodule
```

在例 A.7 中,`timescale 指令定义延时以 1ns 为单位,精度为 100ps(精确到 0.1ns),因此,门延时值 4.34 对应 4.3ns,延时值 5.86 对应 5.9ns。如果将`timescale 指令定义为

```
`timescale 10ns/1ns
```

那么延时值 4.34 对应 43ns,5.86 对应 59ns。再如:

```
`timescale 10ns / 1ns
module test;
reg set;
parameter d = 1.55;
initial begin
   #d set = 0;                          //16ns(1.6×10)时,set 赋值为 0
   #d set = 1;                          //32ns(1.6×10+1.6×10)时,set 赋值为 1
end
endmodule
```

注意:

(1) `timescale 指令在模块说明外部出现,且影响后面所有的延时值;在编译过程中,`timescale 会影响后面所有模块的时间值,直至遇到另一个`timescale 指令或`resetall 指令。

(2) 在 Verilog 模块中没有默认的`timescale,如果没有指定`timescale,Verilog 模块会继承前面编译模块的`timescale 参数。

(3) 如果一个设计中的多个模块都带有`timescale,模拟器总是定位在所有模块的最小延时精度上,且所有延时都相应地换算为最小延时精度,延时单位不受影响。

例 A.8 `timescale 语句示例

```
`timescale 1ns/1ns
module top;                          //顶层模块
reg  a, b;
wire cout;
initial begin
   a = 1; b = 0;
   # 2.25  a = 0;
   # 5.5   b = 1;  end
andgate g1(cout,a,b);                //andgate 模块见例 A.9
endmodule
```

在上例中,延时值 2.25 对应 2ns,延时值 5.5 对应 6ns。但由于子模块 andgate(例 A.7)中定义时间精度为 100ps,故该例中的时延精度变为 100ps。

`timescale 的时间精度设置会影响仿真时间,时间精度越小,仿真时占用内存越多,实际耗用的仿真时间就越长。

4. `include

使用`include 可以在编译时将一个 Verilog 文件包含到另一个文件中,其格式如下。

```
`include  "文件名"
```

`include 类似于 C 语言中的# include <filename.h> 结构，后者用于将内含全局或公用定义的头文件包含到设计文件中。`include 用于指定包含其他文件的内容，被包含的文件名必须放在双引号中，既可以使用相对路径，也可以使用绝对路径；如果没有路径信息，则默认在当前目录下搜寻要包含的文件。示例如下。

```
`include  "parts/count.v"
`include  "../../fileA.v"
`include  "fileB"
```

使用`include 应注意以下几点。

(1) 一个`include 命令只能指定一个被包含的文件；如果需要包含多个文件，则需要使用多个`include 命令进行包含；文件允许嵌套包含，但限制其数量最多为 15 个。多个`include 命令可以写在一行，但命令行中只可以出现空格和注释，示例如下。

```
`include "file1.v"   `include "file2.v"
```

(2) `include 语句可以出现在源程序的任何地方；被包含的文件若与包含文件不在同一个子目录，须指明其路径。

A.9 用 Verilog 描述组合电路

1. 与非门(7400)

例 A.9 2 输入与非门(7400)的 Verilog 描述，实现 $Y=\overline{AB}$

```
`timescale 1ns / 1ps
module ls00
#(parameter DELAY = 5)
   (input A,B,
    output Y);
nand   #DELAY (Y,A,B);
endmodule
```

2. 3-8 译码器

下例中用 case 语句描述一个 3-8 译码器(功能与 74138 相同)，74138 有一个高电平使能信号 g1、两个低电平使能信号 g2a 和 g2b，只有当 g1、g2a、g2b 为 100 时，译码器才使能；其输出低电平有效。

例 A.10 74138 的 Verilog 描述

```
`timescale 1ns / 1ps
module sn138  #(parameter DELAY = 5)
   (input a0,a1,a2,
    input g1,g2a,g2b,
    output y0,y1,y2,y3,y4,y5,y6,y7);
reg[7:0] y;
assign #DELAY y0 = y[0], y1 = y[1], y2 = y[2], y3 = y[3],
              y4 = y[4], y5 = y[5], y6 = y[6], y7 = y[7];
```

```
always @ *   begin
   if(g1 & ~g2a & ~g2b)                          //g1、g2a、g2b 为 100 时,译码器使能
   begin  case({a2,a1,a0})
   3'b000: y = 8'b11111110;                      //译码输出
   3'b001: y = 8'b11111101;
   3'b010: y = 8'b11111011;
   3'b011: y = 8'b11110111;
   3'b100: y = 8'b11101111;
   3'b101: y = 8'b11011111;
   3'b110: y = 8'b10111111;
   3'b111: y = 8'b01111111;
   endcase  end
   else   y = 8'b11111111;
end
endmodule
```

3. 8-3 优先编码器

优先编码器(priority encoder)的特点是：当多个输入信号有效时，编码器只对优先级最高的信号进行编码。例 A.11 是采用多重选择 if 语句描述的 8-3 优先编码器 74148，作为条件语句，if-else 语句的分支是有优先顺序的，正好用于描述优先编码器的功能。

例 A.11　8-3 优先编码器 74148 的 Verilog 描述

```
`timescale 1ns / 1ps
module ls148   #(parameter DELAY = 5)
   (input ei,                                    //ei 是输入使能
    input I7,I6,I5,I4,I3,I2,I1,I0,
    output gs,eo,                                //eo 是输出使能,gs 是组选择输出信号
    output a2,a1,a0);
reg gs_r,eo_r;
reg[2:0] dout;
always @( * )  begin
   if(ei) begin  dout <= 3'b111; {gs_r,eo_r}<= 2'b11; end
   else if({I7,I6,I5,I4,I3,I2,I1,I0} == 8'b11111111)
        begin dout <= 3'b111;{gs_r,eo_r}<= 2'b11; end
   else if(!I7) begin dout <= 3'b000; {gs_r,eo_r}<= 2'b01; end
   else if(!I6) begin dout <= 3'b001; {gs_r,eo_r}<= 2'b01;end
   else if(!I5) begin dout <= 3'b010; {gs_r,eo_r}<= 2'b01;end
   else if(!I4) begin dout <= 3'b011; {gs_r,eo_r}<= 2'b01;end
   else if(!I3) begin dout <= 3'b100; {gs_r,eo_r}<= 2'b01;end
   else if(!I2) begin dout <= 3'b101; {gs_r,eo_r}<= 2'b01;end
   else if(!I1) begin dout <= 3'b110; {gs_r,eo_r}<= 2'b01;end
   else begin dout <= 3'b111; {gs_r,eo_r}<= 2'b01; end
end
assign #DELAY gs  =  gs_r, eo  =  eo_r,
              a2  =  dout[2], a1  =  dout[1], a0  =  dout[0];
endmodule
```

4. 数据选择器

例 A.12　双 4 选 1 数据选择器 74153

```
`timescale 1ns / 1ps
module ls153  #(parameter DELAY = 5)
   (input g1,g2,a1,a0,
    input d13,d12,d11,d10,d23,d22,d21,d20,
    output y1,y2);
reg y1_reg,y2_reg;
always@(*)  begin
   case({a1,a0})
   00: begin  y1_reg = d10; y2_reg = d20;  end
   01: begin  y1_reg = d11; y2_reg = d21;  end
   10: begin  y1_reg = d12; y2_reg = d22;  end
   11: begin  y1_reg = d13; y2_reg = d23;  end
   endcase  end
assign #DELAY y1 = (g1)? 1'b0 : y1_reg;
assign #DELAY y2 = (g2)? 1'b0 : y2_reg;
endmodule
```

例 A.13 8选1数据选择器74151

```
`timescale 1ns / 1ps
module ls151  #(parameter DELAY = 5)
   (input g,a2,a1,a0,
    input d7,d6,d5,d4,d3,d2,d1,d0,
    output y,yn);
reg y_reg;
assign #DELAY y = y_reg, yn = ~y_reg;
always @(*)  begin
   if(g)  y_reg <= 1'b0;
   else  case({a2,a1,a0})
      3'b000: y_reg <= d0;
      3'b001: y_reg <= d1;
      3'b010: y_reg <= d2;
      3'b011: y_reg <= d3;
      3'b100: y_reg <= d4;
      3'b101: y_reg <= d5;
      3'b110: y_reg <= d6;
      3'b111: y_reg <= d7;
      endcase  end
endmodule
```

5. 加法器

例 A.14 4位二进制全加器(7483)

```
`timescale 1ns / 1ps
module ls83
#(parameter DELAY = 5)
    (input a3,a2,a1,a0,b3,b2,b1,b0,
     input c0,output c4,
     output s3,s2,s1,s0);
assign #DELAY {c4,s3,s2,s1,s0} = {a3,a2,a1,a0} + {b3,b2,b1,b0} + c0;
endmodule
```

例 A.15 1 位 8421 码加法器

```
module add4_bcd
   (input cin,
    input[3:0] ina, inb,
    output reg[3:0] sum,
    output reg cout);
reg[4:0] temp;
always @(ina, inb, cin)  begin
   temp <= ina + inb + cin;
   if(temp > 9) {cout, sum}<= temp + 6;     //二重选择的 if 语句
   else {cout, sum}<= temp;  end
endmodule
```

6. 奇偶校验位产生器

例 A.16 奇偶校验位产生器

```
module parity
#(parameter MSB = 8)
   (input[MSB - 1:0] a,
    output even_bit, odd_bit);
assign even_bit = ^a,        //生成偶校验位,等效于 even_bit = (a[0]^a[1])^ … ^a[7];
       odd_bit = ~even_bit; //生成奇校验位
endmodule
```

A.10 用 Verilog 描述时序电路

1. 触发器

例 A.17 带异步清 0/异步置 1(低电平有效)上升沿触发的 D 触发器(7474)

```
`timescale 1ns / 1ps
module d_ff
#(parameter  DELAY = 5)
   (input d, clk,
    input pr, clr,
    output reg q, qn);
always @(posedge clk, negedge pr, negedge clr)  begin
   if(~pr)  begin q <= #DELAY 1'b1;
   qn <= #DELAY 1'b0; end      //异步置 1,低电平有效
   else if(~clr)  begin q <= #DELAY 1'b0;
   qn <= #DELAY 1'b1; end      //异步清 0,低电平有效
   else  begin  q <= #DELAY d; qn <= #DELAY ~d; end
end
endmodule
```

例 A.18 带异步清 0/异步置 1(低电平有效)下降沿触发的 JK 触发器(74112)

```
module jk_ff
   (input clk, j, k, pr, clr,
    output reg q, qn);
```

```
always @(negedge clk, negedge clr, negedge pr)  begin
    if(!pr) begin q <= 1'b1;qn <= 1'b0; end                 //异步置 1
    else if(!clr)  begin q <= 1'b0;qn <= 1'b1; end          //异步清 0
    else case({j,k})
      2'b00: begin q <= q; qn <= qn; end                     //保持
      2'b01: begin q <= 1'b0;qn <= 1'b1; end                 //置 0
      2'b10: begin q <= 1'b1;qn <= 1'b0; end                 //置 1
      2'b11: begin q <= ~q; qn <= ~qn; end                   //翻转
      default:begin q <= 1'bx;qn <= 1'bx; end
     endcase
end
endmodule
```

2. 锁存器

例 A.19 带置位/复位端的电平敏感型的 1 位数据锁存器

```
module latch1
   (input d,le,set,reset,
    output q);
assign q = reset ? 0 : (set ? 1:(le ? d : q));
endmodule
```

3. 8 位锁存器

例 A.20 8 位电平敏感型数据锁存器(74373)

```
module sn373  #(parameter DELAY = 5)
   (input le,oe,
    input[7:0] d,
    output reg[7:0] q);
always @ *   begin
   if(~oe & le) q <= #DELAY d;                          //或 if((!oe) && (le))
   else if(~oe & ~le) q <= q;
   else q <= #DELAY 8'bz;   end
endmodule
```

4. 寄存器

锁存器和寄存器的区别在于：锁存器一般由电平信号控制，属于电平敏感型；而寄存器一般由时钟信号控制，属于边沿敏感型。两者有不同的使用场合，主要取决于控制方式及控制信号和数据信号之间的时序关系：若数据滞后于控制信号，则只能使用锁存器；若数据提前于控制信号，并要求同步操作，则可以选择寄存器来存放数据。

例 A.21 8 位数据寄存器

```
module reg_w  #(parameter WIDTH = 8)
   (input clk,clr,
    input[WIDTH - 1:0] din,
    output reg[WIDTH - 1:0] dout);
always @(posedge clk, posedge clr)  begin
   if(clr) dout <= 0;else dout <= din; end
endmodule
```

5. 计数器

例 A.22 4 位二进制同步置数/同步清 0 加法计数器 74163

```
`timescale 1ns / 1ps
module ls163
#(parameter DELAY = 5)
   (input cp,
    input d,c,b,a,
    input p,t,ld,clr,
    output co,q0,q1,q2,q3);
reg [3:0] qo;
always @(posedge cp)  begin
   if(!clr) qo <= 4'b0;                          //同步清 0
   else if(~ld)  qo <= {d,c,b,a};                //同步置数
   else if(p & t)  qo <= qo + 1'b1;              //加法计数
   else            qo <= qo;
end
assign #DELAY co = (({q3,q2,q1,q0} == 4'b1111)&&(t == 1'b1))? 1 : 0;
assign #DELAY q0 = qo[0], q1 = qo[1], q2 = qo[2], q3 = qo[3];
endmodule
```

下例为 8 位 Johnson 计数器,Johnson 计数器又称扭环形计数器,是一种用 n 个触发器产生 $2n$ 个计数状态的计数器,其特点是相邻 2 个状态间只有 1 位不同;其移位的规则是将最高有效位取反后从最低位移入。

例 A.23 8 位 Johnson 计数器

```
module johnson_cnt  #(parameter WIDTH = 8)
   (input clk,clr,
    output reg[WIDTH - 1 :0] qout);
always @(posedge clk, posedge clr)  begin
   if(clr)  qout <= 0;
   else  begin qout <= qout << 1; qout[0]<= ~qout[WIDTH - 1]; end
end
endmodule
```

例 A.24 4 位格雷码计数器

```
module gray_cnt  #(parameter WIDTH = 4)
   (output reg[WIDTH - 1:0]  graycount,          //格雷码输出信号
    input wire  en,clr,clk);                     //使能、清 0、时钟信号
reg [WIDTH - 1:0]  bincount;
always @(posedge clk)
   if(clr) begin
   bincount <= {WIDTH{1'b 0}} + 1;
   graycount <= {WIDTH{1'b 0}};  end
   else if(en) begin
   bincount <= bincount + 1;
   graycount <= {bincount[WIDTH - 1],
   bincount[WIDTH - 2:0] ^ bincount[WIDTH - 1:1]};  end
endmodule
```

例 A.25 可逆计数器

```
module updown_count
   (input clk,clear,load,up_down,
    input[7:0] d, output[7:0] qd);
reg[7:0] cnt;
assign qd = cnt;
always @(posedge clk)  begin
   if(!clear)  cnt <= 8'h00;              //同步清 0,低电平有效
   else if(load)  cnt <= d;               //同步预置
   else if(up_down)  cnt <= cnt + 1;      //加法计数
   else  cnt <= cnt - 1;                  //减法计数
end
endmodule
```

6. 移位寄存器

例 A.26 8 位移位寄存器

```
module shift8
   (input din,clk,clr,                    //din 为串行输入端
    output reg[7:0] dout);                //8 位并行输出
always @(posedge clk)  begin
   if(clr) dout <= 8'b0;                  //同步清 0,高电平有效
   else  begin
   dout <= dout << 1;                     //输出信号左移 1 位
   dout[0]<= din;  end  end               //串行输入信号补充到输出信号的最低位
endmodule
```

例 A.27 4 位双向移位寄存器 74194

```
`timescale 1ns / 1ps
module ls194  #(parameter DELAY = 5)
   (input clr,cp,
input dr,dl,
input d,c,b,a,
input s1,s0,                                          //s1s0 为工作方式选择端
output wire q3,q2,q1,q0);
reg [3:0] qo;
always @(posedge cp, negedge clr)  begin
   if(!clr)  qo <=  4'd0;
   else if(s1 & s0)  qo <=  {d,c,b,a};                //s1s0 = 11,同步置数
   else if(s1 & ~s0)  qo <=  {dl,qo[3:1]};            //s1s0 = 10,同步左移
   else if(~s1 & s0)  qo <=  {qo[2:0],dr};            //s1s0 = 01,同步右移
   else qo <=  qo;  end
assign #DELAY q0  =  qo[0], q1  =  qo[1], q2  =  qo[2], q3  =  qo[3];
endmodule
```

例 A.28 8 位双向移位寄存器 74198

```
`timescale 1ns / 1ps
module ls198  #(parameter DELAY = 5)
```

```
    (input clr,cp,
  input dr,dl,
  input h,g,f,e,d,c,b,a,
  input s1,s0,                                   //s1s0 为工作方式选择端
  output wire q7,q6,q5,q4,q3,q2,q1,q0);
  reg[7:0] qo;
  always @(posedge cp, negedge clr)  begin
     if(!clr)  qo <= 8'd0;
     else if(s1 & s0) qo <= {h,g,f,e,d,c,b,a};   //s1s0 = 11,同步置数
     else if(s1 & ~s0)  qo <= {dl,qo[3:1]};      //s1s0 = 10,同步左移
     else if(~s1 & s0)  qo <= {qo[2:0],dr};      //s1s0 = 01,同步右移
     else qo <= qo;  end
  assign #DELAY q0 = qo[0], q1 = qo[1], q2 = qo[2], q3 = qo[3],
             q4 = qo[4], q5 = qo[5], q6 = qo[6], q7 = qo[7];
  endmodule
```

附录B Verilog HDL关键字

以下是 Verilog-1995(IEEE 1364—1995)标准中的关键字,以及 Verilog-2001 标准、Verilog-2005 标准中新增的关键字,不可用作标识符。

Verilog-1995

always
and
assign
begin
buf
bufif0
bufif1
case
casex
casez
cmos
deassign
default
defparam
disable
edge
else
end
endcase
endmodule
endfunction
endprimitive
endspecify
endtable
endtask
event
for
force
forever
fork
function
highz0
highz1
if
ifnone
initial
inout
input
integer
join
large
macromodule
medium
module
nand
negedge
nmos
nor
not
notif0
notif1
or
output
parameter
pmos
posedge
primitive
pull0
pull1
pullup
pulldown
rcmos
real
realtime
reg
release
repeat
rnmos
rpmos
rtran
rtranif0
rtranif1
scalared
small
specify
specparam
strong0
strong1
supply0
supply1
table
task
time
tran
tranif0
tranif1
tri
tri0
tri1
triand
trior
trireg
vectored
wait
wand
weak0
weak1
while
wire
wor
xnor
xor

Verilog-2001

automatic
cell
config
design
endconfig
endgenerate
generate
genvar
incdir
include
instance
liblist
library
localparam
noshowcancelled
pulsestyle_onevent
pulsestyle_ondetect
showcancelled
signed
unsigned
use

Verilog-2005

uwire

参考文献

[1] 阎石,王红.数字电子技术基础[M].6版.北京：清华大学出版社,2019.

[2] 康华光,秦臻,张林,等.电子技术基础：数字部分[M].6版.北京：高等教育出版社,2014.

[3] 邓元庆,关宇,贾鹏,等.数字设计基础与应用[M].2版.北京：清华大学出版社,2010.

[4] 邓元庆,关宇,贾鹏,等.数字设计基础与应用学习与实验指导[M].北京：电子工业出版社,2007.

[5] 丁伟,石会,关宇,等.电子技术基础[M].北京：机械工业出版社,2020.

[6] 吴元亮,关宇,等.数字电子技术[M].北京：机械工业出版社,2020.

[7] 韦克利.数字设计：原理与实践(英文版·第5版)[M].北京：机械工业出版社,2018.

[8] IEEE Computer Society. IEEE Standard Verilog Hardware Description Language. IEEE Std 1364-2001[S]. The Institute of Electrical and Electronics Engineers, Inc. 2001.

[9] IEEE Computer Society. IEEE Standard Verilog Hardware Description Language. IEEE Std 1364-2005[S]. Design Automation Standards Committee of the IEEE Computer Society, Inc. 2006.